Using and Administering Linux
Volume 1: Zero to SysAdmin: Getting Started Second Edition

Linux权威指南

从小白到系统管理员 上册

（原书第2版）

[美] 戴维·博特(David Both) 著

谢文韬 郭天泽 彭锟 陈威 谢宝友 译

机械工业出版社
CHINA MACHINE PRESS

First published in English under the title

Using and Administering Linux: Volume 1: Zero to SysAdmin: Getting Started, Second Edition

by David Both

Copyright © 2023 by David. Both

This edition has been translated and published under licence from

Apress Media, LLC, part of Springer Nature.

Chinese simplified language edition published by China Machine Press, Copyright © 2025.

本书原版由 Apress 出版社出版。

本书简体字中文版由 Apress 出版社授权机械工业出版社独家出版。未经出版者预先书面许可，不得以任何方式复制或抄袭本书的任何部分。

北京市版权局著作权合同登记　图字：01-2021-0917 号。

图书在版编目（CIP）数据

Linux 权威指南：从小白到系统管理员．上册：原书第 2 版 /（美）戴维·博特(David Both) 著；谢文韬等译 . -- 北京：机械工业出版社，2025. 1. --（Linux/Unix 技术丛书）. -- ISBN 978-7-111-77119-7

I. TP316.85

中国国家版本馆 CIP 数据核字第 2024T8G615 号

机械工业出版社（北京市百万庄大街 22 号　邮政编码 100037）

策划编辑：刘　锋　　　　　　　责任编辑：刘　锋　章承林
责任校对：李　霞　杨　霞　景　飞　责任印制：张　博
北京联兴盛业印刷股份有限公司印刷
2025 年 1 月第 1 版第 1 次印刷
186mm × 240mm · 26.5 印张 · 576 千字
标准书号：ISBN 978-7-111-77119-7
定价：139.00 元

电话服务　　　　　　　　　　网络服务
客服电话：010-88361066　　　机 工 官 网：www.cmpbook.com
　　　　　010-88379833　　　机 工 官 博：weibo.com/cmp1952
　　　　　010-68326294　　　金 书 网：www.golden-book.com
封底无防伪标均为盗版　　　机工教育服务网：www.cmpedu.com

尊敬的读者，衷心感谢你选择阅读本书。作为译者，我怀着极大的热情和使命感将这本技术类书籍翻译成中文，希望为广大中文读者带来帮助。

本书是一部深入介绍 Linux 操作系统的权威著作，它提供了广泛而全面的指导，帮助你掌握 Linux 的使用和管理技能。无论你是 IT 行业的专业人士，还是对 Linux 操作系统感兴趣的初学者，都可以从中获得实用的信息和技巧，更好地理解和应用 Linux。

本书的翻译工作由多位译者共同完成。其中，重庆邮电大学的谢文韬完成了第 4 ～ 7 章的翻译，国科础石（重庆）软件有限公司操作系统专家级工程师郭天泽完成了第 1 ～ 3 章、12 ～ 14 章的翻译，字节跳动云计算研发工程师彭锟完成了第 8 ～ 11 章的翻译，北京同方计算机技术研究院有限公司的陈威完成了第 15 ～ 19 章的翻译。国科础石（重庆）软件有限公司操作系统工程师陈斐、杨林、丁磊、梁家源、胡自成、石泉对本书翻译工作提供了很多有益的建议和审核意见。最后，谢宝友老师对全书进行了审校，使译文的专业性和可读性得到了进一步完善。

作为译者，我们在翻译这本书的过程中面临了许多挑战。首先是技术性词汇和专业术语的准确翻译。为了确保译文的准确性和可读性，我们不仅通过广泛的参考资料和专业词典来查找最恰当的翻译方式，还与同行和专家进行了沟通和讨论，以确保所选词汇和术语与原作保持一致。

其次是语言风格和表达的转换。本书原文采用了一些文化背景和语言习惯特定的表达方式，为了让中文读者能够更好地理解和接受内容，我们在翻译过程中进行了适当的调整和转换。同时，我们也注重语言的流畅性和自然度，力求让阅读体验更加愉快和顺畅。

此外，为了确保准确传递原著的思想和技术细节，我们进行了反复的校对和修改。译文的质量和准确性至关重要，因此我们对每一个章节和每一段文字都进行了仔细的审校，以确保译文的准确性和一致性。

在这个信息时代，技术的进步和变革非常迅速。Linux 作为广泛使用的开源操作系统，为计算领域的众多应用提供了可靠和强大的基础。无论你是从事系统管理、网络安全还是软件开发等工作，掌握 Linux 的技能和知识都将为你的职业发展带来巨大的优势。

作为译者，我深刻理解在高速发展的技术领域中获取可靠和深入的信息的重要性。希望本书能够为读者提供高质量的参考，让大家不仅可以掌握 Linux 的基本使用技巧，还能了解更深层次的管理员技术和最佳实践。

在此要感谢作者，原著的严谨性和专业性大大减少了翻译工作中的困惑。同时，我还要感谢机械工业出版社的支持和信任，让我有机会将这本重要的技术书籍带给中文读者。

最后，我要衷心感谢我的家人和朋友在翻译过程中给予我支持和理解。翻译是一项需要耐心和专注的工作，没有他们的鼓励和支持，我无法顺利完成这项任务。

感谢你选择阅读本书，希望本书能够满足你的期望，为你的学习和工作带来实际帮助，使你从中收获知识和技能。愿这本书能成为你掌握 Linux 的重要工具。

重庆邮电大学　谢文韬

2024 年 7 月 30 日于成都

　　本系列图书在结构上与其他书籍大不一样。整个系列共三本，分别为《Linux 权威指南：从小白到系统管理员　上册（原书第 2 版）》《Linux 权威指南：从小白到系统管理员　下册（原书第 2 版）》《Linux 权威指南：网络服务详解（原书第 2 版）》，每本书的内容都紧密相扣，相互衔接，共同构成一个连贯且递进的整体。

　　本系列图书与其他 Linux 教学书籍的区别在于，它提供了一套完整的自学教程，建议你从第一本的开头逐步阅读，仔细阅读每一章节，认真完成书中的所有实验，并完成每个章节的练习直至第三本结束。即使你是 Linux 的零基础读者，遵循这个学习路径也能让你掌握成为 Linux 系统管理员所需的核心技能和知识。

　　本系列图书所有的实验都是在一个或多个虚拟机（Virtual Machine，VM）组成的虚拟网络中进行的。借助免费的 VirtualBox 虚拟化软件，你可以在任何规模合理的主机上创建这样的虚拟环境，无论是 Linux 操作系统还是 Windows 操作系统。在这个虚拟环境中，你可以自由地进行实验，甚至可以执行那些在安装 Linux 的过程中可能会损坏硬件主机的错误操作，你也可以通过多个快照中的任何一个，将 Linux 虚拟机完全恢复。这种既能承担风险又容易恢复的灵活性使我们能学到更多。

　　本系列图书也可以作为参考资料使用。多年来，我一直将自己以前的那些课程材料作为参考，它们一直发挥着重要作用。我将此视为本系列图书的目标之一。

　　此外，对于书中给出的练习，并非所有问题都能通过简单地复习章节内容解决。有些问题需要你亲手设计实验来找出答案，并且多数情况下可能不止一种方法，只要能产生正确的结果，就是"正确"的方法。

书籍设计

　　书籍的设计过程与书籍本身的结构同等重要——甚至可以说更为重要。书籍设计者的首要任务是制订一份需求清单，明确书籍的架构与内容。只有在此基础上，书籍的编写才能顺利进行。实际上，我发现先撰写总结和练习，再创作其他内容会很有帮助。我在本书的许多章节中都采用了这种方式。

本系列图书专为像你这样志向明确的学生而设计，提供了一套完整的、端到端的 Linux 培训教程，目标是培养你成为一名 Linux 系统管理员（SysAdmin）。本书将带你从零开始学习 Linux，助你实现成为系统管理员的职业理想。

许多 Linux 培训课程都默认学员应该从初级用户课程开始学习。这些课程可能会涉及 root 用户在系统管理中的作用，但往往忽略了对未来系统管理员至关重要的实战经验。还有一些课程则完全避开了系统管理方面的内容。大部分课程的第一门课会展开一些 Linux 介绍，然后第二门课可能会介绍系统管理的基础知识，而第三门课可能会涉及更高级的管理主题。

坦白说，这种循序渐进的教学方法并不适合我们之中许多已经成为 Linux 系统管理员的人。我们之所以能走到这一步，至少部分归功于强烈的求知欲和对快速学习的渴望。此外，我认为这也与我们旺盛的好奇心密不可分。一旦掌握了一个基本命令，我们就会开始提问，通过实验来探索它的极限、可能导致故障的情形、以及使用不当时产生的后果。我们钻研用户手册（man page）和其他文档，了解命令在各种极端场景下的用法。如果问题无法自行出现，我们会主动去"制造"问题，研究其运作机理，并掌握解决方法。我们乐于面对失败，因为从解决问题中获得的知识远胜于一帆风顺的经历。

本系列图书从一开始就深入探讨 Linux 系统管理。你将学习使用和管理 Linux 工作站和服务器所需的大量 Linux 工具，而且每项任务往往可以灵活运用多种工具。书中还包含许多实验，为你提供系统管理员看重的实践经验。这些实验将一步步引导你领略 Linux 的优雅与精妙。你会发现，Linux 操作系统的精髓在于简洁，正是这种简洁性让 Linux 优雅并易于理解。

基于我多年来使用 UNIX 和 Linux 的经验，这三本书旨在向你介绍在 Linux 用户和 Linux 系统管理员的日常工作中会涉及的实际操作。

但是，每个系统管理员的知识体系不可能完全一致，每个人的起点、技能、目标都不同，管理的系统配置、软硬件故障、网络环境都可能存在差异。我们解决问题的思路和工具会受所接触的导师的影响，思考方式不同，对硬件的理解程度也有差别。正是一路走来的经历塑造了我们，成就了现在的系统管理员。

因此，我会在这套书中重点讲解我认为对大家重要的知识。这些知识能够提升你的技术，帮助你充分发挥创造力，独立解决你可能从未想过也未曾遇到过的问题。

经验告诉我，错误往往比成功更具教益。所以，遇到问题时，不要急于恢复到之前的快照，而应先试着分析错误产生的原因以及最佳的恢复方法。当然，如果在合理的时间内仍然无法解决，此时再恢复快照就是明智之举了。

　　需要明确的是，这套书不是认证考试的应试指南，其目标不是帮助你通过任何类型的认证考试，而是传授实用的系统管理技能，帮助你成为一名合格甚至优秀的 Linux 系统管理员。

　　目前，红帽（Red Hat）和思科（Cisco）的认证考试质量相对较高，它们注重考察应试者解决实际问题的能力。由于我没有参加过其他认证考试，因此对此了解有限。但需要指出的是，市面上的大多数认证培训课程和参考书都以通过考试为导向，而并非侧重于教授管理 Linux 主机或网络的实用技能。这并不能说明它们不够好，只是目标定位与本书有所不同。

本系列图书内容概览

《Linux 权威指南：从小白到系统管理员　上册（原书第 2 版）》

　　《Linux 权威指南：从小白到系统管理员　上册（原书第 2 版）》（简称"上册"）的前 3 章从整体上介绍操作系统（重点讲解 Linux），简要探讨了系统管理员的 Linux 哲学，以便为其余部分的内容做准备。

　　第 4 章引导你使用 VirtualBox 创建虚拟机和虚拟网络，搭建贯穿全书的实验环境。第 5 章带你完成 Xfce 版 Fedora 的安装，这是一款深受欢迎的强力 Linux 发行版。第 6 章聚焦 Xfce 桌面操作，让你在加深对命令行界面（Command Line Interface，CLI）理解的同时，也能无缝衔接图形化界面。

　　第 7、8 章将开启你的 Linux 命令行之旅，介绍常用命令和基本功能。第 9 章涉及数据流的概念以及相关的 Linux 操作工具。第 10 章简要介绍常用的文本编辑器，它们是资深 Linux 用户和系统管理员不可或缺的利器。你还将学习使用 Vim 编辑器来创建和修改 Linux 中大量用于配置和管理的 ASCII 纯文本文件。

　　第 11 ～ 13 章以系统管理员的角色进行实操，包括以 root 身份操作、安装软件更新或新软件包等具体任务。第 14、15 章侧重于各类终端模拟器和高阶终端技巧的讲解。第 16 章剖析计算机启动和 Linux 开机时的一系列流程。第 17 章指导你进行终端的个性化配置，大幅提升命令行操作的效率。

　　最后，第 18、19 章带你深入探索文件和文件系统的方方面面。

《Linux 权威指南：从小白到系统管理员　下册（原书第 2 版）》

　　《Linux 权威指南：从小白到系统管理员　下册（原书第 2 版）》（简称"下册"）聚焦于资深系统管理员必备的一系列高级知识。

　　第 1、2 章围绕逻辑卷管理（Logical Volume Management，LVM）展开深入探讨，并讲解

其原理。你还将学习如何通过文件管理器来进行文件和目录操作。第 3 章重点介绍"一切皆文件"的 Linux 核心概念，并通过生动有趣的示例展现其灵活的应用。

第 4 章聚焦于管理和监控处于运行状态的进程的工具。第 5 章侧重于 /proc 等特殊文件系统，它们无须重启就能对内核进行监控和调优。

第 6 章正式引出正则表达式这一强大工具，及其在命令行模式匹配方面的功能。第 7 章讲解如何通过命令行进行打印机和打印任务的管理。在第 8 章中，你将探索一系列工具来揭秘 Linux 系统硬件的底层信息。

第 9、10 章涉及命令行编程和管理任务自动化，由浅入深，循序渐进。第 11 章着重介绍 Ansible，这个强大的工具能够大幅简化远程主机上的大规模自动化管理。第 12 章讲解如何配置定时任务，让系统在指定时间自动执行特定操作。

网络相关的内容从第 13 章开始，第 14 章专门讲解 NetworkManager 工具的强大功能。

第 15 章介绍 B 树文件系统（B-Tree Filesystem，BtrFS）及其特性，同时指出 BtrFS 在多数应用场景下不是最优选择的原因。

第 16 ～ 18 章围绕 systemd 展开。作为新一代启动工具，systemd 同时还肩负着系统服务和工具管理的职责。第 19 章深入讨论 D-bus 和 udev，并阐释 Linux 如何通过它们实现设备的即插即用（Plug and Play，PnP）管理。第 20 章探讨传统 Linux 日志文件的使用，并学习配置 logwatch 工具以快速从海量日志中获取关键信息。

第 21 章介绍用户管理相关的任务，第 22 章介绍基本的防火墙管理操作。你将使用 firewalld 命令行工具，为内部、外部等不同网络环境创建防火墙区域，并管理网络接口的分配。

《Linux 权威指南：网络服务详解（原书第 2 版）》

在《Linux 权威指南：网络服务详解（原书第 2 版）》（简称《网络服务详解》）中，你将在现有虚拟网络中再创建一个虚拟机作为服务器来完成后续的学习任务。它还将取代虚拟网络中虚拟路由器的一些功能。

第 1 章通过向新虚拟机添加第二块网络接口卡（Network Interface Card，NIC）来完成工作站到服务器的角色转换，实现防火墙和路由器的功能。同时，你还将把它的网络配置从动态主机配置协议（Dynamic Host Configuration Protocol，DHCP）切换为静态 IP。这个过程需要你对两块 NIC 进行设置，一块连接到现有的虚拟路由器，从而连接外部网络，另一块连接包含原有虚拟机的内网。

第 2 章从客户端和服务器两方面深入讲解域名服务（Domain Name Service，DNS）的原理和配置。你将学习使用 /etc/hosts 文件进行简单的域名解析，接着搭建简易的缓存域名服务器，并最终把它升级为内网的主域名服务器。

在第 3 章中，你将通过修改内核参数和防火墙配置，把这台新服务器变为功能完备的路由器。

第 4 章围绕 SSHD 展开，实现 Linux 主机间的安全远程访问。同时还会提供一些远程命令执行的实用技巧，并教你创建一个简单的命令行程序来完成远程备份任务。

虽然安全性一直贯穿于过往的内容中，但第 5 章会覆盖额外的安全主题，包括物理硬件层面的安全以及深化主机防御，构建更安全的系统来抵御网络攻击。

在第 6 章中，你将学习使用易上手的开源工具进行备份的策略和方法，它们能轻松实现完整文件系统或单个文件的备份与恢复。

第 7 ～ 9 章带你安装和配置一款企业级的电子邮件服务器，让它具备识别与拦截垃圾邮件和恶意软件的能力。第 10 章聚焦 Web 服务器的搭建，第 11 章完成 WordPress 的部署，它是一款灵活而强大的内容管理系统。

第 12 章重温电子邮件的主题，带你使用 Mailman 来创建邮件列表。

第 13 章介绍远程桌面的访问方法，因为有的时候这是完成特定任务的唯一方式。

第 14 章从不同角度探讨软件包管理，指导你创建 RPM（Red Hat Package Manager，红帽包管理器）格式的包来分发自定义的脚本和配置文件。第 15 章讲解如何向 Linux 和 Windows 主机共享文件。

最后，考虑到你一定会有"学完之后往哪走？"这样的疑问，第 16 章会为你指明方向，帮助你规划进一步的学习。

本系列图书的学习方式

本系列图书虽然主要为自学而设计，但也完全适用于课堂环境。同时，它还可以作为一套高效、实用的参考书。过去，我在独立开展 Linux 培训和咨询时所编写的大量课程资料对我自己日常的运维工作大有裨益。其中的实验环节成为完成许多任务的范本，更在后来衍生为自动化的基础。我在设计本套书时沿用了很多原始的实验，因为它们时至今日仍具有借鉴意义，能够为我当前的工作提供很好的参考。

你会发现，本套书中会涉及一些看似过时的软件，例如 Sendmail、Procmail、BIND、Apache Web 服务器等。它们历久弥新，更准确地说，正是因为它们的成熟度与可靠性，才成为我维护自己的系统与服务器的首选，并最终被应用于本套书。我相信在实验中使用的软件都具备独特的优势，能让你洞悉 Linux 系统及相关服务背后的原理。一旦掌握了精髓，迁移到其他同类软件就会变得轻而易举。况且，这些"前辈"级软件的上手难度远没有一些人想象的那么大。

本系列图书的读者对象

如果你的目标是成为精通 Linux 的高级用户甚至系统管理员，那么这套书就是为你而写的。多数系统管理员都有着旺盛的好奇心以及深入钻研 Linux 系统管理的内在驱动力。我们热衷于通过拆解和重组来探究事物的原理，乐于解决各种计算机问题。

当计算机硬件发生故障时，我们会刨根问底地探究系统反应，甚至可能保留主板、内存、硬盘等有缺陷的部件来用于测试。写这段话时，我的工作站旁就连接着一块故障硬盘，我将用它来复现一些即将在书中介绍的故障场景。

最重要的是，我们这么做完全出于乐趣，即使没有明确的职业需求，我们也会乐此不疲地钻研。对计算机硬件和 Linux 的浓厚兴趣促使我们收集各类软硬件，就像集邮爱好者或古董收藏家那样。计算机是我们的职业，更是不变的嗜好。正如人们钟情于船只、运动、旅行、钱币、邮票、火车以及其他千奇百怪的事物一样，我们——真正的系统管理员——将计算机视为自己的珍宝。但这绝不意味着我们的生活只有计算机。我喜欢旅行、阅读、参观博物馆、听音乐会，以及乘坐古老的火车，我的集邮册仍然在，静待我再次决定拾起它。

事实上，优秀的系统管理员（至少那些我认识的）都有着多面的兴趣爱好。我们涉猎广泛，而这一切皆源于对万事万物无穷无尽的好奇心。所以，如果你对 Linux 有着如饥似渴的求知欲，迫不及待想要探索，那么无论你的过往经验如何，这套书籍都非常适合你。

如果你缺乏了解 Linux 系统管理的强烈愿望，那么这套书就不适合你。如果你只想在别人已经配置好的 Linux 计算机上使用几款常用软件，那这套书也与你无缘。如果你对华丽的图形界面背后所蕴藏的强大功能毫无兴趣，同样也不必选择这套书。

为什么写作这套书

有人曾问我编写这套书的初衷。我的回答很简单：为了回馈 Linux 社区。在我的职业生涯中，我曾受惠于多位良师益友，他们传授给我宝贵的知识，而我希望能将这些知识连同自己的经验分享给大家。

这套书脱胎于我曾经设计和讲授的三门 Linux 课程的幻灯片和实验项目。基于一些原因，那些课已经停授了。但我仍然希望将自己的 Linux 管理经验与技巧尽可能地传承下去。我期待这套书能让我回馈社区，延续那份我曾有幸从导师那里获得的教诲与启迪。

关于 Fedora 版本

这套书的第 1 版是基于 Fedora 29 编写的，而目前 Fedora 已经发展到了第 38 版。在编写第 2 版时，我不仅扩充了内容，更吸纳了尽可能多的勘误。

如果有必要，我会更新书中需要与时俱进的图像，例如屏幕截图。尽管背景和其他视觉元素可能已随版本更新而变化，但在很多情况下早期版本 Fedora 的截图仍然适用，这类截图我会保留。

只有在关系到内容准确性和逻辑清晰度时，我才会用新版本的截图替换旧版。书中有些内容示例来自 Fedora 29。如果你使用的是 Fedora 37、38 或之后更高的版本，那么背景等外观元素可能会有所差异。

致　谢 *Acknowledgements*

撰写一部"三卷"图书的第 2 版，尤其是内容繁杂的 Linux 培训教程，并非个人之力所能完成。相较于大多数其他书籍，这项工作的复杂性和烦琐性使得其更需要团队的协作与共同努力。在此过程中，对我影响最大的人是我的妻子 Alice，她始终是我坚实的支持者和亲密的朋友。没有她的关爱与支持，我无法完成这一艰巨任务。在此向 Alice 表达我的感激之情！

我还要向 Apress 出版社的编辑 James Robinson-Prior、Jim Markham 和 Gryffin Winkler 表示诚挚的谢意。他们不仅敏锐地洞察到推出第 2 版的必要性，还在我进行重大结构调整和引入大量新内容的过程中提供了有力支持。尤其值得提及的是，当我提出邀请一名学生担任第二技术编辑时，他们立即给予了积极回应，对此我深表感激。

我要向技术审稿人 Seth Kenlon 表示由衷的感谢。我们曾在早前的书籍以及 opensource.com 网站（该网站已停止运营，我曾在该网站上撰写文章）上有过紧密合作。我特别感激他对本系列图书的内容在技术精确性方面所做出的重要贡献。在这套书中，Seth 还提出了诸多关键建议，极大地提升了内容的流畅性和精确度。我曾评价 Seth 在编辑工作中几乎达到了"极端坦诚"的程度，这意味着他的坦诚几近刻薄。然而，我仍对他所做的工作表示感谢。

同时，我要特别感谢 Branton Brodie，他作为第二技术编辑参与了这三本书英文版的编辑工作。我们的相遇源于他对 Linux 的学习兴趣，当时我正着手撰写本书的第 2 版，我希望邀请一位学习相关内容的学生担任技术编辑，从学生视角阐述他们对这套书的看法。Branton 的贡献对我的工作至关重要，使我得以调整和阐释那些对于 Linux 或 Linux 系统管理尚不熟悉的读者来说可能不够清晰的描述和解释。

然而，鉴于写作时间和技术水平有限，书中难免存在疏漏和不足之处。在此，我恳请读者批评指正，以便进一步提升这套书的质量。

David Both 是一位热衷于开源软件及 GNU/Linux 的倡导者、培训师、作家和演讲者。他在 Linux 和开源软件领域耕耘逾 25 年，更是拥有长达 50 年的计算机行业经验。他是"Linux 系统管理员哲学"的忠实拥护者和布道者。他在 IBM 工作了 21 年，1981 年在佛罗里达州博卡拉顿担任 IBM 课程开发代表时，他为第一款 IBM PC 编写了培训课程。他曾为红帽公司讲授 RHCE 课程，并曾教授从"午餐学习"到五日完整课程的 Linux 课程。

David 的著作和文章体现了他传授知识、助力 Linux 学习者的诚挚愿望。他热衷于购买零部件并亲自动手组装计算机，确保每台新计算机均满足他严格的性能要求。自行组装计算机的优势之一是无须支付微软的相关费用。他最新的组装成果为一台搭载 ASUS TUF X299 主板和 Intel i9 CPU 的计算机，它具备 16 核（32 个 CPU）以及 64GB 内存，它们置于一台 Cooler Master MasterFrame 700 机箱之中。

David 著有 *The Linux Philosophy for SysAdmins*[⊖]（Apress，2018），并与他人合著了 *Linux for Small Business Owners*（Apress，2022）。如需联系作者，可发邮件至邮箱 LinuxGeek46@both.org。

㊀ 中文版《Linux 哲学》于 2019 年由机械工业出版社出版，书号为 978-7-111-63546-8。——编辑注

目 录 *Contents*

第 1 章 Chapter 1

导　读

目标

在本章中，你将学习以下内容：

❏ Linux 的价值主张。

❏ Linux 操作系统的特性，这些特性使得 Linux 成为一个理想的操作系统。

❏ 术语 "free" 应用于开源软件时的含义。

❏ Linux 的真相及其意义。

❏ 开源软件如何使系统管理员的工作更轻松？

❏ 典型系统管理员的一些特征。

❏ 全书中使用的实验结构。

❏ 两种可用于访问 Linux 命令行的终端环境。

1.1　关于 Linux

软件的价值在于它的实用性而非它的价格。

——林纳斯·托瓦兹（Linus Torvalds）

前面的话引自 Linux 的创造者林纳斯·托瓦兹，它完美地描述了免费开源软件（Free Open Source Software，FOSS），尤其是 Linux 的价值主张。那些性能不佳，或不能满足用户需求的昂贵软件其价值非常低；相反，满足用户需求的免费软件对这些用户来说具有巨大的价值。

大多数开源软件都属于后一类。绝大多数人发现它是一种非常有用的软件，这也是它具有如此巨大价值的原因。在我使用 Linux 超过 25 年的时间里，我个人只下载并使用过一个专有软件应用程序。

Linux 本身是一个完整的开源操作系统，具有开放、灵活、稳定、可扩展、安全等特点。与所有操作系统一样，它在计算机硬件和其上运行的应用软件之间架起了一座桥梁。它还提供了系统管理员工具，可以用来监视和管理以下内容：

- ❑ 操作系统本身的功能和特性。
- ❑ 文字处理器等生产力软件，电子表格，金融、科学、工业和学术软件等。
- ❑ 底层硬件，例如温度和运行状态。
- ❑ 用来修复错误的软件更新。
- ❑ 从操作系统的某个发布版本升级到下一个更高版本。

需要由系统管理员执行的任务与操作系统的哲学是密不可分的，无论是从执行这些任务的工具，还是从给予系统管理员执行这些任务的自由度来看都是如此。让我们简要地看一下 Linux 和 Windows 的诞生，并探讨它们的创建者的理念如何影响系统管理员的工作。

1.2　Windows 的诞生

专有的 DEC VAX/VMS[⊖]操作系统是由认同闭源理念的开发者设计的。也就是说，应该保护用户免受系统内部"变幻莫测"[⊜]的影响，因为用户害怕计算机。

Dave Cutler[⊜]是 DEC VAX/VMS 操作系统的编写者，也是 Windows NT 的首席架构师，Windows NT 是所有当前 Windows 系列操作系统的始祖。微软从 DEC 挖走了 Cutler，目的是让他编写 Windows NT。作为他与微软交易的一部分，微软允许他从 DEC 带来许多顶级工程师。因此，如今的 Windows 版本虽然与 Windows NT 相差甚远，但仍有 Windows NT 的影子，这不足为奇。

黑匣子"综合征"

让我们来看看专有软件对试图修复它的人意味着什么。我将用一个简单的黑匣子示例来表示一些假想的已编译的专有软件。这个软件是由一个假想的公司编写的，该公司希望对源代码保密，这样他们所谓的"商业机密"就不会被窃取。

作为这个假想的专有软件的假想用户，我不知道所访问的编译后的机器语言代码中发生了什么。这种限制的一部分是由于合同产生的：在许可协议中明确禁止我对机器代码进行逆向工程以生成源代码（请注意，我没有说"合法"）。这段假想的代码唯一的作用是，

⊖ 大约于 1991 年底改名为 OpenVMS。

⊜ Gancarz, Mike, *Linux and the Unix Philosophy*, Digital Press, 2003, 146–148。

⊜ ITPro Today, *Windows NT and VMS: The Rest of the Story*, www.itprotoday.com/management-mobility/windows-nt-and-vms-rest-story。

当输入数值小于或等于 17 时输出" no"，当输入数值大于 17 时输出" yes"。⊖ 这个结果可以用来确定我的客户是否在订单数达到 17 件或以上时获得折扣。

这个软件用了很长时间，一切似乎正常，直到我的一个客户投诉，他们没有享受到应有的折扣。

简单地测试数字 0 ~ 16，能得到正确的输出" no"。测试 18 以上的数字能得到正确的输出" yes"。测试数字 17 会错误地输出" no"。为什么会这样？我们无法知道原因！该程序在恰好为 17 的边界情况下出错。我可以推测，在代码中存在不正确的逻辑比较，但是在无法获得源代码的情况下，我无从知晓真正的原因。我既不能验证这一点，也无法自己修复它。所以我把这个问题反馈给了软件供应商。他们告诉我会在下一个版本中修复这个问题。我问："那是什么时候？"他们回答："大约六个月。"

我现在必须指派一名工人检查每笔销售的结果，以核实客户是否应该享受折扣。如果他们应该享受折扣，我们就让员工开具一张退款支票，以及一封情况解释信一起寄给客户。

已经过去几个月了，供应商仍然没有更新错误的版本，我打电话询问修复的进度。他们告诉我，因为我是唯一遇到这个问题的用户，所以他们决定不解决这个问题。潜台词就是"抱歉，你没有花足够的钱来支撑我们解决这个问题。"他们还告诉我，我购买软件的那家公司被一家风险投资公司收购，风险投资公司成为新的负责人，他们将不再销售和维护该软件。

我留下的是没用的软件，错误不会被修复，我自己对此也无能为力。购买了这个软件的其他消费者也不能在遇到这个问题时去修复它。

因为它是完全封闭的，并且它所存在的密封盒子是不可透视的，所以专有软件是不可知的。Windows 就是这样的。甚至大多数 Windows 维护人员也不知道它是如何工作的。这就是为什么修复 Windows 问题最常见的做法是重新启动计算机——因为不可能对任何封闭的、不可知的系统进行推理。

像 Windows 这样的操作系统，它让用户不受其拥有的权力的影响，这是基于这样一个基本假设开发的：用户不够聪明或知识不够渊博，不能完全拥有计算机所能提供的全部权力。这些操作系统是限制性的，并且具有用户界面（包括命令行和图形界面），从设计上通过用户界面强化了这些限制。这些限制性的用户界面使得普通用户和系统管理员像是进入了一个没有窗户的封闭房间，然后砰的一声关上门，并重重锁上它。这个锁着的房间阻止了他们做许多一目了然的事情，而这些事情可以通过 Linux 完成。

在这种限制性操作系统中，命令行界面提供了相对较少的命令，对任何人可能从事的活动提供了事实上的限制。有些用户觉得这很舒服。我不这么认为，并且从你正在阅读本书这一情况来看，似乎你也不这么认为。

⊖ 原作有误，此处应为：当输入数值小于 17 时输出" no"，当输入数值大于或等于 17 时输出" yes"。——编辑注

1.3　Linux 的诞生

简而言之，在 Ken Thompson 和 Dennis Ritchie 的带领下，UNIX 的开发人员以一种对他们有意义的方式将 UNIX 设计为开放的和可访问的。他们创建了规则、指南和程序性方法，然后将它们设计到操作系统结构中。这对系统开发人员很有效，同时至少在一定程度上对系统管理员也有效。关于 UNIX 操作系统的指导集合被编纂成 *The Unix Philosophy* 一书，该书由 Mike Gancarz 撰写，后来由 Gancarz 先生更新为 *Linux and the Unix Philosophy*。

另一本好书是 Eric S. Raymond 写的 *The Art of Unix Programming*，书中提供了作者对 UNIX 环境下编程的理论观点。这也是作者所经历和回忆的一段 UNIX 发展史。这本书也能够在因特网（Internet）上免费获得。

1991 年，Linus 在芬兰的赫尔辛基使用 Minix 上计算机科学课。Minix 是由 Andrew S. Tanenbaum 编写的一个 UNIX 微缩版。Linus 对 Minix 感到不满意，因为至少对他而言，Minix 有很多不足之处。因此，他编写了自己的操作系统，并将代码分享到了互联网上。这个小小的操作系统最初只起源于一个爱好，最终由于其创造者的贡献而被称为 Linux，并在 GNU GPL 2 开源许可证（通用公共许可证）下发布。

Wikipedia 和 DigitalOcean 上记录了 Linux 的历史。如果想了解更多个人历史，请阅读 Linus Torvalds 所著的书 *Just for Fun*。

1.4　敞开的匣子

让我们想象一下与上一个例子中相同的软件，但这次，软件是由一家将它开源的公司编写的，并提供需要的源代码。同样的问题发生了。在这种情况下，我把这个问题反馈给他们，他们说没有其他人遇到这个问题，他们会调查这个问题，但不能保证能很快解决。

所以我下载了源代码。很快我就发现了问题，并为其编写了一个快速补丁。在测试环境中，我在客户的一些样本上测试了该补丁，并且结果表明问题已经修复。我将补丁连同我的基本测试结果一起提交给该公司。他们告诉我这很酷，并将补丁添加到他们自己的代码库中，通过测试运行它，然后确认修复工作。这时，他们将修改后的代码添加到代码库的主干中，一切都很顺利。

当然，如果他们被收购了，或者基于其他原因无法或不愿继续维护软件，结果都是一样的。我仍然拥有开源代码，修复它，并让接管开源产品开发的任何人都可以使用它。这种情况发生过不止一次。有一次，我从拉脱维亚的一个开发人员那里接手了一些脚本代码的开发工作，他没有时间维护，我就维护了好几年。

在另一个例子中，一家大公司收购了一家名为 StarOffice 的软件公司，他们以 OpenOffice. org 的名字开源了他们的办公套件。后来，一家大型计算机公司收购了 OpenOffice.org。这个新组织决定依托现有的代码开始创建他们自己的软件版本。结果是相当失败的。大多数开源版本的开发者转移到新的开源组织，该组织维护重新发布的软件，现在称为LibreOffice。OpenOffice 现在则萎靡不振，无人问津。反观 LibreOffice 却蓬勃发展。

开源软件的优势之一是源代码总是可用的。任何开发人员都可以接管并维护它。即使某些个人或组织试图接管它并获得其所有权，他们也无法做到。因为源代码仍然在那里，任何开发人员或团体都可以将其"创建"成一个新的但又相同的产品。以 LibreOffice 为例，世界各地有成千上万的人在必要时贡献新的代码和修复程序。

开源的主要优势之一是可以获得源代码。任何人都可以查看并修复软件，然后将该修复提供给软件社区的其他成员。

在开放源码软件的背景下，术语"open"意味着任何人都可以免费获得源代码，并不受限制地查看和检查。任何具有合适能力的人都拥有对代码进行修改，以增强其功能或修复错误的合法权利。

2018 年 6 月 3 日发布的 Linux 内核最新版本 4.17，来自世界各地众多不同组织的 1700多名开发人员为内核代码贡献了 13,500 处更改。这甚至还没有统计 Linux 操作系统的其他核心组件的更改，例如核心工具集，也没有统计主要的软件应用程序，例如，我用来写书、写文章、制作电子表格、绘图、演示等的强大的办公套件——LibreOffice。像 LibreOffice这样的项目有数百名自己的开发人员。

这种开放性使系统管理员以及其他所有人都可以很容易地探索操作系统的各个方面，并充分理解它的运行原理。这意味着可以利用 Linux 方面的全部知识，在有条不紊的推理过程中使用其强大的开放工具，从而解决问题。

1.5 Linux 的本质

UNIX 不是为了阻止用户做蠢事而设计的，因为那样也会阻止用户做聪明的事情。

——Doug Gwyn

这句话概括了 UNIX 和 Linux 的最高真理和理念：操作系统必须信任用户。只有通过扩展这种完全信任的措施，用户才能使用操作系统所提供的全部权限。这个道理适用于Linux，因为它是 UNIX 的直接继承者。

Linux 的本质导致操作系统对用户（特别是 root$^\ominus$用户）的行为没有任何限制。root 用户可以在 Linux 计算机上做任何事情，对 root 用户没有任何类型的限制。尽管针对 root 用户有一些管理上的防范措施，但 root 用户总是可以消除这些轻微的障碍，按自己的想法做一些事情。

非 root 用户将受到一些限制，但他们仍然可以做很多聪明的事情。对非 root 用户设置的限制主要是为了防止他们做一些干扰其他人自由使用 Linux 主机能力的事情。这些限制

$\ominus$ root 用户是 Linux 主机的管理员，可以执行所有操作。与其他操作系统相比，Linux 中非 root 用户的限制也很少，但还是有一些，我们将在本书后面看到。

无法阻止普通用户对自己的用户账户造成巨大伤害。

即使是最有经验的用户，他们在使用 Linux 时也会做一些"愚蠢的事情"。我的经验是，由于能够开放获取操作系统的全部功能，我可以更容易地从自己并不罕见的愚蠢行为中恢复过来。我发现大多数情况下，甚至不需要重启就可以通过几个命令解决问题。在某些情况下，我需要切换到较低的运行级别来解决问题。我很少需要启动到恢复模式来编辑配置文件，除非它严重损坏，导致了包括无法启动在内的严重问题。特别是在出现故障的时候，要想完全释放它的力量，需要了解 Linux 的基本原理、结构和技术。只需要系统管理员稍微了解一下 Linux，就能充分发挥其潜力。

1.6　知识

任何人都可以记忆、学习命令和程序，但死记硬背并不是真正的知识。如果不了解 Linux 的原理、它的优雅结构，以及它是如何实现的，就不可能正确地应用命令，并将其作为工具来解决复杂的问题。我见过一些有丰富的 Linux 知识的人无法解决一个相对简单的问题，因为他们不了解系统表面下优雅的结构。

作为一名系统管理员，我在许多工作中的部分职责是协助招聘新员工。我参加了很多技术面试，面试的人都通过了很多微软认证，简历也不错。在另一些面试中，我们需要有 Linux 技能的人，但很少有面试者有证书。当时微软认证是一件大事，但在数据中心 Linux 的早期阶段，很少有申请人获得认证。

我们通常会在面试开始时对面试者提出一些问题，以确定其知识范围。然后我们会提问更具体的问题，这些问题将测试他们推理并找到解决方案的能力。我注意到一些非常有意思的结果。持有 Windows 证书的面试者很少能够针对我们提出的问题进行推理，而具有 Linux 背景的面试者中有很大一部分能够做到这一点。

我认为之所以会出现这一结果，部分原因是获得微软认证依赖于记忆，而不是实践经验；另外一个因素就是，Windows 是一个闭源系统，妨碍了系统管理员完全了解其是如何工作的。我认为 Linux 应聘者能做得更好，是因为 Linux 在多个层次上开源，进而导致一个结果，相关逻辑及原因可以用来辨别和解决任何问题。任何已经使用了一段时间 Linux 的系统管理员都必须了解 Linux 的架构，并且积累大量应用所学知识、逻辑及原因来解决问题的经验。

1.7　灵活性

灵活性意味着能够在任何平台上运行，而不仅仅是 Intel 和 AMD 处理器。可扩展性指的是性能，而灵活性指的是在多种处理器架构上运行。

Wikipedia 有一份很长的 Linux 支持的中央处理器（Central Processing Unit，CPU）架

构列表。根据我的统计，目前已有超过 100 种 CPU 架构可以运行 Linux。请注意，此列表会发生变化，会时不时添加或移除 CPU。不管怎么说，Linux 可以在很多架构上运行，这一点是很明确的。如果 Linux 目前不支持你的架构，通过一些操作，你可以重新编译它以在任何 64 位系统和一些 32 位系统上运行。

这种广泛的硬件支持意味着 Linux 可以在任何设备上运行，从树莓派（Raspberry Pi）到电视机，到车载娱乐系统、手机、DVR，再到国际空间站⊖上的计算机，以及地球上最快的 500 台超级计算机等。同一个操作系统可以运行任何厂商的从最小到最大的任何计算设备上。

1.8 稳定性

当稳定性这个术语被不同的人应用到 Linux 上时，它可以有多种含义。我自己对这个术语的定义是，运行 Linux 几周或几个月而不崩溃或引起问题，我不用担心可能会丢失正在从事的重要项目的数据。

如今，Linux 很容易满足这一要求。在任何时候，我总是有几台运行 Linux 的计算机，从这个意义上说，它们都不间断地运行。我有工作站、服务器、防火墙和一些用于测试的设备，它们都可以正常运行。

这并不是说 Linux 从来没有任何问题。没有什么东西是完美的。其中许多问题是由我自己对一个或多个特性的错误配置引起的，也有一些是由于我使用的一些软件出现问题而引起的。有时应用程序会崩溃，但这种情况非常少见，通常与我使用 KDE 桌面时遇到的问题有关。

如果浏览过我的个人网站，你就会知道，在过去数年里，我在 KDE GUI（Graphical User Interface，图形用户界面）桌面方面遇到了一些问题，而且它有两个明显的不稳定时期。第一个例子发生在许多年前，大约在 Fedora 10 时期，KDE 正在从 KDE 3 过渡到具有许多有趣特性的 KDE Plasma 4 桌面。在这种情况下，我使用的大多数特定于 KDE 的应用程序都没有为新的桌面环境完全重写，因此缺乏所需的功能，或者会出现崩溃等问题。第二个例子在最近仍然存在，桌面被锁定、崩溃，或不能正常工作。

在这两种情况下，我都可以使用其他桌面在完全稳定的环境中完成工作。在第一个例子中，我使用了 Cinnamon 桌面。而在第二个例子中，我使用了 LXDE 桌面。然而，底层软件、内核和在界面之下运行的程序都能继续正常运行。这是稳定性的第二个方面：即使是桌面崩溃了，底层的逻辑也会继续运行。

我现在使用 Xfce 桌面，我很喜欢它。

⊖ ZDNet, *The ISS just got its own Linux supercomputer*, https://www.zdnet.com/article/the-iss-just-got-its-own-linux-supercomputer/。

1.9　可扩展性

可扩展性对于任何软件都是极其重要的，对于操作系统而言尤其如此。从手表到手机（Android）、笔记本计算机、功能强大的工作站、服务器，甚至是世界上最强大的超级计算机，运行相同的操作系统可以使网络管理员或IT经理的工作变得更加简单。Linux是目前唯一能提供这种级别可扩展性的操作系统。

自2017年11月以来，Linux已经驱动了世界上所有最快的超级计算机[⊖]。世界上排名前500的超级计算机全部运行某种形式的Linux，预计这种情况将继续下去。通常有专门为超级计算机设计的Linux发行版。Linux也可以支持更小的设备，如Android手机和Raspberry Pi单板计算机（Single Board Computer，SBC）。超级计算机的速度非常快，可以同时进行许多不同的计算。然而，一个用户可以访问一台超级计算机的全部资源是很不现实的。许多用户共享这些资源，每个用户执行自己的一组复杂计算。

Linux可以在任何计算机上运行，从最小的到最大的计算机，以及介于两者之间的计算机。

1.10　安全性

在学习本书的过程中，我们会讨论很多关于安全性的内容。在互联网不断遭受攻击的今天，安全是一个关键的考虑因素。如果你认为他们不是冲着你来的，那么让我告诉你，他们就是冲着你来的。你的计算机时时刻刻都在遭受攻击。

大多数Linux发行版从安装开始就非常安全。它提供了许多工具，以确保在需要时具有严密的安全性，以及允许对计算机的特定访问。例如，你可能希望允许从限定数量的远程主机进行安全终端（Secure Shell，SSH）访问，允许从世界上任何地方访问Web服务器，允许从任何地方向Linux主机发送电子邮件。然而，你可能还想阻止黑客（至少是暂时的）强行进入的访问尝试。其他安全措施可以保护你的个人文件不受同一主机上其他用户的影响，同时仍然允许你与他人共享你选定的文件。

本书中讨论的许多安全机制都是在Linux诞生之初就设计并内置在其中的。Linux的架构是从头开始设计的，就像它的祖先UNIX一样，Linux提供安全机制，可以保护文件和正在运行的进程免受来自内部和外部源的恶意攻击。Linux安全性不是一个附加特性，它是Linux不可分割的一部分。正因为如此，我们关于安全性的大部分讨论将贯穿本书。有一章是关于安全性的，但它旨在涵盖其他地方未涵盖的少数内容。

1.11　自由使用权

当自由使用权应用于自由开源软件时，它的含义与大多数其他情况完全不同。在自由

⊖　Top 500, https://www.top500.org/statistics/list/。

开源软件中，自由是指对软件做想做的事情的自由。这意味着如果我需要，可以很容易地访问源代码，对代码进行更改并重新编译。

自由使用权意味着我可以下载 Fedora Linux、Firefox 或 LibreOffice 的副本，可以安装在任意计算机上。这意味着我可以通过向朋友提供副本或将其安装到属于我客户的计算机上来共享下载的代码，包括可执行文件和源代码。

自由使用权也意味着我们不需要担心许可证警察会出现在我们家门口，要求我们支付巨额的费用。一些"过度安装"操作系统或办公套件许可证数量很多的公司会遇到这种情况。这意味着我不需要输入一个很长的"密钥"来解锁我购买或下载的软件。

我们的软件权利

我们在使用开源软件时所享有的自由使用权应该是我们下载开源软件时所获得的许可的一部分。开源软件的定义可以在 OSI（Open Source Initiative，开放源代码促进会）网站上找到。这个定义描述了使用开源软件的自由和责任。

问题是有许多许可证声称是开源的，但是其中有些是开源的，有些则不是。为了成为真正的开源软件，许可证必须满足本定义中指定的要求。这个定义不是许可证——它规定了任何许可证必须遵守的条款（如果它所附带的软件在法律上被认为是开源的）。如果任何定义的术语都不存在于许可证中，那么它所引用的软件就不是真正的开源软件。

本书中使用的所有软件都是开源软件。

尽管这个定义很重要，但我没有把它包括在这里，因为它并不是本书的重点。你可以访问前面引用的网站，或者在《Linux 哲学》中阅读更多关于它的内容。我强烈建议你至少去网站上阅读一下定义，这样你就能更全面地了解什么是真正的开源软件，以及你拥有哪些权利。我也喜欢 opensource.com 网站上对 Linux 的描述，以及该网站中其他的开源资源。

1.12　长生命周期

长生命周期是一个有趣的词。我在这里用它来帮助澄清一些我听到的很多人的描述。这些描述通常类似于"Linux 可以延长现有硬件的寿命"或"让旧硬件远离垃圾场和回收站"。

这个思想是，你可以在更长时间范围内去使用你的旧计算机，这样做延长了计算机的使用寿命，减少了你一生中需要购买的计算机数量。这既减少了对新计算机的需求，也减少了旧计算机被丢弃的数量。

我写过 Linux 是如何帮助旧计算机持续运行并远离垃圾场和回收站的相关文章。我在 opensource.com 上的一篇文章是"How Linux rescues slow computers (and the planet)"，文中提到了我的一台计算机，其 BIOS（Basic I/O System，基本输入输出系统）日期是 2010 年。

现在我有一台老 Dell，我正用它干活，它的 BIOS 日期是 2005 年。根据 Intel 的网站，奔腾 4 处理器发售于 2004 年第一季度。因此，要评估计算机的"年龄"，BIOS 日期同其他工具一样好用。

你可以看一下这个系统的规格，配置是相当低的：

```
################################################################
# MOTD for Thu Sep  1 03:23:02 AM EDT 2022
# HOST NAME:          test1.both.org
# Machine Type:       physical machine.
# Host architecture:  X86_64
#--------------------------------------------------------------
# System Serial No.:  CXXXXXY
# System UUID:        44454c4c-5900-1051-8033-c3c04f423831
# Motherboard Mfr:    Dell Inc.
# Motherboard Model:  0F8098
# Motherboard Serial: ..Cxxxxxxxx00TQ.
# BIOS Release Date:  05/24/2005
#--------------------------------------------------------------
# CPU Model:          Intel(R) Pentium(R) 4 CPU 3.00GHz
# CPU Data:           1 Single Core package with 2 CPUs
# CPU Architecture:   x86_64
# HyperThreading:     Yes
# Max CPU MHz:
# Current CPU MHz:    2992.644
# Min CPU MHz:
#--------------------------------------------------------------
# RAM:                3.142 GB
# SWAP:               3.142 GB
#--------------------------------------------------------------
# Install Date:       Wed 31 Aug 2022 09:26:13 PM EDT
# Linux Distribution: Fedora 36 (Thirty Six) X86_64
# Kernel Version:     5.19.4-200.fc36.x86_64
#--------------------------------------------------------------
# Disk Partition Info
# Filesystem      Size  Used Avail Use% Mounted on
# /dev/sda2       298G  9.8G  287G   4% /
# /dev/sda2       298G  9.8G  287G   4% /home
# /dev/sda1       974M  226M  681M  25% /boot
################################################################
```

它使用了一个 3GHz 的奔腾 4 单核超线程处理器，勉强相当于两个 CPU。原始配置 2GB 的 DDR 533 内存，所以我为其加配了 2GB 内存，总内存达到了 4GB，这也是这一系统所能支持的最大内存。

很自然地，我为其安装了 Linux，就是为了观察它用起来会怎么样。配合最新版本的 Fedora，这台旧计算机工作得不赖。我下一步的测试是，看看通过 VirtualBox 运行虚拟机会得到怎样的效果。

所以当我说 Linux 能让旧计算机持续运转时，是实事求是的。Linux 让这些旧计算机免受恶意软件及臃肿软件的侵害，而这些软件正是拖慢计算机的罪魁祸首。

Linux 防止了不断实施的计划性报废，这种报废往往是为了支持升级而需要更多、更快的硬件的需求引起的。这就意味着，我不必仅仅为了升级到最新版本的操作系统而添加更多的内存或硬盘空间。

我一直使用一台购于 2006 年 5 月的联想 ThinkPad W500，直到它报废。与现在的大部分笔记本计算机相比，它又旧又笨重，但我非常喜欢它，它曾是我唯一的笔记本计算机。我在大多数旅行中都带着它，用它来培训。它的 Intel Core2 Duo 2.8GHz 处理器、8GB RAM 和 300GB 硬盘驱动器足以支持 Fedora 运行几个虚拟机，可以作为教室网络和互联网之间的路由器和防火墙，可以连接到投影仪来显示我的幻灯片，还可以用来演示 Linux 命令的使用。我在上面使用了当时最新的 Fedora 37。这台笔记本计算机（我亲切地称之为 vgr）我使用了 12 年多，这真是太令人惊讶了。

它在 2018 年 10 月因多个硬件问题而报废，我用 System76 Oryx Pro 替换了它，这台 System76 Oryx Pro 配有 32GB RAM、6 核（12 线程）的 Intel i7 和 2TB 的 SSD。我希望这台新笔记本计算机至少能使用 15 年。

然后是我最初的 Eee PC 900 上网笔记本计算机，配有 1.8GHz 的 Intel Atom CPU、2GB 的 RAM 和 8GB 的 SDD。它运行 Fedora，一直到 Fedora 37，长达 10 年，直到它也开始出现硬件问题。

Linux 绝对可以让旧硬件变得有用。

数据

长生命周期的另一方面是开源软件，它们以开放格式来存储数据，并且文档完善。那些我在十多年前所写的文档仍然可读，即使用现在使用的 LibreOffice 的早期版本以及其前身 OpenOffice、更早的 StarOffice，或使用 LibreOffice 的最新版本都可以。我从不担心软件的升级会将我的老文档作废。

1.13 抵抗恶意软件

我可以让旧硬件运行更长时间的另一个原因是，Linux 抵抗恶意软件感染的能力很强。它并不是完全对恶意软件免疫的，但我的系统从来没有被感染过。即使我的笔记本计算机连上了各种我无法控制的有线和无线网络，也从未被感染过。

我没有经历大规模的恶意软件感染，这些感染导致大多数人的计算机慢到无法忍受，我所有的 Linux 系统保持全速状态运行。正是这种逐渐变慢的现象会让人认为他们的计算机又旧又没用，即使是在大型站点或商场的计算机商店进行多次"清理"之后依然没有明显好转，所以人们把它们扔掉，并再买一个。

Linux 消除了这些问题。

1.14　我应该成为一名系统管理员吗

由于本书旨在帮助你成为系统管理员，因此了解你是否已经成为系统管理员是非常有用的，无论你是否意识到这一事实，或者你是否表现出对系统管理的一些倾向。让我们看看系统管理员需要做的一些工作，以及系统管理员应该具备的一些品质。

Wikipedia 将系统管理员定义为"负责维护、配置和可靠运行计算机系统的人，特别是多用户计算机，如服务器"。根据我的经验，这可以包括计算机和网络硬件、软件、机架和脚本、机房等。

典型的系统管理员的工作可以有很多种。在小型企业中，系统管理员可能负责所有与计算机相关的工作。在较大的公司中，多个系统管理员可以分担保持运行所需的所有任务的责任。在某些情况下，你可能甚至不知道自己是系统管理员；你的经理可能只是简单地告诉你在办公室里维护一台或多台计算机，不管你喜不喜欢，这就使你成为一名系统管理员。

还有一个术语"DevOps"，用于描述以前独立的开发和运营组织的交集。过去，这主要是关于开发和运营之间更紧密的合作，包括教系统管理员编写代码。现在的重点转移到教程序员执行运维任务。参与系统管理员的任务使这些人也成为系统管理员，至少在部分时间是这样。当我在思科工作时，我从事的是 DevOps 类型的工作。一部分时间我编写代码来测试 Linux 设备，其余时间我在测试这些设备的实验室担任系统管理员。那是我职业生涯中一段非常有趣和有益的时光。

我创建了这个简短列表来帮助你确定自己是否具备系统管理员的某些品质，据此你就知道自己适不适合做系统管理员了。

1）你认为这本书读起来很有趣。

2）与看电视相比，你更愿意花时间学习计算机。

3）你喜欢把东西拆开看看它们是如何工作的。

4）在这些东西仍然有效的情况下，有时别人会要求你将它们重新组装起来。

5）人们经常请你帮助他们维修计算机。

6）你知道开源的意义。

7）你会记录你所做的一切。

8）你认为计算机比大多数人更容易交流。

9）你认为命令行可能很有趣。

10）你喜欢完全掌控的感觉。

11）你了解软件行业中"啤酒自由"（free as in beer，不花钱的啤酒，代指免费软件）和"言论自由"（free as in speech，言谈的自由，指代开源软件）这两种说法的区别。

12）你已经安装了一台计算机。

13）你曾经修理过或升级过你自己的计算机。

14）你已经安装或尝试安装 Linux。

15）你有一个 Raspberry Pi 系统。

16）由于经常更换组件，因此你的计算机不盖外壳。

17）其他。

相信根据上面列出的条目，你有了想法。我可以列出更多可能使你成为优秀系统管理员的内容，但我相信你能想到更多适用于你的东西。底线就是你有好奇心，喜欢探索设备内部的工作原理，想了解事物是如何工作的——特别是计算机，你喜欢帮助别人，你想掌控一些我们在日常生活中遇到的技术，而不是让它完全控制你。

1.15　关于本书

如果你问我一个关于如何在 Linux 中执行某些任务的问题，我在回答问题之前会解释 Linux 是如何工作的，这至少是我给大多数人的回答。我更倾向于解释事物是如何工作的，我认为对于系统管理员来说，理解事情为什么这样，以及掌握 Linux 的架构是非常重要的，这样能够最有效地工作。

因此，在我们阅读本书时，我将详细解释很多事情。在大多数情况下，这不会是一门课程，你将在其中被告知在没有任何理由的情况下键入命令。第 4 章中的准备工作也会有一些解释，但可能不如本书其余部分那么多。如果没有这些解释，命令的使用将只是死记硬背，而这并不是我们大多数系统管理员学习的最好方式。

UNIX 非常简单，只是需要天才才能理解它的简单。

——Dennis Ritchie

我提供的解释有时会包括历史参考资料，因为 UNIX 和 Linux 的历史说明了 Linux 为什么以及如何实现如此开放和易于理解。Ritchie 的评价也适用 Linux，因为 Linux 被设计为 UNIX 的一个版本。是的，Linux 很简单。你只需要一点指导来告诉你如何自己探索它。这是你将在本书中学到的内容的一部分。

Linux 的简单之处在于它是完全开放和可探索的，你可以以非常强大和启发性的方式访问它的任何内容。本书包含许多实验，旨在探索 Linux 架构以及向你介绍新命令。

为什么你会认为，Windows（无论你从哪里获得它）支持总是从重新启动系统开始？因为它是一个封闭系统，而封闭系统不可知。因此，解决问题的最简单方法是重新启动系统，而不是深入研究问题，找到根本原因并进行修复。

1.16　关于实验

作为一名实操型的系统管理员，我喜欢使用命令行来学习新命令，探索执行任务的新方法以及 Linux 的工作原理。我为本书设计的大部分实验都是我自己探索进行的，可能有一些针对练习时的小改动，以支持它们在虚拟机中的使用。

　　我使用"实验"这个词是因为它们不仅仅是简单的实验室项目，它旨在让你不会盲目地跟随自己的好奇心走下去。这些实验旨在引领你迈入该领域。这是使用虚拟机的原因之一，这样生产机器就不会受到伤害，你可以安全地尝试你好奇的事情。使用 VirtualBox 等虚拟化软件使我们能够运行标准化硬件的软件。它允许我们在你的硬件计算机上运行一台或多台虚拟机，我们可以在其中安装任何操作系统。这看起来很复杂，我们将在第 4 章中创建虚拟网络和虚拟机为实验做准备。

　　尽管我们有不同的学习方式，但系统管理员都是好奇的、亲力亲为的人。我认为拥有实践经验对系统管理员很有帮助。这就是实验的目的——提供一个超越理论的机会，并以实际的方式实践你学到的东西。尽管有些实验为了说明特定的观点而有些做作，但它们仍然是有效的。

　　这些富有启发性的实验并没有藏在每一章或本书的末尾，因为这样的话它们很容易被忽略——它们穿插在书中，是本书不可或缺的一部分。建议你在阅读本书时进行实验。

　　每个实验的命令和部分结果将出现在实验部分，如下所示。一些实验只需要一个命令，因此只有一个实验部分。其他实验可能更复杂，会被分为两个或更多个实验。

实验示例

　　这是一个实验的示例。每个实验都会有说明和代码，供你在计算机上输入并运行。

　　许多实验会有一堆啰嗦的说明，就像本段一样。只需按照说明进行操作，实验就会正常进行。

　　你为实验输入的代码示例如下所示：

```
[root@testvm1 ~]# echo "This is a command you enter for experiments"
```

　　这是你为实验输入的一条命令：

```
[root@testvm1 ~]#
```

　　实验到此结束。

　　其中一些实验可以作为非 root 用户执行，这比以 root 身份执行所有操作要安全得多。但是，对于其中的许多实验，你需要成为 root 用户。在用于练习的虚拟机（例如你将在第 4 章中创建的虚拟机）上进行这些实验被认为是安全的。无论它们看起来多么良性，你都不应该在生产系统（无论是物理的还是虚拟的）上执行这些实验。

　　有时我想展示一些有趣的代码，但你不应该将其作为实验的一部分运行。对于这种情况，我会将代码和支持文本放在代码示例部分，如下所示。

代码示例

　　旨在说明某些观点的代码，但是你不应该考虑在任何计算机上运行这些代码：

```
echo "This is sample code which you should never run."
```

警告　请勿在生产系统上执行本书中介绍的实验。你应该使用指定用于此实验的虚拟机。

1.17 如果实验不起作用该怎么办

1）这些实验是独立的，除了 U 盘或先前执行的实验结果外，它不依赖于任何设置。某些 Linux 实用程序和工具必须存在，但这些都应该在标准 Fedora Linux 工作站安装版或其他主流通用发行版上可用。因此，所有这些实验都应该"有效"。我们都知道这是怎么回事，对吧？所以当事情确实失败时，首先要做的事情就很明显了。

2）验证输入的命令是否正确，这是我自己遇到的最常见的问题。

3）你可能会看到一条错误消息，找不到该命令。Bash 终端显示了错误的命令；在这种情况下，我编造了错误的命令。然后它给出了问题的简要描述。缺少命令或者存在拼写错误的命令都会显示此错误消息。多次检查命令拼写和语法以验证它是否正确：

[student@testvm1 ~]$ **badcommand**

bash: badcommand: command not found...

4）使用 man 命令查看手册页以验证命令的语法和拼写是否正确。

5）确保确实安装了所需的命令。如果尚未安装，请安装它们。

6）对于要求你以 root 身份登录的实验，请确保你已经这样做。应该只有其中的几个实验需要这样，此时以非 root 用户身份执行它们是行不通的。

没有太多其他会出错的地方，但如果你遇到无法使用这些技巧的问题，请通过 LinuxGeek46@both.org 与我联系，我将尽我所能帮助你解决问题。

1.18 术语

在继续后续内容之前，需要解释一些术语。在本书中，我将使用多个术语来指代计算机。"计算机"是用于计算的硬件或虚拟机。当连接到网络时，计算机也称为"节点"。

网络节点可以是任何类型的设备，包括路由器、交换机、计算机等。术语"终端"通常是指作为网络节点的计算机，但我也遇到过用它来指代未连接到网络的计算机的情况。

1.19 如何访问命令行

所有现代主流 Linux 发行版都至少提供三种访问命令行的方式。如果你使用图形桌面，大多数发行版都带有多个终端模拟器供你选择。我更喜欢 Krusader、Tilix，尤其是 xfce4-terminal。我建议你使用 xfce4-terminal，因为它是 Xfce 桌面的默认终端模拟器。完成本系列图书内容的学习之后，你可以根据个人喜好选择终端模拟器。

Linux 还提供了多个虚拟控制台的功能，允许从单个键盘和监视器进行多次登录。虚拟控制台可以在没有 GUI 桌面的系统上使用，但即使在有 GUI 桌面的系统上也可以使用。

在 Linux 计算机上访问命令行的最后一种方法是通过远程登录。远程终端接入使用

SSH，SSH 不是一个终端，而是一个安全通信协议。我们将在《网络服务详解》的第 4 章讨论 SSH。

对于某些实验，你需要多次登录或在 GUI 桌面上启动多个终端会话。在阅读本书的过程中，我们将更详细地介绍终端模拟器、控制台会话和终端。

总结

在这一章，我们探讨了 Windows 系统的一些缺点，以及 Windows 和 Linux 在设计背后秉持的大不相同的理念。Windows 是封闭且不可知的，而 Linux 是开放的。只要愿意，任何人都可以详细探索并理解它。

Linux 从一开始就被设计为一个开放的、可免费使用的操作系统。它的价值在于它为操作系统市场带来的强大功能、可靠性、安全性和开放性，而不仅仅是因为它可以免费获得。因为 Linux 在可以自由使用、共享和探索的意义上是开放和自由的，所以它的使用已经渗透到我们生活的方方面面。

系统管理员需要完成的任务可能多种多样。你可能已经在做其中某些任务，或者至少对 Linux 的工作原理或如何让它更好地为你工作有一定程度的好奇心。本书的大部分实验都必须在命令行下进行。可以通过多种方式访问命令行，并使用多个可用和可接受的终端模拟器中的任何一个或多个。

练习

请注意，以下几个问题旨在让你思考是否想成为系统管理员。这些问题没有正确答案，只有你自己的答案，你无须将它们写下来或与他人分享。它们旨在提示你对自己成为系统管理员进行一些思考。

1）开源软件的价值从何而来？

2）Linux 的四个特征是什么？

3）在你阅读本书时，世界 500 强超级计算机中有多少台使用 Linux 作为操作系统？

4）"Linux 的本质"对 Linux 用户和管理员意味着什么？

5）"自由"对于开源软件意味着什么？

6）你为什么想成为系统管理员？

7）是什么让你认为自己会成为一名优秀的系统管理员？

8）如果 Linux 主机上没有安装 GUI 桌面，你将如何访问 Linux 命令行？

第 2 章　*Chapter 2*

操作系统简介

目标

在本章中，你将学习以下内容：

❑ 计算机主要硬件的功能。

❑ 操作系统的主要功能。

❑ 促使 Linus Torvalds 创建 Linux 的原因。

❑ Linux 核心工具集如何支持内核并共同构建操作系统。

2.1　选择——真的！

每台计算机都需要一个操作系统。你在计算机上使用的操作系统至少与运行它的硬件一样重要，甚至操作系统更重要。操作系统是决定你的计算机或设备的功能与限制的软件，它还定义了计算机的特性。

关于你的计算机所要做的最重要的一个选择，就是选择其上运行的操作系统，它将创建一个有用的工具。没有软件，计算机就无法做任何事情。如果你打开一台没有软件程序的计算机，它只是为电力公司创造收入，作为回报，为房间增加一点热量。有很多更便宜的方法来给房间供热。操作系统是第一级软件，它允许你的计算机执行有用的工作。了解操作系统的作用是你针对计算机做出明智决策的关键。

当然，大多数人并没有意识到在操作系统方面甚至还有选择的余地。幸运的是，Linux 确实给了我们一个选择。EmperorLinux、System76 等一些供应商现在正在销售预安装了 Linux 的系统。其他公司，例如戴尔，有时会通过销售几乎没有选择的单一型号，以此来尝试 Linux 系统。

我们可以购买一台新计算机，在上面安装 Linux，然后清除之前可能存在的任何其他操作系统。我的偏好是从本地计算机商店或 Internet 购买硬件部件，然后按照个人规格构建自己的计算机。大多数人不知道他们有这两种选择，即使知道，也不想尝试。

2.2　操作系统是什么

关于 Linux 的书便是关于操作系统的书。那么，操作系统是什么？这是一个很好的问题——一个大多数培训课程和书籍要么完全跳过，要么回答得非常肤浅的问题。这个问题的答案可以帮助系统管理员了解 Linux 及其强大的功能。

答案并不简单。

许多人在查看计算机显示屏和图形桌面时，认为那便是操作系统。GUI 只是操作系统的一小部分。它以桌面的形式提供了一个界面，许多用户都可以理解这一点。GUI 桌面之下才是真正的操作系统。事实上，对于像 Linux 这样的高级操作系统，桌面只是其中一款应用程序，有多个桌面可供选择。我们将在第 6 章介绍 Xfce 桌面，因为这是我在本书中推荐使用的桌面。我们还将在第 16 章探讨窗口管理器，一种更简单的桌面形式。

在本章和本系列书的其余部分，我将详细说明这个问题的答案，但了解一点有关构成计算机系统的硬件结构是有帮助的。让我们简要了解一下现代 Intel 计算机的硬件部件。

2.3　硬件

有许多不同种类的计算机，从 Arduino 及树莓派这样的单板计算机，到台式计算机、服务器、大型机和超级计算机。其中许多使用 Intel 或 AMD 处理器，但其他计算机则不使用这两种处理器。出于本系列书籍的目的，我将使用 Intel X86_64 硬件。 通常，如果我说 Intel，你也可以假设我指的是 X86_64 处理器系列和支持硬件，而 AMD X86_64 硬件应该产生相同的结果，并且将应用相同的硬件信息。

2.3.1　主板

大多数基于 Intel 的计算机都有一个主板，其中包含许多计算机组件，例如总线和 I/O（输入 / 输出）控制器。它还具有用于安装随机存储器（Random Access Memory，RAM）内存和 CPU 的连接器，这些是需要添加到主板以使其正常运行的主要组件。单板计算机是在单块电路板上自成一体，不需要任何额外的硬件，因为 RAM、视频、网络、USB 和其他接口等组件都是单板的组成部分。

一些主板包含一个图形处理单元（Graphics Processing Unit，GPU），用于将视频输出连接到显示器。如果没有，可以将一块视频卡添加到主计算机 I/O 总线，通常是 PCI2，或 PCI Express (PCIe)。其他 I/O 设备，如键盘、鼠标、外部存储设备和 USB 存储棒可以通过

USB 总线连接。大多数现代主板都有一个或两个千兆以太网网络接口卡，以及四个或六个用于存储设备的 SATA 连接器。

RAM 用于在计算机主动使用数据和程序时存储它们。将程序和数据存储在 RAM 中，程序和数据才能被计算机使用，它们可以从那里快速移动到 CPU 缓存中。RAM 和高速缓存都是易失性存储器；也就是说，如果计算机关闭，存储在其中的数据将丢失。计算机还可以擦除或更改 RAM 的内容，这是赋予计算机巨大灵活性和强大功能的原因之一。

存储设备是用于长期存储数据和程序的磁性介质。磁性介质是非易失性的；即使计算机断电，存储在磁盘上的数据仍然存在。DVD 和 CD-ROM 永久存储数据，可以由计算机读取但不能被覆盖。例外情况是某些 DVD 和 CD-ROM 磁盘是可重写的。ROM 表示只读存储器，因为它可以被计算机读取但不能擦除或更改。存储设备和 DVD 驱动器通过 SATA 适配器连接到主板。

固态驱动器（Solid State Drive，SSD）是存储设备的等价物。它们在数据的长期存储方面具有相同的特性，因为它在重新引导和计算机断电时仍然存在。与带有旋转磁盘的硬盘驱动器（Hard Disk Drive，HDD）一样，SSD 允许在需要时擦除、移动和管理数据。但是，如果设备断电一年或是更长的时间，存储在 SSD 上的数据可能会出现退化，这就使得 HDD 比 SSD 更适合用作长期的存档备份存储。

打印机用于将数据从计算机传输到纸张。声卡将数据转换为声音，反之亦然。USB 存储设备可用于存储数据以备份或传输到其他计算机。网络接口卡用于将计算机连接到有线或无线网络，以便它可以轻松地与连接到网络的其他计算机进行通信。

2.3.2 处理器

让我们花点时间探索 CPU，并定义一些术语以帮助减少混淆。当我们谈论处理器时，五个术语很重要：处理器、CPU、插槽、核心和线程。Linux 命令 `lscpu` 为我们提供了有关已安装处理器的一些重要信息以及有关术语的线索，如图 2-1 所示。我在这个例子中使用了我的主工作站：

在图 2-1 中，首先要注意的是，术语"processor"（处理器）从未出现。"处理器"常用来泛指执行某种运算的任何硬件单元。它可以指计算机的 CPU、执行与图形视频显示相关计算的图形处理单元，或任何其他类型的处理器。当指代计算机中安装的物理部件时，"处理器"和 CPU 往往可以互换使用。

使用可能有点前后不一致的 Intel 术语，处理器是可以包含一个或多个计算核心的物理部件。图 2-2 显示了一个包含 4 个核心的 Intel i5-2500 处理器。因为处理器封装插入一个插槽，而主板可能有多个插槽，`lscpu` 工具对插槽进行了编号。图 2-1 显示了主板上 1 号插槽中处理器的信息。如果该主板有额外的插槽，`lscpu` 会单独列出它们。

核心，有时也称为计算核心，是处理器中能够实际执行算术和逻辑计算的最小物理硬件部件，也就是说，它由单个算术逻辑部件（Arithmetic Logic Unit，ALU）及其所需的运算器组成支持部件。

```
[root@myworkstation ~]#lscpu
Architecture:          x86_64
CPU op-mode(s):        32-bit, 64-bit
Byte Order:            Little Endian
CPU(s):                32
On-line CPU(s) list:   0-31
Thread(s) per core:    2
Core(s) per socket:    16
Socket(s):             1
NUMA node(s):          1
Vendor ID:             GenuineIntel
CPU family:            6
Model:                 85
Model name:            Intel(R) Core(TM) i9-7960X CPU @ 2.80GHz
Stepping:              4
CPU MHz:               3542.217
CPU max MHz:           4400.0000
CPU min MHz:           1200.0000
BogoMIPS:              5600.00
Virtualization:    -x  VT
L1d cache:             32K
L1i cache:             32K
L2 cache:              1024K
L3 cache:              22528K
NUMA node0 CPU(s):     0-31
Flags:                 <snip>
```

图 2-1　lscpu 命令的输出为我们提供了安装在 Linux 主机中的处理器的一些信息。它还有助于我们理解当前在讨论处理器时使用的术语

图 2-2　一个 Intel Core i5 处理器可能包含 1 个、2 个或者 4 个核心，图片来自 Wikimedia Commons，SA 4 International 许可

每台计算机都至少有 1 个带有 1 个或多个核心的处理器。大多数现代 Intel 处理器都有更多——2 个、4 个或 6 个核心，许多处理器有 8 个或更多核心。它们构成了计算机的大脑。它们是计算机的一部分，负责执行软件工具和应用程序指定的每条指令。

lscpu 结果中指定处理器中包含的核心数的行是"Core(s) per socket"。对于我的主工作站上的这个插槽，有 16 个核心。这意味着插入该插槽的处理器中有 16 个独立的计算设备。

1. 超线程

"CPU(s)"这一行表示这个插槽上有 32 个 CPU。怎么可能呢？看看名为"Thread(s) per core"的行，那里的数字是 2，于是 $16 \times 2 = 32$。嗯，这是数学问题，但不能解释清楚问题。简单的解释是，计算核心非常快。它们的速度如此之快，即使在计算密集型环境中，单一的指令和数据流也不足以让它们一直忙碌。具体原因超出了本书的范围，但我只想说，在超线程之前，当较慢的外部内存电路忙于向核心提供足够的程序指令流和数据流时，大多数计算核心会无所事事地等待，以保持它们的运行。

为了避免在高性能计算环境中浪费宝贵的计算周期，Intel 开发了超线程技术，允许单个核心通过在指令和数据之间切换来处理两条指令流和数据流。这使得单个核心的性能几乎与两个核心一样好。因此，术语 CPU 用于表示单个超线程核心相当接近于两个 CPU 的功能等价物。

但有一些警告。如果你所做的只是文字处理和电子表格，那么超线程并不是特别有用。超线程旨在增加高性能计算环境中的性能，其中每个 CPU 计算周期对于加速结果都很重要。

2. P 核和 E 核

然而，请再等一下！

不管有多少核心，大多数 Intel 处理器集成的都是相同的核心。但是新的处理器现在或许会有两种不同的核心。

P 核（性能核心）用于发挥全部性能，通常包含超线程技术。E 核（能效核心）的目标是为低 CPU 负载的情形提供高效的操作，并且在处理这些负载时能够节约能源。P 核和 E 核只有几年的历史，并且不是所有的 Intel 处理器都会搭载此项技术。他们通常出现于高端的 i5、i7 和 i9 处理器中。

2.3.3　外围设备

外围设备是可以通过各种类型的端口插入计算机的硬件设备。外部存储设备和 U 盘等 USB 设备是此类硬件的典型代表。其他类型包括键盘、鼠标和打印机。

打印机也可以使用非常旧的并行打印机端口连接，我仍然在一些新主板上看到这些端口，但大多数能够使用 USB 或网络进行连接。显示器通常使用 HDMI、DVI、DisplayPort

或 VGA 连接器进行连接。

外围设备还可以包括 USB 集线器、磁盘驱动器扩展坞、绘图仪等设备。

2.4　操作系统

计算机的所有这些硬件部件必须协同工作。数据必须进入计算机并在各个组件之间移动。程序必须从长期存储的硬盘驱动器加载到 RAM 中才能执行。需要在运行的应用程序之间分配处理器时间。必须管理应用程序对计算机硬件组件（如 RAM、磁盘驱动器和打印机）的访问。

操作系统的任务就是提供这些功能。操作系统管理计算机和在计算机上运行的应用软件的操作。

定义

操作系统的一个简单定义是一个程序，就像任何其他程序一样。它的不同之处仅在于它的主要功能是管理计算机中数据的移动。这个定义特指操作系统的内核。

操作系统内核通过工具和应用程序管理对计算机硬件设备的访问。操作系统还管理系统服务，例如内存分配。当程序请求内存时，将特定的虚拟内存位置分配给各种程序——将数据从各种存储设备移动到内存中，以便 CPU 可以访问它，与其他计算机的通信则通过网络和设备，在显示器上以文本或图形格式显示数据，打印等。

Linux 内核提供了一组应用程序接口（Application Programming Interface，API），供其他程序使用以访问内核功能。例如，需要为其数据结构分配更多内存的程序使用内核系统调用来请求该内存。然后内核分配内存并通知程序额外的内存可用。

Linux 内核还管理对计算资源 CPU 的访问。它使用复杂的算法来确定为哪些进程分配 CPU 时间，何时分配和分配多少时长。如有必要，内核可以中断正在运行的程序，以便让另一个程序得到一些 CPU 时间。

像 Linux 这样的操作系统内核自己做不了多少事情。它需要其他程序，这些工具可用于执行基本功能，例如在硬盘驱动器上创建目录，然后其他工具访问该目录，在该目录中创建文件，然后管理这些文件。这些工具执行的功能包括创建文件，删除文件，将文件从一个地方复制到另一个地方，设置显示分辨率以及对文本数据进行复杂处理。在阅读本书时，我们将介绍其中许多工具的使用。

2.5　典型的操作系统功能

任何操作系统都有一组核心功能，这是其存在的主要原因。这些核心功能是使操作系统能够管理自身，运行它的硬件，以及依赖操作系统来分配系统资源的应用程序和工具的功能：

- ❏ 内存管理
- ❏ 管理多任务处理
- ❏ 管理多个用户
- ❏ 进程管理
- ❏ 进程间通信（Interprocess Communication，IPC）
- ❏ 设备管理
- ❏ 错误处理和记录

让我们简要地看一下这些功能。

2.5.1　内存管理

Linux 和其他现代操作系统使用高级内存管理策略将实际内存（RAM 和交换内存）虚拟化为单个虚拟内存空间，就像这些内存全部是物理 RAM 一样使用它。该虚拟内存的一部分可以由内核的内存管理功能分配给请求内存的程序。

操作系统的内存管理组件负责为应用程序和工具分配虚拟内存空间，并负责虚拟内存空间和物理内存之间的转换。内核根据来自应用程序的隐式或显式请求分配和取消分配内存，并分配物理内存位置。内核还与 CPU 合作管理对内存的访问，以确保程序只访问分配给它们的那些内存区域。内存管理的一部分包括管理交换分区或交换文件，以及内存页面在 RAM 和硬盘驱动器上的交换空间之间的移动。

虚拟内存避免了应用程序开发者直接处理内存管理的需要，因为它为每个程序提供了一个单一的虚拟内存地址空间。它还将每个应用程序的内存空间与其他应用程序的内存空间隔离开来，从而使程序的内存空间变得安全，不会被其他程序覆盖或查看。

2.5.2　多任务处理

与大多数现代操作系统一样，Linux 可以执行多任务。这意味着它可以同时管理两个、三个或数百个进程。进程管理的一部分是管理所有在 Linux 计算机上运行的多个进程。

我通常同时运行多个程序，例如文字处理器 LibreOffice Writer、电子邮件程序、电子表格、文件管理器、Web 浏览器。通常还有多个终端会话，我在其中与 Linux 命令进行交互。现在，当我写这句话时，我在几个 LibreOffice Writer 窗口中打开了多个文档。这使我能够看到我在其他文档中写的内容并同时处理多个章节。

但是这些程序通常做的很少或什么都不做，直到我们在文字处理器中键入文字或单击电子邮件来显示，程序才会做一些事情。我还运行了多个终端模拟器，并使用它们登录到我管理和负责的各种本地和远程计算机。

Linux 本身总是有许多称为守护进程的程序在后台运行，这是帮助 Linux 管理主机上运行的硬件和其他软件的程序。这些程序通常不会被用户注意到，除非我们专门寻找它们。

你将在本书中了解到的一些工具可以揭示这些原本隐藏的程序。

即使它自己所有的程序都在后台运行，用户的程序也在运行，现代 Linux 计算机仍然会使用一些计算周期，并浪费大部分 CPU 周期来等待事情发生。Linux 可以下载并安装自己的更新，同时执行上述某些或所有任务，而不需要重新引导。等一下……什么？！这是正确的。Linux 通常不需要在安装更新之前、期间、之后或安装新软件时重新启动。然而，在安装了新的内核或 glibc（通用 C 库）之后，你可能希望重启计算机以激活它，但你可以随时这样做，而不必在更新期间被迫多次重启，甚至在安装更新时停止工作。

2.5.3　多用户

Linux 的多任务处理功能扩展到它能够容纳多个用户，数十个或数百个。所有用户都在一台计算机上同时运行相同或不同的程序。

多用户能力意味着许多不同的东西。首先，它可能意味着通过 GUI 桌面和命令行使用一个或多个终端会话进行多次登录的单个用户。在本书的稍后部分，我们将探讨使用终端会话时可用的极端灵活性。

其次，多用户的意思就是：许多不同的用户同时登录，每个用户做自己的事情，每个用户都被隔离开来，不受其他人的活动影响。如果主机配置正确，一些用户可以在本地登录，而其他用户可以从世界任何地方通过 Internet 连接登录。

操作系统的作用是为每个用户分配资源，并确保它们运行的任何任务（即进程）都有足够的资源，而不会影响分配给其他用户的资源。

2.5.4　进程管理

Linux 内核管理系统中运行的所有任务的执行。Linux 操作系统从启动的那一刻起就是多任务处理。其中许多任务是管理多任务处理和（对于 Linux）多用户环境所需的后台任务。即使是普通计算机，这些工具也只占用可用 CPU 资源的一小部分。

每个运行的程序都是一个进程。Linux 内核负责执行进程管理。

内核的调度程序根据每个正在运行的进程的优先级以及它是否能够运行来分配 CPU 时间。一个被阻塞的任务——也许它正在等待从磁盘传送数据，或者等待键盘输入——不会获得 CPU 时间。当具有较高优先级的任务解除阻塞并能够运行时，Linux 内核也会抢占较低优先级的任务。

为了管理进程，内核分配代表该进程的数据抽象。所需的部分数据是内存映射，它定义分配给进程的内存以及它是数据还是可执行代码。内核维护有关执行状态的信息，例如程序获得 CPU 时间的间隔、时长以及一个被称为"nice"（优先级调整值）的数字。它使用这些信息和 nice 值来计算进程的优先级。内核使用所有进程的优先级来确定哪些进程将分配一定的 CPU 时间。

请注意，并非所有进程都同时需要 CPU 时间。事实上，对于正常情况下的大多数桌面工作站，在任何给定时间通常最多只需要两个或三个进程在 CPU 上运行。这意味着一个简单的四核处理器可以轻松处理这种类型的 CPU 负载。

如果运行的程序（进程）多于系统中的 CPU，则内核负责确定中断哪个进程，以便让需要一些 CPU 时间的其他进程替换它。

2.5.5　进程间通信

进程间通信对于任何多任务操作系统都至关重要。许多程序必须相互同步，以确保它们的工作得到适当协调。进程间通信是实现这种类型的程序间协作的工具。

内核维护了许多 IPC 方法。当两个任务需要在它们之间传递数据时，可以使用共享内存。Linux 剪贴板是共享内存的一个很好的例子。剪切或复制到剪贴板的数据存储在共享内存中。当存储的数据被粘贴到另一个应用程序时，该应用程序会在剪贴板的共享内存区域中查找数据。命名管道可用于在两个程序之间传递数据。一个程序可以将数据推入管道，另一个程序可以将数据从管道的另一端拉出。 程序可能会非常快速地收集数据并将其推送到管道中。另一个程序可能会从管道的另一端取出数据并将其显示在屏幕上或将其存储到磁盘，但它可以按照自己的速率处理数据。

2.5.6　设备管理

内核使用设备驱动程序来管理对物理硬件的访问。尽管我们倾向于将其视为各种类型的存储设备，但它也管理其他 I/O 设备，例如键盘、鼠标、显示器、打印机等。这包括可插拔设备的管理，例如 USB 存储设备和外围 USB 和 eSATA 存储设备。

必须谨慎管理对物理设备的访问，否则多个应用程序可能会同时尝试控制同一设备。Linux 内核管理设备，以便在任何特定时刻只有一个程序实际控制或访问设备。其中一个例子是 COM 端口⊖。在任何特定时间，只有一个程序可以通过 COM 端口进行通信。例如，你正在使用 COM 端口从 Internet 获取电子邮件，并尝试启动另一个试图使用同一 COM 端口的程序，Linux 内核会检测到该 COM 端口已被使用。然后内核使用硬件错误处理程序在屏幕上显示一条消息，表明 COM 端口正在使用中。

对于管理磁盘 I/O 设备，包括 USB、并行和串行端口 I/O，以及文件系统 I/O，内核实际上并不处理对磁盘的物理访问，而是管理由各种磁盘 I/O 提交的请求，运行程序。它将这些请求传递到文件系统，无论是 EXT[2,3,4]、VFAT、HPFS、CDFS（CD-ROM 文件系统），还是网络文件系统（Network File System，NFS）或其他一些文件系统类型，并管理在文件系统和请求程序之间的数据传输。

稍后我们将看到所有类型的硬件——无论它们是存储设备还是附加到 Linux 主机的其他东西——是如何像处理文件一样处理的。这导致了一些惊人的能力和有趣的可能性。

⊖　COM（通信）端口与串行通信（如串行调制解调器）一起使用，在没有电缆连接时通过电话线连接到因特网。

2.5.7　错误处理

在错误发生时，内核需要识别它们。内核可能会采取一些措施，例如重试失败的操作，向用户显示错误消息以及将错误消息记录到日志文件中。

在许多情况下，内核可以在没有人为干预的情况下从错误中恢复。在其他情况下，可能需要人为干预。例如，如果用户试图卸载正在使用的 USB 存储设备，内核将检测到这一点并向 umount 程序发送一条消息，该程序通常将错误消息发送到用户界面。然后用户必须采取任何必要的行动来确保不再使用存储设备，再尝试卸载该设备。

2.6　工具集

除了内核功能外，大多数操作系统还提供了一些基础工具，使用户能够管理运行着操作系统的计算机。这些命令，如 cp、ls、mv 等，以及各种终端，如 Bash（Bourne Again Shell）、ksh（Korn Shell）、csh（C Shell）等，使得管理计算机变得非常容易。

这些工具并不是操作系统的真正组成部分；它们只是作为有用的工具提供，系统管理员可以使用这些工具来执行管理任务。在 Linux 中，这些通常是 GNU 核心工具。但是，常见用法是将内核与工具组合成一个概念实体，我们称之为操作系统。

2.7　一段历史

有很多书都是关于 Linux 和 UNIX 的历史的，所以我会尽量缩短篇幅。使用 UNIX 或 Linux 并不一定要去了解这段历史，但你了解后会发现它很有趣。我发现了解这段历史非常有用，因为它帮助我理解了 UNIX 和 Linux 哲学，并形成了我自己的哲学，在我的书籍《Linux 哲学》和本系列图书中讨论了很多这方面的内容。

2.7.1　从 UNICS 开始

Linux 的历史始于 UNICS，它最初是作为运行单个游戏的游戏平台编写的。肯·汤普森 (Ken Thompson) 是 1960 年代后期贝尔实验室的一名员工——在贝尔实验室解散之前，从事一个名为 Multics 的复杂项目。Multics 是多路复用信息和计算系统的缩写。它应该是 GE（通用电气）645 大型计算机的多任务操作系统。这是一个庞大、昂贵、复杂的项目，三个非常大的组织，通用电气、贝尔实验室和麻省理工学院，都在致力于此项目。

尽管 Multics 只是计算机历史道路上的一个小浪花，但它确实引入了许多当时操作系统中从未提供过的创新功能。这些功能包括多任务处理和多用户功能。

肯·汤普森是 Multics 的开发者之一，他编写了一款名为"太空旅行"的游戏，该游戏在 Multics 下运行。不幸的是，至少部分由于 Multics 委员会的驱动设计，游戏运行得非常缓慢。每次迭代运行花费约 50 美元也非常昂贵。与委员会开发的许多项目一样，Multics 缓慢而痛苦地死去。运行"太空旅行"游戏的平台不再可用。

然后 Thompson 重写了游戏，在类似于图 2-3 中的一台 DEC PDP-7 计算机上运行，该计算机常常处于闲置状态。为了让游戏在 DEC 上运行，他和伙伴 Dennis Ritchie、Rudd Canaday 首先必须为 PDP-7 编写操作系统。因为它只能同时处理两个用户——远远少于 Multics 的设计目标——他们将他们的新操作系统 UNICS 称为 UNiplexed Information and Computing System，这个名称是一种古怪的幽默。

图 2-3　与 Ken Thompson 和 Dennis Ritchie 编写 UNICS[sic] 操作系统时使用的机器类似的 DEC PDP-7。这台位于 Oslo，照片拍摄于 2005 年，修复工作尚未开始时。Wikimedia, SA 1.0 许可

2.7.2　UNIX

一段时间后，UNICS 名称略微修改为 UNIX，此名称一直沿用至今，因为"X"确实比"CS"听起来酷得多。

1970 年，贝尔实验室认识到它的潜力，为 UNIX 操作系统提供了一些资金支持，并开始认真地进行开发。1972 年，整个操作系统用 C 语言重写，以使其比汇编语言更方便、更易于维护。到 1978 年，UNIX 在 AT&T 贝尔实验室和许多大学中得到相当广泛的使用。

由于需求量大，AT&T 决定在 1982 年发布 UNIX 的商业版本。UNIX System Ⅲ 基于第七版操作系统。1983 年，AT&T 发布了 UNIX SystemⅤ Release 1（SVR1）。AT&T 首次承诺保持对未来版本的向上兼容性。因此，为在 SVR1 上运行而编写的程序也可以在 SVR2 以及未来版本上运行。因为这是一个商业版本，AT&T 开始对操作系统收取许可费。

此外，为了促进 UNIX 的传播并协助许多大型大学的计算项目，AT&T 将 UNIX 的源代码赠送给其中许多高等院校。这导致了 UNIX 最好和最坏的情况之一。AT&T 将源代码

提供给大学这一事实的最大好处是它促进了新功能的快速开发。它还促进了 UNIX 迅速分化为许多发行版。

SystemV 是 UNIX 历史上的一个重要里程碑。今天许多 UNIX 变体都基于 SystemV。最新版本是 SVR4，它是一次认真地尝试，旨在重新融合早年分裂的许多变体。SVR4 包含 SystemV 和伯克利软件套件（Berkerly Software Distribution，BSD）的大部分功能。希望它们是最好的功能。

2.7.3　伯克利软件套件

加州大学伯克利分校很早就进入了 UNIX 领域。该校许多学生将他们自己喜欢的功能添加到 BSD UNIX 中。最终 BSD 只有一小段代码保持了 AT&T 的代码。正因为如此，它与 SystemV 有很大的不同，但仍然与 SystemV 相似。最终 BSD 的剩余部分也被完全重写，使用它的人不再需要从 AT&T 购买许可证。

2.7.4　UNIX 哲学

UNIX 哲学是使 UNIX 独特而强大的重要组成部分。这是由 UNIX 的开发方式以及参与该开发的特定人员决定的。UNIX 哲学是创建 UNIX 过程中不可或缺的一部分，并在有关其结构和功能的许多决策中发挥了重要作用。关于 UNIX 哲学的文章很多。Linux 哲学本质上与 UNIX 哲学相同，因为它直接继承了 UNIX 血统。

最初的 UNIX 哲学主要是为系统开发人员准备的。事实上，以 Thompson 和 Ritchie 为首的 UNIX 开发人员以对他们有意义的方式设计了 UNIX，创建规则、指南和程序性方法，然后将它们设计到操作系统的结构中。这对系统开发人员很有效，而且至少对部分系统管理员也有效。

在我看来，*Linux and the Unix Philosophy* 和 *The Art of Unix Programming* 应该是 Linux 程序员、系统管理员和 DevOps 人员的必读书籍，它们对 UNIX 和 Linux 程序员都有很大的价值。我强烈建议你阅读这两本书。

我从事计算机工作已超过 45 年。直到我开始使用 UNIX 和 Linux，并开始阅读一些关于 UNIX、Linux 以及它们共享的共同哲学的文章和书籍，我才明白为什么 Linux 和 UNIX 世界中的许多事情都是这样完成的。这种理解对于学习有关 Linux 的新事物以及能够通过解决问题进行推理非常有用。

2.8　Linux 简史

Linux 的创造者 Linus Torvalds 在 1991 年还是赫尔辛基大学的一名学生。该大学在学校项目中使用名为 Minix 的非常小的 UNIX 版本。Linus 对 Minix 不是很满意，决定编写自己的类 UNIX 操作系统。

Linus 编写了 Linux 的内核，并使用当时随处可见的带有 80386 处理器的 PC 作为他的操作系统平台，因为这是他手头上现成的家用计算机。他于 1991 年发布了早期版本，并于 1992 年 3 月发布了第一个公开版本。

Linux 传播得很快，部分原因是许多下载原始版本的人都是像 Linus 这样的黑客，他们有很好的想法想贡献出来。这些贡献者在 Torvalds 的指导下，成长为一个松散的国际黑客联盟，致力于改进 Linux。

Linux 现在几乎存在于我们生活的方方面面。它无处不在，在许多我们通常甚至不会想到的地方都依赖它。我们的 Android 手机、智能电视、汽车信息娱乐系统、国际空间站、所有超级计算机 500 强、互联网的骨干网以及互联网上的大多数网站，它们都使用 Linux。

有关 Linux 的更多详细历史，请参阅 Wikipedia 及其参考资料和来源列表。

2.9 核心工具集

Linus Torvalds 编写了 Linux 内核，但操作系统的其余部分是由其他人编写的。其中的一个关键部分是由 Richard M. Stallman（又名 RMS）和其他人所开发的 GNU 核心工具集，这是他们预期的自由 GNU 操作系统的一部分。所有系统管理员都会经常使用这些核心工具集。还有另一组基础工具集 util-linux，我们也应该关注它们，因为它们也是重要的 Linux 工具集。

这两组工具集共同构成了 Linux 系统管理员工具箱中的许多最基本的工具。这些工具集处理的任务包括管理和操作文本文件、目录、数据流、各种类型的存储介质、进程控制、文件系统等。这些工具的基本功能是允许系统管理员执行管理 Linux 计算机所需的许多任务。这些工具是必不可少的，因为没有它们，就不可能在 UNIX 或 Linux 计算机上完成任何有用的工作。

GNU 是一种递归表述，代表 "Gnu's Not Unix"，由自由软件基金会（Free Software Foundation，FSF）开发的 GNU 工具集，旨在为程序员和开发人员提供自由软件。大多数 Linux 发行版都包含 GNU 工具集。

2.9.1 GNU 核心工具集

要了解 GNU 核心工具集的起源，我们需要在时光机器中进行一次短暂的旅行，回到贝尔实验室的早期 UNIX。UNIX 最初是为了让 Ken Thompson、Dennis Ritchie、Doug McIlroy 和 Joe Ossanna 可以继续一个叫作"太空旅行"的游戏而编写的，这个小游戏是他们在一个名为 Multics 的大型多任务和多用户计算机项目时就已经开始的事情。就像今天一样，推动计算技术发展的似乎总是游戏玩家。这个新的操作系统比 Multics 更受限制，因为一次只能有两个用户登录，所以它被称为 UNICS。此名称后来更改为 UNIX。

随着时间的推移，UNIX 变得如此成功，以至于贝尔实验室开始将其赠送给大学，后来又赠送给公司，以支付媒体和传输费用。在那些日子里，系统级软件在组织和程序员之间共享，因为他们在系统管理中努力实现共同的目标。

最终，AT&T 的 PHB[⊖]决定他们应该开始在 UNIX 上赚钱，并开始使用更严格且更昂贵的许可。这是在软件普遍变得更加专有、受限和封闭的时候发生的。与其他用户和组织共享软件变得不可能。

有些人不喜欢这样，并用自由软件来对抗它。Richard M. Stallman 领导了一群反叛者，他们试图编写一个开放且可免费使用的操作系统，他们称之为 "GNU 操作系统"。这个小组创建了 GNU 工具集，但没有生产出可行的内核。

当 Linus Torvalds 第一次编写和编译 Linux 内核时，他需要一组非常基本的系统工具集来开始执行额外有用的工作。内核不提供这些命令，甚至不提供任何类型的命令终端，例如 Bash。内核本身是无用的。因此，Linus 使用免费提供的 GNU 核心工具集并为 Linux 重新编译它们。这给了他一个完整的操作系统，尽管它非常基础。

你可以通过在终端命令行输入命令 `info coreutils` 来了解构成 GNU 工具集的所有单个程序。这些工具集按功能分组，以便更容易找到特定的实用程序。突出显示你想要了解更多信息的组，然后按 <Enter> 键。

列表中有 102 个工具。它们提供了在 UNIX 或 Linux 主机上执行一些基本任务所必需的许多基本工具。但是，缺少许多基础工具。例如，mount 和 umount 命令不在此列表中。那些不在 GNU 核心工具集中的命令和许多其他命令可以在 util-linux 集合中找到。

2.9.2　util-linux

util-linux 工具包包含系统管理员使用的许多其他常用命令。这些工具由 Linux 内核组织分发，几乎每个发行版都使用它们。这 107 个命令最初是三个独立的集合，fileutils、shellutils 和 textutils，它们在 2003 年合并为一个包 util-linux。

GNU 核心工具集和 util-linux 这两个基本 Linux 工具集共同提供了管理基本 Linux 系统所需的基本工具。当我研究本章内容时，我在这个列表中发现了几个我以前不知道的有趣的工具。其中许多命令很少用到。但是当你这样做的时候，它们是不可或缺的。在这两个集合中，有 200 多个 Linux 工具。Linux 有更多的命令，但这些是管理典型 Linux 主机最基本功能所需的命令。我在本章前面使用的 `lscpu` 工具作为 util-linux 包的一部分分发。

我发现将这两个集合一起称为 Linux 核心工具集是最简单的。

2.9.3　非营利版权

仅仅因为 Linux 及其源代码可以免费获得并不意味着不涉及法律或版权问题。Linux 的版权受 GNU 通用公共许可证版本 2（GPL2）保护。GNU GPL2 实际上被业内大多数人称为非营利版权（copyleft）而不是版权，因为它的条款与大多数商业许可证有很大不同。GPL

⊖　pointy-haired boss，半秃头老板，呆伯特漫画中的角色。

的条款允许你分发甚至销售 Linux（或任何其他 copylefted 软件），但你必须不受任何限制地提供完整的源代码以及编译的二进制文件。

原始所有者——Linux 内核部分的 Linus Torvalds——保留他编写的 Linux 内核部分的版权，内核的其他贡献者保留他们部分软件的版权，无论由谁进行了多少修改或者添加。

2.10 游戏

我在研究中发现了一件我觉得很有趣的事情，那就是从一开始，就是游戏玩家推动了技术的发展。起初是老式 IBM 1401 上的 Tic-Tac-Toe，然后是 UNICS 和 PDP-7 上的"太空旅行"，UNIX 上的冒险游戏和许多其他基于文本的游戏，IBM PC 和 DOS 上的单人 2D 视频游戏，现在第一人称射击游戏和大型多人在线游戏在功能强大的 Intel 和 AMD 计算机上运行，这些计算机具有大量 RAM、昂贵且非常灵敏的键盘以及极高速的 Internet 连接。哦，对了，还有灯。机箱内部、键盘和鼠标上，甚至主板上都有很多灯。在许多情况下，这些灯是可编程的。

AMD 和 Intel 在处理器领域竞争激烈，两家公司都提供其产品的超高性能版本来满足游戏社区的需求。这些功能强大的硬件产品还为作家等其他社区提供了明显的好处。

对我来说，拥有许多 CPU、大量 RAM 和磁盘空间可以同时运行多个虚拟机。这使我能够拥有两个或三个虚拟机来代表你将用于实验的那些环境，这将帮助你在本书中探索 Linux，我用于测试各种场景的其他可编程和一次性虚拟机。

总结

Linux 是一种操作系统，旨在管理现代 Intel 计算机中程序和数据的流动和存储。它由 Linus Torvalds 编写的一个内核和两组系统级工具集组成，这些工具集为系统管理员提供了管理和控制系统功能和操作系统本身的能力。GNU 工具集和 util-linux 这两组实用程序共同构成了 200 多个 Linux 核心工具的集合，这些工具对于 Linux 系统管理员来说是必不可少的。

Linux 必须与硬件紧密合作才能执行其许多功能，因此我们研究了现代基于 Intel 计算机的主要部件。

练习

1）操作系统的主要功能是什么？
2）列出至少四种操作系统的附加功能。
3）按组描述 Linux 核心工具集的用途。
4）为什么 Linus Torvalds 选择使用 Linux 的 GNU 核心工具集而不是自己编写？

系统管理员的 Linux 哲学

目标

在本章中，你将学习以下内容：

❑ 系统管理员的 Linux 哲学的历史背景。

❑ 系统管理员的 Linux 哲学原则的基本介绍。

❑ 系统管理员的 Linux 哲学如何帮助你成为一个更好的系统管理员？

3.1 背景

UNIX 哲学是使 UNIX 独特而强大的重要部分。

已经有很多关于 UNIX 哲学的书，由于 Linux 直接源自 UNIX，因此 Linux 哲学本质上与 UNIX 哲学相同。

最初的 UNIX 哲学主要是为系统开发人员设计的。

我在撰写本书时已经使用 UNIX 和 Linux 工作超过 25 年，我发现 Linux 哲学对我作为系统管理员的效率和效用做出了巨大的贡献。我一直尝试遵循 Linux 哲学，因为我的经验是，不管有多少无知的老板施加压力，严格遵循它总会在长期内产生回报。

最初的 UNIX 和 Linux 哲学是为这些操作系统的开发人员设计的。虽然系统管理员可以将其中许多原则应用于日常工作，但缺少许多针对系统管理员独特事务的重要原则。多年来，我一直在使用 Linux 和 UNIX 工作，我制定了自己的哲学原则——这些原则更直接地应用于系统管理员的日常生活和任务。我的哲学部分基于最初的 UNIX 和 Linux 哲学，以及我的导师的哲学。

我的《Linux 哲学》一书是我对 Linux 哲学的系统管理员方法的总结。本章的大部分内容直接摘自该书。

3.2　哲学的结构

系统管理员的 Linux 哲学有三层，类似于马斯洛的需求层次，如图 3-1 所示，这些层次也象征着我们通过不断提高认识水平而获得成长。

底层是基础——我们作为系统管理员需要了解的基本命令和知识，以执行我们工作的最低层次。中间层由那些在基础上建立起来的实用原则组成，指导系统管理员的日常任务。顶层包含满足我们作为系统管理员更高需求的原则，鼓励并使我们能够分享知识。

哲学的第一层也是最基本的层次是基础。它涉及"Linux 的本质"，数据流、标准输入 /输出（STDIO）、转换数据流、小巧的命令行程序以及"一切皆文件"的含义等。

中间层包含了哲学的功能方面。通过拥抱命令行，我们扩展了我们的命令行程序，创建了经过测试和可维护的脚本程序，并将其保存以便重复使用甚至分享。我们成为"懒惰的管理员"并开始将一切自动化。我们使用 Linux 文件系统层次结构，恰当地存储数据，并将数据存储在开放格式中。这些是哲学的功能部分。

图 3-1　系统管理员的 Linux 哲学层次

哲学的顶层关于觉悟。我们不再局限于仅仅执行系统管理员的任务和完成工作，我们对 Linux 设计中的优雅和简单性的理解被完善了。我们开始追求用优雅的方式完成我们自己的工作，保持解决方案简单，简化现有复杂的解决方案，并创建可用和完整的文档。我们开始探索和试验，仅仅为了获得新的知识。在这个觉悟阶段，我们开始将我们的知识和方法传授给那些新入行的人，并且积极支持我们喜欢的开源项目。

在我看来，如果不了解 Linux 的结构和哲学，就不可能学习到许多 Linux 命令和工具。在命令行上工作需要这样的知识。同时，使用命令行可以获得使用它所需的知识。如果你使用命令行的时间足够长，就会发现你已经了解了 Linux 的内在之美，甚至都没有刻意尝试。如果你对所学的东西充满好奇心，剩下的知识将被揭示。

听起来有些禅意吗？确实如此。

3.3　原则

在这里，我们简要地看一下系统管理员的 Linux 哲学的每个原则。在我们继续学习本书时，我将指出许多这些原则适用的地方以及它们揭示的 Linux 基本结构。我们还将发现许多实际应用哲学的方法，你将能够每天使用它们。

这个列表必须是简短的，它不能涵盖每个原则的所有方面。如果你想了解更多，可以参考《Linux 哲学》以获得更多信息和每个原则的详细内容。

3.3.1　数据流是一种通用接口

在 Linux 中，一切都围绕着数据流——尤其是文本流。在 UNIX 和 Linux 世界中，流是指起源于某个来源的文本数据流，该流可能流经一个或多个程序，这些程序对其进行某种方式的转换，然后它可能会被存储在文件中或在终端会话中显示。作为系统管理员，你的工作与这些数据流的创建和流动紧密相关。

使用标准输入 / 输出进行程序输入和输出是 Linux 操作数据流的关键基础。STDIO 最初是为 UNIX 开发的，并自那时起进入了大多数其他操作系统中，包括 DOS、Windows 和 Linux。

这就是 UNIX 的哲学：编写的程序只做一件事，并将事情做好。编写可以协同工作的程序。编写可以处理文本流的程序，因为那是一种通用接口。

——Doug McIlroy，*Basics of the Unix Philosophy*

STDIO 是由肯·汤普森开发的，作为在早期 UNIX 版本中实现管道所需的基础设施的一部分。实现 STDIO 的程序使用标准化的文件句柄进行输入和输出，而不是存储在磁盘或其他记录介质上的文件。最好将 STDIO 描述为一个缓冲数据流，其主要功能是将数据从一个程序、文件或设备的输出流传输到另一个程序、文件或设备的输入流中。

数据流是核心工具集和许多其他命令行工具执行其工作的原始材料。顾名思义，数据流是使用 STDIO 从一个文件、设备或程序传递到另一个文件、设备或程序的计算数据与控制状态数据。

3.3.2　转换数据流

这个原则探讨了使用管道通过 STDIO 从一个实用程序连接到另一个实用程序的数据流的方法。这些程序的功能是以某种方式转换数据。你还将学习使用重定向将数据重定向到文件。

可以通过使用管道向流中插入转换器来操作数据流。每个转换器程序由系统管理员用来对数据流执行一些转换操作，从而以某种方式改变其内容。然后可以使用重定向在管道末端将数据流重定向到一个文件中。正如已经提到的，该文件可以是硬盘上的实际数据文件，也可以是设备文件，例如驱动器分区、打印机、终端、伪终端或连接到计算机的任何其他设备。

我在这些程序中使用"转换"一词，因为每个程序的主要任务是按照系统管理员的意图以特定的方式转换来自 STDIO 的输入数据，并将转换后的数据发送到标准输出，以供另一个转换程序使用或重定向到文件。

这些程序涉及的标准术语"过滤器"隐含了一些我并不总是赞同的东西。根据定义，过滤器是一种去除某些东西的设备或工具，例如，空气过滤器可以去除空气中的污染物，这样汽车的内燃机就不会被这些颗粒磨损。在我的高中和大学化学课上，滤纸被用来去除液体中的微粒。我家里的空调系统中的空气过滤器会去除我不想呼吸的微粒。因此，尽管它们有时确实会从流中过滤出不需要的数据，但我更喜欢使用"转换器"这个术语，因为这些工具做了更多的事情。它们可以向流中添加数据，以出人意料的方式修改数据，对数据流的内容进行排序，重新排列每行的数据，根据数据流的内容执行操作等。你可以使用任何你喜欢的术语，但我更喜欢"转换器"。

使用这些小而强大的转换器程序操作这些数据流的能力是 Linux 命令行界面强大的关键。许多 Linux 核心工具都是转换器程序，并使用 STDIO。

3.3.3　一切皆文件

这是让 Linux 特别灵活和强大的最重要的概念之一：一切皆文件。也就是说，一切事物都可以是数据流的来源、数据流的目标，或者在很多情况下两者都是。在本书中，你将探索"一切皆文件"的实际意义，并学会如何将其作为系统管理员的巨大优势。

"一切皆文件"的关键是……你可以使用通用的工具来处理不同的事物。

——Linus Torvalds 在一封电子邮件中说

"一切皆文件"这个概念具有一些有趣和惊人的含义。这个概念使得我们可以复制引导记录、磁盘分区，甚至是整个硬盘（包括引导记录），因为整个硬盘就像单独的分区一样，也是一个文件。其他的可能性包括使用 cp（复制）命令将 PDF 文件打印到兼容的打印机上，使用 echo 命令从一个终端会话向另一个终端会话发送消息，以及使用 dd 命令将 ISO 镜像文件复制到 USB 存储器中。

"一切皆文件"之所以成立，是因为 Linux 将所有设备实现为设备特殊文件，这些文件位于 /dev/ 目录中。设备文件并不是设备驱动程序，而是公开给用户的访问设备的入口。我们将在这套书下册第 3 章中详细讨论设备特殊文件。

3.3.4　使用 Linux 文件系统层次标准

Linux 文件系统层次标准（Filesystem Hierarchical Standard，FHS）定义了 Linux 目录树的结构。它命名了一组标准目录并指定它们的用途。该标准的目的是确保所有 Linux 发行版在使用目录时保持一致。对于系统管理员来说，这种一致性使得编写和维护脚本以及编译程序更加容易，因为程序、它们的配置文件和它们的数据（如果有）应该位于标准目录中。这个原则是关于将程序和数据存储在目录树中的标准和推荐位置，以及这样做的好处。

作为系统管理员，我们的任务包括从解决问题到编写命令行界面程序来执行我们和其他人的任务。了解各种类型的数据在 Linux 系统上应该存储在哪里，在解决问题以及预防问题方面非常有帮助。

最新的文件系统层次结构（3.0）⊖定义在 Linux 基金会⊖维护的文档中。该文档可以在它们的网站上以多种格式获得，FHS 的历史版本也同样如此。

3.3.5　拥抱命令行界面

威力源自 Linux，威力就是命令行界面。Linux CLI 的巨大能量在于它完全不设限制。Linux 提供了许多访问命令行的可选项，如虚拟控制台、多种不同的终端模拟器、脚本和其他相关软件，可以提高你的灵活性和生产力。

命令行是一种工具，它提供了用户和操作系统之间的文本模式界面。命令行允许用户将命令键入计算机进行处理，然后查看结果。Linux 命令行界面是通过各种终端实现的，例如 Bash、csh 和 ksh，这只是可用的众多终端中的三个而已。任何终端的功能都是将用户键入的命令传递给操作系统，操作系统执行命令并将结果返回给终端。

访问命令行是通过某种类型的终端界面进行的。现代 Linux 计算机中常见的终端界面有三种主要类型，但术语可能会令人困惑。这三种界面是虚拟控制台、运行在图形桌面上的终端模拟器以及 SSH 远程连接。我们将在第 7 章中探讨术语、虚拟控制台和终端模拟器。我们将在第 14 章介绍几种不同的终端模拟器。

3.3.6　当一名懒惰的系统管理员

尽管如此，我们的父母、老师、老板、善意的权威人士，以及我在谷歌上搜索到的数百条关于努力工作的名言都告诉我们，按时做好工作不等于努力工作。

我是一名懒惰的系统管理员。我也是一名非常高效的系统管理员。这两个看似矛盾的陈述并不是互相排斥的，相反，二者以非常积极的方式相辅相成。效率是实现这一点的唯一途径。

这个原则是关于在正确的任务上努力工作，以优化我们作为系统管理员的效率。其中一部分是关于自动化的，我们将在下册的第 10 章中详细探讨，但在整个课程中也会涉及。这个原则的更大内容是关于发现许多利用 Linux 已经内置的快捷方式的方法。

如果你带着 Windows 经验来考虑事情，那么像使用别名作为减少打字次数的快捷方式这种技巧可能不是你所想的那样。给文件命名，以便可以在列表中轻松找到，使用 Bash 作为文件名自动补全功能，它是大多数发行版的默认 Linux 终端，这些都有助于让懒惰的系统管理员的生活更轻松。

⊖　The Linux Foundation, *The Linux Filesystem Hierarchical Standard*, http://refspecs.linuxfoundation.org/fhs.shtml。

⊖　Linux 基金会维护着定义许多 Linux 标准的文档，还赞助了 Linus Torvalds 的工作。

3.3.7　将一切自动化

计算机的功能是将日常工作自动化，从而使我们人类能够专注于计算机还不能完成的任务。对于系统管理员来说，我们这些最密切地运行和管理计算机的人，可以直接访问这些工具，可以帮助我们更有效地工作。我们应该利用这些工具获得最大的利益。

在《Linux哲学》第8章中，我写道："系统管理员在思考时最有效率——思考如何解决现有的问题，以及如何避免未来的问题；思考如何监控Linux计算机，以便找到预测和预示这些未来问题的线索；思考如何让他们的工作更有效率；考虑如何将所有这些需要每天或一年执行一次的任务自动化。"

系统管理员在创建脚本程序时的效率是次要的，这些脚本程序将他们设想的解决方案自动化，但看起来效率不高。我们的自动化程度越高，我们就有越多的时间来解决实际问题，并考虑如何在现有的基础上实现更多的自动化。

我了解到编写脚本程序（也称为脚本）是利用时间的最佳策略，至少对我来说是这样。一旦编写了脚本程序，就可以根据需要多次重新运行它。

3.3.8　始终使用脚本

当编写自动化程序时，总是使用脚本，而不是编译的实用程序和工具。所有工作都应该这样。由于脚本以纯文本格式存储，因此人类可以像计算机一样轻松地查看和修改它们。你可以检查一个脚本程序，看看它到底做了什么，以及在语法或逻辑中是否有任何明显的错误。

这是一个强有力的例子，说明了什么是开放。

脚本或程序是包含至少一个脚本命令的可执行文件。它们通常不止包含一个命令，一些脚本有数千行代码。总体而言，这些命令是执行所需任务并具有明确定义结果的命令。

上下文很重要，这个原则应该放在我们作为系统管理员的工作上下文中考虑。系统管理员的工作与开发人员和测试人员的工作有很大的不同。除了解决硬件和软件问题外，我们还管理我们负责的系统的日常操作。我们监控这些系统的潜在问题，并尽一切努力防止这些问题影响到我们的用户。我们安装更新并对操作系统进行完整的发布级升级。我们解决由用户引起的问题。系统管理员开发代码来执行所有这些任务以及更多任务，然后我们测试该代码，最后我们在生产环境中运行该代码。

3.3.9　尽早测试并经常测试

总有一个又一个的故障。

——卢巴斯基（Lubarsky）的控制论昆虫学定律

卢巴斯基（管他是谁）是正确的。我们永远无法找出代码中所有的故障。我找出了每一个故障，似乎总还会有另一个故障突然出现，通常是在非常不合时宜的时候。

测试会影响系统管理员执行的许多任务的最终结果，这是哲学的一个重要组成部分。

但是，测试不仅涉及程序，它还涉及验证我们应该解决的问题是否确实已经解决，无论这些问题是由硬件、软件还是用户可能发现的似乎无穷无尽的问题引起的。这些问题可能与我们编写的应用程序或工具软件、系统软件、应用程序和硬件有关。同样重要的是，测试还包括确保代码易于使用，并且用户接口是有意义的。

测试是一项艰苦的工作，需要一个基于需求陈述的良好设计的测试计划。无论情况如何，都应该从一个测试计划开始。即使是一个非常基本的测试计划也能提供一定的保证，确保测试是一致的，并覆盖了代码所需的功能。

任何好的计划都包括验证代码是否实现了它应该完成的所有功能的测试。也就是说，如果你输入 X 并单击按钮 Y，你应该得到 Z 作为结果。因此，你编写一个测试，创建这些条件，然后验证 Z 是否是结果。

最好的计划包括测试代码出现问题的情况。测试计划明确覆盖的具体场景很重要，但是它们可能无法预测到那些未预料到的，或者完全随机地输入引起的混乱。这种情况可以通过模糊测试来部分覆盖。在模糊测试中，某人或某个工具会随机敲击键盘，直到出现一些糟糕的情况。

对于系统管理员，生产环境中的测试被一些人认为是一项新事物，但实际上是一种常见做法。在生产环境中，没有一个测试计划能够比几分钟的真实世界更好地考验代码。

3.3.10　使用通俗易懂的命名

懒惰的系统管理员会尽可能减少不必要的输入，我非常认真地对待这一点。这个原则扩展了这一点，但它不仅仅是为了减少我需要输入的量，还涉及脚本的可读性和命名方式，以便更快地理解它们。

UNIX 哲学的原始原则之一是始终使用小写字母并保持名称简短[⊖]。这是一个值得称赞的目标，但在系统管理员的世界里，却不是那么容易实现的。在很多方面，我的原则似乎完全否定了原始原则。然而，原始原则是针对不同受众而设计的，而这个原则则是针对具有不同需求的系统管理员而设计的。

最终目标是创建易于阅读和理解的脚本，以便更容易地进行维护。然后使用其他简单的脚本和定时任务（cron）来自动运行这些脚本。将脚本名称保持相对简短，这也可以减少在命令行执行这些脚本时的输入量，但当从另一个脚本或作为定时任务启动它们时，这就无关紧要了。

易于理解和可读的变量名称是创建可读脚本的关键。有时，就像脚本名称一样，这些名称可能会更长，但比我遇到的许多名称更容易理解。像 $DeviceName5 这样的变量名称比 $D5 更易理解，并且可以使脚本更容易阅读。

请注意，大多数 Linux 命令名称都很短，但它们也有含义。在命令行上工作一段时间

⊖　与现在的系统相比，早期的 UNIX 系统内存很小，因此在名称中节省几个字节非常重要。UNIX 和 Linux 区分大小写，因此有时需要按 <Shift> 键。

后，你会理解其中的大部分。例如，`ls` 命令表示列出目录的内容。其他命令名称包含 "ls" 字符串，例如，`lsusb` 用于列出连接到主机的 USB 设备，`lsblk` 用于列出主机中的块设备（存储设备）。

许多较新的命令，如与逻辑卷管理、网络管理器和系统初始化 systemd 相关的命令更长，但更有意义。你在学习本书的过程中会遇到它们。

3.3.11 以开放格式存储数据

我们使用计算机是为了操作数据。它曾经被称为"数据处理"是有原因的，这是一个准确的描述。虽然我们现在处理的数据可能是视频和音频流、网络和无线流、文字处理数据、电子表格、图像等，这一切仍然只是数据。

我们使用 Linux 中可用的工具处理和操作文本数据流。当需要存储数据时，以开放的文件格式存储总是比封闭的文件格式要好。

虽然许多用户应用程序使用纯文本格式（包括简单的平面纯文本和 XML）存储数据，但这个原则大多涉及与 Linux 直接相关的配置数据和脚本。不管怎样，任何类型的数据都应该尽可能以纯文本的形式存储。

"开放源代码"是关于代码的，并且使源代码可供任何想要查看或修改它的人查看。"开放数据"是关于数据本身的开放性的。

开放数据这个术语不仅仅是指能够访问数据本身，还意味着数据可以以某种方式被查看、使用和与他人共享。实现这些目标的确切方式可能会受到某种归属和开放许可证的限制。与开源软件一样，这种许可证旨在确保数据的持续开放可用性，而不是限制它的使用方式。

开放数据是可阅读的。这意味着获取信息是不受限制的。真正开放的数据可以被自由地阅读和理解，而不需要进一步地解释或解密。在系统管理员世界中，开放意味着我们用来配置、监视和管理 Linux 主机的数据很容易找到、读取，并在必要时修改。它以易于访问的格式存储，例如纯文本。当一个系统是开放的，数据和软件都可以由开放的工具来管理，这些工具使用纯文本。

3.3.12 对数据使用单独的文件系统

这个原则有很多方面需要考虑，需要理解 Linux 文件系统和挂载点的性质。

注意 这里术语"文件系统"的主要含义是目录树中位于独立分区或逻辑卷（Logical Volume，LV）上的一部分，必须挂载到根文件系统的指定挂载点上，才能访问根文件系统。我们还使用这个术语来描述分区或卷上的元数据结构，如 EXT4、XFS 或其他结构。这些不同的用法应该在上下文中显示得很清楚。这些含义将在第 19 章详细介绍。

在 Linux 主机上维护独立的文件系统，至少有三个极好的理由。

第一，当存储设备崩溃时，我们可能会丢失损坏文件系统中的部分或全部数据，但是，正如我们所看到的，在崩溃的硬盘上的其他文件系统中的数据可能仍然是可用的。

第二，尽管有大量的硬盘空间可供使用，但仍有可能填满文件系统。当这种情况发生时，单独的文件系统可以最大限度地减少直接影响，并使恢复更容易。

第三，当某些文件系统（如 /home）位于不同的文件系统中时，升级会变得更容易。这样在不需要从备份系统恢复该数据的情况下可以轻松升级。

在职业生涯中，我经常遇到所有这三种情况。在某些情况下，只有一个分区，即根（/）分区，因此恢复非常困难。当主机配置了独立的文件系统时，从这些情况中恢复总是更快、更容易。

保护所有类型的数据安全是系统管理员的工作之一。使用单独的文件系统来存储数据可以帮助我们实现这一点。这种做法还可以帮助我们实现成为“懒惰的管理员”的目标。备份确实可以让我们在崩溃情况下恢复大多数数据，但是使用单独的文件系统可以让我们在崩溃之前恢复受影响文件系统中的所有数据。从备份中恢复需要更长的时间。

3.3.13　使程序可移植

可移植的程序使懒惰的系统管理员的生活更加轻松。可移植性是一个重要的考虑因素，因为它允许程序在广泛的操作系统和硬件平台上使用。使用可以在许多类型系统上运行的解释性语言（如 Bash、Python 和 Perl）可以节省大量工作。

在从一个平台移植到另一个平台时，用编译语言（如 C）编写的程序至少必须重新编译。在许多情况下，必须在源代码中维护特定于平台的代码，以便支持二进制文件预期在其上运行的不同硬件平台。这产生了大量额外的工作，包括编写和测试程序。

Perl、Bash 和许多其他脚本语言在大多数环境中都可用。除了极少数情况以外，用 Perl、Bash、Python、PHP 和其他语言编写的程序可以在许多不同的平台上运行。

Linux 可以在很多硬件架构上运行。当然，Linux 支持 Intel 和 AMD 的 64 位处理器。大多数 Linux 发行版不再支持 32 位 Intel 和 AMD 处理器，不过总还是有那么一些专门的发行版会支持。Linux 还支持 32 位和 64 位的 ARM 架构，这些架构几乎存在于地球上的每一部手机和 Arduino 与树莓派等设备中。大多数移动电话使用一种叫作 Android 的 Linux 系统。

3.3.14　使用开源软件

这个原则的意思可能和你想得不完全一样。大多数时候，我们认为开源软件是像 Linux 内核、LibreOffice 或组成我们最喜欢的发行版的成千上万个开源软件包中的任何一个。在系统管理的背景下，开源意味着我们编写的用来自动化我们工作的脚本，以及我们从其他那些愿意分享工作的系统管理员处获得的脚本及程序。

开源软件是指任何人都可以查看、修改和增强其源代码的软件。

——opensource.com

前面这句话引用的网页包含了对开源软件的详细讨论，其中包括开源软件的一些优点。我建议你阅读这篇文章，并考虑它如何应用于我们编写的代码，即我们的脚本。如果我们仔细寻找，就会发现其中的含义。

开源的官方定义非常简洁。在 opensource.org 上，带注释版的开源定义包含十个部分，明确而简洁地定义了软件满足哪些条件，才能被认为是真正的开源软件。这个定义对于系统管理员的 Linux 哲学很重要。你不必阅读这个定义，但我建议你这样做，以获得更全面的理解，真正了解开源这个术语的含义。不管怎样，我简单概括一下。

开源软件之所以开放，是因为它可以被阅读、修改和共享，因为它的源代码可以免费提供给任何想要它的人。这种"言论自由"的软件方法促进了全球范围内的个人和组织参与创建和测试高质量的代码，这些代码可以由每个人自由共享。作为开源的用户还意味着我们系统管理员应该分享我们自己的代码，我们为解决自己的问题而编写的代码，并用其中的一种开源许可证来授权它。

3.3.15　追求优雅

优雅是一种很难定义的东西。当我看到它时，我就知道它是什么，但把我看到的东西变成一个简洁的定义是一个挑战。使用 Linux 的 dict 命令，WordNet 提供了优雅一词 elegance 的定义："在解决问题时所具有的整洁和巧妙特质（尤指在科学或数学中）；'他的发明的简洁和优雅'。"在本书中，我认为优雅是硬件和软件的设计，以及工作中的一种美好而又简洁的状态。当一个设计是优雅的，软件和硬件工作得更好，效率更高。用户可以通过简单、高效和可理解的工具得到帮助。

在科技环境中优雅是很难的，但也是必要的。优雅的解决方案产生优雅的结果，并且易于维护和修复。优雅不是偶然发生的。你必须为之努力。

3.3.16　寻求简单性

简单性是技术优雅的一个重要组成部分。Linux 哲学的原则帮助我巩固了对这样一个真理的理解：Linux 是简单的，而这种简单性是由 Linux 哲学所阐明的。

UNIX 本质上是一个简单的操作系统，但是只有天才才能理解它的简单性。

——Dennis Ritchie

在这个原则中，我们寻求 Linux 的简单性。当看到标题为"77 个你实际会使用的 Linux 命令和工具"和"50 个最常用的 UNIX / Linux 命令（附带示例）"这样的文章时，我感到不舒服。这些标题暗示着你必须记住一组命令，或者知道大量的命令是重要的。

我确实会阅读许多这样的文章，但我通常是在寻找新的和有趣的命令，这些命令可能帮助我解决问题或简化命令行程序。我从未试图学习所有这些 Linux 命令，不管你可能会得出"所有"的总数是多少。我只是从我需要的命令开始学习，针对手头的项目。我开始学习更多的命令，因为我承担了个人和工作上的项目，这些项目把我的知识扩展到极限，迫使我找到以前不知道的命令来完成这些项目。随着时间的推移，我掌握的命令越来越多，越来越熟练地应用这些命令来解决问题。我开始找到更多的工作，让我拿着 Linux 这个我最喜欢的玩具赚来越来越多的钱。

当我了解了管道和重定向，了解了标准流和 STDIO，阅读了 UNIX 哲学和 Linux 哲学后，我开始理解命令行是如何以及为什么使 Linux 和核心工具集如此强大。我了解到了以令人惊叹的方式操作数据流的命令行程序编写的优雅之处。

我还发现，有些命令即使不是完全过时，也很少使用，而且只在不寻常的情况下使用。仅仅因为这个原因，找一个 Linux 命令列表并记住它们是没有意义的。作为系统管理员，学习许多可能永远都不需要的命令并不是对时间的有效利用。这里的简单之处在于了解你需要做什么来完成手头的任务。未来会有很多任务需要你学习其他命令。

当编写自己的管理脚本时，简洁也是关键。我们每个脚本应该只做一件事，并且将它做好。复杂的程序难以使用和维护。

愚者忽略复杂性，实用主义者忍受复杂性，专家避免复杂性，天才消除复杂性。

——Alan Perlis

3.3.17　使用你最喜欢的编辑器

为什么这是系统管理员的 Linux 哲学的原则之一？因为争论编辑器会造成大量的精力浪费。每个人都有自己最喜欢的文本编辑器，别人可能和我的不一样。那又怎样？

我使用 Vim 作为编辑器，已经使用它很多年了，非常喜欢它，已经习惯了。它比我试过的任何其他编辑器都更能满足我的需求。如果你能这样评价你的编辑器，那么你就能享受编辑器的乐趣了。

你用什么工具对我来说不重要，对其他人来说也不重要。真正重要的是完成工作。无论你使用的是 Vim、EMACS、systemd、SystemV、RPM 还是 DEB，这能有什么不同呢？这里的底线是你应该使用你觉得最舒服、最适合你的工具。

3.3.18　将一切文档化

真正的程序员不会注释他们的代码，如果代码很难写，那么它就应该很难理解，更难修改。

——佚名

如果是我写的，我也希望匿名。这甚至可能有讽刺的意味。无论如何，这似乎是许多开发人员和系统管理员的态度。在一些开发人员和系统管理员中有一种难以掩饰的风气，即必须自己搞清楚所有事情才能加入俱乐部——不管那是什么俱乐部。他们暗示，如果你想不出来，你应该去做别的事情，因为你不属于这里。

首先，事实并非如此。其次，据我所知，大多数开发人员、程序员和系统管理员都不赞同这种观点。事实上，最优秀的人恰恰相反，他们中的一些人多年来一直是我的导师。

精英中的精英在他们所做的每一件事上都把文档（好的文档）放在优先位置。

我使用过很多软件，它们的创建者都信奉所有代码都是不言自明的理念。我还被要求修复大量完全没有注释的代码，这些代码也没有文档记录。似乎许多开发人员和系统管理员认为，如果程序适合他们，就不需要编写文档。我曾经不止一次被指派去修复未加注释的代码。这是我做过的最不愉快的任务之一。

部分问题是许多无知老板没有将文档视为高优先级事情。我参与过 IT 行业的很多方面，幸运的是，我工作过的大多数公司都认为文档不仅重要，而且对手头的任务至关重要，无论任务是什么。

迄今为止有很多非常好的文档。例如，LibreOffice 的文档非常出色，它包括多种格式的文档（HTML 和 PDF），从"入门"到每个 LibreOffice 应用程序的非常完整的用户指南。

Red Hat Enterprise Linux（RHEL）和 CentOS 以及 Fedora 的文档也是我在 IT 行业工作 50 多年以来所见过的最好的文档之一。这几个系统都是非常紧密相关的发行版。

好的文档并不容易，而且需要时间。它还需要了解读者——不仅是文档的目的，还包括预期读者的技术专长以及读者的语言和文化。里奇·博文（Rich Bowen）在 opensource.com 上的一篇好文章中很好地阐述了这一点《RTFM？如何写一本值得一读的手册》（"RTFM? How to write a manual worth reading"）。

还有一个问题是，对于系统管理员来说，什么是好的文档。我们在这个原则中探索这些事情，主要是关于我们编写的脚本。

3.3.19　备份所有数据——经常备份

"你的计算机永远不会出问题，你永远不会丢失数据。"如果相信这句话，你早晚会上当。

我经历过很多数据丢失的情况，其中很多是我自己的过错。保持良好的备份一直使我能够以最小的干扰继续工作。这个原则涉及一些常见的数据丢失原因，以及预防数据丢失和方便恢复的方法。

就在最近，我遇到了一个问题：硬盘崩溃摧毁了我主目录中的数据。我早已预料到这一点，所以并不感到惊讶。我第一次意识到有问题的征兆是来自 SMART（自我监控、分析和报告技术）发来的一系列电子邮件，而我的主目录就在这个硬盘上⊖。每封电子邮件都表明一个或多个扇区出现缺陷，有缺陷的扇区已被下线，并在原来的地方分配了保留扇区。这是正常操作，存储设备上有意设计了保留扇区用来应对这种情形，此时数据将存储在保留扇区中，而不是原来的扇区。

当硬盘最终崩溃时，我更换了硬盘，对新硬盘进行了适当的分区和格式化，从备份中复制文件到新硬盘，进行了一些测试，然后就可以使用了。我将数据保留在计算机中等待

⊖　你的主机必须安装并运行邮件传输代理，如 Sendmail。/etc/aliases 文件中必须有一个条目，用于将 root 的电子邮件发送到你的邮箱。

它失败，这是为了进行测试。备份可以节省时间、精力和金钱。不要在没有备份的情况下碰上问题。你会需要它们的。

3.3.20　跟随你的好奇心

人们谈论终身学习如何保持精神警觉和年轻。对于系统管理员也是如此。总有更多东西需要学习，我认为这就是让我们大多数人保持快乐和随时准备解决下一个问题的原因。持续地学习有助于保持我们的头脑和技能敏锐，而不论我们的年龄如何。

我喜欢学习新东西，这很幸运。好奇心让我一生都在和我最喜欢的玩具——计算机打交道。计算机的确有很多新东西可以学习，行业和技术都在不断变化。地球和宇宙中有许多值得好奇的事情。计算机和相关技术似乎是我最喜欢的事情。

我还假设你一定也很好奇，因为你正在阅读这本书。好奇心让我首次接触了 Linux，但这是一条漫长而曲折的路。多年来，我的好奇心引导我经历了许多生活事件，最终让我在 IBM 公司找到了一份工作，编写了原始 IBM PC 的第一个培训课程，然后找到了一家公司，学习了 UNIX，接着因为个人用的 UNIX 太贵，就接触了 Linux，然后在红帽公司找到了一份工作。现在我在写有关 Linux 的内容。

跟随你自己的好奇心。你应该探索 Linux 的许多方面，并跟随好奇心的指引去探索。只有跟随自己的好奇心，首先是对电子学，然后是计算机、编程、操作系统、Linux、服务器、网络等的好奇，我才能做许多有趣的事情。

3.3.21　没有"应该"

这个原则是关于可能性的。它也是所有原则中最具禅意的。它更多的是关于我们的大脑如何解决问题，而不是具体的技术。它还涉及克服，或者至少认识到一些阻碍我们充分利用自身潜力的障碍。

在《星际旅行 2：可汗怒吼》中，斯巴克说："总有可能性。"在 Linux 中总有许多途径可以解决问题。这意味着你可能以某种方式执行任务，而另一个系统管理员可能以另一种方式执行任务。没有一种"应该"完成任务的方式。只有你完成任务的方式。如果结果符合要求，那么达成这些结果的方式就是完美的。

我相信 Linux 系统管理员在解决 Linux 问题时，比那些似乎更多地考虑"驾驭"和"限制"的人在思想上受到的约束更少。我们有如此多的简单而强大的工具可供使用，以至于我们发现自己既没有受到操作系统的限制，也没有受到任何对我们使用的工具或应用它们的操作方法的限制。

严格的逻辑和规则无法给我们系统管理员足够的灵活性来高效地完成工作。我们并不特别关心事情"应该"怎么做。系统管理员并不容易被其他人试图加以限制的"应该"所限制。我们使用的是灵活的逻辑和批判性思维，它们产生出色的结果，并使我们在此过程中学到更多。我们不只是在盒子外面思考。我们是摧毁试图让我们在盒子里工作的那些人。

对我们来说，没有所谓的"应该"。

3.3.22 培养年轻的系统管理员

这些年来我参加过很多培训课程，其中大多数培训对帮助我更多地了解 UNIX、Linux 以及其他主题非常有用。但是，尽管培训很有用也很重要，它也不能覆盖执行系统管理员职责的许多关键方面。有些事情只有在现实环境中才能由好的导师教授，通常是在你面临解决关键问题的巨大压力时。一个好的导师会让你在这些情况下做实际的工作，所以你可以在远离狼群的同时获得宝贵的学习经验，在工作不受干扰的情况下承受压力。一个好的导师能够从每一种情况中创造一个学习的机会，无论这种情况有多严重。

这一原则也是关于教导年轻的系统管理员批判性思维和应用科学方法解决问题的艺术。

3.3.23 支持你喜欢的开源项目

Linux 及其上运行的许多程序都是开源程序。许多较大的项目，例如内核本身，是由为此目的而设立的基金会（如 Linux 基金会）和 / 或有兴趣这样做的公司和其他组织直接支持的。

作为一名系统管理员，我写了很多脚本，我喜欢这样做，但我不是一名应用软件程序员。我也不想这样做，我喜欢系统管理员的工作，因为它允许不同类型的编程。因此，在大多数情况下，为开源项目贡献代码对我来说并不是一个好的选择。还有其他的贡献方式，比如回答列表或网站上的问题，提交错误报告，撰写文档，为像 opensource.com 这样的网站写文章，教学和捐款。我实践了其中的一些选项。这个原则是关于探索你可能做出贡献的一些方式。就像所描述的那样，这是回馈社区的一种卓越方式。

3.3.24 现实中的变数

系统管理员的 Linux 哲学是一种技术哲学，通常被认为不是很实用。但这里有"本质"。在现实每天中，这些哲学都以各种各样的方式强加在系统管理员身上。始终能够遵循每一条原则是有可能的，但是可能性不是很大。在"现实"世界中，我们系统管理员面临着一些难以置信的挑战，有时只是为了完成分配给我们的工作。最后期限、管理和其他压力迫使我们每天深深做出关于下一步做什么以及如何做的决定。会议通常会浪费我们的时间——不是总是，而是通常。在许多组织中，花时间和金钱进行培训是闻所未闻的，这需要在其他方面出卖你的系统管理员灵魂。

从长远来看，坚持这一理念确实会带来高价值的回报。然而，现实总是会闯入如此完美的哲学领域。没有灵活性的话，任何哲学都只是教条，这不是 Linux 系统管理员哲学的内容。这一原则探讨了现实如何影响我们作为系统管理员。

计算机很轻松，人很艰难。

——Bridget Kromhout

　　系统管理员必须工作并与人交互。这可能很难，但我们确实需要时不时地这样做。我们系统管理员必须与其他人交互，无论他们是用户、其他团队的技术专业人员，也不管是同级别还是管理层。我们需要与其他知识水平不同的人讨论我们的工作。知识不是二元的，它是模糊的。人们对计算机和技术的知识有很大的差异，从看起来几乎没有任何知识，到非常有知识。他们的知识水平对我们如何与他们互动很重要。

　　有人指责我解释过度，但我宁可解释过度，也不愿解释不足。有些人甚至称之为"自以为是的说教"，但这并不是我真正的意图。我发现，所有的技术人员，无论性别、偏好、身份认同或其他身份特征，在被问及一个简单的问题时，都有同样的倾向，他们会从头开始解释事情。这是因为答案从来不像问题那么简单。

总结

　　本章是系统管理员的 Linux 哲学的简要概述。这个哲学是我作为系统管理员如何工作的心理框架。它对我来说是一个有用的工具，随着我们继续学习本书，我将指出并解释为什么以及如何将这些原则应用于某些情况或任务。按照这一哲学原则工作，将提高我们工作的生产力和效率。

练习

　　完成以下练习来结束本章：

　　1）为什么认为系统管理员的 Linux 哲学很重要？

　　2）在你看来，这些原则中，什么是最重要的？为什么？

　　3）本章讨论的任何原则是否影响你以不同的方式做事？

第 4 章 *Chapter 4*

准 备 工 作

目标

在本章中，你将学习以下内容：

❏ 选择要安装 VirtualBox 的计算机主机，以及可以在其上进行实验的虚拟机。

❏ 在你选择的硬件上安装 VirtualBox。

❏ 创建一个可以放心进行实验的小型虚拟机。

❏ 根据本书的需要配置虚拟网络适配器。

4.1 概述

为了做好本书实验的准备工作，我们需要完成一些任务。大多数实验室都使用真实机器进行培训，但本书最终将在一个私有网络中使用至少两台 Linux 主机，以便提供一个真实的环境来学习如何成为系统管理员。这有利于在两个课程之间，或者在课程中间的长时间休息时，使这些主机免于相互影响。因此传统的教学环境并非学习 Linux 的最佳环境。

此外，大多数想要学习 Linux 的人通常没有那么多的实体主机和专用网络可用。即使你在一家支持花钱培训的公司里工作，情况也是如此。对许多人来说，这是一个非常重要的考虑因素。此外也涉及时间，这通常也是一种更稀缺的资源。我从未见过任何一家公司或公共培训中心可以在一个学生学习期间将多台计算机专用于某个人学习，并在可能相隔数月的课程之间保持它们不受影响。

这些因素构成了这一系列的三卷内容：在虚拟网络中使用虚拟机，这些虚拟机可以安装在符合一定规范的合适系统中，每个人访问时都应该遵守这些规范。因此，虚拟机可用于本书，并在接下来的两本书中使用。当然，它们总是可以在一个或两个检查点的快照中恢复，或者在必要情况下从头开始重新创建。这是虚拟机相对于实体主机的优势之一，因为它很容易从严重的错误中恢复。

希望使用多个虚拟机在单个实体主机上创建一个虚拟网络能提供一个安全的虚拟计算和网络环境，在这个环境中可以通过犯错来学习。在本章中，你将开始进行系统管理员的工作。系统管理员所做的众多任务之一是安装 Linux，这就是你将在下一章中所做的操作。在本章中，我们将安装 VirtualBox 可视化软件。我会尽我所能按照顺序解读完这一章，但可能有些内容你还不明白。别担心，我们会弄明白的。

你还将开始使用一些 Linux 命令，其中大部分你可能不知道也不明白。现在我将解释一些我们会遇到的命令。只要你按照实验中给出的信息输入，应该就没有问题。在很多情况下，如果你在输入命令时出错，系统将返回一条错误消息，以帮助你了解问题所在。

4.2　成为 root 用户

root 用户是 Linux 系统上的主用户。root 用户拥有 Linux 的最高权限，包括管理员权限、超级用户权限、系统管理员权限以及特权用户权限。第 11 章将专门介绍 root，以及 root 用户远远超出普通用户、非特权用户范围的可用权力。

本书旨在使你能够放心地使用这些 root 权限，但我们不会让你在一瞬间就从入门到熟练。我始终认为应当完全沉浸其中。这就是我们在本章中所做的：完全投入地学习。所以我在此声明：你现在就是一个 root 用户。从这一点出发，我们所做的大部分工作都将以root 身份执行，而你是系统管理员。

4.3　硬件规格

为了执行本书中的实验，你必须有权访问运行本书虚拟机的单个物理计算机，并且为本系列的第二卷运行至少两台虚拟机。这些硬件规格数据旨在为你提供一些指导，帮助你选择符合本书和第二卷要求的计算机。

因为虚拟机不会运行大型复杂程序，因此它们在 CPU 和 RAM 内存方面的负载会比较低。磁盘使用量可能有点高，因为在进行了一些实验之后，虚拟机的虚拟磁盘可能会占用大量磁盘空间，并且你偶尔还会制作虚拟快照，以便从其他灾难性故障中相对简单地恢复。本书使用单个虚拟机，但此处列出的主机硬件规格应足以处理至少三个虚拟机，因为第二卷将需要至少两个甚至三个虚拟机。尽管如此，你仍应将这些硬件规格视为本书中使用的最低规格。配置总是越高越好。

主板、处理器和内存应该是 64 位的。许多 32 位的设备不再支持 Linux 版本。何况 32 位的计算机也很少见了。本书物理系统的最低硬件要求如表 4-1 所示。当然，配置越高越好。

表 4-1 物理系统最低硬件要求

硬件	描述
处理器	Intel i5 或 i7 处理器或 AMD 同等产品；至少四个核心，以及支持虚拟化的超线程；2.5GHz 或更高的 CPU 速度
主板	能够支持你之前选择的 Intel 处理器；支持 USB 的键盘和鼠标；与显示器的视频连接器匹配的视频输出接口（见下文），例如 VGA、HDMI 或 DVI
内存	建议主机系统至少有 16GB 的 RAM。这将为多个虚拟机提供足够的内存，并且仍然有足够的内存供主机本身使用。只要有 8GB 的内存就可以工作，虽然速度会有点慢
硬盘	具有至少 300GB 空闲空间的内部或外部硬盘驱动器，用于存储虚拟机磁盘驱动器
网络	一个支持 1Gbit/s 连接的以太网网络接口卡
USB 键盘和鼠标	很显然的需求
视频显示	大多数平面显示器都可以，但至少要支持高清分辨率
互联网连接	物理主机应具有至少 200Mbit/s 的网络连接下载速度。强烈推荐更快的下载速度，这将减少等待时间

4.4 主机软件要求

你使用的计算机很可能已经安装了操作系统，并且很可能是 Windows。最好拥有最新版本的系统，截至撰写本文时，所用计算机上的操作系统是 Windows 11。

实验室主机的首选操作系统是 Fedora 37，或者当前可用的最新版本的 Fedora。我强烈建议使用最新版本的 Fedora，因为这是我在这些书中使用的版本，并且你不需要在本章中对其他发行版进行任何调整。无论如何，你将在虚拟机上使用 Fedora，所以这是最需要注意的。

无论实验室系统上安装了哪个操作系统作为主机操作系统，你都应该使用 VirtualBox 作为这些实验的虚拟化平台，因为它是开源且免费的。创建虚拟机和虚拟网络的所有过程都基于 VirtualBox，因此我强烈建议你使用它来虚拟化你的实验室系统环境。其他虚拟化工具可能也会起作用，但安装和配置它们以及创建虚拟机将是你自己的责任。

托管虚拟环境的物理系统不需要其他软件。

4.5 安装 VirtualBox

VirtualBox 虚拟化软件可以从网址 www.virtualbox.org/wiki/Downloads 下载。

注意 要安装 VirtualBox，你必须在 Linux 主机上具有 root 访问权限，即拥有 root 密码，或者在 Windows 主机上拥有管理员权限。你还需要在 Linux 主机上拥有一个非 root 用户账户。

如果你的主机运行的是 Linux，请按照 4.5.1 节中的说明安装 VirtualBox。安装完成后你可以直接阅读 4.6 节。

如果你的主机运行 Windows，请跳过 4.5.1 节并转至 4.5.2 节。

4.5.1　在 Linux 主机上安装 VirtualBox

本小节介绍在 Fedora Linux 主机上安装 VirtualBox 所需的步骤。如果你有 Windows 主机，可以转至 4.5.2 节。

对于本书，我们将从 VirtualBox 网站下载文件。如果你使用不同的 Linux 发行版，步骤大体相同，但你应该使用适用于你的版本的 VirtualBox 包和包管理器命令。

在以下步骤中，# 字符是 root 的命令提示符，不要输入它。它显示在控制台或终端屏幕上，表示命令行正在等待输入。你将根据以下说明输入以粗体字显示的命令。输入每个命令并确保其正确后，按 <Enter> 键将命令提交给终端进行处理。

如果你还不了解这些命令的作用，也不要担心。如果你原封不动地输入它们，它们都可以正常工作。你正在执行的任务是作为系统管理员执行的典型任务，因此你不妨直接操作。但是，如果你认为自己不能安全地执行此操作，就应该让负责此主机的系统管理员为你执行。

要操作的条目将以**粗体**显示。如果没有要输入的数据，例如当你可能采用不需要键盘输入的默认设置时，请在看到 <Enter> 时按 <Enter> 键。

注意　尽管本节中的许多图形和命令中都显示了 VirtualBox 6.0.6，但截至 2023 年 1 月，最新版本为 7.0.2。在阅读本文时可用的版本也可能比这两个版本更新。

警告　当你尝试在 Linux 主机上安装 VirtualBox 时，可能会遇到以下错误：

```
nothing provided python (abi) = 3.8 needed by virtualBox-6.1-6.1.18_142142_fedora32-1.x86_64.
```

这是一个相对较新的问题，当一些较旧的 Python 库没有更新并且与 VirtualBox 的要求不同步时，就会出现这种情况。我已经开始使用 VirtualBox 的" All distributions"（AMD）版本，该版本位于 VirtualBox Linux 下载页面 Linux 发行版列表的底部。这个版本似乎运行良好，并解决了上面显示的错误。

自从本书最初编写以来，我还没有尝试过在 Windows 主机上安装 VirtualBox，所以我不知道是否会出现相同的错误。

1）以非 root 用户身份登录到你的 Linux 主机 GUI 桌面，如图 4-1 所示，我使用的账户为 Student User。你可能需要你的系统管理员为你创建一个账户并设置密码。

注意　在你使用的 Fedora 版本中，登录 GUI 的界面可能看起来有所不同，但它含有相同的组件，使你能够选择用户账户并输入密码。

图 4-1　选择非 root 用户账户并输入该账户的密码

2）GUI 桌面加载完成后，打开你最喜欢的 Web 浏览器。

3）输入以下 URL 以显示 Linux 下载页面：www.virtualbox.org/wiki/Linux_Downloads。如果没有出现此下载页面，你可以转到 VirtualBox 主页并单击 Downloads（下载）部分。

4）将适用于你的 Linux 发行版的 VirtualBox 包下载到 /Downloads 目录中。在我撰写第 2 版时，VirtualBox-6.1-6.1.38_153438_fedora36-1.x86_64.rpm 是 Fedora 的最新版本。请务必使用最新的 Fedora 版本的 VirtualBox，如图 4-2 所示。

图 4-2　下载适用于你的发行版的最新的 VirtualBox 安装包。VirtualBox 版本可能比此处显示的高

AMD 版本是 VirtualBox 的 64 位版本，可用于 AMD 和 Intel 处理器。我仅在特定于 Fedora 的版本不可用或出现问题时才使用 AMD 版本。

不要使用 i386 版本。

5）弹出保存文件对话框时，请务必确认浏览器保存文件的目录位置。这可能是 Chrome 等浏览器的 ~/Downloads，其他浏览器则可能会要求你指定位置。如果你有选择，请使用 ~/Downloads。

6）单击 Save（保存）按钮。

7）单击网页左侧的下载链接。

8）在 "... Oracle VM VirtualBox Extension Pack" 部分下，选择所有支持的平台链接以下载扩展包。

9）弹出保存文件对话框时，一定要选择 ~/Downloads 作为目标目录。

10）单击保存按钮。

11）现在我们需要的两个文件都已下载，可以开始安装 VirtualBox。

12）在桌面启动一个终端会话，使用 su 命令切换到 root 用户：

```
[student@myworkstation ~]$ su -
Password: <Enter the password for root>
[root@myworkstation ~]#
```

13）将 ~/Downloads 作为当前工作目录（Present Working Directory，PWD），并验证刚刚下载的文件位于那里：

```
[root@myworkstation ~]# cd /home/student/Downloads/ ; ls *Virt*
Oracle_VM_VirtualBox_Extension_Pack-6.1.38.vbox-extpack
VirtualBox-6.1-6.1.38_153438_fedora36-1.x86_64.rpm
```

14）我们需要安装 VirtualBox 工作所需的所有当前更新和一些 RPM（Red Hat Package Manager，RPM 包管理器）。它们可能已经安装在你的 Fedora 计算机上，但尝试再次安装它们不会导致问题。dnf 命令是 Fedora Linux 的包管理器并可用于安装、删除和更新软件包：

```
[root@myworkstation Downloads]# dnf -y update
```

15）安装最新的更新后重新启动物理计算机。在 Linux 计算机上安装更新后并不总是需要重新启动，除非内核被更新。我建议在这里进行重启，以防内核已经更新。对于接下来的步骤，重要的是内核是最新的，否则 VirtualBox 的安装可能无法完成。

16）作为 root 用户，安装一些必需的工具：

为了节省一些空间，我没有包含这些命令的任何输出。

```
[root@myworkstation Downloads]# dnf -y install elfutils-libelf-devel
kernel-devel
```

17）以 root 用户身份，使 /home/student/Downloads 为当前工作目录：

```
[root@myworkstation ~]# cd /home/student/Downloads/
```

18）现在使用以下 dnf 命令安装 VirtualBox RPM。注意该命令需要在一行当中输入。如果你的终端没有足够的列，那么它会在你的屏幕上换行，但在输入整个命令之前不要按 <Enter> 键。请务必为你的 VirtualBox 安装文件使用正确的名称，该名称可能与此不同：

```
[root@myworkstation Downloads]# dnf -y install VirtualBox-6.0-6.0.0_127566_fedora29-
1.x86_64.rpm
Last metadata expiration check: 0:04:17 ago on Tue 18 Dec 2018 04:40:44 PM EST.
Dependencies resolved.

================================================================================
 Package          Arch        Version                 Repository        Size
================================================================================
Installing:
 VirtualBox-6.0   x86_64      6.0.0_127566_fedora29-1  @commandline     130 M
Installing dependencies:
 SDL              x86_64      1.2.15-33.fc29           fedora           202 k

Transaction Summary
================================================================================
Install  2 Packages

Total size: 130 M
Total download size: 202 k
Installed size: 258 M
Downloading Packages:
SDL-1.2.15-33.fc29.x86_64.rpm                112 kB/s | 202 kB       00:01
--------------------------------------------------------------------------------
Total                                         58 kB/s | 202 kB       00:03
Running transaction check
Transaction check succeeded.
Running transaction test
Transaction test succeeded.
Running transaction
  Preparing        :                                                   1/1
  Installing       : SDL-1.2.15-33.fc29.x86_64                         1/2
  Running scriptlet : VirtualBox-6.0-6.0.0_127566_fedora29-1.x86_64    2/2
  Installing       : VirtualBox-6.0-6.0.0_127566_fedora29-1.x86_64     2/2
  Running scriptlet : VirtualBox-6.0-6.0.0_127566_fedora29-1.x86_64    2/2

Creating group 'vboxusers'. VM users must be member of that group!

  Verifying        : SDL-1.2.15-33.fc29.x86_64                         1/2
  Verifying        : VirtualBox-6.0-6.0.0_127566_fedora29-1.x86_64     2/2
Installed:
  VirtualBox-6.0-6.0.0_127566_fedora29-1.x86_64   SDL-1.2.15-33.fc29.x86_64

Complete!
```

19）我们现在安装扩展包，它为客户操作系统提供了一些额外的功能。与步骤 18 中相同，命令需要在一行中输入。如果你的终端中没有足够的列，那么它会在你的屏幕上换行，但在输入整个命令之前不要按 <Enter> 键：

```
[root@myworkstation Downloads]# VBoxManage extpack install
Oracle_VM_VirtualBox_Extension_Pack-6.0.0.vbox-extpack
VirtualBox Extension Pack Personal Use and Evaluation License (PUEL)
<Snip the long license>
```

20）当被要求接受许可时，输入 y。

```
Do you agree to these license terms and conditions (y/n)? y

License accepted. For batch installation add
--accept-license=56be48f923303c8cababb0bb4c478284b688ed23f16d775d729b89a2e8e5f9eb
to the VBoxManage command line.

0%...10%...20%...30%...40%...50%...60%...70%...80%...90%...100%
Successfully installed "Oracle VM VirtualBox Extension Pack".
[root@myworkstation Downloads]#
```

不要关闭 root 终端会话。它将用于准备一个外部 USB 硬盘驱动器，我们将在其上存储将要创建的虚拟机所需的虚拟存储设备和其他文件。

如果你的主机运行 Linux，请跳过下一部分并直接转到 4.6 节。

4.5.2　在 Windows 主机上安装 VirtualBox

本小节介绍了在具有当前支持的 Windows 版本的主机上安装 VirtualBox 所需的步骤。此过程将下载 VirtualBox 安装程序，以及安装 VirtualBox 和 VirtualBox 扩展包。如果你以前从未担任过管理员，只需按照给定的步骤进行操作，一切将正常进行。但是，如果你觉得不能放心地执行此操作，你应该让负责此主机的系统管理员为你执行此操作：

1）以管理员身份登录到你的 Windows 主机。

2）安装所有当前更新。

3）打开你的浏览器。

4）在浏览器中输入以下 URL：www.virtualbox.org。

5）单击中间的"Download VirtualBox"按钮，继续访问下载页面。

6）找到标题 VirtualBox X.X.X 平台包的部分，其中 X.X.X 是 VirtualBox 的最新版本。

7）找到 Windows 主机链接并单击。

8）当另存为窗口打开时，如图 4-3 所示，确保下载目标是 Downloads 目录，这应该是默认目录。

9）单击 Save（保存）按钮。

10）文件下载完成后，打开文件资源管理器并单击下载。

11）找到 VirtualBox 安装程序，然后双击启动它。

12）当设置向导欢迎对话框出现时，单击 Next（下一步）按钮，如图 4-4 所示，这将打开自定义设置对话框。再一次提醒，VirtualBox 的版本将比图 4-4 中的版本更新，但它们的外观和工作方式相同。

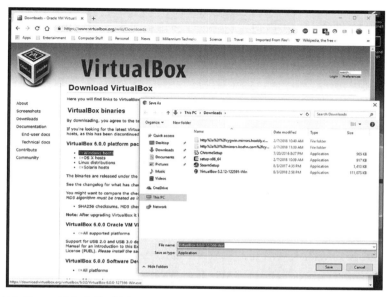

图 4-3　另存为窗口。请务必将适用于 Windows 的 VirtualBox 安装程序下载到 Downloads 目录中

图 4-4　Windows 系统中 Oracle VirtualBox 安装向导

13）不要对自定义设置对话框进行任何更改，然后单击 Next 按钮继续。

14）同样，不要对第二个自定义设置对话框进行任何更改，单击 Next 按钮继续。

15）如果出现有关重置网络接口的警告对话框，只需单击 Yes 按钮继续。

16）当显示准备安装窗口时，单击 Install（安装）。

17）你将看到一个对话框，询问你是否允许此应用程序对你的设备进行更改。单击 Yes 按钮继续。

18）显示完成对话框时，取消选中复选框以在安装后启动 VirtualBox。

19）单击 Finish（完成）按钮完成基本安装。现在桌面上应该有一个快捷方式来启动 VirtualBox。

但是，我们需要继续安装扩展包，它有助于将虚拟机更紧密地集成到 Windows 桌面中。

20）使用浏览器访问 www.virtualbox.org/wiki/Downloads。

21）找到 VirtualBox X.X.X Oracle VM VirtualBox Extension Pack 部分，以及该部分下的所有平台链接。

22）文件下载完成后，打开文件资源管理器并下载。

23）找到 Oracle Extension Pack 文件，双击它启动 VirtualBox 并安装 Extension Pack。

24）当显示标题为 VirtualBox Question 的对话窗口时，单击 Install 继续。

25）许可证将显示在对话窗口中。向下滚动到底部，当 I Agree（我同意）按钮不再是灰色时，单击它。

26）当再次询问你是否允许此应用程序进行更改时，单击 Yes 按钮。安装扩展包软件后，你将收到一个验证对话框窗口。

27）单击 OK 按钮关闭该对话框，随后 VirtualBox 管理器欢迎窗口将显示在屏幕上。

28）从现在开始，无论你运行的是 Windows 还是 Linux，使用 VirtualBox Manager GUI 时的界面都将是一样的。

4.6　创建虚拟机

无论主机运行的是 Windows 还是 Linux，请继续执行此部分。

在设置虚拟机之前，我们要创建一个具有特定配置的虚拟网络。这将使本书中的实验能够按计划进行，并将为下册中的虚拟网络提供基础。配置好虚拟网络后，我们将创建虚拟机并对其进行正确配置以供实验使用。这个虚拟机也将在后续内容中使用。

4.6.1　VirtualBox 管理器

配置虚拟网络和创建虚拟机这两项任务都是使用 VirtualBox 管理器完成的，VirtualBox 管理器是一个用于创建和管理虚拟机的 GUI 界面。首先在桌面上的应用程序启动器中找到 Oracle VM VirtualBox 项，其图标如图 4-5 所示。

单击此图标以启动 VirtualBox 管理器。VirtualBox 管理器首次启动时，会显示欢迎界面，如图 4-6 所示。

VirtualBox 管理器在 Windows 和 Linux 中是相同的，故创建虚拟机所需的步骤也是相同的。尽管可以从命令行管理 VirtualBox，但对我来说，使用 GUI 既快速又简单。此外，就本书的目的而言，这对你来说可能会更容易一些，使用 GUI 肯定会让你更容易找到和理解可用的选项。

图 4-5　VirtualBox 图标

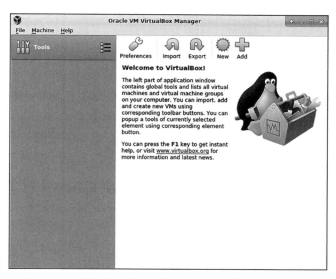

图 4-6　在首次启动时显示的 VirtualBox 管理器欢迎界面

4.6.2　配置虚拟网络

在创建虚拟机之前，我们要先配置虚拟网络。虚拟网络是仅存在于 VirtualBox 主机上的专用网络。它旨在允许用户管理对外部世界的访问。创建的虚拟路由器还为在虚拟网络上创建的虚拟机提供 DHCP 和名称服务等。

VirtualBox 有许多有趣的选项用于将虚拟机主机连接到网络。Oracle VM VirtualBox 用户手册列出了这些选项，并对每个选项的功能及其限制进行了完美的描述。

最简单的是默认使用网络地址转换（Network Address Translation，NAT），它允许虚拟机与 Internet 通信，但不允许多个虚拟机主机之间通信。由于在本书的第二卷中，我们需要让虚拟机与多台主机通信，因此这个选项不适合我们。我们将改为使用 NAT 网络选项，它允许主机在虚拟网络上以及通过虚拟路由器与外部世界通信。NAT 网络选项的限制是它不允许从实体主机到虚拟网络的通信。如有必要，我们可以克服这一限制，但是 NAT 网络选项为我们提供了最接近真实网络的虚拟网络环境，因此我们在本书中使用它。

我们将在本书后面更详细地讨论网络，但目前我们使用 VirtualBox 管理器创建和配置虚拟 NAT 网络。

提示　确保你使用的是 VirtualBox 的最新版本。

1）VirtualBox 管理器应该是打开的。如果没有打开，请启动 VirtualBox 管理器。

2）在图 4-6 所示的 VirtualBox 管理器界面中，单击 Tools 列表图标以打开工具窗口。这与 VirtualBox 的早期版本相比有所改变。

3）单击弹出菜单右侧的 Network 文件夹，然后选择 NAT Networks 选项卡，如图 4-7 所示。

图 4-7 选择 Network 文件夹以添加 NAT 网络

4）单击 Create（创建）图标添加新的 NAT 网络。系统将会自动添加和配置网络。

5）在网络的 General Options（常规选项）选项卡中，将网络名称更改为 StudentNetwork，如图 4-8 所示。

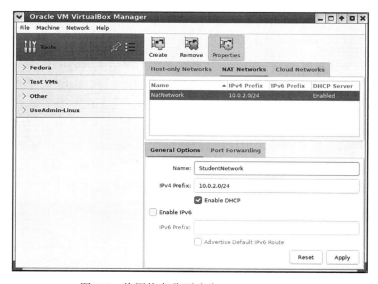

图 4-8 将网络名称更改为 StudentNetwork

6）不要更改此对话框中的其他内容。

7）单击 Apply（应用）按钮即可完成名称更改。

至此，虚拟网络配置完成。

4.6.3 准备磁盘空间

为了给本书中使用的虚拟机留出空间，可能需要清除硬盘驱动器上的一些空间。在执行此步骤之前，你应该对系统进行备份。如果你的主机已经有大约 300GB 的可用硬盘空间用于主目录，则可以跳过此部分。如果可用空间少于该数量，则需要分配一些磁盘空间来存储虚拟存储设备和虚拟机所需的其他文件。

我发现分配一个外部 USB 硬盘驱动器是一个有用的替代方法，在该硬盘驱动器上保存用于本书实验的虚拟机。我没有小于 500GB 的硬盘，但有 USB 硬盘驱动器，所以我使用它。我建议使用供应商指定的容量至少为 300GB 的外部 USB 硬盘驱动器。实际上，在创建和格式化分区后，用户可以使用的空间会更少。我们将销毁此外部硬盘驱动器上的所有现有数据并将其重新分区，因此请务必备份此外部硬盘驱动器上可能要保留的所有数据。

1. Windows 步骤

这些步骤将指导你配置用于在 Windows 主机上进行实验的外部 USB 硬盘驱动器。如果你使用 Linux 主机，则可以跳过此部分：

1）使用开始菜单，找到并打开 Computer Management（计算机管理）工具。

2）选择 Storage（存储），然后选择 Disk Management（磁盘管理）。

3）验证 Windows 主机上当前可用的磁盘。

4）将硬盘驱动器上的 USB 电缆插入计算机上的空闲 USB 连接器。

5）一两分钟后，磁盘管理工具会显示新的磁盘驱动器，如图 4-9 所示。在我的 Windows VM 上，这个新磁盘是 Disk 1，并且空间显示为未分配，因为我之前删除了现有分区。这对你来说可能是不同的磁盘。

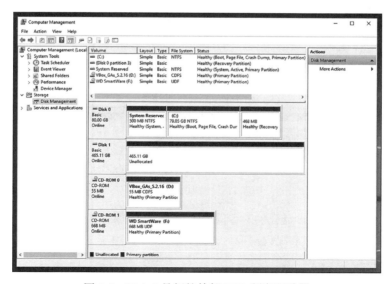

图 4-9　Disk 1 是新的外部 USB 硬盘驱动器

6）右击 Disk 1，选择 New Simple Volume 开始准备驱动器。显示 New Simple Volume Wizard 对话框。

7）单击 Next 按钮继续。

8）不要对 Specify Volume Size 对话框进行任何更改。这会将整个物理驱动器分配给该分区。单击 Next 按钮继续。

9）在分配驱动器号或路径对话框中接受建议的驱动器号。在我的 Windows VM 上，驱动器号是 E:。此驱动器分配很可能与你主机上的有所不同。请务必记下此驱动器号，因为你很快就会用到它。单击 Next 按钮继续。

10）使用 New Simple Volume Wizard 对话框中的默认值，如图 4-10 所示。单击 Next 按钮继续。

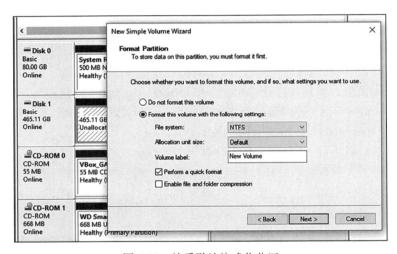

图 4-10　接受默认格式化分区

11）单击 New Simple Volume Wizard 对话框上的 Finish 按钮，开始格式化过程。完成的磁盘分区如图 4-11 所示。

图 4-11　完成的磁盘分区

请注意，最终格式化的磁盘提供的容量小于驱动器供应商指定的 500GB。这是正常现象，因为预留了备用扇区以防止常规数据扇区出现缺陷，以及用于文件系统元数据产生的开销。

2. Linux 步骤

如果你的主机运行的是 Windows，请跳过此部分。

下面的内容将指导你将外部 USB 硬盘驱动器添加到 Linux 主机。该硬盘驱动器将是虚拟硬盘驱动器和其他文件的存储位置，这些文件是用于本书其余部分实验的虚拟机。

有一个适用于 Linux 的 GUI 桌面工具，其工作方式与适用于 Windows 的磁盘管理工具非常相似。正如你看到的那样，我们可以做到这一点，磁盘工具的屏幕截图如图 4-12 所示。

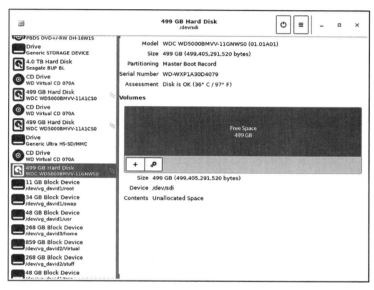

图 4-12　Linux GUI 磁盘管理工具提供类似于 Windows 磁盘管理器工具的功能

我们不会使用图 4-12 中的 gnome-disks GUI 工具。相反，我们将使用命令行界面，因为现在正是开始学习命令行工具的时候。这样你就可以熟悉这些工具本身以及其他一些概念，例如设备探测。我们将详细介绍你在本书中会遇到的许多情况。

要操作的条目以粗体显示。当你看到 <Enter> 时按 <Enter> 键。你必须有 root 权限才能执行以下所有任务：

1）你应该已经打开了一个终端并以 root 身份登录。运行以下命令，就像我在物理工作站上所做的那样，以确定你是否有足够的可用空间：

```
[root@myworkstation /]# df -h
Filesystem                   Size  Used Avail Use% Mounted on
devtmpfs                      32G   40K   32G   1% /dev
tmpfs                         32G   24M   32G   1% /dev/shm
tmpfs                         32G  2.2M   32G   1% /run
tmpfs                         32G     0   32G   0% /sys/fs/cgroup
/dev/mapper/vg_david1-root   9.8G  437M  8.9G   5% /
/dev/mapper/vg_david1-usr     45G  9.6G   33G  23% /usr
/dev/mapper/vg_david3-home   246G   46G  190G  20% /home
/dev/mapper/vg_david2-Virtual 787G  425G  323G  57% /Virtual
/dev/mapper/vg_david2-stuff  246G  115G  119G  50% /stuff
```

```
/dev/sdb2                          4.9G  433M  4.2G  10%  /boot
/dev/sdb1                          5.0G   18M  5.0G   1%  /boot/efi
/dev/mapper/vg_david1-tmp           45G  144M   42G   1%  /tmp
/dev/mapper/vg_david1-var           20G  6.6G   12G  36%  /var
tmpfs                              6.3G   24K  6.3G   1%  /run/user/1000
/dev/mapper/vg_Backups-Backups     3.6T  1.9T  1.6T  54%  /media/Backups
/dev/sde1                          3.6T  1.5T  2.0T  42%  /media/4T-Backup
/dev/sdg1                          457G   73M  434G   1%  /Experiments
```

这是我工作站上 **df** 命令的输出。它显示了我的工作站中每个磁盘卷上的可用空间。此命令在你的物理主机上的输出将与此不同。我有几个符合 LFHS[⊖] 的存储位置，我可以在这些存储位置找到文件系统上的虚拟机数据，但我选择使用 /Experiments 文件系统和目录，而不是将这些数据与其他数据混合，甚至不与虚拟机的其他数据混合。现在，你将像使用 /Experiments 一样配置外部 USB 硬盘驱动器。

2）插入外部 USB 硬盘驱动器。它需要一些时间才能启动并在硬件级别进行初始化。

3）运行以下命令以确定分配给新设备的驱动器 ID：

```
[root@myworkstation /]# dmesg
<SNIP>
[72781.328503] usb 1-14.3: new high-speed USB device number 11 using xhci_hcd
[72781.419360] usb 1-14.3: New USB device found, idVendor=1058, idProduct=070a, bcdDevice=10.32
[72781.419372] usb 1-14.3: New USB device strings: Mfr=1, Product=2, SerialNumber=3
[72781.419375] usb 1-14.3: Product: My Passport 070A
[72781.419378] usb 1-14.3: Manufacturer: Western Digital
[72781.419381] usb 1-14.3: SerialNumber: 575838314132305832363135
[72781.421007] usb-storage 1-14.3:1.0: USB Mass Storage device detected
[72781.422540] usb-storage 1-14.3:1.0: Quirks match for vid 1058 pid 070a: 200000
[72781.423506] scsi host9: usb-storage 1-14.3:1.0
[72782.432258] scsi 9:0:0:0: Direct-Access     WD    My Passport 070A 1032 PQ: 0 ANSI: 4
[72782.432897] scsi 9:0:0:1: CD-ROM            WD    Virtual CD 070A  1032 PQ: 0 ANSI: 4
[72782.439756] scsi 9:0:0:2: Enclosure         WD    SES Device       1032 PQ: 0 ANSI: 4
[72782.446248] sd 9:0:0:0: Attached scsi generic sg9 type 0
[72782.446537] sd 9:0:0:0: [sdg] 975400960 512-byte logical blocks: (499 GB/465 GiB)
[72782.448186] sr 9:0:0:1: [sr2] scsi3-mmc drive: 51x/51x caddy
[72782.449626] sd 9:0:0:0: [sdg] Write Protect is off
[72782.449631] sd 9:0:0:0: [sdg] Mode Sense: 23 00 10 00
[72782.453926] sr 9:0:0:1: Attached scsi CD-ROM sr2
[72782.454026] sr 9:0:0:1: Attached scsi generic sg10 type 5
[72782.454278] ses 9:0:0:2: Attached Enclosure device
[72782.454365] ses 9:0:0:2: Attached scsi generic sg11 type 13
[72782.454760] sd 9:0:0:0: [sdg] No Caching mode page found
[72782.454765] sd 9:0:0:0: [sdg] Assuming drive cache: write back
[72782.472017] sd 9:0:0:0: [sdg] Attached SCSI disk
```

来自上述 **dmesg** 命令的数据显示在一长串内核消息的末尾。**dmesg** 命令用于显示内核

⊖　我们将在第19章讨论 Linux 文件系统层次标准（LHFS）。LHFS 定义了 Linux 文件系统认可的目录结构，并提供了关于哪些类型的文件应该放在哪些目录中的指导。

消息，并提供可用于调试问题的信息。方括号内的数字，例如 [72782.472017]，是计算机启动以来的时间，以 s 为单位，精确到 ms。

你还可以使用 `lsblk` 命令，该命令生成块设备列表[-]。所有 HDD、SSD 和 USB 存储设备都是块设备：

```
[root@david ~]# lsblk
NAME                   MAJ:MIN  RM    SIZE RO  TYPE MOUNTPOINTS
sda                        8:0   0  931.5G  0  disk
└─vg03-Virtual           253:7   0  931.5G  0  lvm  /Virtual
sdb                       8:16   0    2.7T  0  disk
└─sdb1                    8:17   0    2.7T  0  part
  ├─vg04-stuff           253:8   0    250G  0  lvm  /stuff
  └─vg04-VMArchives      253:9   0    800G  0  lvm  /VMArchives
sdc                       8:32   0    3.6T  0  disk
└─sdc1                    8:33   0    3.6T  0  part
  └─vg_Backups-Backups  253:10   0    3.6T  0  lvm  /media/Backups
sdd                       8:48   0    3.6T  0  disk
└─sdd1                    8:49   0    3.6T  0  part /media/EXT-Backup
sde                       8:64   1      0B  0  disk
sdf                       8:80   0  465.1G  0  disk
└─sdf1                    8:81   0  465.1G  0  part /run/media/dboth/USB-X47GF
sdg                       8:96   0  465.1G  0  disk
└─sdg1                    8:81   0  465.1G  0  part
sr0                      11:0    1   1024M  0  rom
sr1                      11:1    1    668M  0  rom
sr2                      11:2    1    668M  0  rom
zram0                   252:0    0      8G  0  disk [SWAP]
nvme1n1                 259:0    0  476.9G  0  disk
└─vg02-home             253:3    0    250G  0  lvm  /home
nvme0n1                 259:1    0  476.9G  0  disk
├─nvme0n1p1             259:2    0      5G  0  part /boot/efi
├─nvme0n1p2             259:3    0      5G  0  part /boot
└─nvme0n1p3             259:4    0  466.9G  0  part
  ├─vg01-root          253:0    0     10G  0  lvm  /
  ├─vg01-swap          253:1    0     10G  0  lvm
  ├─vg01-usr           253:2    0     50G  0  lvm  /usr
  ├─vg01-var           253:4    0     50G  0  lvm  /var
  ├─vg01-tmp           253:5    0     45G  0  lvm  /tmp
  └─vg01-ansible       253:6    0     15G  0  lvm  /root/ansible
[root@david ~]#
```

现在，我们寻找驱动设备标识符，以便可以在接下来的几个命令中使用它；在这种情况下，整个硬盘驱动器的设备标识符是 sdg。sdg1 设备是驱动器上的第一个也是唯一的分区。我们将删除现有的分区以便从头开始，因为这是我对任何新存储设备都会做的事情。在你的 Linux 主机上，驱动器标识符更可能是 /dev/sdb 或 /dev/sdc。

⊖　块设备是以 512B 或其倍数为单位传输数据的设备。

警告 请确保在下一步中为 USB 硬盘驱动器使用正确的设备标识符，否则你可能会清除主硬盘驱动器及其所有数据。

4）启动 fdisk，然后查看是否存在分区以及有多少分区：

```
[root@myworkstation /]# fdisk /dev/sdg

Welcome to fdisk (util-linux 2.32.1).
Changes will remain in memory only, until you decide to write them.
Be careful before using the write command.

        Command (m for help): p
        Disk /dev/sdg: 465.1 GiB, 499405291520 bytes, 975400960 sectors
        Units: sectors of 1 * 512 = 512 bytes
        Sector size (logical/physical): 512 bytes / 512 bytes
        I/O size (minimum/optimal): 512 bytes / 512 bytes
        Disklabel type: dos
        Disk identifier: 0x00021968

        Device     Boot Start      End    Sectors   Size  Id  Type
        /dev/sdg1       2048 975400959 975398912 465.1G  83  Linux
```

5）如果硬盘上没有分区，请跳过此步骤。

删除已有的分区，然后用 fdisk 命令新建一个。请务必使用 /dev/sdg 而不是 /dev/sdg1，因为我们正在处理磁盘而不是分区。d 子命令用于删除现有分区：

```
Command (m for help): d
Selected partition 1
Partition 1 has been deleted.
```

如果硬盘驱动器上有更多分区，也可以使用 d 子命令删除这些分区。

6）现在让我们创建新分区并将结果写入 USB 驱动器上的分区表。我们使用 n 子命令创建一个新分区，然后在大多数情况下只需按 <Enter> 键即可采用默认值。如果我们要在这个硬盘驱动器上创建多个分区，这会有点复杂，我们将在本书的后面进行。要操作的条目以粗体显示。当你看到 <Enter> 时按 <Enter> 键以采用默认值：

```
Command (m for help): n
Partition type
   p   primary (0 primary, 0 extended, 4 free)
   e   extended (container for logical partitions)
Select (default p): <Enter>

Using default response p.
Partition number (1-4, default 1): <Enter>
First sector (2048-975400959, default 2048): <Enter>
Last sector, +sectors or +size{K,M,G,T,P} (2048-975400959, default
975400959): <Enter>

Created a new partition 1 of type 'Linux' and of size 465.1 GiB.
```

7）如果你没有收到以下消息，请跳过此步骤。你必须键入 y 以删除先前的分区签名：

Partition #1 contains a ext4 signature.

Do you want to remove the signature? [Y]es/[N]o: **y**

The signature will be removed by a write command.

8）下面的 p 子命令将当前分区表和磁盘信息打印到终端：

```
Command (m for help): p
Disk /dev/sdg: 465.1 GiB, 499405291520 bytes, 975400960 sectors
Units: sectors of 1 * 512 = 512 bytes
Sector size (logical/physical): 512 bytes / 512 bytes
I/O size (minimum/optimal): 512 bytes / 512 bytes
Disklabel type: dos
Disk identifier: 0x00021968
Device     Boot Start      End      Sectors     Size   Id  Type
/dev/sdg1       2048  975400959    975398912   465.1G  83  Linux

Filesystem/RAID signature on partition 1 will be wiped.

Command (m for help):
```

9）如果操作系统在你创建新分区时自动挂载了它，请务必卸载（弹出）它。现在将修改后的分区表写入磁盘，并退出回到命令行：

```
Command (m for help): w
The partition table has been altered.
Calling ioctl() to re-read partition table.
Syncing disks.

[root@myworkstation /]#
```

10）在分区上创建一个 EXT4 文件系统。请注意指定正确的设备标识符，以便格式化正确的分区。我在以下命令中使用 sdx1 的设备 ID，但你应确保使用你正在准备的特定磁盘的设备 ID：

```
[root@myworkstation /]# mkfs -t ext4 /dev/sdx1
mke2fs 1.44.2 (14-May-2018)
Creating filesystem with 121924864 4k blocks and 30482432 inodes
Filesystem UUID: 1f9938a0-82cd-40fb-8069-57be0acd13fd
Superblock backups stored on blocks:
        32768, 98304, 163840, 229376, 294912, 819200, 884736, 1605632, 2654208,
        4096000, 7962624, 11239424, 20480000, 23887872, 71663616, 78675968,
        102400000

Allocating group tables: done
Writing inode tables: done
Creating journal (262144 blocks): done
Writing superblocks and filesystem accounting information: done

[root@myworkstation /]#
```

11）现在让我们为分区添加标签。这个标签使我们很容易识别磁盘设备。我们可以使用标签，这使计算机可以识别设备并将其安装在文件系统目录结构上正确的位置。我们将分几步实现：

```
[root@myworkstation /]# e2label /dev/sdg1 Experiments
```

对 e2label 命令的调用列出了该分区的当前标签：

```
[root@myworkstation /]# e2label /dev/sdg1
Experiments
[root@myworkstation /]#
```

12）创建 Experiments 目录。这将是我们在挂载的 USB 驱动器上创建的文件系统的目录。在根（/）目录中创建它：

```
[root@myworkstation ~]# mkdir /Experiments
```

13）此时，我们可以将 USB 驱动器上的文件系统挂载到 /Experiments 目录中，但是在 /etc/fstab（文件系统表）文件中添加一行会使其更容易。从长远来看，这将减少输入量。因为我们还没有讨论编辑器的使用，所以最简单的方法是使用以下简单的命令将我们需要的行附加到现有 fstab 文件的末尾。确保在一行中输入整个命令：

```
[root@myworkstation ~]# echo "LABEL=Experiments /Experiments ext4
user,owner,noauto,defaults  0 0" >> /etc/fstab
```

如果命令在你的终端上自动换行，那没关系。在输入整行之前不要按 <Enter> 键。请务必使用"＞＞"，否则将覆盖整个 fstab 文件，那将会很糟糕。稍后我们将讨论用于编辑文件的备份和其他选项，但现在要小心。

14）安装新驱动器并验证它是否存在：

```
[root@myworkstation ~]# mount /Experiments ; df -h
Filesystem                    Size  Used  Avail Use% Mounted on
devtmpfs                      32G   40K   32G    1%  /dev
tmpfs                         32G   34M   32G    1%  /dev/shm
tmpfs                         32G   2.2M  32G    1%  /run
tmpfs                         32G   0     32G    0%  /sys/fs/cgroup
/dev/mapper/vg_david1-root    9.8G  437M  8.9G   5%  /
/dev/mapper/vg_david1-usr     45G   9.6G  33G    23% /usr
/dev/mapper/vg_david3-home    246G  46G   190G   20% /home
/dev/mapper/vg_david2-Virtual 787G  425G  323G   57% /Virtual
/dev/mapper/vg_david2-stuff   246G  115G  119G   50% /stuff
/dev/sdb2                     4.9G  433M  4.2G   10% /boot
/dev/sdb1                     5.0G  18M   5.0G   1%  /boot/efi
/dev/mapper/vg_david1-tmp     45G   144M  42G    1%  /tmp
/dev/mapper/vg_david1-var     20G   6.8G  12G    37% /var
tmpfs                         6.3G  28K   6.3G   1%  /run/user/1000
/dev/mapper/vg_Backups-Backups 3.6T 1.9T  1.6T   56% /media/Backups
/dev/sde1                     3.6T  1.5T  2.0T   43% /media/4T-Backup
```

```
/dev/sdh1                  458G  164G  272G  38% /run/media/dboth/USB-
X47GF
/dev/sdg1                  457G   73M  434G   1% /Experiments
```

15）我在输出部分底部以粗体突出显示了我们新设备的行。这告诉我们新文件系统已正确安装在根文件系统上。这还告诉我们使用了多少空间以及还有多少可用空间。-h 选项告诉 df 命令以人类可读的格式而不是字节格式显示数字结果。继续运行不带任何选项的 df 命令，看看有什么不同。哪个更容易阅读和解释？

16）现在看看我们新目录的内容：

```
[root@myworkstation ~]# ll -a /Experiments/
total 24
drwxr-xr-x   3 root root  4096 Aug  8 09:34 .
dr-xr-xr-x. 24 root root  4096 Aug  8 11:18 ..
drwx------   2 root root 16384 Aug  8 09:34 lost+found
```

如果你看到 lost+found 目录，那么一切正常。

17）为了准备好这个目录，我们还有一些工作要做。首先，我们需要更改此目录的组所有权和权限，以便 VirtualBox 用户可以访问它。让我们看看它的当前状态。为了清楚起见，grep ⊖命令的输出只显示到 Experiments 目录：

```
[root@myworkstation ~]# cd / ; ll | grep Exp
drwxr-xr-x    3 root root  4096 Aug  8 09:34 Experiments
```

18）这样我们就可以验证实际发生的变化。

19）进行更改。首先，我们将 PWD 更改为根目录（/）。然后我们将进行更改并最终验证它们：

```
[root@myworkstation /]# cd /
[root@myworkstation /]# chgrp vboxusers /Experiments
[root@myworkstation /]# chmod g+w /Experiments
[root@myworkstation /]# ll | grep Exp
drwxrwxr-x    3 root root  4096 Aug  8 09:34 Experiments
[root@myworkstation /]#
```

20）你可能会在这里注意到一些事情，甚至可能在此之前就注意到了。现在正是解释的时候。chgrp（更改组）和 chmod（更改文件模式，即访问权限）命令是静默输出的。它们没有宣布自己的成功运行。这是 Linux 哲学信条之一，即"沉默是金"。此外，ll 命令是 ls -l 的另一种表示，用于给出当前目录的长列表。随着内容的深入，我们将更详细地介绍它们。

21）现在我们需要将自己的非 root 用户账户添加到 /etc/group 文件中的 vboxusers 组。在这种情况下，我使用自己的用户 ID，但你应该使用你登录的非 root 账户来创建和使用虚拟机：

⊖ 全局正则表达式打印命令，由 Ken Thompson 在 1974 年编写。我们将在本书的多个部分详细探讨 grep。

```
[root@myworkstation /]# cd /etc
[root@myworkstation etc]# grep vboxusers group
vboxusers:x:973:
[root@myworkstation etc]# usermod -G vboxusers dboth
[root@myworkstation etc]# grep vboxusers group
vboxusers:x:973:dboth
[root@myworkstation /]#
```

你已经完成硬盘驱动器的准备工作。无论你是在 Windows 还是 Linux 主机上准备此 USB 硬盘驱动器，你都已经在做系统管理员的工作。这些正是系统管理员定期执行的任务类型。

4.6.4　下载 ISO 镜像文件

现在正是下载 Fedora ISO Live 镜像文件的时候。这只是一个文件，我们可以将其复制到 CD 或 USB 驱动器上。你可以将 CD 或 USB 驱动器插入计算机并启动它，以便在测试驱动器环境中运行 Linux。在安装 Linux 之前，在你的计算机上启动此 Live 镜像设备不会对计算机的硬盘驱动器进行任何更改。

基于我们的目的，我们不需要创建硬件设备，需要做的就是下载镜像，所以这非常容易。当我们准备好安装 Linux 时，我们创建的虚拟机将直接从 Live 镜像文件启动——不需要外部物理介质。

我们将为 Xfce 使用 Fedora 37 镜像，这是备用桌面之一。我们可以使用 KDE 或 GNOME，但在本书中，我们使用 Xfce，它更小，使用的系统资源也少得多。它的速度也很快，具有本书所需的所有桌面功能，而且没有过多导致代码膨胀和性能下降的额外功能。Xfce 桌面也非常稳定，因此在每六个月左右发布的 Fedora 版本之间变化不大。

对于 Fedora 37，Fedora Xfce-Live-x86_64-33-1.2.iso 文件的大小约为 1.5GB。请务必使用你阅读本书时最新的 Fedora 版本：

1）使用你喜欢的浏览器，并访问 https://spins.fedoraproject.org/xfce/download/index.html。

2）单击下载按钮。

3）对于使用 Linux 主机的读者，选择用于存储下载文件的 /tmp 目录，然后单击 Save 按钮。如果你的 Windows 主机或浏览器不允许你选择下载目录，则使用默认的下载目录就可以了。

4）如果下载的文件不在 /tmp 目录下，请将其从 ~/Downloads 目录移动或复制到 /tmp：

```
[dboth@myworkstation ~]$ cd Downloads/ ; ll Fedora*
-rw-rw-r-- 1 dboth dboth 1517289472 Dec 20 12:56  Fedora-Xfce-Live-x86_64-
33-1.2.iso
[dboth@myworkstation Downloads]$ mv Fedora* /tmp
[dboth@myworkstation Downloads]$
```

我们在虚拟机上安装 Fedora Linux 时会用到这个文件，但需要先创建虚拟机。

4.6.5 创建虚拟机

要使用在本书的其余部分中使用的虚拟机，我们需要先创建它，然后进行一些配置更改：

1）切换回 VirtualBox 管理器以执行这些步骤。

2）单击 Tools 图标。这将显示当前虚拟机的列表以及所选虚拟机的详细配置信息。我已经有多个虚拟机，这些虚拟机位于五个组中。 不用担心在 VirtualBox 中创建或使用虚拟机组。 这对于实验的功能或成功来说并不是必需的。

3）单击 New 图标开始创建新的虚拟机。

4）Create Virtual Machine 对话框如图 4-13 所示，图中显示了第一部分：Name and Operating System。每个部分都可以通过单击打开，一次只能打开一个部分。

5）将名称设置为 StudentVM1。

6）将文件夹设置为 /Experiments。

7）ISO Image 用于设置 ISO 镜像的目录和名称，即完整路径名。我使用的路径名是 /home/dboth/Downloads/Fedora-Xfce-Live-x86_64-37-1.7.iso。

8）将类型设置为 Linux。

9）将版本设置为 Fedora（64-bit）。

提示　当你选择正确的 ISO 镜像时，类型和版本字段应自动填充。

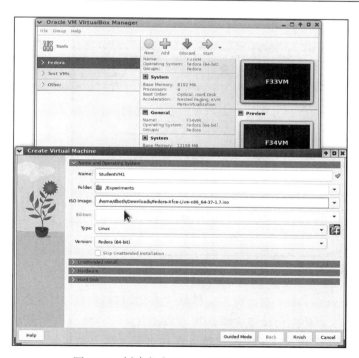

图 4-13　创建名为 StudentVM1 的虚拟机

10）我们跳过 Unattended Install 部分，直接进入 Hardware 部分。

11）将 Base Memory 的大小（RAM）设置为 4096MB，将 CPU 数量设置为 2，然后选中 Enable EFI（special OSes only），如图 4-14 所示。只要虚拟机关闭，这些设置就可以随时更改。目前来说，RAM 的容量应该绰绰有余。

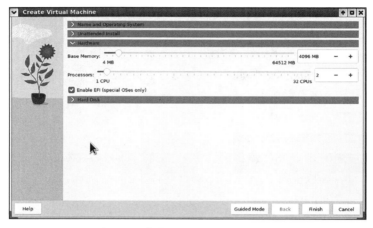

图 4-14 完成 Hardware 部分的设置

12）打开 Hard Disk 部分，如图 4-15 所示，你可以看到磁盘设置。文件位置和名称是自动提供的。

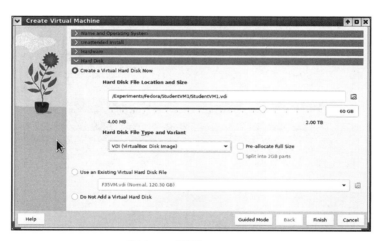

图 4-15 配置 Hard Disk

.vdi 扩展名是 VirtualBox 磁盘镜像文件格式。你可以选择其他格式，但这种 VDI 格式非常符合我们的需求。使用滑块或文本框将虚拟硬盘文件的大小设置为 60GB。请务必使用默认的动态分配磁盘空间，这可以确保磁盘在硬盘驱动器上占用的空间不会超过实际需要的空间。例如，即使我们指定此磁盘大小为 60GB，但如果只使用 24GB，则物理硬盘上所需的空间约为 24GB。此空间分配将根据需要进行扩展，但最多只能达到 60GB。

13）单击 Finish 按钮创建虚拟机。至此，基本的虚拟机已经创建完成，但是我们需要对一些配置进行更改。

14）单击新虚拟机的条目。如果虚拟机的详细信息未像图 4-16 中那样显示在 VirtualBox 管理器的右侧，请使用虚拟机列表中 StudentVM1 条目右侧的菜单图标，单击 Details 按钮。

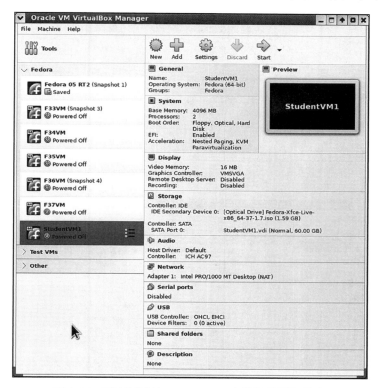

图 4-16　刚刚创建的 StudentVM1 虚拟机的详细信息

15）单击 Settings 图标打开图 4-17 所示的 StudentVM1-Settings 窗口，然后在左侧列表中选择 System 页面。

16）在 Motherboard 选项卡上，取消选择 Floppy 图标（如果已选择），然后使用向下箭头按钮将其向下移动到 Hard Disk 下方。因此，虚拟机将首先尝试从 CD/DVD 光驱引导，如果不存在光盘，则再尝试从硬盘引导。

17）将 Pointing Device 设置为 PS/2 Mouse。

18）取消选中 Enable Hardware Clock in UTC Time。虚拟机中应使用本地时间。

19）如果你的物理主机有 8GB 或更大容量的 RAM，请单击 Display（显示）页面，将视频内存量增加到 128MB，如图 4-18 所示。不建议你启用 2D 或 3D 视频加速，因为本书不需要它。你也不应该为虚拟机使用多个监视器。

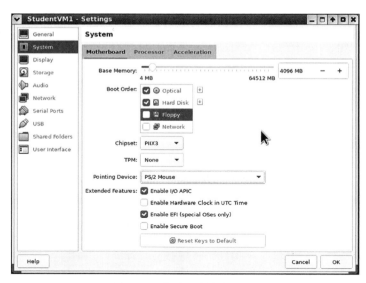

图 4-17 修改后的主板设置

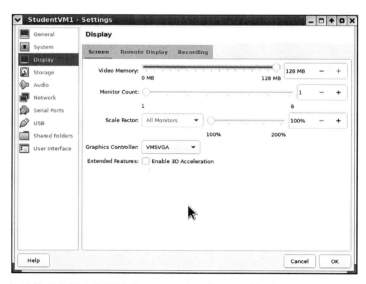

图 4-18 如果物理主机中有足够的 RAM，那么你可以增加分配给虚拟机的视频内存量

如果你在此 Display 设置窗口的底部看到一条错误消息，显示"Invalid settings detected"（检测到无效设置），请将图形控制器设置为其他类型的控制器以处理这些错误消息。VMSVGA 控制器对我有用。一旦你选择了可用的虚拟图形控制器 GPU，该消息就会消失。

20）单击 Storage 页面，如图 4-19 所示。虚拟机的端口数必须至少为 5，以便在后面的章节中添加新的磁盘设备。以前版本的 VirtualBox 默认有 2 个端口，而 VB 6.0 默认只有 1 个，这意味着我们需要在现有的 SATA 控制器上添加更多端口（但不是添加新的控制器），以便在后面的章节中容纳更多的 SATA 存储设备。将端口数量增加到 5 个或更多。在第 19 章和下册第 1 章中，我们将需要一些额外的驱动器端口。

图 4-19 将 SATA 端口数量设置为 5

21）选择 Network 页面，然后在 Adapter 1 选项卡上的 Attached to: 字段中选择 NAT Network，如图 4-20 所示。因为我们只创建了一个 NAT 网络，即 StudentNetwork，所以系统会自动为我们选择该网络。单击 Advanced（高级）旁边的小三角形可以查看该设备的其余配置。不要更改此页面上的其他内容。

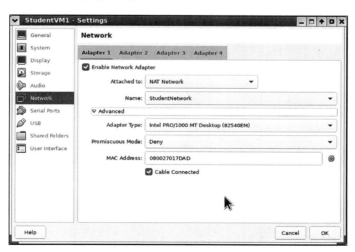

图 4-20 选择 NAT Network 选项会自动选择 StudentNetwork，因为它是我们唯一创建的 NAT 网络

22）单击 OK 按钮保存所做的更改。虚拟机现已配置完毕，可供你安装 Linux。

总结

你已经完成了安装 Fedora 和执行本书剩余部分实验的准备工作。你准备了一个外部 USB 磁盘驱动器来保存我们将在本书中使用的虚拟机，并且已经创建了该虚拟机。你还对虚拟机进行了一些在初始创建时无法进行的修改，例如网络适配器设置和分配给虚拟机的处理器数量。我们将在第 5 章安装最新版本的 Fedora。请注意，在《网络服务详解》中，你将需要创建另一个虚拟机并在其上安装 Linux。创建虚拟机和在其上安装 Linux 的步骤几乎相同，唯一的区别是第二个虚拟机需要不同的名称、MAC 地址和 IP 地址。

练习

完成以下练习来结束本章：

1）给"虚拟机"做出定义。

2）本章中使用的什么命令可用于发现有关计算机系统硬件组件的信息？

3）使用 VirtualBox 时，NAT Network 与 NAT 作为网络类型有何不同？

4）为什么你可能需要在虚拟机上使用多个网络适配器？

安装 Linux

目标

在本章中，你将学习以下内容：

❑ 在你的虚拟机（VM）上安装最新版本的 Fedora。

❑ 使用推荐标准对硬盘进行分区。

❑ 创建虚拟机快照。

❑ 重新启动虚拟机并完成安装。

5.1 概述

在本章中，你将开始执行系统管理员的工作。系统管理员要做的许多任务之一就是安装 Linux，这就是你在本章中要做的事情。我会尽可能多地解释这一章，但可能有些东西你还不明白。别担心，我们会明白的。

注意 本书已在必要时进行了修订，以显示 Fedora 37 的使用。Fedora 的后续版本也可以使用，但可能与本书中的图形有所不同。

提醒一下，本书已更新为使用 Fedora 37 和 Xfce 桌面来进行我们将要做的实验。你应该确保在本书中使用最新版本的 Fedora Xfce。我们将使用的 Xfce 桌面和 Linux 工具都是稳定的，在 Fedora 的未来几个版本中不会发生明显变化。

请安装最新版本的 Fedora 作为本书的 Linux 发行版。这将更轻松，因为你不必考虑 Fedora 和其他一些发行版之间存在的差异。甚至其他基于 Red Hat 的发行版（例如 RHEL 和 CentOS）也与 Fedora 不同。但是，你会发现，在完成本课程后，你从中获得的知识将很容易运用到其他发行版中。

5.2　插入 Fedora Live 镜像

如果这是物理主机，你将创建一个带有 ISO 镜像的 U 盘，并将其插入主机上的 USB 插槽。为了在我们的虚拟机中引导 Live ISO 镜像，需要将其"插入"到逻辑设备中。在第 4 章中创建虚拟机时，你已经执行了此操作。

但是，如果你没有执行此操作或需要再次执行此操作，将 ISO 镜像插入 VM 所需的步骤如下：

1）确保 VM 已关闭且未运行。

2）打开 StudentVM1 VM 的 Settings 窗口。

3）选择 Storage 页面。

4）单击 IDE 控制器上的空磁盘图标。如果你的 VM 上没有 IDE 控制器（这是可能的，但可能性很小），你可以右击 Storage Devices 面板中的空白区域并选择 Add a new IDE controller。只能添加一个 IDE 控制器。

5）单击 IDE（Integrated Development Environment，集成开发环境）控制器 Optical Drive 字段右侧的 CD 图标，如图 5-1 所示，这将打开一个选择列表，使我们能够选择要在该设备上安装的 ISO 镜像。

6）与我的工作站不同，你的计算机可能在此列表中没有镜像。选择 Choose/Create a Virtual Optical Disk 选项。

注意　请注意图 5-1 中光驱的名称是"IDE Secondary Device 0"。这个术语取代了旧的种族主义术语"主人"和"奴隶"。这些旧术语仍在许多地方使用，但大多数现代公司和开源组织正在努力尽快替换它们。当我编写本书的第 1 版时，VirtualBox 软件的旧条款仍然有效。

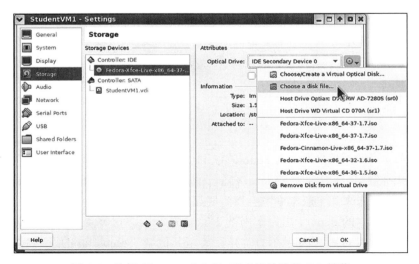

图 5-1　选择 Choose a disk file 以查找并挂载 ISO 镜像

7）导航到下载文件时存储文件的位置，单击文件，然后单击 Select 以设置挂载，如图 5-2 所示，我们看到位于 /tmp 目录中的 ISO 镜像文件。

图 5-2　选择 ISO 镜像文件，然后单击 Select。为此，请务必使用最新版本的 Fedora Xfce

8）确认在 Storage Devices 面板中为 IDE 控制器选择了正确的文件，如图 5-3 所示。单击 OK 按钮。Fedora Live ISO 镜像文件现在"插入"到虚拟光驱中，我们准备好第一次引导 VM。

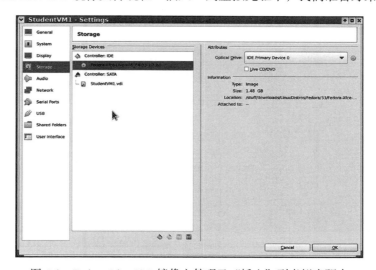

图 5-3　Fedora Live ISO 镜像文件现已"插入"到虚拟光驱中

9）尽管 USB 设备是 Live 镜像，但请勿选中"Live CD/DVD"框。
VM 现在已准备好开始引导。

5.3　引导 Live 镜像

无论 ISO 镜像是在创建 VM 期间插入的还是在创建 VM 之后插入的，使用上述过程引导 Live 镜像都是相同的。

1）要引导 VM，请确保选中 StudentVM1 虚拟机，然后单击 VirtualBox 管理器图标栏中的绿色开始箭头，这将启动 VM，并打开一个窗口，VM 将在该窗口中运行并引导至镜像文件。你看到的第一个屏幕如图 5-4 所示。第一次在任何物理主机上使用 VirtualBox 时，你还会收到一条消息，"你已打开自动捕获键盘选项。这将导致虚拟机在每次激活 VM 窗口时自动捕获键盘"，然后你还会看到有关鼠标光标集成的类似消息。它们只是提供信息，但你可以根据需要更改这些设置。

2）第一个屏幕有一个倒计时，第二个项目 Test this media 已经被选中。在计时器倒计时到零后，或者当你按下 <Enter> 键时，此选项将首先测试安装介质以检测任何错误，然后在没有问题的情况下引导至安装程序。我们可以跳过测试，因为它对我们的镜像文件的用处远不如对物理 DVD 或 USB 驱动器有用。按 < ↑ > 键突出显示 Start Fedora-Xfce-Live XX 菜单项，其中 XX 是当前的 Fedora 版本，如图 5-4 所示，然后按 <Enter> 键。

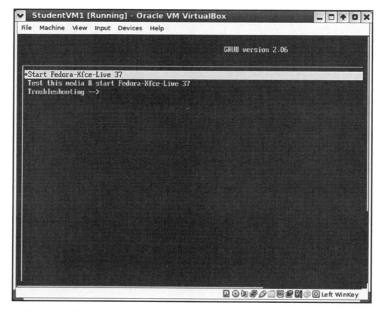

图 5-4　选择 Start Fedora-Xfce-Live XX 菜单项，然后按 <Enter> 键

提示　如果你在图 5-4 中没有看到 GRUB（GRand Unified Bootloader）菜单，并且收到"Aborted"（已中止）消息，则可能需要转到 Settings 菜单的 System 页面，并取消选中 Enable EFI 选项。我在我的虚拟机上偶尔会看到这种不一致的情况。实际硬件似乎不会发生这种情况。

你的 VM 现在已引导到 Live 镜像，你可以花一些时间探索 Linux 而无须安装它。事实上，如果我去当地的计算机商店购物，我会带上值得信赖的 Live Linux 驱动器（我远离大商店，因为那里从来没有我想要的东西），试用展示的各种系统。这让我可以在它们上测试 Linux，而不会干扰已经安装的 Windows。

我们现在不需要进行任何探索，尽管你可以根据需要进行探索。安装后我们会做大量的探索。所以让我们开始安装吧。

5.4 安装 Fedora

从 Live 镜像安装 Fedora 很容易，尤其是在使用所有默认值时。我们不会使用默认设置，因为我们将进行一些更改，其中最复杂的是虚拟硬盘分区。

5.4.1 开始安装

要开始 Fedora Linux 安装，请双击桌面上的 Install to Hard Drive（安装到硬盘）图标，如图 5-5 所示。与任何物理机或虚拟机一样，在我们告诉它安装 Linux 之前，Live 镜像不会访问硬盘驱动器。

图 5-5　双击 Install to Hard Drive 图标开始安装 Fedora

双击 Install to Hard Drive 将启动 Linux 安装程序，该安装程序名为"Anaconda"。Anaconda 显示的第一个屏幕是欢迎屏幕，你可以在其中选择安装过程中使用的语言。如果你的首选语言不是英语，请在此屏幕上选择你的语言。然后单击 Continue（继续）按钮。

5.4.2 设置主机名

单击 Installation Summary（安装摘要）对话框中的 Network & Host Name（网络和主机名）选项，如图 5-6 所示。该主机名是计算机的主机名。它是你将在命令提示行中看到的主机名。

外部世界，即该主机连接到的网络上的任何节点，将计算机视为你使用的任何名称服务中设置的主机名。因此，你可能会使用一个名称 ping 或 ssh 到计算机，而一旦你登录它，它就会有不同的名称。

按照惯例，计算机主机名通常是小写的。但请注意，VM 的名称是混合大小写的，

StudentVM1，这不是主机名，并且没有任何功能用途。

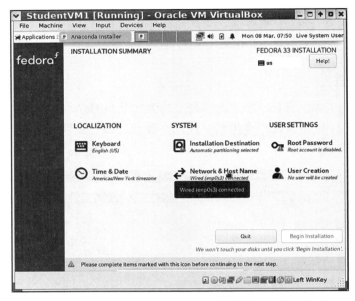

图 5-6　选择 Network & Host Name 以设置 VM 的主机名

在 Host Name（主机名）字段中，输入全部小写字母的主机名 studentvm1，然后单击 Apply。这就是我们需要在此对话框中执行的所有操作，此时单击左上角的蓝色 Done（完成）按钮。这将带你返回 Installation Summary 对话框。

没有用于选择任何其他软件包安装在 Live 镜像中的选项。如果要安装其他软件，必须在基本安装完成后进行。

5.4.3　用户账户

单击图 5-6 中的 Root Password（Root 密码）菜单项来配置 root 账户。root 用户是 Linux 的管理账户。我们将在第 11 章中详细讨论 root 账户。

单击 Enable root account 单选按钮。选择一个安全且容易记住的密码。在 Root Password 字段中输入密码，如图 5-7 所示，然后在 Confirm（确认）字段中再次输入密码。不要对此菜单进行任何其他更改。

作为 root，你可以选择一个弱密码。如果这样做，root 账户屏幕底部将显示警告。你可以选择保留弱密码，但即使在培训环境中，我也不建议这样做。如果保留弱密码，请单击 Done 按钮两次以返回主安装屏幕。

如果以 root 身份从命令行为 root 或非特权用户设置弱密码，你将收到类似的消息，但你仍然可以继续。这是因为 root 可以做任何事情，甚至可以为自己或非 root 用户设置弱密码。非特权用户必须设置一个好的密码，并且不允许规避创建好密码的规则。

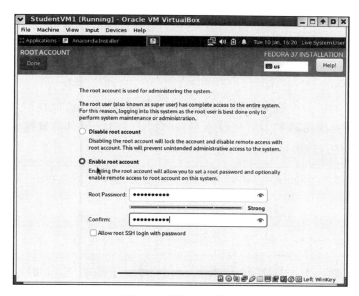

图 5-7　配置 root 账户

　　但是，你应该输入一个更安全的密码——不会生成任何警告的密码。

　　单击 User Creation（用户创建）图标，你将进入 Create User（创建用户）对话框，如图 5-8 所示。在这里，你可能会再次使用弱密码，但不要这样做。全名应为"Student User"，它会自动创建 suser 用户名。这种首字母 + 姓氏格式是创建 UNIX 和 Linux 用户名的历史标准。对于本书，将用户名更改为"student"，全部小写。用户名也可以称为用户 ID。

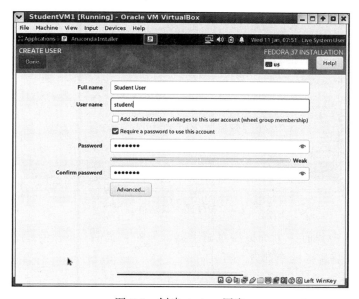

图 5-8　创建 student 用户

取消选中 Add administrative privileges... 框以防止该用户成为管理员。我们将在本书稍后部分重新讨论这一点。不要更改此对话框中的任何其他字段。单击蓝色的 Done 按钮。

5.4.4　硬盘分区

我们需要操作的下一个也是最重要的事情，是以更标准、更推荐的方式对硬盘进行分区。我们并不采用对大多数初学者来说很容易的默认方式，默认方式绝对不是用于培训系统管理员的工作站的最佳分区设置。我们将在第 19 章详细探讨为什么这种分区方案更好。

注意　Fedora 37 于 2020 年 10 月推出，并将新安装的默认文件系统从 EXT4 文件系统更改为 BTRFS。从早期版本升级到 Fedora 37 会保留现有的 EXT4 文件系统，并且不会更改它们。将 BTRFS 作为新安装的默认文件系统的更改不会影响本章。请务必遵循本章中的说明，使用逻辑卷管理器作为分区方案，并为除 /boot 之外的所有分区的文件系统类型选择 EXT4。⊖

在图 5-6 中，请注意 Installation Destination 有一个警告图标和红色文本 Automatic partitioning selected。单击 Installation Destination，出现如图 5-9 所示的对话框。

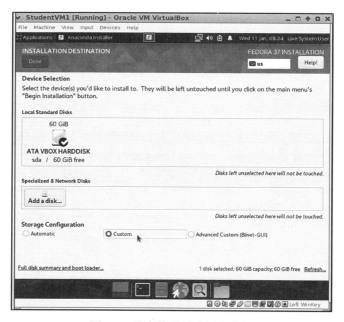

图 5-9　为存储配置选择自定义

我们在此 VM 中只有一个虚拟磁盘驱动器，但如果我们有多个存储设备，则可以在此处选择它们作为安装目标的一部分。

⊖　*Fedora Magazine* 上的文章" Choose between Btrfs and LVM-ext4"对这两种文件系统的异同做了简短但很好的解释。

此时 VM 显示窗口大小可能太小而无法包含整个对话框。这个对话框的右侧有一个滚动条，但很难看到。使用鼠标上的滚动条或滚轮向下滚动，直到到达底部。你还应该能够调整运行 VM 的窗口的大小，使其大到足以看到整个对话框。

你会看到 Storage Configuration（存储配置）和三个选项。我们将运行自定义配置，因此选择中间的单选按钮 Custom。然后单击 Done 按钮。

手动分区对话框如图 5-10 所示，我们将在其中进行大量工作。我们需要做的是创建一个分区方案，如表 5-1 所示。此表中的分区大小不适用于实际工作系统，但足以用于此学习环境。

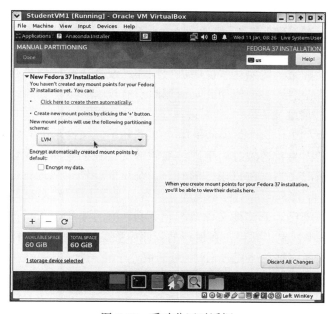

图 5-10　手动分区对话框

表 5-1　磁盘分区、文件系统及其大小

挂载点	分区	文件系统类型	大小 / GB	标签
/boot	Standard	EXT4	1.0	boot
/ (root)	LVM	EXT4	2.0	root
/usr	LVM	EXT4	15.0	usr
/home	LVM	EXT4	2.0	home
/var	LVM	EXT4	10.0	var
/tmp	LVM	EXT4	5.0	tmp
swap	swap	swap	4.0	swap
总计			119.00	

然而，话虽如此，我有一台旧的 ASUS EeePC 上网本，内置 4GB SSD-like 硬盘和 32GB 可移动 SD 卡，我已将其设置为卷组的一部分，连同系统驱动器，总计 36GB。我已经安装了 Fedora Linux 28 和 LibreOffice。我使用这个小系统进行演示，在一些会议中做笔记，对于

Seti@home.2 来说仍有超过 17GB 的"磁盘"空间可用。因此，安装一个带有 GUI 桌面的工作 Fedora 系统是可能的，大约 20GB 可用空间也是合理的。当然，它会有所限制，但它是可用的。

警告 在继续磁盘分区之前，请务必将设备类型设置为 LVM，如图 5-10 所示。

请注意，设备类型是 BTRFS。在继续之前，请务必将设备类型设置为 LVM。从 Fedora 37 开始，BTRFS 成为默认文件系统。我们将在本书中使用 LVM。

在表 5-1 中，你可以看到通常被认为是大多数书籍和系统管理员（至少我）推荐的标准文件系统。请注意，对于包括 Fedora 在内的基于 Red Hat 的发行版，总是会创建目录结构，但也可能会创建单独的文件系统分区。表 5-1 中的分区大小不建议在生产环境中使用，因为它们太小了。

理论上，由于我们为这个虚拟机创建了一个全新的虚拟硬盘，这个硬盘上应该没有现存的分区。如果你没有完全按照这些说明进行操作，或者正在使用具有现存分区的物理或虚拟硬盘驱动器，请在继续之前使用此页面删除所有现有分区。如果你尚未创建任何挂载点，如图 5-10 所示，请继续。

我可能是地球上为数不多的将 /var 和 /tmp 放置在不同文件系统的系统管理员之一。这很不寻常。这样做是因为我遇到过由于硬件或软件的潜在问题而将大量文件转储到其中一个或两个目录中的情况。当这些目录已满时，系统可能会锁定或运行速度非常慢。这是因为 /（root）、/tmp 和 /var 都是同一文件系统的一部分。将它们设置为不同的文件系统意味着，如果其中一个文件系统已满，其他文件系统则不会，并且系统不太可能完全无法使用。这使得它更容易从问题中恢复，并且正在运行的程序中丢失任何数据的可能性更小。

要添加第一个分区，请单击图 5-10 中对话框左下角的加号 (+) 按钮。这会显示 Add a New Mount Point（添加新挂载点）对话框，如图 5-11 所示。选择 /boot 作为第一个安装点，然后在 Desired Capacity 字段中输入 1G，然后单击 Add mount point（添加挂载点）按钮。

虽然我们将在后面的章节中更详细地介绍分区、文件系统和挂载点，但还是让我们花点时间来谈谈它们。希望这将暂时回答你可能对明显冲突且令人困惑的术语所提出的问题。

首先，以根（/）目录开头的整个 Linux 目录结构可以称为 Linux 文件系统。硬盘驱动器或逻辑卷上的原始分区可以使用 EXT3、EXT4、BTRFS、XFS 或其他文件系统元结构进行格式化。然后可以将分区称为文件系统。例如，如果分区用于 /home 目录，它将被称为 /home 文件系统。/home 文件系统被挂载到 /home 挂载点上，这只是根文件系统上的 /home 目录，它成为根文件系统的逻辑和功能部分。请记住，并非所有根级目录都可以是单独的文件系统，而其他目录则没有任何意义。

因此，在定义完所有分区后，安装程序 Anaconda 将创建卷组、逻辑卷、任何原始分区（例如 /boot）以及整个目录树，包括 / 文件系统上的挂载点（目录），使用选定的文件系统类型（从 Fedora 37 开始，大部分为 EXT4 或 BTRFS）格式化卷或分区，并创建 /etc/fstab 文件来定义挂载项及其挂载点，以便内核在每次系统引导时都知道并可以找到它们。再次说明，稍后会详细介绍它们。

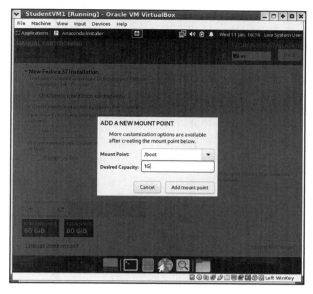

图 5-11 设置 /boot 分区所需的挂载点和大小

输入此分区的正确数据后，单击 Add mount point 按钮继续。此时，Manual Partitioning
对话框如图 5-12 所示。请注意，如果 VM 窗口有点小，屏幕右侧会有一个滚动条。如果将
鼠标悬停在那里，滚动条会变得更宽一些，因此更容易查看和操作。如果你还没有调整 VM
窗口的大小，你也可以这样做。

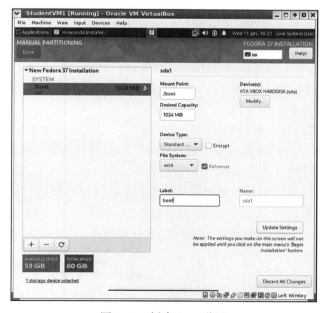

图 5-12 创建 /boot 分区

如有必要，向下滚动以查看 Label（标签）字段。将此分区的标签输入为"boot"，不带引号。如前所述，我发现标签使处理文件系统的各种组件更加容易。

输入标签后，单击 Update Settings（更新设置）按钮以保存你所做的更改。

/boot 分区包含系统引导和达到最低功能状态所需的文件。因为全功能文件系统内核驱动程序在此过程开始时不可用，硬盘允许使用逻辑卷管理的驱动程序，/boot 分区必须是具有 EXT4 文件系统的标准非 LVM3 Linux 分区。创建 /boot 分区时会自动选择这些设置。我们将在第 16 章详细研究引导和启动顺序。

保存 /boot 文件系统的新设置后，可以将其余分区创建为卷组（Volume Group，VG）中的逻辑卷。我们将在下册的第 1 章讨论逻辑卷管理，但现在重要的是要知道 LVM 可以使管理和调整逻辑卷的大小变得非常容易。

例如，最近我用来存储虚拟机的逻辑卷在我创建新 VM 时被填满。VirtualBox 礼貌地停止，并显示一条警告消息，表明它的磁盘空间不足，并且当有额外的磁盘空间可用时它可以继续。我希望所有的软件都那么好。大多数时候，人们会考虑删除现有文件，但我在这个文件系统中拥有的只是我需要的虚拟机文件。

我能够增加包含我的虚拟机存储目录的逻辑卷的大小。使用逻辑卷管理可以向卷组添加空间，将部分空间分配给逻辑卷，然后增加文件系统的大小，所有这些都无须重新启动计算机，甚至无须终止并重新启动 VirtualBox。当向虚拟机所在卷添加空间的任务完成后，我只需单击警告对话框中的按钮继续，然后虚拟机的创建继续进行，就好像什么都没发生一样。

接下来请务必创建 /boot/efi 分区。此 1GB 分区是属于统一可扩展固件接口（Unified Extensible Firmware Interface，UEFI）的文件的位置。这会自动创建一个新分区 /dev/sda2，并将其配置为 EXT4。请务必将此分区的标签添加为"efi"。

让我们继续创建挂载点。再次单击 + 按钮。选择 /（根文件系统），然后输入 2G 作为大小，如图 5-13 所示。单击 Add mount point 按钮以继续。

根文件系统是任何 Linux 主机上 Linux 目录树的顶层。所有其他文件系统都将挂载在根文件系统上的各个挂载点。

添加标签"root"，如图 5-14 所示。

事情并没有结束，因为我们还想再做一件事。如果我们不做任何其他操作来定义在硬盘驱动器格式化时将创建的卷组的大小，卷组将只占用 35GB 左右，因为我们在表 5-1 中指定了我们的文件系统，它会保留磁盘剩余空间且无法访问的部分。我们可以稍后修复它，结果会起作用，但不够完美。

为了将虚拟磁盘上的所有剩余可用空间包含在卷组中，我们需要修改 VG 规格。单击卷组下的 Modify 按钮。

我们不需要多次修改卷组大小。在创建此逻辑卷时更改卷组后，设置了 VG 大小，我们不需要在以下 LV 上执行此操作。我们需要对其余逻辑卷进行的唯一更改是设置标签。

Configure Volume Group（配置卷组）对话框还允许我们更改其他内容，例如卷组的名称，但除非有必要这样做，否则我们应不理会这些配置项的其余部分。我们在本课程中所做的任何事情都不需要对卷组配置进行任何进一步的更改。

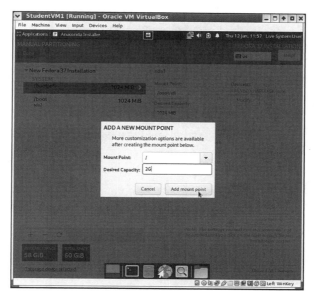

图 5-13　添加根文件系统

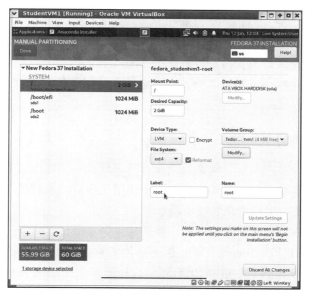

图 5-14　输入"root"标签后，单击 Modify（修改）对卷组进行更改

在 Configure Volume Group 对话框的 Size policy（大小策略）下拉列表框下，选择 As large as possible（尽可能大），如图 5-15 所示。这将导致卷组被扩展以包含硬盘驱动器上的所有

剩余可用空间。然后单击 Save（保存）按钮。添加标签"root"，然后单击 Update Settings（更新设置）按钮。

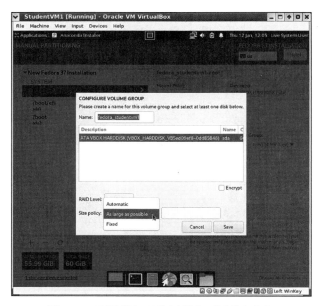

图 5-15　配置卷组以使用所有可用磁盘空间

我通常喜欢将卷组的名称更改为简单的名称，例如"vg-01"，但默认的"fedora_studentvm1"对于本书来说就足够了。该名称由 Anaconda 安装软件自动生成。

继续添加除交换分区外的其他分区，如表 5-1 所示。你会注意到 /usr 和 /tmp 分区不在挂载点列表中。对于这些分区，只需输入分区名称，确保使用前导斜杠 (/)，然后像处理任何其他分区一样继续。

5.4.5　关于交换空间

无论操作系统是什么，交换空间都是当今计算系统的一个常见且重要的方面。当 RAM 太满而无法有效支持其他程序或数据时，Linux 使用交换空间来替代 RAM。这是一种暂时使系统保持运行的方法，但代价是性能下降。

系统管理员对交换空间有不同的看法，特别是多少才是合适的空间。

尽管没有针对所有情况的明确答案，但下册第 6 章提供了有关交换空间、需要多少空间以及交换空间的新方式的一些解释和指南。这种新方式是使用 Zram 虚拟磁盘来提供内存中的压缩交换空间。尽管这看起来违反直觉，但它提供了基于存储的交换空间的快速替代方案。

目前，尽管没有配置任何基于存储的交换空间，但你的 Linux VM 已分配了 8GB Zram 用于交换。

5.4.6 完成分区

创建表5-1中列出的所有分区后，单击Done按钮。然后你将看到一个标题为Summary of Changes（变更摘要）的对话框。单击Accept Changes（接受更改）返回Installation Summary对话框。

提示 当你单击Done按钮时，你可能会看到一条消息，指示你需要添加一个名为BIOSboot的1MB分区。如果你确实看到该消息，请继续创建该分区，然后再次单击Done按钮。

5.5 开始安装

我们现在已经完成了VM所需的所有配置项。要开始安装过程，请单击蓝色的Begin Installation（开始安装）按钮。

5.6 完成安装

完成后，Anaconda安装程序对话框将在进度条上显示"Complete!"，并会显示成功消息以及Finish Installation（完成安装）按钮，如图5-16所示。

单击Finish Installation按钮退出Anaconda安装程序，该安装程序是在Live镜像桌面上运行的。硬盘已分区格式化，Fedora已安装。在早期的Fedora版本中，此按钮被标记为Quit（退出）。

图 5-16 安装完成

5.6.1　关闭 Live 系统

在我们做任何其他事情之前，先看看 Live 系统 Xfce 桌面。当我们使用自己的虚拟磁盘而不是 Live 系统重新引导 VM 时，它的外观和工作方式与你将使用的 Xfce 桌面相同。唯一的区别是一些 Live 文件系统图标将不再存在。所以使用这个桌面与在任何已安装的系统上使用 Xfce 桌面是一样的。

图 5-17 显示了如何关闭 Live 系统。屏幕顶部的 Xfce 面板从左侧的应用程序启动器开始，有屏幕空间用于运行应用程序的图标、时钟、包含各种功能和通知图标的系统托盘，以及最右侧的用户按钮，它始终显示当前登录用户的名称。

图 5-17　安装完成后关闭虚拟机

单击 Live System User 按钮，然后单击 Shut Down 操作按钮。将显示一个带有 30s 倒计时的对话框。此对话框将允许你立即关闭或取消关闭。如果你什么都不做，系统将在 30s 计时器倒计时完毕时关闭。

此操作将关闭 VM 窗口。

5.6.2　重新配置虚拟机

在重新引导 VM 之前，我们需要通过从虚拟光驱中删除 Fedora ISO 镜像文件来重新配置它。如果我们将 ISO 镜像保留在虚拟驱动器中，VM 将从该镜像开始引导：

1）打开 StudentVM1 的 Settings。

2）单击 Storage。

3）在 Storage Devices 面板中选择 IDE 控制器下的 Fedora Live CD。

4）单击属性面板中光驱行上的小 CD 图标。

5）在列表底部，选择菜单选项 Remove disk From Virtual Drive。IDE 控制器下的条目现在应该是空的。

6）单击设置对话框的 OK 按钮。

StudentVM1 虚拟机现在已准备好运行实验，这些实验将在本书的其余部分中用到。

5.6.3 创建快照

在我们引导虚拟机之前，我们想要创建一个快照，以防虚拟机被严重破坏，以至于如果不重新安装就无法恢复。快照使得恢复到原始系统变得容易，而无须执行完全重新安装。

我们刚刚创建的 StudentVM1 虚拟机的快照视图如图 5-18 所示。要在 VirtualBox 管理器中访问此视图，请选择 StudentVM1 VM，然后单击 StudentVM1 选择栏右侧的菜单图标。这会弹出一个包含快照的简短菜单。单击菜单中的 Snapshots（快照）。当前状态条目是唯一显示的条目，因此没有快照。

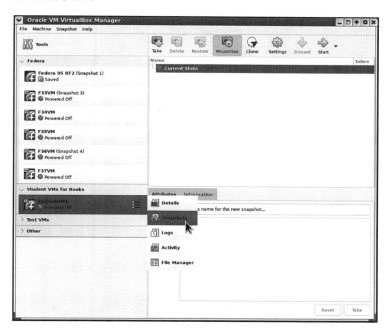

图 5-18 制作快照前 StudentVM1 的快照视图

在本书中，你可以对同一虚拟机创建许多快照，这会很容易备份到最近的快照，而不是一直返回我们在这里创建的第一个快照。如果你在存储虚拟机文件的硬盘上有足够的空间，我建议你在每一章的末尾创建一个快照。

　　要创建快照，只需单击 Take 按钮——带有绿色 + 号的按钮。这将打开 Take Snapshot of Virtual Machine 对话框，你可以在其中将默认名称更改为其他名称。还有一个描述字段，你可以在其中输入任何类型的注释或你想要的识别标识。我保留了名称，只是在描述字段中输入了"Before first boot"（首次引导之前）。在描述字段中输入你想要的任何内容，但我建议保留默认快照名称。制作第一个快照后，快照视图如图 5-19 所示。

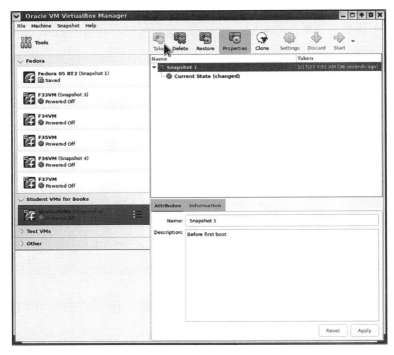

图 5-19　制作 StudentVM1 的第一个快照

5.7　首次开机

　　现在是启动 VM 的时候了：

　　1）选择 StudentVM1 虚拟机。

　　2）确保在快照对话框中选择了 VM 的当前状态。

　　3）单击 VirtualBox 管理器图标栏中的开始图标。你也可以右击虚拟机并从弹出菜单中选择开始。

　　4）你将看到一个 GRUB 菜单，我们稍后将更详细地探讨该菜单。你不需要做任何事情。现在只需让它超时并进入启动顺序的下一阶段。

　　5）你会看到一些文本行滚动过去，但这不会持续很长时间。　然后你将看到图形漩涡状的东西，表明启动序列正在幕后进行。稍后我将向你展示如何更改它，以便你可以看到图形启动隐藏的所有提示性消息。

6）当第一次启动的图形部分几乎完成时，屏幕将显示"完成配置"。 你可以单击该按钮继续或等待几秒钟，直到它也超时。

7）虚拟机引导至 GUI 登录界面，如图 5-20 所示。

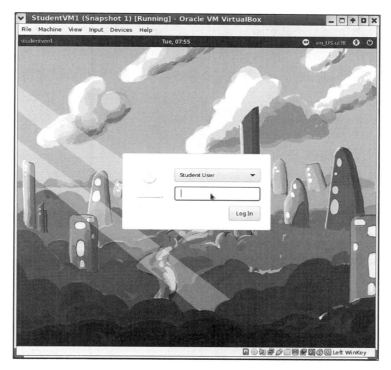

图 5-20　Fedora 的 GUI 登录界面

但是现在还不要登录。我们将在第 6 章中讨论，在我们真正登录和探索 Xfce 桌面之前，我们先探索这个登录屏幕和其他一些事情。

如果你还没有准备好继续到下一章，你可以让 VM 在此状态下运行，或从登录屏幕上关闭它。在虚拟机登录屏幕的右上角是一个通用的开 / 关符号。单击它并选择 Shut Down 以关闭虚拟机。

5.8　如果实验不起作用怎么办

从第 6 章开始，我们将进行一些实验，作为学习成为系统管理员的一部分。这些实验旨在亲自操作，除了先前进行的实验或准备的结果外，这些实验不依赖于任何其他设置。某些 Linux 实用程序和工具必须具备，但这些都应该已经安装或可以安装在标准 Fedora Linux Xfce 中。如果需要安装这些工具中的任何一个，在需要它们的实验之前会有一个准备部分。毕竟，安装这样的工具也是系统管理员的工作。

假设我们安装了必要的工具，所有这些实验都应该"正常工作"。我们都知道这是怎么回事，对吧？因此，当某些事情确实失败时，首先要做的事情是显而易见的：

1）确保在章节准备部分安装了所需的工具。并非所有章节都需要准备部分。

2）验证输入的命令是否正确。这是我自己遇到的最常见的问题，有时我的手指似乎没有在输入我的大脑发送给它们的东西。

3）你可能会看到一条错误消息，指示找不到该命令。Bash 终端显示错误的命令，在这种情况下，我编造了 badcommand。然后简要描述问题。对于缺失和拼写错误的命令，都会显示此错误消息。

```
[student@testvm1 ~]$ badcommand
bash: badcommand: command not found...
```

多次检查命令拼写和语法以验证其是否正确。

4）使用 man 命令查看手册页，以验证命令的语法和拼写是否正确。

5）确保确实安装了所需的命令。如果尚未安装，请安装它们。

6）对于需要你以 root 身份登录的实验，请确保你已这样做。本书中的许多实验都要求你以 root 身份登录。以非 root 用户身份执行这些实验将不起作用，并且工具会抛出错误。

7）对于需要以非 root 用户身份执行的实验，请确保你使用的是 student 账户。

总结

1）你现在已经在上一章中创建的虚拟机上安装了最新版本的 Fedora Linux Xfce spin。

2）你使用 Anaconda 安装程序创建了目录结构，通常建议使用逻辑卷管理作为单独文件系统安装这些目录结构。你创建了一个非 root 用户并为该用户和 root 设置了密码。你还可以设置系统的主机名。

3）安装后，你创建了虚拟机的快照，以防遇到问题并需要回滚到初始系统。

4）你重新启动系统并进入登录屏幕。

练习

完成以下练习来结束本章：

1）Anaconda 安装程序创建的卷组的名称可以在安装过程中更改吗？

2）对于具有 10GB RAM 且不需要休眠的主机，Fedora 文档中建议使用多少交换空间？

3）安装系统总共使用了多少空间？

4）快照的目的是什么？

5）是否可以在虚拟机启动并运行时创建快照？

第 6 章 *Chapter 6*

使用 Xfce 桌面

目标

在本章中，你将学习以下内容：

❏ 为什么 Xfce 是本书以及通常使用的最佳选择？

❏ Xfce 桌面的基本使用和导航。

❏ 如何启动程序？

❏ xfce4-terminal 模拟器的基本用法。

❏ 如何安装所有当前更新以及一些新软件？

❏ 如何使用设置管理器？

❏ 如何将程序启动器添加到底部面板？

❏ 如何配置 Xfce 桌面？

6.1　为什么选择 Xfce

Xfce 似乎是在 Linux 所使用桌面中最不寻常的，更常见的是 GNOME 或 KDE 桌面。几年前我开始使用 Xfce，我发现自己非常喜欢它，并且享受它的速度和轻便性。Xfce 桌面又轻便又快捷，整体设计很完美，让人井井有条地工作。它的轻量级设计节省了内存和 CPU 周期。这使得它非常适合用于桌面和资源受限的虚拟机这样资源很少的旧主机。但是，Xfce 足够灵活和强大，足以满足我作为高级用户的需求。

6.1.1　桌面

Xfce 是一个轻量级桌面，与其他一些桌面（如 KDE 和 GNOME）相比，它的内存占用和 CPU 使用率非常小。在我的系统上，组成 Xfce 桌面的程序占用了少量内存，而功能却很强大。非常低的 CPU 使用率也是 Xfce 桌面的一个标志。有了如此小的内存占用，也非常节省 CPU 周期，我对 Xfce 并不感到特别惊讶。

注意　Xfce 桌面非常稳定。与本书基于 Fedora 29 的第 1 版相比，它几乎没有变化。除了背景壁纸图像和图标有一些差异之外，在 Fedora 37 中几乎没有变化。尽管我更新了本章中的图形，但它们看起来仍然与 Fedora Xfce 之前版本非常相似。我预计它们将来也不会发生太大变化。

Xfce 桌面简单、整洁，没有任何多余的东西，如图 6-1 所示。基本桌面有两块面板和左侧的垂直图标线。

图 6-1　带有 Thunar 文件管理器和 xfce4 终端的 Xfce 桌面

面板 1 位于顶部，有一个应用程序启动器以及一个允许用户在多个工作区之间切换的"工作区切换器"。工作区是一个类似于桌面的组织实体，拥有多个工作区就像拥有多个桌面，你可以使用每个桌面来处理不同的项目。

面板 2 位于底部，由一些基本应用程序启动器以及"应用程序"图标组成，该图标提供对系统上所有应用程序的访问。可以使用其他工具修改面板，例如添加新的启动器或更改其高度和宽度。

桌面左侧下方的图标包括主目录和垃圾箱图标。它还可以显示完整文件系统目录树和任何连接的可插拔 USB 存储设备的图标。这些图标可用于挂载和卸载设备，以及打开默认文件管理器。如果你愿意，它们也可以被隐藏，文件系统、垃圾箱和主目录图标可以单独控制。可移动驱动器可以隐藏或显示为一组。

6.1.2　文件管理器

Thunar 是 Xfce 的默认文件管理器。它简单、易于使用和配置，而且非常容易学习。虽然功能不如 Konqueror、Krusader 或 Dolphin 等文件管理器那么全面，但它的功能相当强大且速度非常快。Thunar 无法在其窗口中创建多个窗格，但它确实提供了选项卡，以便可以同时打开多个目录。Thunar 还有一个非常漂亮的侧边栏，就像桌面一样，为完整的文件系统目录树，以及任何连接的 USB 存储设备显示相同的图标。设备可以安装和卸载，并且可以弹出 CD 等可移动媒体。Thunar 还可以使用 ark 等辅助应用程序在单击存档文件时打开它们。可以查看 zip、tar 和 rpm 文件等档案，并且可以从中复制单个文件。

在使用了许多不同的文件管理器之后，我必须承认我喜欢 Thunar 的简单性和易用性。使用侧边栏使导航文件系统更容易。

6.1.3　稳定性

Xfce 桌面非常稳定。尽管根据需要提供了包含功能和安全修复的更新，但新版本似乎以三年为周期。Xfce 桌面坚如磐石的特性非常令人放心。对我来说，Xfce 桌面从未崩溃过，也从未产生过大量消耗系统资源的守护进程。它只是默默在那里工作，这就是我想要的。

Xfce 实在是优雅的。简单是优雅的标志之一。显然，编写和维护 Xfce 及其组件应用程序的程序员非常喜欢简单性。这种简单性很可能是 Xfce 如此稳定的原因，它也带来了简洁的外观、响应式界面、感觉自然的易于导航的结构以及使用愉快的整体优雅性。

6.1.4　xfce4-terminal 模拟器

xfce4-terminal 模拟器是一个功能强大的模拟器，它使用选项卡在一个窗口中运行多个终端，就像许多其他终端模拟器一样。与 Tilix、Terminator 和 Konsole 等其他模拟器相比，这个终端模拟器很简单，但它确实可以完成工作。可以更改选项卡名称，并且可以通过拖放，使用工具栏上的箭头图标或菜单栏上的选项来重新排列选项卡。我特别喜欢 Xfce 终端模拟器上的选项卡的一个原因是，它们显示所连接的主机的名称，而不管通过多少其他主机来建立该连接，即 host1 → host2 → host3 → host4 在选项卡上正确显示 host4。其他模拟器最多只能显示 host2。

其功能和外观的许多方面都可以轻松配置以满足你的需求。与其他 Xfce 组件一样，此终端模拟器使用的系统资源非常少。

6.1.5　可配置性

在其限制范围内，Xfce 是非常可配置的。举个例子，虽然不像 KDE 这样的桌面提供那么多的可配置性，但它比 GNOME 更易于配置和更易用。我发现设置管理器是配置 Xfce 所需的一切的入口。各个配置应用程序单独可用，但设置管理器将它们全部收集到一个对话框中以便于访问。桌面的所有重要方面都可以配置以满足我自己的个人需求和偏好。

6.2 入门

在我们第一次登录之前，让我们快速浏览一下 GUI 登录屏幕，如图 6-2 所示。这里有一些有趣的事情可以探索。登录屏幕即欢迎程序，由显示管理器 lightdm 显示和控制，它只是显示管理器的几个图形登录管理器之一。每个显示管理器还具有一个或多个欢迎程序，它可以由用户更改。

图 6-2　输入密码，然后单击 Log In（登录）按钮

注意　本章中的大部分插图来自 Fedora 37。如果你使用的是 Fedora 的更高版本，例如 Fedora 38，则背景和其他装饰元素可能与 Fedora 37 不同。但是，技术和功能特征保持不变。即使是早期版本，例如最初用于本书的 Fedora 29，除了背景壁纸图像之外，看起来几乎相同。

屏幕中央是登录对话框。由于没有其他用户可以在 GUI 上登录，因此已选择 Student User。不允许 root 用户使用 GUI 登录。与 Linux 中的其他所有内容一样，此行为是可配置的，但我建议不要更改它。如果为该主机创建了其他用户，则可以使用选择栏选择他们。

登录屏幕顶部的面板包含信息和控件。从左往右看，我们首先看到主机的名称。我使用过的许多显示管理器（有好几个）不显示主机名。接下来，我们看到一个时钟，然后是一个包含"xf"的圆圈，它代表 Xfce。如果你安装了多个 Xfce，此控件允许你选择多个桌面中的任意一个。Linux 有许多可用的桌面，例如 KDE、GNOME、Xfce、LXDE、Mate 等。你可以安装其中任何一个或全部，并在登录时在它们之间切换。你需要在登录之前选择所需的桌面。接下来是一个四肢张开的人，代表大字体和桌面高对比度颜色选择的可访问性选择。最后也是最右边的是电源按钮的通用图标。单击此按钮可获取允许你暂停、休眠或退出的子菜单。选择退出选项会显示用于重新启动（重新引导）和关闭（关闭电源）系统的其他选项。

6.3　登录

在我们可以使用 Xfce 桌面之前，我们需要登录。StudentVM1 虚拟机应该已经启动、运行并等待你登录，如图 6-2 所示；但是，如果你在上一章结束时关闭它，请立即启动。

单击虚拟机屏幕，然后输入你为 Student User 设置的密码，然后单击 Log In 按钮。

6.4　初次登录界面

Xfce 桌面的顶部和底部各有一个面板，如图 6-3 所示。顶部面板包含多个组件，可提供对某些重要功能的访问和控制。

图 6-3　Xfce 桌面

顶部面板的最左侧是 Applications（应用程序）菜单。单击此处可查看菜单和子菜单，这些菜单和子菜单允许你选择和启动程序和工具。只需单击所需的应用程序即可启动它。

接下来是一些当前空白的空间，其中将显示正在运行的应用程序的图标。然后有四个正方形，其中一个是深灰色，另外三个是浅灰色。这是桌面切换器，颜色较深的是当前选中的桌面。拥有多个桌面的目的是能够将不同项目的窗口放置在不同的桌面上，以保持事物井井有条。如果有任何正在运行的应用程序窗口和图标，则会在桌面选择器中显示。只需单击所需的桌面即可切换到它。正在运行的应用程序可以从一个桌面移动到另一个桌面。将应用程序从切换器中的一个桌面拖动到另一个桌面，或右击应用程序标题栏以弹出提供桌面切换选项的菜单。

桌面切换器的右侧是系统托盘，其中包含提供系统通知及用于安装软件更新的图标；除此之外，还可连接、断开和检查网络状态，并检查电池状态。网络在引导时默认连接，但你也可以找到有关当前连接的信息。在笔记本计算机上，你还将拥有无线信息。接下来是时钟。你可以右击时钟以将其设置为不同格式，以显示日期和时间。

dnfdragora 程序（很难看到的橙色和蓝色图标）将在你登录后不久检查更新，也会在此后定期检查更新并通知你是否有更新。安装和首次启动后很可能会有很多这样的消息。现在忽略它，不要尝试安装更新；我们将在本章后面的命令行中执行此操作。

底部面板包含一些基本应用程序的启动器。请务必注意左侧的第二个图标，它将启动 xfce4-terminal 模拟器。我们将很快更详细地研究这些启动器的其余部分。

6.5　探索 Xfce 桌面

让我们花些时间来探索 Xfce 桌面本身。这包括降低屏幕保护程序的烦人程度，进行一些配置以设置默认应用程序，在面板 2（底部面板）添加启动器以便更易于访问，以及使用多个桌面。

在我们对 Xfce 桌面进行探索的过程中，你应该花些时间自己进行一些探索。我发现这是我学习效果最好的方式。我喜欢摆弄东西，试图将它们弄成我想要的样子——或者直到它们坏掉——不管哪个先发生。当它们坏掉时，我就得弄清楚哪里出了问题并进行修复。

6.5.1　屏幕保护程序

与所有不错的桌面一样，Xfce 有一个屏幕保护程序，可以锁定屏幕。这可能会很烦人——就像我写这篇文章时一样——所以我们首先重新配置屏幕保护程序。图 6-4 向我们展示了如何开始。

实验 6-1　关闭屏幕保护程序

以 student 用户身份进行此实验。在这个实验中，我们探索屏幕保护程序，然后将其关闭，这样它就不会干扰我们的工作。

1）要启动屏幕保护程序，请使用面板 1（顶部面板）并选择 Applications → Settings → Screensaver。

图 6-4 启动屏幕保护程序配置应用程序

2）图 6-5 显示了 Screensaver Preferences（屏幕保护程序首选项）对话框。单击启用屏幕保护程序滑动开关，以禁用屏幕保护程序。

图 6-5 禁用屏幕保护程序

3）单击锁定屏幕选项卡，并禁用除启用锁定屏幕之外的所有选项。这可以防止自动锁定屏幕，但仍然允许你从顶部面板上的 student 用户下拉菜单手动锁定屏幕。

4）关闭 Screensaver Preferences 对话框。

对于我的实体主机，我通常为屏幕保护程序选择空白屏幕，并设置足够长的时间，以便当我仍在办公桌前工作，但不触摸鼠标或键盘时它不会变成空白。几分钟后，我将屏幕设置为锁定。我的容忍度会随着时间而改变，所以我偶尔会重新设置。你应该根据自己的需要来设置它们。

6.5.2 设置管理器

让我们看看如何访问 Xfce 的各种桌面设置。有两种方法可以执行此操作，一种是使用面板 1 上的 Applications 菜单，选择 Settings，然后选择要查看或更改的特定设置项目。另一种方法是打开 Settings 子菜单顶部的 Settings Manager（设置管理器）选项。设置管理器将所有其他设置集中在一个面板中，以便于访问。图 6-6 显示了这两个选项。在左侧你可以看到 Applications 菜单，右侧是 Settings 面板。

图 6-6 有两种方法可以访问各种 Xfce 桌面设置

6.5.3 将启动器添加到面板 2

我更喜欢使用设置管理器进行更改，因为它将大多数设置工具聚合在一个窗口中。我还想让自己更轻松地访问设置管理器本身。并不是说每次我想访问设置工具时都通过菜单树单击三下，单击一下总是比三下好。这是作为懒惰的系统管理员的一部分，更少的输入和更少的单击鼠标总是更有效。因此，让我们顺便将设置管理器图标添加到面板 2（底部面板）中，作为启动器。

实验 6-2　添加设置管理器启动器

在这个实验中，我们将设置管理器添加到 Xfce 桌面上的面板 2。

1）打开应用程序菜单，如图 6-7 所示，找到设置菜单顶部的设置管理器。

2）单击"设置管理器"，就像要打开它一样，但按住鼠标并将其拖动到面板 2 的左侧，如图 6-7 所示。将鼠标光标悬停在面板上最左侧图标和垂直分隔符之间的小空间上，直到出现垂直红色条。此栏显示新启动器将添加到的位置。

图 6-7　将设置管理器添加到面板 2

提示　新启动器只能添加到面板的某一端或紧挨着某一个启动器。

3）当红条位于面板上所需的位置时，松开鼠标，将其放在那里。

4）然后将打开一个询问对话框，询问"是否要从 1 个桌面文件创建新启动器？"单击 Create Launcher（创建启动器）按钮。新的启动器现在出现在面板 2 上，如图 6-8 所示。

你现在可以从面板中启动设置管理器，可以将启动器放置在面板上或桌面上的任何地方。

图6-8　面板2上的设置管理器启动器

请注意，从面板上启动应用程序只需要单击一次。我把所有我最常用的应用程序添加到面板2中，这样可以避免我每次想使用其中一个时都要在菜单中搜索它们。随着我们在本书中的学习，你可以在面板上添加更多的启动器，以提高你自己的效率。

6.5.4　默认应用程序

我们现在可以回过头来设置默认应用程序了。默认应用程序指的是一种选择，如当需要某个终端模拟器或网络浏览器时，你希望启动的那个应用程序。例如，当你单击文本中嵌入的URL时，你可能希望你的文字处理器启动Chrome浏览器。Xfce将这些称为默认应用程序。

默认的终端模拟器已经被配置为xfce4-terminal，你已经有机会使用它了。我们将在第7章中更详细地介绍xfce4-terminal。

在面板2中的Xfce桌面底部的图标，包括了几个我们应该选择的默认应用程序，网络浏览器和文件管理器。如果你单击网络浏览器图标，也就是鼠标光标位于上面的那个地球，你就可以选择将已安装的网络浏览器作为默认使用的浏览器。目前，只安装了Firefox网络浏览器，所以没有任何可用的选择。

还有一个更好的方法，那就是一次性选择所有的默认应用程序。

实验6-3　默认应用程序

在这个实验中，我们将为student用户设置默认的应用程序。

1）如果"设置管理器"还没有打开，现在就打开它。

2）在"设置"面板中找到Default Applications（默认应用程序）图标，单击来打开它。该对话框打开互联网标签，允许选择浏览器和电子邮件应用程序。目前，这两个程序都没有默认应用程序。所以我们需要为浏览器设置一个。Firefox已被预先设置为默认浏览器。目前唯一的选择是Firefox，但你可以稍后安装其他浏览器并选择其中一个作为新的默认浏览器。

3）切换到"默认应用程序"对话框的Utilities（工具）选项卡，如图6-9所示。请注意，此处的两个项目均已做出选择。Thunar是文件管理器的唯一一项，Xfce终端是终端模拟器的唯一选项。事实上，这些应用程序没有其他可用选项，这是由于桌面安装程序执行的基本安装没有可用选项。

4）你可以查看Others（其他）选项卡，但那里没有任何需要更改的内容。在那里进行任何更改，还需要对各种文件类型以及可用于每种文件类型的应用程序有深入的了解。

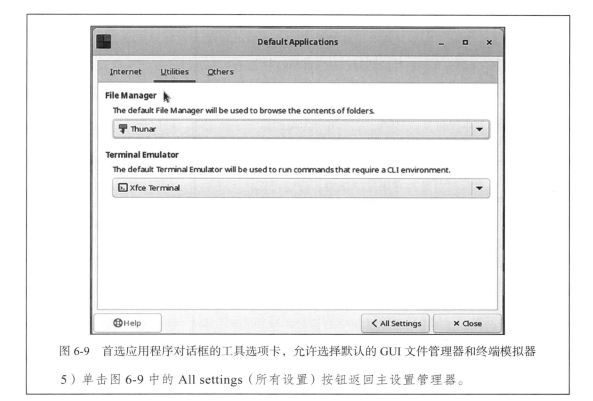

图 6-9　首选应用程序对话框的工具选项卡，允许选择默认的 GUI 文件管理器和终端模拟器

5）单击图 6-9 中的 All settings（所有设置）按钮返回主设置管理器。

　　Thunar 文件管理器是我所使用的最好的文件管理器之一。有很多文件管理器，其中大部分可用于 Fedora Linux。Xfce 终端也是如此，它是许多非常好的终端中最好的一个。在我看来，即使在这里有其他的选择，它都是很好的选择，我不会改变它们。我们将在下册的第 2 章中更详细地介绍文件管理器。

6.6　桌面外观

　　改变桌面的外观是由设置管理器中的多个设置工具管理的。我喜欢随着我心情的变化而玩这些——做实验。好吧，这些设置不是那么频繁，但每隔几周就会尝试一下。我喜欢尝试不同的东西，而这是一种无害的改变方式，可以带来乐趣。

外观

　　我们从外观工具开始，它允许我们选择用户界面外观的各个方面。虽然 Xfce 没有像 KDE 那样有大量的配置，但它还是比其他一些桌面有更多的配置。我喜欢在改变桌面外观方面有很大的灵活性。我对 Xfce 的灵活性相当满意。它对我来说足够灵活，但又不会过于复杂。

外观工具有四个选项卡，提供用于调整 Xfce 桌面不同部分的控件。打开外观对话框的 Style（样式）选项卡。这个选项卡主要是关于配色方案的，但它对按钮和滑块的渲染也有一些影响。例如，控件可能具有不同样式的平面或 3D 外观。

第二个选项卡 Icons（图标），允许从几个可用的图标主题中选择一个图标主题。其他的图标主题也可以下载安装。

第三个选项卡 Fonts（字体），允许用户为桌面选择字体主题。可以选择默认可变宽度字体以及默认等宽字体。

第四个选项卡 Settings（设置），允许选择图标是否有文本以及文本位置。它还提供了确定某些按钮和菜单项上是否有图像的能力。你还可以在此选项卡上打开或关闭事件的声音。

实验 6-4　改变桌面外观

该实验将为你提供一个尝试更改桌面外观的机会。尝试这些更改可能会占用大量时间，因此请尽量不要被它分心。这里的主要思想是让你熟悉更改 Xfce 桌面的外观。

首先，使用你在实验 6-2 中添加到面板 2 的图标打开设置管理器。然后单击设置管理器面板左上角的 Appearance（外观）图标。Style 选项卡如图 6-10 所示，此选项卡允许你选择 Xfce 桌面的基本配色方案和一些视觉方面的配置。

单击一些不同的方案以查看它们在你的 VM 中的外观。我注意到（在撰写本文时）Xfce 颜色选项看起来不错，但是在具有这些选项的窗口上，菜单栏似乎将菜单项挤在一起，因此它们变得难以阅读。对于你的新风格，你应该考虑其中一种。我喜欢灰鸟深色风格。

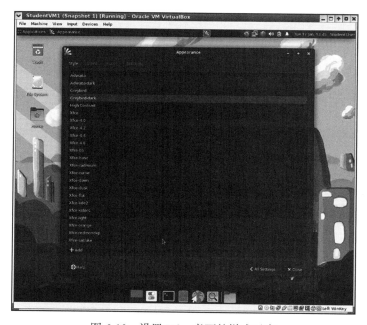

图 6-10　设置 Xfce 桌面的样式元素

现在转到 Icons（选项卡），然后选择一些不同的图标方案以查看它们的外观。这不是鼠标光标图标，而是应用程序图标。我喜欢 Fedora 图标集。请注意，所有更改几乎在你选择它们后立即发生。

完成桌面外观设置后，单击 All settings 按钮返回主设置对话框。然后单击窗口管理器。这些设置使你能够更改窗口装饰的外观，例如标题栏、标题栏上的图标以及窗口边框的大小和外观。在图 6-11 中，我选择了 B6 主题。你可以尝试此菜单中的其他一些主题。

提示 请务必打开另一个窗口（例如 Thunar）以查看更改。设置管理器的样式无法更改。这与过去不同，它会随着其他窗口一起变化。

Keyboard（键盘）选项卡允许你更改一些键盘快捷键，但我很少在此处进行任何更改。Focus（焦点）选项卡使你能够确定窗口何时获得焦点，使其成为活动窗口。Advanced（高级）选项卡确定窗口在移动时是否捕捉到不可见的网格线以及网格的粒度，它还允许你配置窗口拖动到屏幕边缘的方式。

暂时让设置管理器保持打开状态。

图 6-11　窗口管理器设置允许你更改窗口装饰的外观

你还应该花一点时间来探索设置管理器中的其他对话框。

不要忘记你可以随时返回设置管理器来更改桌面的外观。因此，如果你明天不喜欢今天选择的内容，你可以为桌面选择另一种外观。

配置桌面的外观和感觉可能看起来有点轻率，但我发现拥有一个对我来说看起来不错的桌面，并为我最常使用的应用程序提供启动器并且可以轻松修改，这让我的工作愉快而轻松。此外，玩这些设置很有趣，系统管理员只想玩得开心。

6.7　多个桌面

除了我用过的最简单的特性之外，Xfce 桌面的另一个特性是能够使用多个桌面，或在Xfce 中称为工作区。我经常使用此功能，许多人发现：通过把他们正在处理的每个项目的窗口放置在不同的桌面上来组织他们的工作，这是很有用的。例如，我的 Xfce 桌面上有四个工作区。在主工作区上有我的电子邮件、一个 Chromium Web 浏览器的实例，以及一个终端会话。在第二个工作区中拥有 VirtualBox 和所有正在运行的虚拟机以及另一个终端会话。在第三个工作区有我的写作工具，包括在 LibreOffice 中打开的各种文档、另一个用于研究的 Chromium 实例、一个用于打开和管理构成本书的文档的文件管理器，以及另一个带有多个选项卡的终端模拟器会话，通过 SSH 登录到我正在运行的虚拟机之一。

实验 6-5　使用多个桌面

本实验旨在让你练习使用多个桌面。桌面在打开设置管理器和 Thunar 文件管理器时如图 6-12 所示。

图 6-12　使用系统菜单将 Thunar 文件管理器移动到另一个工作区

首先，单击面板 2（底部面板）中心的文件柜图标。如果将鼠标光标悬停在该图标上，将会弹出工具提示，显示标题"文件管理器"。默认文件管理器是 Thunar，它可用于浏览你的主目录中的文件和目录，以及你有权访问的其他系统目录，例如 /tmp。

但是我们想将此文件管理器移动到不同的桌面，有两种不同的方法：一是右击窗口顶部文件管理器标题栏的任意位置，选择 Move to Another Workspace（移动到另一个工作区）→ Workspace 3（工作区 3），如图 6-12 所示；二是右击顶部面板运行中的应用程序的按钮面板 1，来访问相同的菜单。

工作区切换器现在在工作区 3 中显示文件管理器的窗口，而设置管理器仍在工作区 1 中，如图 6-13 所示。你可以单击切换器中的任何工作区以立即转到该工作区，所以单击工作区 3 转到目的地。

图 6-13　工作区切换器显示工作区 1 和 3 中的窗口

请注意，切换器中的窗口是它们在切换器所代表的工作区上的相对大小的合理近似值。切换器窗口也有表示在窗口中运行的应用程序的图标，这使我们可以很容易地使用切换器将窗口从一个工作区移动到另一个工作区。

但是，如果面板尺寸太小，则可能无法在桌面切换器中复制窗口，或者仅显示窗口的轮廓而没有图标。如果桌面切换器中没有窗口，则应跳过下一段。

将文件管理器图标从工作区 3 拖到工作区 4 并放在那里。文件管理器窗口从工作区中消失，其图标现在位于工作区 4 中。单击工作区 4 转到那里。

与 Linux 的所有事物一样，有多种方法可以管理这些工作区和每个工作区中的应用程序窗口。我发现有时将属于特定项目的窗口单独放置在某个工作区是简化主工作区的好方法。

6.8　安装更新

确保 Linux 操作系统和软件始终是最新的，这非常重要。尽管可以使用桌面系统托盘中的 dnfdragora 软件管理工具安装更新，但系统管理员更有可能从命令行执行更新。

安装软件更新是为了修复现有版本的问题或添加一些新功能。更新不会安装完整的 Fedora 新发行版本。本章的最后一个实验将探讨使用桌面上的终端会话以 root 身份安装软件更新。

实验 6-6　安装更新

在底部面板的面板 2 中，单击终端模拟器图标，如图 6-14 所示，这个图标位于图 6-14 中左起第三个。你可以将鼠标光标悬停在图标上，以查看图标所代表程序的简要说明。

图 6-14　使用面板 2 打开终端会话

更新只能由 root 来安装。即使我们使用桌面上的图形化 dnfdragora 软件管理工具，也需要使用 root 密码。我们需要在终端会话中将用户切换为 root：

```
[student@studentvm1 ~]$ su -
Password: <Enter the root password>
[root@studentvm1 ~]#
```

请注意，我们总是在 su 命令后面添加一个连字符，如下所示：su-。我们将在后面的章节中更详细地讨论这一点，但现在只要说连字符确保 root 在正确的环境中工作就足够了。root 用户有自己的主目录和环境变量，例如路径（$PATH），并且 root 用户的某些命令行工具与其他用户略有不同。

现在我们安装所有可用的更新。这非常重要，因为通过安装最新更新来确保一切正常运行始终是最佳实践。最新更新将包含最新的安全补丁以及功能修复。这很简单，但需要等待更新过程完成。好消息是，即使 Linux 更新确实需要重新引导，系统也不会自动重新引导，你可以继续工作，直到你准备好重新引导。

输入以下命令：

```
[root@studentvm1 ~]# dnf -y update
```

在我的虚拟机上安装了超过 400 个更新。这个数字可能会有很大差异，具体取决于你安装 Linux 的 ISO 镜像的新近程度以及有多少更新。我没有展示这个命令产生的冗长输出，但是当 dnf 命令完成它的工作时，你应该注意它。这将使你了解以后进行更新时会发生什么。

某些更新（尤其是某些内核包）的安装可能会出现一段时间停止或挂起。不用担心，这是正常的。

由于内核已更新，我们将重新启动以便加载新内核。有一些方法可以在 GUI 上执行此操作，但我更喜欢从命令行重新启动。安装更新并显示"完成！"消息后，我们将重新启动，但在此之前不会。

```
[root@studentvm1 ~]# reboot
```

在重新启动期间，请务必查看 GRUB 菜单。请注意，目前显示了两个内核。你可以使用键盘上的 < ↑ > 和 < ↓ > 键来选择与默认内核不同的内核，默认内核始终是最新的。稍后我们将对此进行更多讨论，但有时拥有多个可以引导的内核会很有帮助。暂时不要改变它。

登录到桌面并打开一个终端会话。更新后还需要做一些其他事情，以确保手册页面是最新的。我曾经有过手册数据库没有正确更新并且 man 命令没有显示命令的手册页的时候。此命令可确保所有手册页都是最新的：

```
[root@studentvm1 ~]# mandb
<snip>
Purging old database entries in /usr/share/man/ko...
Processing manual pages under /usr/share/man/ko...
Purging old database entries in /usr/local/share/man...
Processing manual pages under /usr/local/share/man...
0 man subdirectories contained newer manual pages.
0 manual pages were added.
0 stray cats were added.
2 old database entries were purged.
```

在我的系统上，这并没有产生太大的影响，但两个旧的手册数据库项目被清除了。

总结

你已经使用 Xfce 桌面的 GUI 欢迎程序登录并熟悉了桌面，启动并学习了 xfce4-terminal 模拟器的基本用法，安装了所有当前更新。

你已经探索了 Xfce 桌面并学习了许多配置桌面以创建不同外观的方法，还探索了一些使桌面更有效地为你工作的方法，例如将启动器添加到面板，以及使用多个桌面。

我进行了一次在线搜索，试图找出 Xfce 的含义，并且有一个 XForms 公共环境的历史参考，但 Xfce 不再使用 XForms 工具。几年前，我找到了"超精细计算环境"的参考，我非常喜欢它，并且会使用它，尽管无法再次找到该参考页面。

练习

完成以下练习来结束本章：

1）当应用于 Xfce 桌面时，术语"轻量级"是什么意思？

2）你认为使用多个工作空间会对你和你喜欢的工作方式有益吗？

3）默认应用程序配置对话框中的终端模拟器有多少个选项？

4）可以更改可用工作区的数量吗？

5）你会使用多个桌面做什么？

6）Xfce 桌面的默认文件管理器的名称是什么？这个文件管理器与你使用过的其他文件管理器相比如何？

7）如何以 root 用户进行终端登录？

第 7 章 *Chapter 7*

使用 Linux 命令行

目标

在本章中，你将学习以下内容：

❑ 术语命令行以及终端、控制台、脚本、命令行和会话之间的差异。

❑ 访问 Linux 命令行界面的三种不同方法。

❑ 使用 Bash 脚本。

❑ 关于其他一些替代脚本。

❑ 同时打开多个命令行会话依然有用的原因。

❑ 至少用三种不同的方式来处理多个命令行界面。

❑ 一些基本但重要的 Linux 命令。

7.1 概述

对于系统管理员来说，Linux 命令行是"Linux 命令中心"。Linux CLI 是一个非限制性界面，因为它对你的使用方式没有任何限制。

根据定义，图形用户界面是一个非常严格的界面。你只能以规定的方式执行你被允许的任务，而所有这些都是由程序员决定的。你不能超越编写代码的程序员的想象力，或者更有可能是无知老板对程序员施加的限制。

在我看来，图形界面最大的缺陷在于它抑制了任何自动化的可能性。没有图形用户界面具有真正实现任务自动化的能力。取而代之的是，只有重复地单击鼠标，才能对略有不同的数据多次执行相同或相似的操作。在大多数图形用户界面程序中，简单的"查找和替换"操作差不多就是最好的了。

另外，CLI 允许在执行任务时具有极大的灵活性。原因是每个 Linux 命令都是使用 Linux 哲学原则编写的，例如"一切皆文件""始终使用 STDIO""每个程序都应该做好一件事""避免强制用户界面"等，这不仅是指 GNU 核心工具集，也包括绝大多数 Linux 命令。尽管我们在本书的第 3 章中讨论了这些原则及其一些含义，但如果你尚未完全理解它们的含义，也不必太担心。我将在本书中指出它们的一些实际应用。

系统管理员的底线是：当开发人员遵循这些原则时，可以充分利用命令行的力量。Linux CLI 的强大之处在于它完全没有限制。在本章中，我们将开始探索命令行，以阐明它真正赋予你的指尖力量。

有许多用于访问命令行的选择，例如虚拟控制台、许多不同的终端模拟器和其他相关软件，它们可以提高你的灵活性和生产力。本章将介绍所有这些可能性，以及命令行如何执行看似不可能的任务——或者只是满足无知的老板。

7.2　准备工作

在我们进一步讨论命令行之前，我们需要做一些准备工作。

默认的 Linux 终端是 Bash，这恰好是我更喜欢的。与许多其他东西一样，有许多终端可供你选择。其中许多终端可用于 Linux 和 *nix 系统，包括 Apple 的 macOS。你将在其中安装部分程序，以便可以尝试这些程序，以及我们稍后将探讨的其他一些有趣的程序

准备工作　使用命令行

并非所有发行版都安装了我们将在本章中使用的几个软件包，因此我们现在将安装它们。这些包主要是脚本。

如果这些软件包中的一个或多个已安装，将显示一条消息来表明，但其余软件包仍将正确安装。安装一些额外的软件包是满足我们正在安装的软件包的先决条件。

```
[root@studentvm1 ~]# dnf -y install tilix screen ksh tcsh zsh
sysstat
```

在我的 VM 上，该命令安装了列出的包和一些其他包以满足依赖关系。

7.3　定义命令行

命令行是在用户和操作系统之间提供文本模式界面的工具。命令行允许用户将命令键入计算机进行处理并查看结果。

Linux 命令行界面是通过 Bash、csh、ksh 和 zsh（Z shell）等终端实现的，仅举几例可用的终端。任何终端的功能都是解释用户键入的命令并将结果传递给操作系统，操作系统执行命令并将结果返回给终端。我们将在本章后面简要介绍 Z shell 和 Korn shell，以便你

可以了解其他终端的外观以及如何启动和退出它们。然而，Bash shell 是 Fedora 和大多数其他 Linux 发行版的默认终端，因此在本书中，当我说"终端"时，我指的是 Bash shell。所有的实验和讨论都将围绕 Bash shell 进行。

访问命令行是通过某种类型的终端界面。现 Linux 计算机中包含三种常见主要类型的终端接口，但术语可能会令人困惑。因此，请允许我详细地定义这些术语以及与命令行相关的其他一些术语。

7.4　CLI 术语

有几个与命令行相关的术语经常可以互换使用。当我第一次使用 UNIX 和 Linux 时，不加选择地使用这些术语让我很困惑。我认为系统管理员了解术语控制台、虚拟控制台、终端、终端模拟器、终端会话和脚本之间的区别很重要。

当然，只要你能理解你的观点，你就可以使用任何适合你的术语。在本书中，我会尽量做到准确，因为现实情况是这些术语的含义存在显著差异，而且有时这些差异很重要。

7.4.1　命令提示符

命令提示符是一串像这样的字符，它带有一个光标，它可能正在闪烁并等待——提示你输入一个命令：

```
[student@studentvm1 ~]$ ▮
```

现代 Linux 安装中的典型命令提示符包括用户名、主机名和当前工作目录，也称为"当前"目录，所有这些都包含在方括号中。波浪号（~）字符表示主目录。

7.4.2　命令行

命令行是终端上包含命令提示符和你输入的任何命令的行。

所有现代主流 Linux 发行版都至少提供三种访问命令行的方法。如果你使用图形桌面，大多数发行版都附带多个终端模拟器可供选择。图形终端模拟器在 GUI 桌面上的一个窗口中运行，并且一次可以打开多个终端模拟器。

Linux 还提供了多个虚拟控制台的功能，以允许从单个键盘和监视器进行多次登录。虚拟控制台可以在没有 GUI 桌面的系统上使用，但它们甚至可以在有 GUI 桌面的系统上使用。

在 Linux 计算机上访问命令行的最后一种方法是通过远程登录。多年来，Telnet 一直是远程访问的常用工具，但由于安全问题大大增加，它已在很大程度上被 SSH 所取代。

7.4.3　命令行界面

命令行界面是 Linux 操作系统的任何文本模式用户界面，允许用户键入命令并将结果作为文本输出查看。

7.4.4　命令

命令是你在命令行上键入的内容，以便告诉 Linux 你希望它为你做什么。命令具有易于理解的通用语法。大多数终端的基本命令语法是：

command [-o(ptions)] [arg1] [arg2] ... [argX]

选项也可以称为开关。它们通常是单个字符并且在含义上是二进制的，即打开命令的一个功能，例如使用 ls -1 中的 -1 选项来显示目录内容的长列表。参数通常是命令需要具有的文本或数字数据才能运行或产生想要的结果。例如，文件名、目录名、用户名等是一个参数。你将在本书中发现的许多命令使用一个或多个选项，有时还使用参数。

如果你运行的命令只是返回到 CLI 命令提示符而不向终端打印任何其他数据，请不要担心，大多数命令都会发生这种情况。如果 Linux 命令按预期工作且没有任何错误，则大多数时候它根本不会显示任何结果。只有出现错误时才会显示消息。这与 Linux 哲学的一部分是一致的，即"沉默是金"。关于这一点有一个重要的讨论，但是我不会在这里详细介绍。

命令名称通常也很短。这被称为 Linux 哲学"懒惰管理"部分，输入越少越好。命令名称通常也与其功能有一些字面关系。因此，"ls"命令表示"列出"目录内容，"cd"表示更改目录，以此类推。

请注意，Linux 区分大小写。如果以大写形式输入，命令将不起作用。ls 会工作，但 LS 不会。文件名和目录名也区分大小写。

7.4.5　终端

在计算机上下文中，"终端"一词的原始含义是一种古老的硬件，提供与大型机或 UNIX 计算机主机交互的方式。在本书中，该术语指的是执行相同功能的终端模拟器软件。

终端不是计算机，它仅连接到大型机和 UNIX 系统。硬件类型的终端通常通过长长的串行电缆连接到它们的主机。图 7-1 中所示的 DEC VT100 等终端通常称为"哑终端"，以区别于 PC 或其他小型计算机，后者在连接到大型机或 UNIX 主机时可以充当终端。哑终端中有足够的逻辑来显示来自主机的数据并将

图 7-1　一台 CC BY 2.0 许可 DEC VT100 哑终端

按键传输回主机。所有的处理和计算都在终端所连接的主机上进行。

更老的终端，例如机械电传打字机（Teletype，TTY）早于 CRT 显示器的普遍使用。他们使用成卷的新闻纸质量的纸张来记录命令的输入和结果。我参加的第一门计算机编程课程使用了这些 TTY 设备，这些设备通过电话线以 300 bit/s 的速度连接到几百 mile（1 mile=1609.344m）外的通用电气分时计算机。当时我们的大学买不起自己的计算机。

与命令行有关的许多术语都源于这两种类型的哑终端的历史用法。例如，TTY 这个词仍然很常用，但我已经在很多年里没能看到过真正的 TTY 设备。再次查看你的 Linux 或 UNIX 计算机的 /dev 目录，你会发现大量的 TTY 设备文件。

终端的唯一目的是允许用户通过键入命令并在纸卷或屏幕上查看结果来与他们所连接的计算机进行交互。术语"终端"倾向于暗示与计算机分离的硬件设备，同时用于与计算机进行通信和交互。

7.4.6 控制台

控制台是一个特殊的终端，因为它是连接到主机的主要终端。它是系统操作员用来输入命令并执行的终端，这些任务并不允许在连接到主机的其他终端上执行。控制台也是主机在出现问题时显示系统级错误消息的唯一终端。

图 7-2 显示了 UNIX 开发人员 Ken Thompson 和 Dennis Ritchie 在运行UNIX 的 DEC 计算机上。Thompson 坐在一台电传打字终端前，该终端用作与计算机连接的控制台。

图 7-2 UNIX 开发人员 Ken Thompson 和 Dennis Ritchie，Peter Hamer 摄，由 Magnus Manske 上传

可以有许多终端连接到大型机和 UNIX 主机，但只有一个可以充当控制台。在大多数大型机和 UNIX 主机上，控制台通过专门为控制台指定的专用连接进行连接。Linux 和 UNIX 一样，也有运行级别，运行级别 1、单用户模式和恢复模式等运行级别仅用于维护。在这些运行级别中，只有控制台可以让系统管理员与系统交互并执行维护。

注意 KVM 代表键盘、显示器和鼠标，这是大多数人用来与计算机交互的三种设备。

在 PC 上，物理控制台通常是直接连接到计算机的键盘、显示器，有时是鼠标。这些是在 BIOS 引导过程中用于与 BIOS 交互的物理设备，可在 Linux 引导过程的早期阶段用于与 GRUB 交互并选择不同的内核进行引导，或者修改引导命令以引导到不同的运行等级。

由于 KVM 设备与计算机的物理连接紧密，因此在引导过程中系统管理员必须物理连接到此控制台，以便与计算机进行交互。远程访问在引导过程中对系统管理员不可用，只有在 SSHD 服务启动并运行时才可用。

7.4.7 虚拟控制台

运行 Linux 的现代个人计算机和服务器通常没有可用作控制台的哑终端。Linux 通常为多个虚拟控制台提供功能，以允许从单个标准 PC 键盘和显示器进行多次登录。Red Hat

Enterprise Linux、CentOS 和 Fedora Linux 通常为文本模式登录提供六个或七个虚拟控制台。如果使用图形界面，虚拟控制台 1（vc1）将成为 X Window System (X) 启动后的第一个 GUI 会话，而虚拟控制台 2（vc2）将成为第二个 GUI 会话。

每个虚拟控制台都分配有一个与控制台编号相对应的功能键，vc1 被分配给 <F1> 键，以此类推。在这些会话之间切换很容易。在物理计算机上，按住 <Ctrl+Alt+F2> 切换到 vc2，如图 7-3 所示。然后按住 <Ctrl+Alt+F1> 切换到 vc1，一般是图形桌面界面。我们将在实验 7-1 中介绍如何在 VM 上执行此操作。如果没有 GUI 运行，vc1 将只是一个文本控制台。

```
Fedora 27 (Twenty Seven)
Kernel 4.13.12-300.fc27.x86_64 on an x86_64 (tty2)

testvm1 login: _
```

图 7-3　vc2 的登录提示

虚拟控制台提供了一种使用单个物理系统控制台、键盘、显示器和鼠标访问多个控制台的方法，这使管理员可以更灵活地执行系统维护和解决问题。还有一些其他方法可以提高灵活性，但如果你可以物理访问系统，直接连接 KVM 设备或某些逻辑 KVM 扩展，例如 Integrated Lights-Out (ILO)，则始终可以使用虚拟控制台。屏幕命令等其他方式在某些环境中可能不可用，并且 GUI 桌面在大多数服务器上可能不可用。

使用虚拟控制台

实验 7-1　使用虚拟控制台

对于本实验，你将使用其中一个虚拟控制台以 root 身份登录命令行。命令行是你作为系统管理员完成大部分工作的地方。稍后你将有机会在 GUI 桌面中使用终端会话，但如果你没有 GUI，虚拟控制台将是你的系统的接口。

如果你在物理主机上，可以按 <Ctrl+Alt+F2> 访问虚拟控制台 2。因为我们在虚拟机上，按该组合键会将我们带入到物理主机的虚拟控制台。我们需要为虚拟机做一些不同的事情。

单击 VM 以使其获得焦点。有一个称为主机键的键，我们将使用它来模拟 <Ctrl+Alt>。当前的主机键显示在 VM 窗口的右下角，如图 7-4 所示。如你所见，我已将 VirtualBox 安装中的默认主机键更改为左 WinKey，因为我发现它比右 <Ctrl> 键更容易使用⊖。<WinKey> 键是物理键盘上带有 Windows 图标的键。

图 7-4　右 WinKey 是默认主机键，但我的已更改到左 WinKey，因为它更易于使用

要在 VM 获得焦点后更改为虚拟控制台 2（vc2），请按住 <WinKey+F2>。你的 VM

⊖　使用虚拟机窗口菜单栏上的 File → Preferences 菜单，然后选择 Input 来更改主机键和其他键组合。

窗口现在应该如图 7-5 所示。请注意，我已经调整了 VM 窗口的大小，以便可以在此处轻松显示整个窗口。

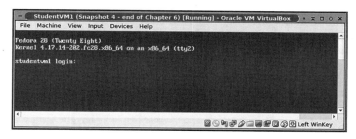

图 7-5　显示虚拟控制台 2 登录的 VM 窗口

如果你尚未登录，请以 root 身份登录到虚拟控制台会话 2。在 login 行输入 root 并按 <Enter> 键，如图 7-6 所示。输入你的 root 密码后再次按 <Enter> 键。你现在应该已登录并在命令提示符下。

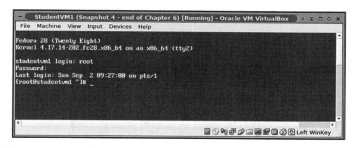

图 7-6　以 root 身份登录后的 vc2，# 提示符表明这是一个 root 登录

按 <WinKey+F3> 切换到虚拟控制台会话 3（vc3）。以 student 身份登录此控制台。请注意，任何用户都可以使用虚拟控制台和 GUI 终端模拟器的任意组合多次登录。注意 $ 提示符，它表示非 root（非特权）用户的提示符。在 vc3 中，运行 `ls -la` 命令。请注意 Bash 和其他配置文件，其中大部分以点（.）开头。你的列表可能与我的列表不同：

```
[student@studentvm1 ~]$ ls -la
total 160
drwx------. 15 student student  4096 Sep  2 09:14 .
drwxr-xr-x.  5 root    root     4096 Aug 19 08:52 ..
-rw-------.  1 student student    19 Aug 29 13:04 .bash_history
-rw-r--r--.  1 student student    18 Mar 15 09:56 .bash_logout
-rw-r--r--.  1 student student   193 Mar 15 09:56 .bash_profile
-rw-r--r--.  1 student student   231 Mar 15 09:56 .bashrc
drwx------.  9 student student  4096 Sep  2 09:15 .cache
drwx------.  8 student student  4096 Aug 19 15:35 .config
drwxr-xr-x.  2 student student  4096 Aug 18 17:10 Desktop
drwxr-xr-x.  2 student student  4096 Aug 18 10:21 Documents
```

```
drwxr-xr-x. 2 student student  4096 Aug 18 10:21 Downloads
-rw-------. 1 student student    16 Aug 18 10:21 .esd_auth
drwx------. 3 student student  4096 Aug 18 10:21 .gnupg
-rw-------. 1 student student  1550 Sep  2 09:13 .ICEauthority
drwxr-xr-x. 3 student student  4096 Aug 18 10:21 .local
drwxr-xr-x. 4 student student  4096 Apr 25 02:19 .mozilla
drwxr-xr-x. 2 student student  4096 Aug 18 10:21 Music
drwxr-xr-x. 2 student student  4096 Aug 18 10:21 Pictures
drwxr-xr-x. 2 student student  4096 Aug 18 10:21 Public
drwxr-xr-x. 2 student student  4096 Aug 18 10:21 Templates
-rw-r-----. 1 student student     5 Sep  2 09:13 .vboxclient-clipboard.pid
-rw-r-----. 1 student student     5 Sep  2 09:13 .vboxclient-display.pid
-rw-r-----. 1 student student     5 Sep  2 09:13 .vboxclient-draganddrop.pid
-rw-r-----. 1 student student     5 Sep  2 09:13 .vboxclient-seamless.pid
drwxr-xr-x. 2 student student  4096 Aug 18 10:21 Videos
-rw-rw-r--. 1 student student 18745 Sep  2 09:24 .xfce4-session.verbose-log
-rw-rw-r--. 1 student student 20026 Sep  2 09:12 .xfce4-session.verbose-
log.last
-rw-rw-r--. 1 student student  8724 Aug 18 21:45 .xscreensaver
-rw-------. 1 student student  1419 Sep  2 09:13 .xsession-errors
-rw-------. 1 student student  1748 Sep  2 09:12 .xsession-errors.old
[student@studentvm1 ~]$
```

使用 clear 命令清除控制台屏幕：

```
[student@studentvm1 ~]$ clear
```

reset 命令重置所有终端设置。如果终端变得不可用或不可读，这很有用。例如在对二进制文件进行读取之后，终端即可能变得不可用。即使你在输入时无法读取 reset 命令，它仍然可以工作。我有时不得不连续两次使用 reset 命令。

如果你当前未在 GUI 中登录到终端模拟器会话，请立即登录。按住 <WinKey+F1> 返回 GUI 并打开终端模拟器。因为你已经登录到 GUI 桌面，所以没有必要登录到终端模拟器会话。

如果你还没有打开一个终端窗口，请打开一个，然后键入 w 列出当前登录的用户和正常运行时间。你应该看到至少三个登录，用于 tty2 上的 root，用于 tty3 上的 student，以及用于 tty1 上的 student，这是 GUI 控制台会话：

```
[student@studentvm1 ~]$ w
 16:48:31 up 2 days,  7:35,  5 users,  load average: 0.05, 0.03, 0.01
USER      TTY        LOGIN@   IDLE   JCPU   PCPU WHAT
student   tty1       Sun09    2days  10.41s  0.05s /bin/sh
/etc/xdg/xfce4/xinitrc -- vt
student   pts/1      Sun09    18:57m  0.15s  0.05s sshd: student [priv]
root      tty2       13:07    3:41m   0.02s  0.02s -bash
student   pts/3      13:17    4.00s   0.05s  0.03s w
student   tty3       13:21    3:24m   0.03s  0.03s -bash
[student@studentvm1 ~]$
```

我列出的登录名比你要多，因为我还使用 SSH 从物理主机工作站"远程"登录。这使我更容易复制和粘贴命令的结果。由于虚拟网络的设置，在《网络服务详解》的第 1 章之前，你将无法从其他主机通过 SSH 访问虚拟机。

注意第一行数据，显示 student 在 tty1 上登录。tty1 是 GUI 桌面。你还将看到 tty2 和 tty3 的登录，以及使用伪终端 (pts) pts/1 和 pts/3 的两个登录。 这些是我的远程 SSH 登录会话。

输入 who 命令。它提供与 w 相似但略有不同的信息：

```
[student@studentvm1 ~]$ who
student   tty1        2018-09-02 09:13 (:0)
student   pts/1       2018-09-02 09:26 (192.168.0.1)
root      tty2        2018-09-04 13:07
student   pts/3       2018-09-04 13:17 (192.168.0.1)
student   tty3        2018-09-04 13:21
[student@studentvm1 ~]$
```

在 who 命令的结果中，你还可以看到我使用 SSH 登录的 IP 地址。(:0) 字符串不是表情符号，它是 tty1 连接到显示器的指示符，表示第一个显示器。

输入 whoami 以显示你当前的登录名：

```
[student@studentvm1 ~]$ whoami
student
[student@studentvm1 ~]$
```

当然，你的登录名也会显示在命令提示符的文本中。 然而，你可能并不总是你认为的那个人。

输入 id 命令，显示你真实有效的 ID 和 GID。 id 命令还显示了你的用户 ID 所属的组的列表：

```
[student@studentvm1 ~]$ id
uid=1000(student) gid=1000(student) groups=1000(student)
context=unconfined_u:unconfined_r:unconfined_t:s0-s0:c0.c1023
[student@studentvm1 ~]$
```

稍后我们将详细讨论用户 ID、组和组 ID。

id 命令以"context"开头的部分输出在这里被拆分到第二行，但它应该显示在终端的单行上。但是，这里的拆分是查看 SELinux 信息的便捷方式。SELinux 是 Secure Linux，代码由 CIA 编写，以确保即使黑客获得了对受 SELinux 保护的主机的访问权限，潜在的损害也极为有限。我们将在《网络服务详解》的第 11 章中更详细地介绍 SELinux。

切换回控制台会话 2。使用与其他控制台会话相同的 whoami、who 和 id 命令。我们也使用 who am i 命令：

```
[student@studentvm1 ~]$ whoami
student
```

```
[student@studentvm1 ~]$ who
root     pts/1        2019-01-13 14:13 (192.168.0.1:S.0)
root     pts/2        2019-01-14 12:09 (192.168.0.1:S.1)
student  pts/3        2019-01-15 16:15 (192.168.0.1)
student  tty1         2019-01-15 21:53 (:0)
student  pts/5        2019-01-15 22:04 (:pts/4:S.0)
student  pts/6        2019-01-15 22:04 (:pts/4:S.1)
student  tty2         2019-01-15 22:05
student  tty3         2019-01-15 22:06
student  pts/8        2019-01-15 22:19
[student@studentvm1 ~]$ id
uid=1000(student) gid=1000(student) groups=1000(student)
context=unconfined_u:unconfined_r:unconfined_t:s0-s0:c0.c1023
[student@studentvm1 ~]$ who am i
student  pts/8        2019-01-15 22:19
```

注销所有虚拟控制台会话。

按 <Ctrl+Alt+F1>（<WinKey+F1>）返回 GUI 桌面。

虚拟控制台分配给设备文件，例如图 7-3 中表示虚拟控制台 2 的 /dev/tty2。在本书中，尤其是在下册的第 3 章中，我们将更详细地介绍设备文件。Linux 控制台是 Linux 虚拟控制台的终端模拟器。

7.4.8　终端模拟器

让我们继续讨论术语。终端模拟器是模拟硬件终端的软件程序。大多数当前的图形终端模拟器可以模拟几种不同类型的硬件终端，如图 7-7 所示的 xfce4-terminal 模拟器。大多数终端模拟器是在 Linux 图形桌面环境（如 Xfce、KDE、Cinnamon、LXDE、GNOME 等）上运行的图形程序。

你可以在图 7-7 中看到，右击 xfce4-terminal 模拟器窗口会弹出一个菜单，允许打开另一个选项卡或另一个模拟器窗口。此图还显示当前打开了两个选项卡。你可以在菜单栏下方看到它们。

第一个终端模拟器是 Xterm，最初由 Thomas Dickey 于 1984 年开发。最初的 Xterm 仍在维护，并作为许多现代 Linux 发行版的一部分进行打包。其他终端模拟器包括 xfce4-terminal、GNOME 终端、Tilix、rxvt、Terminator、Konsole 等。这些终端模拟器都具有一组吸引特定用户群体的有趣功能。有些能够在单个窗口中打开多个选项卡或终端。 其他仅提供执行其功能所需的最少功能集，通常在需要小尺寸和高效率时使用。

我最喜欢的终端模拟器是 xfce4-terminal、Konsole 和 Tilix，因为它们提供了在单个窗口中拥有多个终端模拟器会话的能力。xfce4 和 Konsole 终端使用多个选项卡来执行此操作，我可以在这些选项卡之间进行切换。Tilix 提供了在一个窗口会话中平铺多个模拟器会话以及提供多个会话的能力。我目前选择的终端模拟器是 xfce4，主要是因为它提供了与终端一样好的功能集，而且非常轻量级并且使用更少的系统资源。其他终端模拟器软件提供了许多这些功能，但不如 xfce4-terminal 和 Tilix 那样熟练和无缝集成。

图 7-7　打开两个选项卡的 xfce4-terminal 模拟器

在本书中，我们将使用 xfce4-terminal，因为它是 Xfce 桌面的默认设置，它非常节省系统资源，并且具有我们需要的所有功能。我们将在第 14 章中安装和探索其他终端模拟器。

7.4.9　伪终端

伪终端是一个 Linux 设备文件，终端模拟器附加到该设备文件以与操作系统交互。 伪终端的设备文件位于 /dev/pts 目录中，仅在启动新的终端模拟器会话时创建。这可以是新的终端模拟器窗口，也可以是终端模拟器窗口中的新选项卡或面板，例如终端，它支持单个窗口中的多个会话。

/dev/pts 中的设备文件只是每个打开的模拟器会话的编号。例如，第一个模拟器是 /dev/pts/1。

设备专用文件

让我们进行一次简短的回顾。Linux 将几乎所有内容都作为文件处理。这有一些有趣和惊人的含义。这个概念使得复制整个硬盘驱动器（包括引导记录）成为可能，因为整个硬盘驱动器是一个文件，就像单个分区一样。"一切皆文件"是可能的，因为所有设备都是由 Linux 实现的，这些东西称为设备文件。设备文件不是设备驱动程序；相反，它们是向用户公开的设备接口。

设备文件更准确地称为设备特殊文件。设备文件由操作系统提供，更重要的是，在开放式操作系统中，为用户提供与它们所代表的设备的接口。所有 Linux 设备文件都位于

/dev 目录中，该目录是根（/）文件系统的组成部分，因为它们必须在引导过程的早期阶段对操作系统可用，即在挂载其他文件系统之前可用。

我们将在本书中与设备专用文件打交道，你将有机会在下册的第 3 章中广泛尝试设备专用文件。现在，只需了解一些有关设备专用文件的信息就足够了。

7.4.10　会话

会话是另一个可以适用于不同事物的术语，但它基本上保留了相同的含义。该术语最基本的应用是终端会话。它是一个连接到单个用户登录和终端的单个终端模拟器。因此，从最基本的意义上说，会话是登录到本地或远程主机的单个窗口或虚拟控制台，其中运行着命令终端。xfce4-terminal 模拟器通过将每个会话放置在单独的选项卡中来支持多个会话。

7.4.11　脚本

脚本是操作系统的命令解释器。Linux 可用的许多脚本都将用户或系统管理员键入的命令解释为操作系统可用的形式。当结果返回给脚本程序时，它会在终端显示它们。

大多数 Linux 发行版的默认脚本是 Bash 脚本。Bash 再次代表 Bourne 脚本，因为 Bash 脚本基于 Steven Bourne 在 1977 年编写的旧 Bourne 脚本。还有许多其他脚本。我在这里列出的四个是我最常遇到的，但还有很多其他的脚本：

- ❑ csh：为喜欢 C 语言语法的程序员提供的 C 脚本
- ❑ ksh：Korn 脚本，由 David Korn 编写，在 UNIX 用户中很流行
- ❑ tcsh：具有更多易用特性的 csh 版本
- ❑ zsh：它结合了其他流行脚本的许多特性

所有脚本都有一些内置命令，这些命令可以补充或替换核心工具提供的命令。打开 Bash 的手册页并找到"BUILT-INS"部分以查看脚本本身提供的命令列表。

我使用过 C 脚本、Korn 脚本和 Z 脚本。我仍然更喜欢 Bash 脚本。每个脚本都有自己的特性和语法。有些会更好地为你工作，而另一些则不那么好。使用最适合你的那种脚本，但这可能需要你至少尝试其他一些脚本。你可以很容易地更换脚本。

使用不同的脚本终端

到目前为止，我们一直在使用 Bash 脚本终端，因此你对它有一个简短的体验。还有一些其他的脚本终端可能更适合你的需求。在这个实验中，我们将看看另外三个。

实验 7-2　使用不同的脚本

因为大多数 Linux 发行版都默认使用 Bash 脚本终端，所以我假设这也是你一直在使用的，并且是你的默认脚本终端。在准备本章的过程中，我们安装了另外三个脚本终端，ksh、tcsh 和 zsh。

以 student 用户身份进行此实验。首先，查看命令提示符，它应该如下所示：

[student@studentvm1 ~]$

这是非 root 用户的标准 Bash 提示符。现在让我们将其更改为 ksh 脚本终端。只需输入脚本终端的名称：

[student@studentvm1 ~]$ **ksh**
$

你可以通过提示中的差异来判断这是一个不同的脚本终端。如果你需要确切地知道你正在使用哪个脚本终端，你还可以使用一个有趣的技巧：

$ **echo $0**
ksh

运行几个简单的命令（例如 ls 和 free）只是为了看看这些命令的工作方式没有区别。这是因为除了内置命令之外，大多数命令都与终端无关。尝试 ll 命令：

$ **ll**
ksh: ll: not found [No such file or directory]
$

失败是因为 Korn 脚本终端别名与 Bash 别名不同。尝试向上滚动以获取类似 Bash 的命令历史记录，这没用。现在让我们试试 zsh 脚本。

$ **zsh**
This is the Z Shell configuration function for new users,
zsh-newuser-install.
You are seeing this message because you have no zsh startup files
(the files .zshenv, .zprofile, .zshrc, .zlogin in the directory
~). This function can help you with a few settings that should
make your use of the shell easier.
You can:

(q) Quit and do nothing. The function will be run again next time.

(0) Exit, creating the file ~/.zshrc containing just a comment.
     That will prevent this function being run again.

(1) Continue to the main menu.

--- Type one of the keys in parentheses ---

如果你继续输入"1"，你将进入一系列菜单，这些菜单将帮助你配置 Z 脚本终端以满足你的需求——你在这个阶段可能最了解它们。我选择了"q"进入提示符，它看起来与 Bash 提示符有点不同：

[student@studentvm1]~%

在 Z 脚本终端中运行一些简单的命令。然后键入 exit 两次以返回原始的顶级 Bash 脚本终端：

```
[student@studentvm1]~% w
 14:30:25 up 3 days,  6:12,  3 users,  load average: 0.00, 0.00, 0.02
USER      TTY         LOGIN@   IDLE   JCPU   PCPU WHAT
student   pts/0      Tue08    0.00s  0.07s  0.00s w
root      pts/1      Wed06   18:48   0.26s  0.26s -bash
student   pts/2      08:14    6:16m  0.03s  0.03s -bash
[student@studentvm1]~% exit
$ exit
[student@studentvm1 ~]$
```

如果你已经在 Bash 脚本终端中启动 Bash，你认为会发生什么？

```
[student@studentvm1 ~]$ bash
[student@studentvm1 ~]$ ls
Desktop  Documents  Downloads  Music  Pictures  Public  Templates  Videos
[student@studentvm1 ~]$ exit
exit
[student@studentvm1 ~]$
```

你只会进入另一个 Bash 脚本终端，就是这样。

这比表面上看起来更能说明问题。首先，每个脚本终端都是一层。启动一个新的脚本终端不会终止前一个脚本终端。当你从 Bash 启动 zsh 时，Bash 脚本终端保留在后台，当你从 zsh 退出时，你将返回到等待的 Bash 脚本终端。

事实证明，这正是从终端运行任何命令或进程时发生的情况。该命令在其自己的会话中运行，父终端进程等待该子命令（子进程）结束并且控制权返回到父终端，然后才能继续处理随后的命令。

可以通过在命令末尾附加一个与号（&）来修改该行为，这会将调用的命令置于后台并允许用户继续与脚本终端交互，或者让脚本继续处理更多命令。你只想使用不需要进一步人工交互或输出到 STDOUT 的命令来执行此操作。当稍后将运行的命令需要该命令的结果时，你也不希望在后台运行该命令。

由于 Linux 中的系统管理员和用户可以使用许多选项，因此几乎不需要将程序移至后台。只需在桌面上打开另一个终端模拟器，在屏幕会话中启动另一个终端模拟器，或切换到可用的虚拟控制台。此功能在启动程序的脚本中可能更有用，这些程序将在你的脚本继续处理其他命令时运行。

你可以使用 chsh 命令更改你的终端，以便在你每次登录并启动新的终端会话时它都将保持不变。我们将在第 14 章更详细地探讨终端模拟器和脚本终端。

7.4.12　安全脚本终端

安全脚本终端（SSH）并不是真正的终端。ssh 命令在其自身（作为客户端）与另一台运行 SSHD 服务器的主机之间启动安全通信链接。服务器端使用的实际命令脚本，这是服务器端为该账户设置的默认脚本，例如 Bash、Korn 或 csh。SSH 只是一种在两个 Linux 主机之间创建安全通信隧道的协议。

7.4.13　screen

你可能首先将"screen"视为显示 Linux 桌面的设备。这是其中一个意思。对于像我们这样的系统管理员来说，screen 是一个程序，一个增强命令行功能的屏幕管理器。screen 工具允许在单个终端会话中启动多个终端，并提供在正在运行的终端之间导航的方法。

我有很多次在运行一个程序的远程会话时，通信链路出现故障。发生这种情况时，正在运行的程序也会被终止，我不得不从头开始重新启动它。这可能会非常令人沮丧。screen 程序可以防止这种情况发生。即使与远程主机的连接因网络连接失败而中断，screen 会话仍将继续运行。它还允许故意从终端会话中断开 screen 会话，并稍后从同一台或另一台计算机重新连接。在 screen 终端会话中运行的所有 CLI 程序将继续在远程主机上继续运行。这意味着一旦重新建立通信，就可以重新登录到远程主机，并在远程命令行上使用 `screen -r` 命令将屏幕会话重新连接到终端。

所以我可以在 screen 中启动一堆终端会话，按 <Ctrl+A+D> 从 screen 断开连接并注销。然后我可以去另一个位置，登录到不同的主机，通过 SSH 连接到运行我在 screen 中的程序的主机，登录并使用 `screen -r` 命令重新连接到 screen 会话，所有的终端会话及其各自的程序仍然在运行。

screen 命令在某些无法通过物理方式访问硬件控制台来提供对虚拟控制台的访问，但需要多个终端的灵活性的环境中可能会很有用。你可能会发现使用 screen 程序很方便，并且在某些情况下，为了快速有效地工作，这样做是有必要的。

实验 7-3　使用 screen

在这个实验中我们探索了 screen 程序的使用。以 student 用户身份在终端会话中执行此实验。在我们开始之前，让我们讨论一下如何向 screen 程序本身发送命令，以便执行诸如打开新终端，以及在正在运行的终端会话之间切换之类的操作。

在这个实验中，我提供了诸如按 <Ctrl-A + C> 之类的指令来打开一个新终端。这意味着你应该在按下 <A> 键的同时按住 <Ctrl> 键；此时你可以松开 <Ctrl+A>，因为你已经提醒 screen 程序下一次按键是针对它的。现在按 <C> 键。这一系列的按键看起来有点复杂，但我很快就将其作为肌肉记忆来学习，现在已经很自然了。我相信你也一样。

按住 <Ctrl+A>，释放这些键，然后按住 <Shift + "> 显示该 screen 会话中所有打开终端的列表。

按住 <Ctrl> 键并按两次 <A> 键在最近的两个终端会话之间切换。

1）输入 screen 命令，该命令将清除显示并让你进入命令提示符。你现在位于屏幕显示管理器中，其中打开并显示在窗口中的单个终端会话。

2）键入任何命令（例如 ls）以在终端会话中显示除命令提示符之外的内容。

3）按 <Ctrl-A+C> 在屏幕会话中打开一个新终端。

4）在这个新终端中输入不同的命令，例如 df -h。

5）按 <Ctrl-A+A> 在终端之间切换。

6）按 <Ctrl-A+C> 打开第三个终端。

7）按 <Ctrl-A + "> 列出打开的终端。使用 < ↑ > 或 < ↓ > 键选择除最后一个以外的任何一个，然后按 <Enter> 键切换到该终端。

8）要关闭选定的终端，请键入 exit 并按 <Enter> 键。

9）按 <Ctrl-A + "> 以验证终端是否已消失。请注意，你选择关闭的终端已不存在，并且其他终端尚未重新编号。

10）要重新打开一个新终端，请按 <Ctrl-A+C>。

11）按 <Ctrl-A+"> 以验证是否已创建新终端。请注意，它已在先前关闭的终端的位置打开新终端。

12）要断开与屏幕会话和所有打开的终端的连接，请按 <Ctrl-A+D>。请注意，这会使所有终端和其中的程序保持完整并仍在运行。

13）在命令行输入命令 screen -list 列出所有当前的屏幕会话。如果有多个屏幕会话，这对于确保你重新连接到正确的屏幕会话很有用。

14）使用命令 screen -r 重新连接到活动屏幕会话。如果打开了多个活动屏幕会话，则会显示它们的列表，你可以选择要连接的那个会话；你必须输入要连接的屏幕会话的名称。

我建议你不要在现有屏幕会话中打开新屏幕会话。在终端之间切换可能很困难，因为 screen 程序并不总是了解将命令发送到哪个嵌入式会话。

我一直使用 screen 程序。它是一个强大的工具，为我在命令行上工作提供了极大的灵活性。

7.5　GUI 和 CLI

你可能喜欢并使用许多图形用户界面（即桌面）中的某一种，几乎所有 Linux 发行版都提供这些界面；你甚至可以在它们之间切换，因为你发现一个特定的桌面（例如 KDE）更适合某些任务，而另一个（例如 GNOME）更适合其他任务。但是你还会发现，管理 Linux 计算机所需的大多数图形工具只是对实际执行这些功能的底层 CLI 命令的封装。

图形界面无法发挥 CLI 的强大功能，因为 GUI 本质上仅限于程序员认为你应该可以访问的那些功能。这就是 Windows 和其他限制性操作系统的工作方式。他们只允许你访问他们认为你应该拥有的功能和权力。这可能是因为开发人员认为你确实希望不受计算机的全部功能的影响，或者可能是因为他们认为你没有处理这种高级功能的能力，或者可能编写一个 GUI 来完成 CLI 可以做的所有事情对于开发人员来说是耗时且低优先级的。

仅仅因为 GUI 在某些方面受到了限制，并不意味着优秀的系统管理员不能利用它来简化他们的工作。我确实发现，我可以更灵活地利用 GUI 来完成命令行任务。通过在桌面上使用多个终端窗口，或者使用为 GUI 环境设计的高级终端仿真程序（如 Xfce、Tilix 和 terminal），我可以提高工作效率。在桌面上打开多个终端使我能够同时登录多台计算机。我也可以多次登录任何一台计算机。我可以使用我自己的用户 ID 打开多个终端会话，并以 root 身份打开更多终端会话。

对我来说，以多种方式随时提供多个终端会话就是 GUI 的全部意义所在。GUI 还可以让我访问诸如 LibreOffice 之类的程序（我正在使用它来编写本书）、图形电子邮件和网页浏览应用程序等。但系统管理员的真正力量在于命令行。

Linux 使用最初由 Richard M. Stallman (aka RMS) 编写的 GNU 核心工具集，作为任何免费版本的 UNIX 或类 UNIX 操作系统所需的免费开源工具。GNU 核心工具集是任何 GNU 操作系统（例如 GNU/Linux）的基本文件、终端和文本操作工具，任何系统管理员都能够指望它出现在每个版本的 Linux 上。此外，每个 Linux 发行版都有一组扩展的工具，可提供更多功能。

你可以输入命令信息，以查看 GNU 核心工具集的列表，并选择各个命令以获取更多信息。你还可以使用 man< 命令 > 来查看这些命令和所有其他 Linux 命令的手册页，这些命令也是每个发行版的标准命令。

7.6 一些重要的 Linux 命令

最基本的 Linux 命令是那些允许你确定和更改目录结构中的当前位置，创建管理并查看文件，查看系统状态的各个方面等命令。接下来的这些实验将向你介绍一些使你能够执行所有这些操作的基本命令。它还涵盖了一些在问题确定过程中经常使用的高级命令。

这些实验中涵盖的大多数命令都有很多选项，其中一些可能非常深奥。这些实验既不打算涵盖所有可用的 Linux 命令（有数百个），也不打算涵盖任何这些命令的所有选项。这仅作为对这些命令及其用途的介绍。

7.6.1 PWD

术语 " PWD" 指的是当前工作目录，你可能将其称为 "当前目录"。PWD 很重要，因为除非在命令中明确指定了另一个位置，否则所有命令操作都发生在 PWD 中。pwd 命令的意思是 "打印工作目录"，即在终端输出打印当前目录的名称。请注意，pwd 命令全部小写。

7.6.2 目录路径符号样式

路径是在 Linux 目录树中引用目录的一种符号方法。这为我们提供了一种方法来表示不在 PWD 中的目录或文件的路径。Linux 广泛使用路径来轻松定位和访问可执行文件，因此无须键入可执行文件的完整路径。

例如，键入"ls"比键入"/usr/bin/ls"更容易。终端使用 PATH 变量查找目录列表，在其中搜索名称为"ls"的可执行文件。

实验 7-4　路径符号样式

这个简单的实验只是为 student 用户显示 PATH 环境变量的内容：

```
[student@studentvm1 ~]$ echo $PATH
/usr/local/bin:/usr/bin:/usr/local/sbin:/usr/sbin:/home/student/.local/bin:/
home/student/bin
[student@studentvm1 ~]$
```

终端将搜索的各种路径（目录）列在前面命令的输出中。每个路径由冒号 (:) 分隔。

我们可以使用两种类型的符号来表示路径：绝对的和相对的。绝对路径被指定完全用根目录来表示。因此，如果 PWD 是我的主目录的 Downloads 目录，我会将绝对路径指定为 /home/student/Downloads。以它作为我的当前目录，如果我需要指定我的 Documents/Work 目录的绝对路径，它看起来像 /home/student/Documents/Work 这样的形式。我还可以将当前起点中的相对符号路径指定为 ../Documents/Work。我也可以使用符号 ~/Documents/Work，因为波浪号（~）是我的主目录的简写符号。

7.6.3　在目录树中移动

让我们首先看看如何在命令行中移动 Linux 文件系统目录树。很多时候，如果是 PWD，则在目录中工作会更容易。在文件系统中移动是一项非常重要的功能，并且有许多快捷方式也可以提供帮助。

实验 7-5　在目录树中移动

以 student 用户身份执行此实验。你应该已经登录到 Xfce 桌面，并以 student 用户身份打开了 Xfce 终端会话。如果没有，现在就打开吧。

出于多种原因，在 Linux 文件系统目录树中移动很重要。你将在本书中以及作为系统管理员在现实生活中使用这些技能。

以 student 用户身份在终端会话中启动。检查当前工作目录：

```
[student@studentvm1 tmp]$ pwd
/tmp
[student@studentvm1 tmp]$ cd
[student@studentvm1 ~]$ pwd
/home/student
[student@studentvm1 ~]$
```

我第一次检查时，当前目录是 /tmp 目录，因为我一直在那里工作。你的 PWD 可能是你的主目录（~）。使用不带选项的 cd 命令总是使你的主目录成为当前目录。请注意，

在命令提示符下，波浪号（~）是你的主目录的简写指示符。

现在只需执行一个简单的命令 ll，即可查看主目录的内容。当新用户首次使用 GUI 登录账户时，将创建这些目录：

```
[student@studentvm1 ~]$ ll
total 212
drwxr-xr-x. 2 student student  4096 Aug 18 17:10 Desktop
drwxr-xr-x. 2 student student  4096 Aug 18 10:21 Documents
drwxr-xr-x. 2 student student  4096 Aug 18 10:21 Downloads
drwxr-xr-x. 2 student student  4096 Aug 18 10:21 Music
drwxr-xr-x. 2 student student  4096 Aug 18 10:21 Pictures
drwxr-xr-x. 2 student student  4096 Aug 18 10:21 Public
drwxr-xr-x. 2 student student  4096 Aug 18 10:21 Templates
drwxr-xr-x. 2 student student  4096 Aug 18 10:21 Videos
[student@studentvm1 ~]$
```

此命令不会显示主目录中的隐藏文件，这样可以更轻松地查看其他内容。

让我们创建一些文件，因为除了默认创建的隐藏配置文件之外别无他物。以下命令行程序将创建一些文件，以便我们查看的内容不仅仅是目录。随着内容的深入，我们将详细了解命令行编程。将程序全部输入一行。如果屏幕上出现换行也没关系；在完成整个命令之前不要按 <Enter> 键：

```
[student@studentvm1 ~]$ for X in dmesg.txt dmesg1.txt dmesg2.txt dmesg3.txt
dmesg4.txt ; do dmesg > $X ; done
[student@studentvm1 ~]$ ll
total 252
drwxr-xr-x. 2 student student  4096 Sep 29 15:31 Desktop
-rw-rw-r--. 1 student student 41604 Sep 30 16:13 dmesg1.txt
-rw-rw-r--. 1 student student 41604 Sep 30 16:13 dmesg2.txt

-rw-rw-r--. 1 student student 41604 Sep 30 16:13 dmesg3.txt
-rw-rw-r--. 1 student student 41604 Sep 30 16:13 dmesg4.txt
-rw-rw-r--. 1 student student 41604 Sep 30 16:13 dmesg.txt
drwxr-xr-x. 2 student student  4096 Sep 29 15:31 Documents
drwxr-xr-x. 2 student student  4096 Sep 29 15:31 Downloads
drwxr-xr-x. 2 student student  4096 Sep 29 15:31 Music
drwxr-xr-x. 2 student student  4096 Sep 29 15:31 Pictures
drwxr-xr-x. 2 student student  4096 Sep 29 15:31 Public
drwxr-xr-x. 2 student student  4096 Sep 29 15:31 Templates
drwxr-xr-x. 2 student student  4096 Sep 29 15:31 Videos
[student@studentvm1 ~]$
```

这个 ll 命令显示了每个文件和目录的所有权和文件权限。以 "d" 开头的数据 drwxr-xr-x 首先显示这是一个目录，而文件在该位置有一个连字符（-）。文件权限是 (R)ead、(W)rite 和 e(X)ecute 三元组。对于所有其他数据，每个三元组代表文件的所有者、拥有文件的组、其他人。这些权限代表目录上的一些不同之处。我们将在第 18 章更详细地探讨文件和目录的所有权和权限。

使 /var/log 作为当前目录并列出内容：

```
[student@studentvm1 ~]# cd /var/log ; ll
total 18148
drwxrwxr-x. 2 root    root               4096 Aug 13 16:24 anaconda
drwx------. 2 root    root               4096 Jul 18 13:27 audit
drwxr-xr-x. 2 root    root               4096 Feb  9  2018 blivet-gui
-rw-------. 1 root    root              74912 Sep  2 09:13 boot.log
-rw-rw----. 1 root    utmp                768 Sep  2 09:26 btmp
-rw-rw----. 1 root    utmp                384 Aug 18 10:21 btmp-20180901
<snip>
drwxr-xr-x. 2 lightdm lightdm            4096 Sep  2 09:13 lightdm
-rw-------. 1 root    root                  0 Sep  2 03:45 maillog
-rw-------. 1 root    root                  0 Apr 25 02:21 maillog-20180819
-rw-------. 1 root    root                  0 Aug 19 03:51 maillog-20180831
-rw-------. 1 root    root                  0 Aug 31 14:47 maillog-20180902
-rw-------. 1 root    root            2360540 Sep  6 13:03 messages
-rw-------. 1 root    root            1539520 Aug 19 03:48 messages-20180819
-rw-------. 1 root    root            1420556 Aug 31 14:44 messages-20180831
-rw-------. 1 root    root             741931 Sep  2 03:44 messages-20180902
drwx------. 3 root    root               4096 Jul  8 22:49 pluto
-rw-r--r--. 1 root    root               1040 Jul 18 07:39 README
<snip>
-rw-r--r--. 1 root    root              29936 Sep  4 16:48 Xorg.0.log
-rw-r--r--. 1 root    root              28667 Sep  2 09:12 Xorg.0.log.old
-rw-r--r--. 1 root    root              23533 Aug 18 10:16 Xorg.9.log
[root@studentvm1 log]#
```

你能确定哪些是文件，哪些是目录吗？尝试显示当前 maillog 文件的内容：

```
[student@studentvm1 log]$ cat messages
cat: messages: Permission denied
[student@studentvm1 log]$
```

如果你按照建议使用 Fedora，/var/log 中应该有一个 README 文件。使用 cat 命令查看内容：

```
[student@studentvm1 log]$ cat README
```

为什么可以查看此文件的内容？让我们将当前目录更改为 /etc：

```
[student@studentvm1 log]$ cd /etc ; pwd
/etc
[student@studentvm1 etc]$
```

现在切换到主目录（~）的 Documents 子目录：

```
[student@studentvm1 etc]$ cd ~/Documents/ ; ll
total 0
[student@studentvm1 Documents]$
```

请注意，我们使用波浪号（~）来表示我们的主目录，否则必须键入 /home/student/Documents。

当我想回到 /etc 目录，但是我们可以使用这个快捷方式节省一些输入：

```
[student@studentvm1 Documents]$ cd -
/etc
[student@studentvm1 etc]$
```

连字符 (-)，也就是减号，将始终让你返回上一个当前目录。怎么样？

让我们看一下定义了许多环境变量的环境，包括 $PWD 和 $OLDPWD。env 命令打印所有当前环境变量，而 grep 命令仅提取包含"PWD"的行并将其发送到 STDOUT：

```
[student@studentvm1 etc]$ env | grep -i PWD
PWD=/etc
OLDPWD=/home/student/Documents
[student@studentvm1 etc]$
```

当用作 cd 命令的选项时，连字符 (-) 是 $OLDPWD 变量的简写符号。该命令也可以通过以下方式发出：

```
[student@studentvm1 Documents]$ cd $OLDPWD
[student@studentvm1 etc]$
```

返回主目录并创建一个新的几层目录。mkdir 命令与 -p 选项一起使用时可以执行此操作。你还可以同时在 PWD 中创建其他目录。在一行中输入以下命令：

```
[student@studentvm1 etc]$ cd ; mkdir -p
./testdir1/testdir2/testdir3/testdir4/testdir5 testdir6 testdir7
[student@studentvm1 ~]$ tree
.
├── Desktop
├── dmesg1.txt
├── dmesg2.txt
├── dmesg3.txt

├── dmesg.txt
├── Documents
├── Downloads
├── Music
├── newfile.txt
├── Pictures
├── Public
├── Templates
├── testdir1
│   └── testdir2
│       └── testdir3
│           └── testdir4
│               └── testdir5
├── testdir6
├── testdir7
└── Videos
```

第一个字符串是一个具有多个父目录的目录。该命令还添加了两个要在当前目录中创建的目录。`mkdir` 工具与许多其他工具一样，接受一组参数，而不仅仅是一个参数。在本例中，列表是要创建的新目录。

我们还可以在命令中使用 PWD 的简写符号。变量 $PWD 也可以，但点 (.) 速度更快。因此，对于一些需要源目录和目标目录的命令，我们可以使用 . 符号。请注意，在上一步中，命令输出的顶部以点开头，表示当前目录。

```
[student@studentvm1 ~]$ mv ./dmesg2.txt /tmp
[student@studentvm1 ~]$ cp /tmp/dmesg2.txt .
[student@studentvm1 ~]$ cp /tmp/dmesg2.txt ./dmesg4.txt
```

在这个实验中，我们研究了如何导航目录树以及如何创建新目录。我们还练习使用一些可用的符号快捷方式。

7.6.4　Tab 补全工具

Bash 提供了一种工具来完成部分输入的程序、主机名、文件名和目录名。输入部分命令或文件名作为命令的参数，然后按 <Tab> 键。如果主机、文件、目录或程序存在并且名称的其余部分是唯一的，则 Bash 将完成名称的输入。由于 <Tab> 键用于启动补全，因此此功能有时称为"Tab 补全"。

Tab 补全是可编程的，可以配置以满足许多不同的需求。但是，除非你使用 Linux、核心工具集和其他 CLI 应用程序提供的标准配置无法满足的特定需求，否则永远不应该更改默认设置。

注意　Bash 手册页对"可编程补全"有详细且几乎难以理解的解释。*Beginning the Linux Command Line* 一书有一个简短且更易读的描述，并且 Wikipedia 有更多信息、示例和一个动画 GIF 来帮助理解这个特性。

实验 7-6 简要介绍了命令的补全。

实验 7-6　Tab 补全

以 student 用户身份执行此实验。你的主目录应该有一个名为 Documents 的子目录用于此实验。大多数 Linux 发行版都会为每个用户创建一个 Documents 子目录。

确保你的主目录是当前目录。我们将使用补全功能来切换到 ~/Documents 目录。 在终端键入以下部分命令：

```
[student@studentvm1 ~]$ cd D<Tab>
```

"<Tab>"表示按一次 <Tab> 键。没有任何反应，因为有三个以"D"开头的目录。你可以通过快速连续按两次 <Tab> 键来查看，其中列出了与你已经键入的内容匹配的所有目录：

```
[student@studentvm1 ~]$ cd D<tab><Tab>
Desktop/   Documents/ Downloads/
[student@studentvm1 ~]$ cd D
```

现在将"o"添加到命令中，然后再按两次 <Tab> 键：

```
[student@studentvm1 ~]$ cd Do<tab><Tab>
Documents/ Downloads/
[student@studentvm1 ~]$ cd Do
```

你应该会看到以"Do"开头的两个目录的列表。现在将"c"添加到命令中，然后按一次 <Tab> 键：

```
[student@studentvm1 ~]$ cd Doc<Tab>
[student@studentvm1 ~]$ cd Documents/
```

因此，如果你键入 cd Doc<Tab>，则目录名称的其余部分将在命令中完成。

按 <Enter> 键更改到新目录。

现在将你的主目录设为 PWD。

让我们快速看一下命令的补全。在这种情况下，命令相对较短，但大多数都是这样。假设我们要确定主机的当前正常运行时间：

```
[student@studentvm1 ~]$ up<Tab><Tab>
update-alternatives   updatedb                update-mime-database    upower
update-ca-trust       update-desktop-database update-pciids           uptime
update-crypto-policies update-gtk-immodules   update-smart-drivedb
[student@studentvm1 ~]$ up
```

我们可以看到几个以"up"开头的命令，我们还可以看到再输入一个字母"t"将足以补全运行时间命令：

```
[student@studentvm1 ~]$ upt<Tab>ime
 07:55:05 up 1 day, 10:01,  7 users,  load average: 0.00, 0.00, 0.00
```

只有当所需的其余文本字符串明确唯一时，补全工具才会补全命令、目录或文件名。

Tab 补全适用于命令、一些子命令、文件名和目录名。我发现补全对于补全目录和文件名最有用，它们往往更长，还有一些较长的命令和一些子命令。许多 Linux 命令已经很短，以至于与输入命令相比，使用补全工具实际上可能效率较低。

简短的 Linux 命令名称非常符合懒惰的系统管理员。因此，这仅取决于你是否发现在短命令上使用补全更有效或更一致。一旦你了解了哪些命令值得使用 Tab 补全以及你需要输入多少命令，你就可以使用那些你认为有帮助的命令。

7.6.5 探索文件

我们将在下一个实验中探索的命令与创建和操作文件有关。

实验 7-7　探索文件

以 student 用户身份执行此实验。你应该已经在 GUI 中以 student 用户身份登录到你的 Linux 计算机，并打开了 xfce4-terminal 会话。

通过从终端菜单栏中选择文件来打开一个新选项卡，然后从下拉菜单中选择打开选项卡。新选项卡将成为活动选项卡，并且它已经以 student 用户身份登录。在终端中打开新选项卡的另一种简单方法是右击终端窗口中的任意位置，然后从弹出菜单中选择打开选项卡。

输入 pwd 命令确定当前工作目录。它应该是 /home/student，如下所示：

```
[student@studentvm1 ~]$ pwd
/home/student
[student@studentvm1 ~]$
```

如果当前目录不是你的主目录，请使用不带任何选项和参数的 cd 命令切换到你的主目录。

让我们创建一些新文件，就像你在早期项目中以 root 身份所做的那样。cp 命令用于复制文件。使用以下命令创建和复制一些文件：

```
[student@studentvm1 ~]$ touch newfile.txt
[student@fstudentvm1 ~]$ df -h > diskusage.txt
```

使用命令 ls -lah 显示主目录中所有文件的长列表，并以人类可读的格式显示它们的大小。请注意，每个文件上显示的时间是 mtime，即文件或目录最后一次修改的时间。有许多"隐藏"文件以点 (.) 作为其名称的第一个字符。如果你不需要查看所有隐藏文件，请使用 ls -lh。

执行 touch dmesg2.txt，该文件的所有时间都被更改：

```
[student@studentvm1 ~]$ touch dmesg2.txt
[student@studentvm1 ~]$ ls -lh
total 212K
drwxr-xr-x. 2 student student 4.0K Aug 18 17:10 Desktop
-rw-rw-r--. 1 student student 1.8K Sep  6 09:08 diskusage.txt
-rw-rw-r--. 1 student student  44K Sep  6 10:52 dmesg1.txt
-rw-rw-r--. 1 student student  44K Sep  6 10:54 dmesg2.txt
-rw-rw-r--. 1 student student  44K Sep  6 10:52 dmesg3.txt
-rw-rw-r--. 1 student student  44K Sep  6 10:52 dmesg.txt
drwxr-xr-x. 2 student student 4.0K Aug 18 10:21 Documents
drwxr-xr-x. 2 student student 4.0K Aug 18 10:21 Downloads
drwxr-xr-x. 2 student student 4.0K Aug 18 10:21 Music
-rw-rw-r--. 1 student student    0 Sep  6 10:52 newfile.txt
drwxr-xr-x. 2 student student 4.0K Aug 18 10:21 Pictures
drwxr-xr-x. 2 student student 4.0K Aug 18 10:21 Public
drwxr-xr-x. 2 student student 4.0K Aug 18 10:21 Templates
drwxr-xr-x. 2 student student 4.0K Aug 18 10:21 Videos
[student@studentvm1 ~]$
```

输入命令 ls -lc 和 ls -lu 分别查看 ctime（索引节点上次更改的时间）和 atime（最后一次访问、使用文件或查看内容的时间）。

输入命令 cat dmesg1.txt，但不要担心输出太多数据到屏幕。现在使用命令 ls -l、ls -lc 和 ls -lu 再次查看文件的日期和时间，并注意文件 dmesg1.txt 的 atime 已更改。文件的 atime 是某个程序最后一次访问以供读取的时间。请注意，ctime 也已更改。为什么？如果你现在不明白这一点，稍后会介绍，所以不用担心。

输入 stat dmesg1.txt 显示关于这个文件的完整信息集，包括它的 [acm] 时间、大小、权限、分配给它的磁盘数据块的数量、它的所有权，甚至它的索引节点号。我们将在 18 章中详细介绍索引节点：

```
[student@studentvm1 ~]$ stat dmesg1.txt
  File: dmesg1.txt
  Size: 44297         Blocks: 88         IO Block: 4096   regular file
Device: fd07h/64775d  Inode: 213        Links: 1
Access: (0664/-rw-rw-r--)  Uid: ( 1000/ student)   Gid: ( 1000/ student)
Context: unconfined_u:object_r:user_home_t:s0
Access: 2018-09-06 10:58:48.725941316 -0400
Modify: 2018-09-06 10:52:51.428402753 -0400
Change: 2018-09-06 10:52:51.428402753 -0400
 Birth: -
[student@studentvm1 ~]$
```

请注意，stat 命令显示文件的时间戳（以 ms 为单位）。之所以采用这种粒度，是为了处理高速、大容量的基于事务的环境。在这种环境中，事务时序非常重要。

提示 /tmp 目录对所有用户都是可读可写的，这使它成为临时共享文件的好地方，但这也可能使其成为安全问题。

也许你很好奇——这是一件好事——并且多次重复这个实验的最后一部分，在这种情况下，你会注意到在第一个 cat 命令访问文件内容后 atime 没有改变。这是因为文件内容现在在缓存中，不需要再次访问来读取内容。使用以下命令更改内容，然后对其进行统计以查看结果：

```
[student@studentvm1 ~]$ echo "hello world" >> dmesg1.txt ;
cat dmesg1.txt ; stat dmesg1.txt
```

使用 mv dmesg3.txt /tmp 命令将文件 dmesg3.txt 移动到 /tmp 目录。在当前目录和 /tmp 目录中都使用 ls 命令来验证文件是否已被移动。

输入命令 rm /tmp/dmesg3.txt 删除文件，使用 ls 命令验证是否已删除。

本实验探索了创建、复制和移动文件。它还提供了一些工具，允许你展示有关文件的元数据。

7.6.6 更多命令

还有一些你会觉得有用的额外命令。

实验7-8　更多的命令

以 student 用户身份执行此实验。首先查看当命令显示过多数据并滚动到屏幕顶部时会发生什么。

dmesg 命令显示 Linux 在初始引导过程中生成的消息。输入命令 dmesg 并观察输出内容快速滚出屏幕。那里有很多数据可能会被遗漏。

输入 dmesg | less 命令。你应该看到 dmesg 命令输出的顶部。在终端的底部，你应该会看到一个冒号和光标，如下所示：

: █

要在屏幕底部看到一个新行，请按 \<Enter\> 键。

按 \<Space\> 键查看命令输出的全新页面。

你也可以使用 \< ↑ \> 和 \< ↓ \> 键在相应方向上移动一行。\<Page Up\> 和 \<Page Down\> 键可用于一次向上或向下移动一页。使用这四个键导航输出流。当到达数据流的末尾时，你将在屏幕的左下方看到（END）。

你也可以指定一个行号并键入 G "转到" 指定的行号。以下条目将转到第 256 行，该行将显示在终端顶部：

256G

不带行号的大写 G 将带你到数据流的末尾：

G

小写 g 带你到数据流的开头：

g

按 \<Q\> 键退出并返回命令行。

less 中的移动命令与 vim 中的移动命令非常相似，所以你应该很熟悉。

时间和日期很重要，Linux 的 date 和 cal 命令提供了一些有趣的功能。

输入 date 命令显示今天的日期：

```
[student@studentvm1 ~]$ date
Thu Jan 19 11:15:46 AM EST 2023
[student@studentvm1 ~]$
```

输入 cal 命令显示当月的日历：

```
[student@studentvm1 ~]$ cal
     January 2023
Su Mo Tu We Th Fr Sa
 1  2  3  4  5  6  7
 8  9 10 11 12 13 14
15 16 17 18 19 20 21
22 23 24 25 26 27 28
29 30 31
[student@studentvm1 ~]$
```

> 输入以下命令以显示 1949 年全年的日历：
>
> [student@studentvm1 ~]$ **cal 1949**
>
> 使用命令 cat /etc/passwd | less 显示密码文件的内容。提示：它实际上不包含任何密码。浏览了一下之后，从 less 中退出。输入以下命令生成数据流，并通过 wc（字数统计）命令将结果管道化，以统计数据流中的字数、行数和字符数：
>
> [student@studentvm1 ~]$ **cat /etc/services | wc**
>   11473   63130 692241
> [student@studentvm1 ~]$
>
> 这表明 wc 命令在数据流中统计了 11,473 行、63,130 个字和 692,241 个字符。结果中的数字应该相同或非常接近。services 文件包含各种网络服务列表，用于在计算机之间进行通信的标准分配和识别端口。
>
> wc 命令可以单独使用。使用 wc -l /etc/services 计算该文件中的行数。即"line"的小写字母 -l。

7.7 命令调用和编辑

懒惰的管理员不喜欢打字。我们特别不喜欢重复打字，所以我们寻找节省打字时间的方法。使用 Bash 终端历史可以帮助我们做到这一点。历史命令显示从命令行发出的最后 1000 条命令。你可以使用 < ↑ >/< ↓ > 键在命令行上滚动浏览该历史记录，然后执行相同或修改过的命令，无须重新键入或最少化重新键入。

命令行编辑可以使输入许多类似的命令变得更容易。可以使用 < ↑ > 键向后滚动命令历史记录来定位以前的命令。然后可以进行一些简单的编辑以对原始命令进行修改。< ← > 和 < → > 键用于在正在编辑的命令中移动。<Backspace> 键用于删除字符，只需键入即可完成修改后的命令。

> **实验 7-9　命令调用和编辑**
>
> 以 student 用户身份开始此实验。我们将在中途切换到 root 身份。在这个实验中，我们着眼于使用 Bash 历史记录、命令行调用和编辑调用的命令行。
>
> 输入 history 命令查看当前命令历史：
>
> [student@studentvm1 ~]$ **history**
>   1 su -
>   2 poweroff
>   3 su -
>   4 ls -la
>   5 clear
>   6 w
>   7 who

```
   8  whoami
   9  id
  10  ksh
  11  exit
  12  infor core-utils
  13  info core-utils
  14  info coreutils
  15  info utils-linux
  16  info utilslinux
  17  info utils
  18  info coreutils
  19  ls -la
  20  tty
<snip>
 257  dnf list installed
 258  dnf list installed | wc
 259  dnf list available | wc
 260  dnf list available
 261  dnf info zorba
 262  dnf info zipper
 263  history
[student@studentvm1 ~]$
```

使用 < ↑ > 键滚动浏览历史记录。当你找到一个非破坏性命令（例如应该在历史记录中的许多 ls 命令之一）时，只需按 <Enter> 键即可再次发出该命令。

使用 history 命令再次查看历史记录。选择要再次执行的命令，并输入以下命令，其中 XXX 是要执行的命令的编号。然后按 <Enter> 键：

```
[student@studentvm1 ~]$ !XXX
```

切换到 root 终端会话以执行本实验的其余部分。

将当前目录更改为 /var/log/ 并在其中列出文件。你将看到一个名为 boot.log 的文件。我们将在接下来的一些任务中使用这个文件。

使用 cat 命令将 boot.log 文件的内容打印到屏幕上：

```
[root@studentvm1 log]# cat boot.log
```

计算 boot.log 文件中的行数。使用 < ↑ > 键返回上一行。对命令的更改添加到末尾，直到命令如下所示：

```
[root@studentvm1 log]# cat boot.log | wc
```

现在查看其中包含单词 "kernel" 的行。使用 < ↑ > 键返回上一个命令。<Backspace> 键删除 "wc" 但保留管道（|）。添加 grep 命令（我们将在第 9 章中详细介绍）以仅显示那些包含内核的行：

```
[root@studentvm1 log]# cat boot.log | grep kernel
```

但是如果某些行包含带有大写 K 的 "Kernel" 怎么办？返回上一条命令，并使用

> ＜←＞键将光标移动到"grep"和"kernel"之间的空格，然后添加 -i（忽略大小写），
> 命令如下所示：
>
> [root@studentvm1 log]# **cat boot.log | grep -i kernel**
>
> 编辑最后一个命令，添加 | wc 到末尾，以计算大小写中带有单词"kernel"的总行数。

尽管在这些示例中使用 CLI 历史记录似乎有点琐碎，但如果你必须重复一些非常长且复杂的命令，它确实可以节省大量输入，甚至可能避免导致更令人沮丧的错误输入。

总结

我希望你可以从这些简单的示例中看到，使用命令行时系统管理员可以使用的巨大功能的一小部分。

在本章中，你发现 Linux 提供了大量方法来访问命令行，并以系统管理员的身份执行你的工作。你可以使用虚拟控制台以及许多不同的终端模拟器和脚本。你可以将它们与 screen 程序结合起来，以进一步增强你在命令行中的灵活性。

我们还探索了一些重要的 Linux 命令，并学习了如何从 Bash 历史记录中调用和编辑命令。

本章中的示例本身就提供了丰富的信息，但它们也仅仅是开始。随着我们继续学习本书，你将遇到许多通过结合本章讨论的选项来增强命令行的功能和灵活性的方法。

练习

完成以下练习来结束本章：

1）为什么 Bash 终端使用不同的字符来表示 root 和非 root 会话，即 $ 和 #？

2）为什么 Linux 有这么多不同的终端？

3）如果你已经有一个喜欢的终端模拟器，它与 Xfce 终端模拟器相比如何，你更喜欢各自的哪些功能？

4）其他终端模拟器的功能是什么？

5）你会使用什么命令来临时切换到 tcsh 终端？

6）SSH 与虚拟控制台和终端模拟器有何不同？

7）student 等非特权用户能否显示 /var/log/messages 文件的内容？为什么能或为什么不能，从技术角度而不是架构设计决策角度来看。

8）你会使用什么命令将当前目录返回到之前的目录？

9）student 用户 PATH 的最后两个条目告诉你什么？

10）cat 命令可以一次列出多个文件的内容吗？

11）如果想重复上一个命令，但不想再次输入，你会怎么做？

12）如何列出以前在命令行发出的所有命令？

Chapter 8 第 8 章

核心工具集

目标

在本章中，你将学习以下内容：

❑ 关于 GNU 核心工具集的历史。

❑ 关于 util-linux 工具集的历史。

❑ 如何使用一些基本的核心工具集？

为了编写文章和书籍（是的，你正在读的这本书以及其他书籍），我经常会做一些研究，GNU 核心工具集是被研究得比较多的。系统管理员经常不假思索地使用这些工具。与此同时，我们也应该关注另一类基本的工具集——util-linux，因为它们对于 Linux 来说十分重要。

这两类工具集都包含很多基本工具。Linux 系统管理员使用这些基本工具完成日常任务，包括对文本文件、目录、数据流、各种类型的存储系统，以及进程控制和文件系统等的管理和操作。这些工具的基本功能是帮助系统管理员完成很多管理 Linux 计算机的基础任务。这些工具是必不可少的，因为没有了它们，我们几乎不可能在 UNIX/Linux 计算机上完成任何有用的任务。

8.1 GNU 核心工具集

为了了解 GNU 核心工具集的起源，我们需要回到贝尔实验室的 UNIX 时代早期。在 Multics 这个大型多任务、多用户的计算机课题阶段，Ken Thompson、Dennis Ritchie、Doug McIlroy 和 Joe Ossanna 等人为了延续他们之前的项目编写了 UNIX。这个项目是一个名为"太空旅行"的游戏。游戏玩家总是推动着计算机技术的发展，这句话在今天依然适用。与 Multics 相比，这个新的操作系统有太多限制，比如同时只能有两个用户登录，因此它被称为 UNICS，再后来改名为 UNIX。

时过境迁，UNIX 取得巨大成功，贝尔实验室开始把它赠送给学校，后来又赠送给公司，以支付媒介和运输的费用。回到那个年代，系统级别的软件被组织和开发者所共享，因为在系统管理的范畴内他们都致力于实现同一个目标。

最终，PHB 和 AT&T 决定应该开始从 UNIX 上取得收益，并开始使用更为严格和更为昂贵的授权协议。这一行为发生在软件普遍变得更为专有、受限和封闭的大环境下，使得同其他用户和组织共享软件变得近乎不可能。

然而一些人并不喜欢这种做法并且与之对抗，自由软件应运而生。Richard M.Stallman（亦被称为 RMS）领导了一支抵抗者队伍，他们尝试编写开放并且可自由获取的操作系统——GNU 操作系统。这一组织创造了 GNU 核心工具集，但是尚未创造一个可用的操作系统内核。

在 Linus Torvalds 一开始处理和编译 Linux 内核的时候，他急需一套十分基本的系统工具集才能开始执行一些有用的工作。然而内核本身并不提供命令或者类似 Bash 这样的命令行终端，仅凭 Linux 本身很难发挥作用。所以 Linux 使用可自由获取的 GNU 核心工具集并且重新编译了它们以适配 Linux，这给他带来了一个完整的操作系统，尽管当时这个操作系统还很基础。

这些命令最初是三个独立的集合，包括文件工具、脚本工具以及文本工具，在 2002 年它们被组合进 Linux 核心工具集。

实验 8-1　GNU 核心工具集

在进行实验之前，你需要安装 info 包。info 命令包含了核心工具以及其他工具的信息，这些信息在其他地方都无法找到。安装 info 包：

```
[root@studentvm1 ~]# dnf -y install info
```

本次实验剩余部分可以以 student 用户完成。

借助 info 命令，你可以了解所有单个程序，包括 GNU 工具集。如果你还未在 Xfce 桌面打开一个终端模拟器，请现在打开：

```
[student@studentvm1 ~]$ info coreutils
Next: Introduction,  Up: (dir)

GNU Coreutils
*************

This manual documents version 8.29 of the GNU core utilities, including
the standard programs for text and file manipulation.

   Copyright © 1994-2017 Free Software Foundation, Inc.

     Permission is granted to copy, distribute and/or modify this
     document under the terms of the GNU Free Documentation License,
     Version 1.3 or any later version published by the Free Software
```

```
        Foundation; with no Invariant Sections, with no Front-Cover Texts,
        and with no Back-Cover Texts.  A copy of the license is included in
        the section entitled "GNU Free Documentation License".

    * Menu:

    * Introduction::               Caveats, overview, and authors
    * Common options::             Common options
    * Output of entire files::     cat tac nl od base32 base64
    * Formatting file contents::   fmt pr fold
    <SNIP>
    * Numeric operations::         factor numfmt seq
    * File permissions::           Access modes
    * File timestamps::            File timestamp issues
    * Date input formats::         Specifying date strings
    * Opening the software toolbox:: The software tools philosophy
    * GNU Free Documentation License:: Copying and sharing this manual
    * Concept index::              General index

     - The Detailed Node Listing -
    -----Info: (coreutils)Top, 344 lines --
    Top-------------------------------
```

　　这些工具集按功能分组，这样可以很容易获得某一个工具，页面是可交互的。使用键盘上的方向键，可以在你想要了解更多信息的分组时高亮显示这部分内容，接着按 <Enter> 键。

　　向下滚动列表来让光标处在"Working context::"这一行，然后按 <Enter> 键。会显示下述页面：

```
Next: User information,  Prev: File name manipulation,  Up: Top

19 Working context
******************

This section describes commands that display or alter the context in
which you are working: the current directory, the terminal settings, and
so forth.  See also the user-related commands in the next section.

* Menu:

* pwd invocation::            Print working directory.
* stty invocation::           Print or change terminal characteristics.
* printenv invocation::       Print environment variables.
* tty invocation::            Print file name of terminal on standard input.
```

　　在列出的工具中，将最顶上的那一行高亮显示，并按下 <Enter> 键。

```
Prev: printenv invocation,  Up: Working context

19.4 'tty': Print file name of terminal on standard input
=========================================================

'tty' prints the file name of the terminal connected to its standard
input.  It prints 'not a tty' if standard input is not a terminal.
Synopsis:
```

```
     tty [OPTION]...

    The program accepts the following option.  Also see *note Common
options::.

'-s'
'--silent'
'--quiet'
     Print nothing; only return an exit status.
Exit status:

  0 if standard input is a terminal
  1 if standard input is a non-terminal file
  2 if given incorrect arguments
  3 if a write error occurs
```

你可以阅读这个工具的相关信息。接下来我们开始使用它。如果你尚未打开第二个终端模拟器，那么请打开一个新的终端，或者也许你想在现有的 xfce4-terminal 模拟器上打开第二个标签。通过这种方式，你可以简单地在 info 页和当前命令行之间切换。在第二个终端输入下列命令：

```
[student@studentvm1 ~]$ tty
/dev/pts/52
[student@studentvm1 ~]$
```

你可以看到，我们得到了本质上和 w 以及 who 命令相同的信息，但是这次以一种展示设备特殊文件的完整路径的格式呈现。当你需要在脚本中使用这些信息时，这可能是十分有用的，因为它比写代码去从其他两个命令中提取数据简单得多。

在 info 中使用以下键执行一些基本移动操作。节点是关于一个特定命令或者一组命令的接口。

❑ p：菜单序列中的上一个 info 节点。

❑ n：菜单序列中的下一个 info 节点。

❑ u：上一层级菜单。

❑ l（小写 L）：历史记录中最近一个访问节点。

❑ q 退出 info。

❑ H：帮助或者退出帮助。

现在请花点时间去使用 info 来查阅这些核心工具集。

通过这个实验，你应该已经对 GNU 工具集有所了解了。info 工具能快速指引你去定位关于 Linux 命令的信息。想了解更多关于如何使用 info 工具的信息，可以使用命令 info info。当然所有工具都可以在手册页找到，但是 info 工具中的文档更为全面。

GNU 核心工具集中有 102 个工具，在 UNIX 或者 Linux 主机上，这已经涵盖了绝大多数基础任务的基本功能。然而，还是缺失了一些基础工具，例如，mount 和 umount 命令都不在这个工具集中。很多没有被 GNU 工具集收录的命令都能在 util-linux 工具集中找到。

8.2　util-linux

util-linux 工具集包含了很多其他系统管理员常用的命令。这些工具由 Linux 内核组织发布。如下所示，列出的命令涵盖了 Linux 系统管理的诸多方面：

agetty	fsck.minix	mkfs.bfs	setpriv
blkdiscard	fsfreeze	mkfs.cramfs	setsid
blkid	fstab	mkfs.minix	setterm
blockdev	fstrim	mkswap	sfdisk
cal	getopt	more	su
cfdisk	hexdump	mount	sulogin
chcpu	hwclock	mountpoint	swaplabel
chfn	ionice	namei	swapoff
chrt	ipcmk	newgrp	swapon
chsh	ipcrm	nologin	switch_root
colcrt	ipcs	nsenter	tailf
col	isosize	partx	taskset
colrm	kill	pg	tunelp
column	last	pivot_root	ul
ctrlaltdel	ldattach	prlimit	umount
ddpart	line	raw	unshare
delpart	logger	readprofile	utmpdump
dmesg	login	rename	uuidd
eject	look	renice	uuidgen
fallocate	losetup	reset	vipw
fdformat	lsblk	resizepart	wall
fdisk	lscpu	rev	wdctl
findfs	lslocks	rtcwake	whereis
findmnt	lslogins	runuser	wipefs
flock	mcookie	script	write
fsck	mesg	scriptreplay	zramctl
fsck.cramfs	mkfs	setarch	

注意，其中部分工具已经被启用，并且将会在未来某个时间点从集合中去除。你应该查阅维基百科中关于 util-linux 的参考，以获取有关工具集的信息。可以通过手册页去了解这些命令的细节，但在 info 页面中找不到这些工具。注意 mount 和 umount 也在这组命令中。

让我们来看看这些工具集是关于什么的。

实验 8-2　util-linux 工具集

以 student 用户完成该实验。

让我们从 cal 命令开始，它可以生成一个日历。不使用其他附加选项时，它展示当前月并且会高亮今天的日期。

```
[student@studentvm1 ~]$ cal
    September 2018
Su Mo Tu We Th Fr Sa
```

```
                          1
      2  3  4  5  6  7  8
      9 10 11 12 13 14 15
     16 17 18 19 20 21 22
     23 24 25 26 27 28 29
     30
[student@studentvm1 ~]$
```

使用 -3 选项来打印近三个月的日历，当前月份会被居中显示。

```
[student@studentvm1 ~]$ cal -3
      August 2018          September 2018          October 2018
Su Mo Tu We Th Fr Sa   Su Mo Tu We Th Fr Sa   Su Mo Tu We Th Fr Sa
          1  2  3  4                      1       1  2  3  4  5  6
 5  6  7  8  9 10 11    2  3  4  5  6  7  8    7  8  9 10 11 12 13
12 13 14 15 16 17 18    9 10 11 12 13 14 15   14 15 16 17 18 19 20
19 20 21 22 23 24 25   16 17 18 19 20 21 22   21 22 23 24 25 26 27
26 27 28 29 30 31      23 24 25 26 27 28 29   28 29 30 31
                       30
[student@studentvm1 ~]$
```

使用一个年份作为参数，将会展示那一整年的日历。

```
[student@studentvm1 ~]$ cal 1948
                     1948

        January              February              March
Su Mo Tu We Th Fr Sa   Su Mo Tu We Th Fr Sa   Su Mo Tu We Th Fr Sa
          1  2  3       1  2  3  4  5  6  7       1  2  3  4  5  6
 4  5  6  7  8  9 10    8  9 10 11 12 13 14    7  8  9 10 11 12 13
11 12 13 14 15 16 17   15 16 17 18 19 20 21   14 15 16 17 18 19 20
18 19 20 21 22 23 24   22 23 24 25 26 27 28   21 22 23 24 25 26 27
25 26 27 28 29 30 31   29                     28 29 30 31

<SNIP>

        October              November              December
Su Mo Tu We Th Fr Sa   Su Mo Tu We Th Fr Sa   Su Mo Tu We Th Fr Sa
          1  2             1  2  3  4  5  6             1  2  3  4
 3  4  5  6  7  8  9    7  8  9 10 11 12 13    5  6  7  8  9 10 11
10 11 12 13 14 15 16   14 15 16 17 18 19 20   12 13 14 15 16 17 18
17 18 19 20 21 22 23   21 22 23 24 25 26 27   19 20 21 22 23 24 25
24 25 26 27 28 29 30   28 29 30               26 27 28 29 30 31
31
[student@studentvm1 ~]$
```

使用命令 man cal 来找到有关 cal 命令的额外信息。我经常使用 cal 命令，这个命令应该也能对你有所帮助。

我用一些命令去查找一些所登录的硬件设备信息（包括物理或者虚拟化的设备），例如，下面这个指令可以帮助系统管理员去了解 CPU 信息。

```
[student@studentvm1 ~]$ lscpu
Architecture:        x86_64
```

```
CPU op-mode(s):        32-bit, 64-bit
Byte Order:            Little Endian
CPU(s):                2
On-line CPU(s) list: 0,1
Thread(s) per core:    1
Core(s) per socket:    2
Socket(s):             1
NUMA node(s):          1
Vendor ID:             GenuineIntel
CPU family:            6
Model:                 85
Model name:            Intel(R) Core(TM) i9-7960X CPU @ 2.80GHz
Stepping:              4
CPU MHz:               2807.986
BogoMIPS:              5615.97
Hypervisor vendor:     KVM
Virtualization type: full
L1d cache:             32K
L1i cache:             32K
L2 cache:              1024K
L3 cache:              22528K
NUMA node0 CPU(s):     0,1
Flags:                 fpu vme de pse tsc msr pae mce cx8 apic sep mtrr pge mca
cmov pat pse36 clflush mmx fxsr sse sse2 ht syscall nx rdtscp lm constant_tsc
rep_good nopl xtopology nonstop_tsc cpuid pni pclmulqdq ssse3 cx16 pcid
sse4_1 sse4_2 x2apic movbe popcnt aes xsave avx rdrand hypervisor lahf_lm abm
3dnowprefetch invpcid_single pti fsgsbase avx2 invpcid rdseed clflushopt
```

lscpu 命令提供了很多关于已安装 CPU 的信息。其中一些信息是十分有用的，在编写脚本时有必要知道这些信息。注意，使用 VirtualBox 能看到大多数硬件，并传递跟物理硬件一样的虚拟化硬件信息。

lsblk 命令（列举常见磁盘驱动器的块设备）通过逻辑卷管理能帮助我们了解磁盘的分区、卷分组以及物理和逻辑卷结构：

```
[student@studentvm1 ~]$ lsblk
NAME                      MAJ:MIN RM  SIZE RO TYPE MOUNTPOINTS
sda                         8:0    0   60G  0 disk
├─sda1                      8:1    0    1M  0 part
├─sda2                      8:2    0    1G  0 part /boot
├─sda3                      8:3    0    1G  0 part /boot/efi
└─sda4                      8:4    0   58G  0 part
  ├─fedora_studentvm1-root 253:0   0    2G  0 lvm  /
  ├─fedora_studentvm1-usr  253:1   0   15G  0 lvm  /usr
  ├─fedora_studentvm1-tmp  253:2   0    5G  0 lvm  /tmp
  ├─fedora_studentvm1-var  253:3   0   10G  0 lvm  /var
  └─fedora_studentvm1-home 253:4   0    2G  0 lvm  /home
sr0                        11:0    1 1024M  0 rom
zram0                     252:0    0  3.8G  0 disk [SWAP]
[student@studentvm1 ~]$
```

使用 -i 选项来展示 ASCII 编码格式的结果，因为这比文档格式更易于转换。你可以使用 -i，不过你应该尝试不用任何选项去得到一个显示友好的结果。

df 命令（来自 GNU 核心工具集）展示类似的数据，但是仍然有一些不同的细节。

```
[student@studentvm1 ~]$ df -h
Filesystem                        Size  Used Avail Use% Mounted on
devtmpfs                          2.0G     0  2.0G   0% /dev
tmpfs                             2.0G     0  2.0G   0% /dev/shm
tmpfs                             2.0G  1.2M  2.0G   1% /run
tmpfs                             2.0G     0  2.0G   0% /sys/fs/cgroup
/dev/mapper/fedora_studentvm1-root  2.0G   49M  1.8G   3% /
/dev/mapper/fedora_studentvm1-usr   15G  3.8G   11G  27% /usr
/dev/sda1                         976M  185M  724M  21% /boot
/dev/mapper/fedora_studentvm1-tmp   4.9G   21M  4.6G   1% /tmp
/dev/mapper/fedora_studentvm1-var   9.8G  494M  8.8G   6% /var
/dev/mapper/fedora_studentvm1-home  2.0G  7.3M  1.8G   1% /home
tmpfs                             395M  8.0K  395M   1% /run/user/1000
tmpfs                             395M     0  395M   0% /run/user/0
```

使用 -h 选项能以适合阅读的形式（比如用 GB 和 MB 这些单位）来展示磁盘空间。注意这些列举某项数据的命令通常以 "ls" 开头，这在 Linux 语言中代表列举（list）。

在 df 和 lsblk 命令的输出中，有很多临时文件系统展示出来。我们将会在本书中讨论一些临时文件系统。我们也将探索逻辑卷管理，它负责创建像 /dev/mapper /fedora_studentml-tmp 这样的目录。

总结

Linux 基础工具集有两类，包括 GNU 核心工具集和 util-linux，它们都提供了基础的工具集，用来管理一个基本的 Linux 操作系统。通过本章的探讨，我发现在这个列表中有很多我之前没有见过，但是也很有趣的工具。其中绝大多数命令极少用到，但在你需要时它们就显得不可或缺。

两个集合合计拥有 200 多个 Linux 工具。典型的 Linux 发行版有更多的命令，这些命令对于在典型的 Linux 宿主机上管理使用基本的功能来说是必要的。

我们探索了这些工具包中的一些命令，但是在这个过程中，我们肯定会遇到更多。只覆盖我们将遇到和使用最多的工具集，而不是尝试学习所有命令，这更有意义。

我们再次统一术语以便理解：在本书中，核心工具集是指两个工具集的集合。如果我尝试去区分它们，会明确地指出。

练习

完成以下练习来结束本章：

1）这两个核心工具集的总体目标是什么？

2）为什么 GNU 核心工具对于 Linus Torvalds 来说如此重要？

3）你会使用核心工具集中的哪个命令来查看每个文件系统中还有多少剩余空间？

4）在你的虚拟机上，CPU 型号是什么？

5）你的物理机上有多少 CPU？它们在虚拟机上是如何分配的？

6）分配 CPU 给虚拟机后，是否会让该 CPU 在宿主机上不可使用？

第 9 章 *Chapter 9*

数 据 流

目标

在本章中，你将学习以下内容：

❏ 文本数据流如何成为 Linux 极为灵活的命令行架构基础。

❏ 如何生成文本数据流？

❏ 如何创建一个新的逻辑卷用于本章的实验？

❏ 如何使用管道、标准输出以及其他核心工具来操纵文本数据流？

❏ 如何从文件重定向文本数据流，以及将文本数据流重定向到文件？

❏ 关于 /dev 目录下一些特殊设备文件的基本用法。

9.1 数据流作为原材料

在 Linux 中，万物都围绕着数据流，尤其是文本数据流。

数据流是核心工具集和其他 CLI 工具完成工作的原材料。顾名思义，数据流是数据的流，在文件、设备、进程之间通过标准输入输出传递。本章介绍通过管道在两个转换器程序之间使用标准输入 / 输出来连接数据流。你将会了解这些程序的功能是转换数据，你也会了解到如何重定向数据到文件。"过滤器"一词的定义为：

一个程序，它以某种明确定义的方式将输入数据流处理成为输出数据流，除了某些错误情况下，不向任何其他地方进行 I/O 输出；它被设计作为流水线中的一个阶段使用。

——《在线计算机词典》(The Free On-line Dictionary of Computing，FOLDOC)

使用管道可以向数据流中插入一个或多个转换器程序来操作数据流。每个转换器程序都被系统管理员用来操作流上的数据，以某种定义良好的方式改变其内容。在管道末端使用重定向可以将数据流输出到文件。如前所述，这个文件可以是一个硬盘驱动器上的实际数据文件，也可以是一个设备文件，比如驱动器分区、打印机、终端、伪终端或者其他任何能连上计算机的设备[⊖]。

　　使用这些小巧但强悍的转换器程序来操作数据流，这是 Linux 命令行接口中极为重要的能力。很多核心工具其实都是使用 STDIO 的转换器程序。

　　我最近用谷歌搜索了"数据流"，绝大多数的前排结果都是关于在单个实体中处理大量流式数据的，比如流式音视频或者金融机构处理大量由独立交易事务组成的数据流。这并不是我们本文讨论的数据流，尽管是相同的概念，而且可以作为一个例子来说明现在的应用程序使用 Linux 的流处理功能来处理各类数据。

　　在 Linux 世界中，流是从某个源而来的流文本数据；流可以流向一个或者多个程序，这些程序以某种方式转换流，并且可以存储在文件或者展示在终端会话中。作为系统管理员，你的工作跟管理数据流创建和流动密不可分。在本章我们会探索什么是数据流，如何创建它们，以及如何使用它们。

9.2　文本流：一个通用接口

　　使用 STDIO 作为程序的输入和输出，是以 Linux 风格行事的一个关键的基础。STDIO 最早是在 UNIX 中开发的，并且对其后的操作系统造成了深远的影响，包括 DOS、Windows 和 Linux。

　　这是 UNIX 哲学：编写一次只做一件事，并且能把这件事做好的程序；编写相互协作的程序；编写处理文本流的程序，因为这是一个通用接口。

——Doug McIlroy, Basic of the Unix Philosophy

　　STDIO 是由 Ken Thompson 开发的，在早期版本的 UNIX 中，它是基础设施的一部分，用来实现管道。实现了 STDIO 的程序使用标准化的文件来处理输入和输出，而非存储在硬盘或者其他存储媒介上的文件。STDIO 最好被描述为缓冲数据流，它的基础功能是将数据从一个程序、文件或者设备的输出流式传输到另一个程序、文件或者设备的输入。

9.3　STDIO 文件句柄

　　有三种 STDIO 数据流，每一个数据流都在使用了 STDIO 的程序启动时自动作为文件被打开。每一个 STDIO 数据流都和一个文件句柄关联，这个文件句柄是元数据的集合，它描述文件的属性。文件句柄 0、1 和 2 按照惯例分别定义为 STDIN（标准输入）、STDOUT（标

　　⊖　在 Linux 系统中，所有硬件设备都被视为文件。

准输出）和 STDERR（标准错误）。

STDIN 的文件句柄是 0，通常表示来自键盘的输入。标准输入可以从任何文件重定向以替代键盘，包括设备文件。并不总是需要重定向标准输入，但可以这么做。

STDOUT 的文件句柄是 1，默认是将数据流送到显示器。通常使用重定向标准输出到一个文件，或者将它放入通向另外程序的管道来做进一步数据处理。

STDERR 的文件句柄是 2。标准错误的数据流一般送到显示器。

如果标准输出被重定向到一个文件，标准错误则继续在显示器上显示。这保证了用户可以看到任何来自其所执行程序的错误结果。标准错误可以被重定向到相同管道中的转换器程序，或者传递到管道中的下一个转换器程序。

STDIO 是 C 标准库的头文件"stdio.h"的实现，它可以被引用进程序源码中，所以可以被编译进可执行文件。

9.4 为测试准备逻辑卷

在已安装期间创建的逻辑卷上执行本章中的许多实验时，可能会有危险。因此，你将创建一个新的逻辑卷用于测试。你可以安全地进行以下实验，前提是测试卷没有被用于其他任何事情。

在逻辑卷和卷组上执行此任务及其他任务是系统管理员的典型任务。我经常做这样的事情。我们将在下册的第 1 章中详细探讨逻辑卷管理。

9.4.1 存储设备的逻辑结构

让我们稍微绕个弯，这样你可以更好地理解在本节中你将要做什么。再次查看你虚拟机上的存储设备。我们特别关心属于 /dev/sda 设备的树结构：

```
[root@studentvm1 ~]# lsblk
NAME                       MAJ:MIN RM  SIZE RO TYPE MOUNTPOINTS
sda                            8:0  0   60G  0 disk
├─sda1                         8:1  0    1M  0 part
├─sda2                         8:2  0    1G  0 part /boot
├─sda3                         8:3  0    1G  0 part /boot/efi
└─sda4                         8:4  0   58G  0 part
  ├─fedora_studentvm1-root  253:0  0    2G  0 lvm  /
  ├─fedora_studentvm1-usr   253:1  0   15G  0 lvm  /usr
  ├─fedora_studentvm1-tmp   253:2  0    5G  0 lvm  /tmp
  ├─fedora_studentvm1-var   253:3  0   10G  0 lvm  /var
  └─fedora_studentvm1-home  253:4  0    2G  0 lvm  /home
  sr0                         11:0  1 50.5M  0 rom
zram0                        252:0  0    8G  0 disk [SWAP]
```

这个树形图展示了在 Fedora 安装过程中在存储设备上创建的逻辑元结构。这个结构是根据你在 Anaconda 安装程序的手动分区页面上输入的分区和 LVM 规格创建的。

TYPE 列显示了树中每个设备的元结构类型。sda 设备是整个磁盘设备的 ID，sda1 ～ sda3 是为与引导相关的文件创建的分区。sda1 分区是 BIOS 引导分区，其他两个引导分区是显而易见的。

所有这些分区都是标准的 Linux Type 83 分区[⊖]。sda4 分区随后被配置为逻辑卷管理的物理卷（Physical Volume，PV）。整个 PV 然后被配置为一个被安装程序命名为 fedora_studentvm1 的卷组。在 VG 中创建了各种逻辑卷。

sr0 分区是（虚拟）DVD 设备，而 zram0 被用作交换空间。

9.4.2　创建新卷

在本节中，你将在现有的 fedora_studentvm1 VG 中创建一个新的 LV。这是一个相当长的过程。如果你被中断了，稍后回来继续也是可以的。只要确保标记下一步是哪一步。

准备　准备一个测试卷

准备一个新的逻辑卷用于接下来的实验。从查阅当前逻辑卷的配置开始。lvs 命令可以列举逻辑卷：

```
[root@studentvm1 ~]# lvs
  LV   VG              Attr      LSize ...
  home fedora_studentvm1 -wi-ao----  2.00g
  root fedora_studentvm1 -wi-ao----  2.00g
  tmp  fedora_studentvm1 -wi-ao----  5.00g
  usr  fedora_studentvm1 -wi-ao---- 15.00g
  var  fedora_studentvm1 -wi-ao---- 10.00g
[root@studentvm1 ~]#
```

然后，vg 命令可以列举卷组及其统计数据。这个命令可以展示卷组中没有分配逻辑卷的剩余空间。

```
[root@studentvm1 ~]# vgs
  VG              #PV #LV #SN Attr   VSize    VFree
  fedora_studentvm1   1   5   0 wz--n- <58.00g <24.00g
[root@studentvm1 ~]#
```

从这里你可以看到，VG 上有约 24GB 的剩余空间，这些还没有分配给逻辑卷。对于这些实验，我们只需要少量的存储空间，因此我们将为测试卷分配 500MB。创建新的逻辑卷并验证其是否已正确创建。

```
[root@studentvm1 ~]# lvcreate -L 500M -n test fedora_studentvm1
  Logical volume "test" created.
[root@studentvm1 ~]# lvs
  LV   VG              Attr      LSize ...
```

⊖　Type 83 是一个标准的 Linux 分区。Linux 支持许多不同的分区。文件系统和类型将在第 19 章中介绍。

```
        home fedora_studentvm1 -wi-ao----   2.00g
        root fedora_studentvm1 -wi-ao----   2.00g
        test fedora_studentvm1 -wi-a----- 500.00m
        tmp  fedora_studentvm1 -wi-ao----   5.00g
        usr  fedora_studentvm1 -wi-ao----  15.00g
        var  fedora_studentvm1 -wi-ao----  10.00g
[root@studentvm1 ~]#
```

在前面的命令中，-L 定义了这是一个线性卷，500M 是大小，-n test 是新卷的名称，fedora_studentvm1 是现有卷组的名称。

这个过程的第二步是在新卷上创建一个 EXT4 文件系统。在以下的 mkfs（制作文件系统）命令中，-t ext4 创建一个 EXT4 文件系统，路径是此卷的设备文件。路径中的"mapper"部分是设备树中的一个特殊位置，LVM 设备就是在这里管理的：

```
[root@studentvm1 ~]# mkfs -t ext4 /dev/mapper/fedora_studentvm1-test
mke2fs 1.46.5 (30-Dec-2021)
Creating filesystem with 512000 1k blocks and 128016 inodes
Filesystem UUID: 8dfb1594-5d7a-4deb-8cf8-2dd0af0e2a0d
Superblock backups stored on blocks:
        8193, 24577, 40961, 57345, 73729, 204801, 221185, 401409

Allocating group tables: done
Writing inode tables: done
Creating journal (8192 blocks): done
Writing superblocks and filesystem accounting information: done

[root@studentvm1 ~]#
```

你可以使用以下命令来验证 LV 是否已经被正确创建：

```
[root@studentvm1 ~]# lsblk
NAME                       MAJ:MIN RM  SIZE RO TYPE MOUNTPOINTS
sda                          8:0    0   60G  0 disk
|-sda1                       8:1    0    1M  0 part
|-sda2                       8:2    0    1G  0 part /boot
|-sda3                       8:3    0    1G  0 part /boot/efi
`-sda4                       8:4    0   58G  0 part
  |-fedora_studentvm1-root 253:0    0    2G  0 lvm  /
  |-fedora_studentvm1-usr  253:1    0   15G  0 lvm  /usr
  |-fedora_studentvm1-tmp  253:2    0    5G  0 lvm  /tmp
  |-fedora_studentvm1-var  253:3    0   10G  0 lvm  /var
  |-fedora_studentvm1-home 253:4    0    2G  0 lvm  /home
  `-fedora_studentvm1-test 253:5    0  500M  0 lvm  /test
sr0                         11:0    1 50.5M  0 rom
zram0                      252:0    0    8G  0 disk [SWAP]
[root@studentvm1 ~]#
[root@studentvm1 ~]# mount /dev/sdb1 /test
[root@studentvm1 ~]#
```

你可能还记得我们在安装过程中为创建的每个卷都添加了一个标签。为了保持一致性，现在让我们为这个新卷添加一个标签。为此不需要挂载卷。首先，确认没有标签，然后添加标签，并验证它已被添加：

```
[root@studentvm1 ~]# e2label /dev/mapper/fedora_studentvm1-test

[root@studentvm1 ~]# e2label /dev/mapper/fedora_studentvm1-test test
[root@studentvm1 ~]# e2label /dev/mapper/fedora_studentvm1-test
test
[root@studentvm1 ~]#
```

新卷需要一个目录作为挂载点，以便可以在文件系统目录树上挂载它。这称为挂载点，它仅仅是一个普通的目录。创建 /test 目录：

```
[root@studentvm1 ~]# mkdir /test
```

你可以在每次重新引导后手动挂载新的测试卷，但这不是懒惰的系统管理员的做法。我们可以轻松地向 /etc/fstab（文件系统表）文件⊖添加一行，甚至不需要使用编辑器⊜。以下的命令行程序将所需的行追加到 /etc/fstab：

```
[root@studentvm1 ~]# echo "/dev/mapper/fedora_studentvm1-test /test
ext4　defaults 1 2" >> /etc/fstab
```

现在验证新的行是否已被添加到文件的底部：

```
[root@studentvm1 ~]# cat /etc/fstab
```

随后的命令告诉系统重新读取 fstab 文件：

```
[root@studentvm1 ~]# systemctl daemon-reload
```

最后一步是挂载新的文件系统：

```
[root@studentvm1 ~]# mount /test ; lsblk
NAME                        MAJ:MIN RM  SIZE RO TYPE MOUNTPOINTS
sda                             8:0  0   60G  0 disk
|-sda1                          8:1  0    1M  0 part
|-sda2                          8:2  0    1G  0 part /boot
|-sda3                          8:3  0    1G  0 part /boot/efi
`-sda4                          8:4  0   58G  0 part
  |-fedora_studentvm1-root 253:0  0    2G  0 lvm  /
  |-fedora_studentvm1-usr  253:1  0   15G  0 lvm  /usr
  |-fedora_studentvm1-tmp  253:2  0    5G  0 lvm  /tmp
  |-fedora_studentvm1-var  253:3  0   10G  0 lvm  /var
  |-fedora_studentvm1-home 253:4  0    2G  0 lvm  /home
  `-fedora_studentvm1-test 253:5  0  500M  0 lvm  /test
sr0                            11:0  1 50.5M  0 rom
zram0                         252:0  0    8G  0 disk [SWAP]
[root@studentvm1 ~]#
```

⊖ 第 19 章详细介绍。
⊜ 第 10 章介绍。

进入并且运行如下命令行程序，在 U 盘上创建一些非空文件。我们使用 dmesg 命令简单地为这些文件提供数据。文件的内容并不重要，所以每个文件都是相同的内容。

```
[root@studentvm1 ~]# cd /test
[root@studentvm1 test]# for I in 0 1 2 3 4 5 6 7 8 9 ; do dmesg >
file$I.txt ; done
```

验证驱动器上的 10 个文件都是相同的内容，文件名从 file0.txt 到 file9.txt

```
[root@studentvm1 test]# ll
total 702
-rw-r--r--. 1 root root 69827 Jan 21 16:13 file0.txt
-rw-r--r--. 1 root root 69827 Jan 21 16:13 file1.txt
-rw-r--r--. 1 root root 69827 Jan 21 16:13 file2.txt
-rw-r--r--. 1 root root 69827 Jan 21 16:13 file3.txt
-rw-r--r--. 1 root root 69827 Jan 21 16:13 file4.txt
-rw-r--r--. 1 root root 69827 Jan 21 16:13 file5.txt
-rw-r--r--. 1 root root 69827 Jan 21 16:13 file6.txt
-rw-r--r--. 1 root root 69827 Jan 21 16:13 file7.txt
-rw-r--r--. 1 root root 69827 Jan 21 16:13 file8.txt
-rw-r--r--. 1 root root 69827 Jan 21 16:13 file9.txt
drwx------. 2 root root 12288 Jan 21 10:16 lost+found
[root@studentvm1 test]#
```

新的卷已经为本章的实验做好了准备。

不要卸载 USB 设备或者从虚拟机上解绑。测试卷现在准备用于本章的实验。

9.5 生成数据流

大多数核心工具使用 STDIO 作为输出流，对于那些生成数据流而不是转换数据流的程序，我们可以用它们在实验中创建数据流。需要的话，数据流可以很短，一行甚至一个字符[⊖]。尝试我们的第一个实验，并且创造一个短的数据流。

实验 9-1　生成一个简单的数据流

如果你还未准备好，请以用户"student"登录到实验所用的主机。如果你已经登录到 GUI 桌面会话，打开你最爱的终端模拟器。如果你已经登录到一个虚拟控制台或者终端模拟器，让我们开始吧。

使用如下命令来生成数据流：

```
[student@studentvm1 test]$ ls -la
total 465229
```

⊖　例如，从特殊设备文件 random、urandom 和 zero 中提取的数据流，如果没有某种形式的外部终止（如用户按 <Ctrl+C>，输入命令的限制参数或系统故障），就可以永远持续下去。

```
-rw-r--r--. 1 root root      69827 Jan 21 16:53 file0.txt
-rw-r--r--. 1 root root      69827 Jan 21 16:53 file1.txt
-rw-r--r--. 1 root root      69827 Jan 21 16:53 file2.txt
-rw-r--r--. 1 root root      69827 Jan 21 16:53 file3.txt
-rw-r--r--. 1 root root      69827 Jan 21 16:53 file4.txt
-rw-r--r--. 1 root root      69827 Jan 21 16:53 file5.txt
-rw-r--r--. 1 root root      69827 Jan 21 16:53 file6.txt
-rw-r--r--. 1 root root      69827 Jan 21 16:53 file7.txt
-rw-r--r--. 1 root root      69827 Jan 21 16:53 file8.txt
-rw-r--r--. 1 root root      69827 Jan 21 16:53 file9.txt
drwx------. 2 root root      12288 Jan 21 10:16 lost+found
-rw-r--r--. 1 root root 475674443 Jan 21 17:11 testfile.txt
[root@studentvm1 test]#
```

这个命令的输出是一个短数据流，它被显示在标准输出、控制台或者你所登录的终端会话。

一些 GNU 核心工具被设计用来生成数据流。我们可以看下工具集中的部分工具。

实验 9-2　yes 命令

yes 命令产生一个持续数据流，由参数的字符串数据不断重复组成。生成的数据流一直持续，直到被 <Ctrl+C> 中断（在显示屏上显示为 ^C）。

输入如下的命令，并且运行几秒钟。在你对不断滚动的相同的字符串感到疲惫的时候，按下 <Ctrl+C>。

```
[student@studentvm1 test]$ yes 123465789-abcdefg
123465789-abcdefg
123465789-abcdefg
123465789-abcdefg
123465789-abcdefg
123465789-abcdefg
123465789-abcdefg
123465789-abcdefg
1234^C
```

现在键入 yes 命令并且没有任何选项：

```
[student@studentvm1 test]$ yes
y
y
y
y
y
y^C
```

yes 命令的基本功能是产生数据流。

你可能会问"这能用来做什么？"有很多方式去创建有用的数据流。当以 root 用户运行

的时候，`rm *` 命令会删除所有当前工作目录的文件，但是对于每个文件，它都会要求你键入 "y" 来校验你的确想删除这个文件。⊖ 这意味着需要打更多的字。

实验 9-3　使用 yes 作为命令的输入

以 root 用户身份将 /test 作为 PWD 执行此实验。

我仍未讨论关于管道的事情，但是作为一个系统管理员或者其他角色，你应该已经知道如何运用它们。下面的 CLI 程序将会对每个来自 rm 命令的请求提供 "y" 响应，并且会删除所有当前工作目录的文件。

首先尝试删除 /test 目录中的所有文件。确认当前工作目录是 /mnt：

```
[root@studentvm1 test]# rm file*txt
rm: remove regular file 'file0.txt'?
```

按 <Ctrl+C> 退出此命令，它会要求删除每个文件时获得单独的授权。当文件数量非常大时，这可能会让你感到有点耗时。

以下的命令行程序为 rm 命令提供了必要的输入，因此不需要你再进行任何干预。

```
[root@studentvm1 test]# yes | rm file*txt ; ll
rm: remove regular file 'file0.txt'? rm: remove regular file 'file1.txt'? rm:
remove regular file 'file2.txt'? rm: remove regular file 'file3.txt'? rm:
remove regular file 'file4.txt'? rm: remove regular file 'file5.txt'? rm:
remove regular file 'file6.txt'? rm: remove regular file 'file7.txt'? rm:
remove regular file 'file8.txt'? rm: remove regular file 'file9.txt'? total 0
[root@studentvm1 test]#  ll
total 12
drwx------. 2 root root 12288 Jan 21 10:16 lost+found
[root@studentvm1 test]#
```

警告　除了本实验中指定的 /test 位置外，不要在任何地方运行这个命令，因为它会删除所有当前工作目录的文件。

现在使用 seq 命令重新创建我们刚刚删除掉的文件，seq 命令可以生成文件编号，而不是我们之前那样将其作为列表提供。然后验证这些文件是否已重新创建：

```
[root@studentvm1 test]# for I in `seq 0 9` ; do dmesg > file$I.txt ;
done ; ll
```

你也可以使用 `rm -rf *`，它会强制删除当前目录的所有文件。-f 代表强制删除。确保你当前位于 USB 设备挂载点的 /mnt 目录下。然后运行以下命令去删除所有我们刚才创建的所有文件，并且确认它们已被删除：

```
rm -f f*t ; ll
```

如果不确保这些文件真的应该被删除，你就不应该这样做。

⊖　rm 命令的 -f 选项强制 rm 命令删除所有文件而不询问用户。但是这个实验很好地说明了 yes 命令的用法。

完成后，重新在 /mnt 目录创建测试文件。注意，你可以使用命令行调用来节省一些时间。简单地按 <↑> 键回滚到之前的命令，直到找到你想要的命令。然后按 <Enter> 键。不要卸载 USB 设备。

9.6 用 yes 命令测试一个场景

使用 yes 命令的另一个选项是用一个包含一些随机的数据来填充一个目录。我用这个技巧来测试一下如果 Linux 宿主机上一个特别的目录被填满了将会发生什么。在我使用这个技巧的实例上，我测试这个场景因为一个顾客正遇到问题并且无法登录他们的计算机。

实验 9-4 使用 yes 测试

这个实验需要以 root 用户运行。为了避免填满 root 文件系统，这个实验使用测试卷，你应该在 9.4 节中的准备工作中做好准备。这个实验不会影响卷上已经存在的文件。

确保 /test 是当前工作目录。

让我们花时间去学习另外一个工具 watch，它可以很好地持续运行静态命令，比如 df。df 工具展示了文件系统和其大小、剩余空间、挂载点。运行 df 命令：

```
[root@studentvm1 test]# df
Filesystem                        1K-blocks      Used Available Use% Mounted on
devtmpfs                               4096         0      4096   0% /dev
tmpfs                               8190156        12   8190144   1% /dev/shm
tmpfs                               3276064      1192   3274872   1% /run
/dev/mapper/fedora_studentvm1-root  1992552     39600   1831712   3% /
/dev/mapper/fedora_studentvm1-usr  15375304   4817352   9755136  34% /usr
/dev/sda2                            996780    233516    694452  26% /boot
/dev/sda3                           1046508     17804   1028704   2% /boot/efi
/dev/mapper/fedora_studentvm1-tmp   5074592       392   4795672   1% /tmp
/dev/mapper/fedora_studentvm1-home  1992552     29716   1841596   2% /home
/dev/mapper/fedora_studentvm1-var  10218772    404012   9274088   5% /var
tmpfs                               1638028        88   1637940   1% /run/user/1000
tmpfs                               1638028        64   1637964   1% /run/user/0
/dev/mapper/fedora_studentvm1-test   469328       704    438928   1% /test
[root@studentvm1 test]#
```

-h 选项表示这些数据以适合人类阅读习惯的格式。

```
[root@studentvm1 test]# df -h
Filesystem                         Size  Used Avail Use% Mounted on
devtmpfs                           4.0M     0  4.0M   0% /dev
tmpfs                              7.9G   12K  7.9G   1% /dev/shm
tmpfs                              3.2G  1.2M  3.2G   1% /run
/dev/mapper/fedora_studentvm1-root 2.0G   39M  1.8G   3% /
/dev/mapper/fedora_studentvm1-usr   15G  4.6G  9.4G  34% /usr
/dev/sda2                          974M  229M  679M  26% /boot
/dev/sda3                         1022M   18M 1005M   2% /boot/efi
```

```
/dev/mapper/fedora_studentvm1-tmp    4.9G  392K  4.6G   1% /tmp
/dev/mapper/fedora_studentvm1-home   2.0G   30M  1.8G   2% /home
/dev/mapper/fedora_studentvm1-var    9.8G  395M  8.9G   5% /var
tmpfs                                1.6G   88K  1.6G   1% /run/user/1000
tmpfs                                1.6G   64K  1.6G   1% /run/user/0
/dev/mapper/fedora_studentvm1-test   459M  704K  429M   1% /test
[root@studentvm1 test]#
```

请注意，**df** 命令的默认单位是 1K 块。在一个 root 终端会话中，启动 watch 命令并使用 df 命令作为其参数。这会不断地更新磁盘使用信息，使我们能够观察到 USB 设备如何被填满。watch 命令上的 -n 选项告诉它每 1s 运行一次 df 命令，而不是默认的 2s。它看起来像这样：

```
[root@studentvm1 ~]# watch -n 1 df
Every 1.0s: df                              studentvm1: Fri Jan 20 16:06:11 2023

Filesystem                     1K-blocks     Used Available Use% Mounted on
devtmpfs                            4096        0      4096   0% /dev
tmpfs                            2006112        0   2006112   0% /dev/shm
tmpfs                             802448     1244    801204   1% /run
/dev/mapper/fedora_studentvm1-root 1992552   25932   1845380   2% /
/dev/mapper/fedora_studentvm1-usr 15375304 4819656   9752832  34% /usr
/dev/mapper/fedora_studentvm1-home 1992552   29168   1842144   2% /home
/dev/mapper/fedora_studentvm1-tmp  5074592     228   4795836   1% /tmp
/dev/mapper/fedora_studentvm1-var 10218772  341856   9336244   4% /var
/dev/sda2                         996780   233516    694452  26% /boot
/dev/sda3                        1046508    17804   1028704   2% /boot/efi
tmpfs                             401220       88    401132   1% /run/user/1000
tmpfs                             401220       64    401156   1% /run/user/0
/dev/sdb1                        7812864       16   7812848   1% /test
```

数据将每秒更新一次。

将该终端会话放到你的桌面中能看到的地方。然后，以 root 身份运行另外一个终端会话，运行以下命令。填满 USB 文件系统的时间决定于它的文件系统大小，当然在小型测试卷中这应该很快。在我的系统上，4GB 的 USB 设备花了 18min55s。

请注意，我们正在重定向一个长数据流。观察 /test 上的 /dev/sdb1 文件系统，看它是如何填满的：

```
[root@studentvm1 test]# yes 123456789-abcdefgh >> /test/testfile.txt
yes: standard output: No space left on device
[root@studentvm1 test]#
```

当文件系统填满时，错误会被显示出来，并且程序终止。**df** 命令的输出应该如下所示：

```
Filesystem                     1K-blocks     Used Available Use% Mounted on
devtmpfs                            4096        0      4096   0% /dev
tmpfs                            8190156       12   8190144   1% /dev/shm
tmpfs                            3276064     1200   3274864   1% /run
/dev/mapper/fedora_studentvm1-root 1992552   39600   1831712   3% /
/dev/mapper/fedora_studentvm1-usr 15375304 4817352   9755136  34% /usr
```

```
/dev/sda2                              996780    233516    694452  26% /boot
/dev/sda3                             1046508     17804   1028704   2% /boot/efi
/dev/mapper/fedora_studentvm1-tmp     5074592       392   4795672   1% /tmp
/dev/mapper/fedora_studentvm1-home    1992552     29716   1841596   2% /home
/dev/mapper/fedora_studentvm1-var    10218772    404024   9274076   5% /var
tmpfs                                 1638028        88   1637940   1% /run/user/1000
tmpfs                                 1638028        64   1637964   1% /run/user/0
/dev/mapper/fedora_studentvm1-test     469328    465231         0 100% /test

[root@studentvm1 test]# ll
total 465229
-rw-r--r--. 1 root root     69827 Jan 21 16:53 file0.txt
-rw-r--r--. 1 root root     69827 Jan 21 16:53 file1.txt
-rw-r--r--. 1 root root     69827 Jan 21 16:53 file2.txt
-rw-r--r--. 1 root root     69827 Jan 21 16:53 file3.txt
-rw-r--r--. 1 root root     69827 Jan 21 16:53 file4.txt
-rw-r--r--. 1 root root     69827 Jan 21 16:53 file5.txt
-rw-r--r--. 1 root root     69827 Jan 21 16:53 file6.txt
-rw-r--r--. 1 root root     69827 Jan 21 16:53 file7.txt
-rw-r--r--. 1 root root     69827 Jan 21 16:53 file8.txt
-rw-r--r--. 1 root root     69827 Jan 21 16:53 file9.txt
drwx------. 2 root root     12288 Jan 21 10:16 lost+found
-rw-r--r--. 1 root root 475674443 Jan 21 17:11 testfile.txt
[root@studentvm1 test]#
```

你的结果应该和我的相似，确认 **df** 的输出结果中指向 /test 卷的那一行。它显示这个文件系统已经使用了 100%。

现在删除 /mnt 目录中的 testfile.txt 文件，并卸载其文件系统：

`[root@studentvm1 ~]# rm -f /test/testfile.txt`

注意我在一行使用了两个命令，以分号分隔。这比输入两个分隔的命令行更快，并且也是创建命令行程序的起步，我们会在后面更详细地讨论命令行程序。

我使用了实验 9-4 中的简单测试，在计算机上的 /tmp 目录，我的部分测试协助我定位客户的问题。在 /tmp 目录填满之后，用户不再能登录到 GUI 桌面，但是他们仍然可以登录使用控制台。这是因为登录 GUI 桌面会在 /tmp 目录下创建文件，但是这里没有剩余的空间，所以导致登录失败。而控制台登录则不会在 /tmp 目录下创建文件。我的客户没有尝试过登录控制台因为他们对 CLI 并不熟悉。

在系统上的测试得到验证之后，我使用控制台登录到客户宿主机，并且发现大量的大型文件占满了 /tmp 目录的空间。我删掉了那些文件，帮助客户了解到这些文件为何会被创建，并且我们阻止了这种情况。

9.7　引导记录

现在是时候做一些尽量安全的探索了，你将会继续使用前面实验中用到的 U 盘。本次实验我们将会查看一些文件系统的结构。

从一些简单的例子入手，你应该或多或少对 dd 命令有所了解，官方解释为磁盘转储（disk dump），很多系统管理员有充分的理由称之为磁盘破坏者（disk destroyer）。通过使用 dd 命令，我们中很多人不经意间把一个完整的硬盘的内容破坏掉。这也是为什么我们会使用 U 盘来进行这些实验。

尽管 dd 命令饱受争议，但在探索多种存储介质、磁盘驱动和分区的时候，它是十分有用的。我们在探索 Linux 的其他方面中用到它。

实验 9-5　探索引导记录

本次实验必须以 root 的身份进行。如果你还不是 root 身份，请以 root 身份登录到终端会话。

引导记录是位于每个存储设备开头的一块数据。在 VM 的唯一硬盘上安装了 Linux，即 /dev/sda，引导记录是该设备的第一个扇区。引导记录不位于任何分区或逻辑卷中。

在终端会话中以 root 身份查看 VM 上的块设备（HDD 或 SSD）：

```
[root@studentvm1 test]# lsblk
NAME                        MAJ:MIN RM  SIZE RO TYPE MOUNTPOINTS
sda                             8:0  0   60G  0 disk
|-sda1                          8:1  0    1M  0 part
|-sda2                          8:2  0    1G  0 part /boot
|-sda3                          8:3  0    1G  0 part /boot/efi
`-sda4                          8:4  0   58G  0 part
  |-fedora_studentvm1-root  253:0  0    2G  0 lvm  /
  |-fedora_studentvm1-usr   253:1  0   15G  0 lvm  /usr
  |-fedora_studentvm1-tmp   253:2  0    5G  0 lvm  /tmp
  |-fedora_studentvm1-var   253:3  0   10G  0 lvm  /var
  |-fedora_studentvm1-home  253:4  0    2G  0 lvm  /home
  `-fedora_studentvm1-test  253:5  0  500M  0 lvm  /test
sr0                            11:0  1 50.5M  0 rom
zram0                         252:0  0    8G  0 disk [SWAP]
```

使用 dd 命令查看虚拟硬盘 /dev/sda 的引导记录。bs= 参数并不是你认为的那样，它只是指定块大小。而 count= 参数指定要转储到 STDIO 的块数量。if=（输入文件）参数指定数据流的来源，在这种情况下是测试卷：

```
[root@studentvm1 test]# dd if=/dev/sda bs=1024 count=1
�c������t��pt���y|1��_м ��d|<�t��R��}��|
�A��U�ZRr=��U�u7��t21��D@�D��D�f�\|f�f`|f�\
Z������}��f�Cd�@�D��������@�������`|f      �uNf�\|
f1�f�4��1�f�t;}7���0�����Z�2p��1∧�r��`��1������
�a�&Z|��}���}�4��}�.�█��GRUB GeomHard DiskRead Error
����<u������U�EFI PART\(`*��"���      @�T
F����1>���~J�
1+0 records in
1+0 records out
```

```
1024 bytes (1.0 kB, 1.0 KiB) copied, 0.00160644 s, 637 kB/s
[root@studentvm1 test]#
```

　　它打印了引导记录的文本信息，在任何磁盘上，引导记录是第一个块。本例中，这里有文件系统的信息（当然这是不可读的，因为以二进制形式存储）和分区表。如果这是一个可引导设备，那么 GRUB 的第一阶段或者其他引导加载程序将位于该扇区。最后三行包含了处理的记录和字节数量。

　　现在做一次相同的实验，但变成在第一个分区的第一条记录上。

实验 9-6　查看分区记录

　　以 root 身份运行以下命令。这将查看 /dev/sda 设备的第一分区中的第一条记录，即 /dev/sda1：

```
[root@studentvm1 test]# dd if=/dev/sda1 bs=1024 count=1
RV���9^��f�-����|�tF��Mf1�9�)f�U��Df�f�L�DpP�D�B����p�ff�Ef
���f�f1�f�4�T
f1�f�t�T
      �D;}y�*D
���Lf�U�T
�ьlZR�t
      P�p��1т�rF�ÎE
��E
`���1�1�����#��Wa�$�����%��BZ����6��-��.�2���loading.
^
Б��d��$�����ĉ�f� �_�����i�
����"�f�{�f1�_�����f�U��W��V1S�É�1`x+���t�������d��ĉš��$1�
1����~���H��[��^_]Ä�t �t�����������1��U��WVS��1+0 records in
1+0 records out
1024 bytes (1.0 kB, 1.0 KiB) copied, 0.66347 s, 1.5 kB/s
[root@studentvm1 test]#
```

　　这个实验展示了引导记录和分区第一条记录的不同之处。这也展示了 **dd** 命令可以被用来查看分区中的数据以及磁盘本身。

　　测试卷上还有什么？这决定于你在这些实验中使用的 USB 设备，你可能会有和我不同的结果。我将会向你展示我是如何做的，并且如果对你来说达到需要的结果是有必要的，你可以做出一些修改。

　　我们尝试使用 **dd** 命令来查找我们在测试卷上创建的目录和一些数据。如果我们掌握了足够的元数据结构的知识，我们可以直接解释它们，并找到驱动器上这些数据的位置，但是我们并不熟悉这些知识，所以我们用另外一种困难的方式，打印数据直到我们找到了我们想要的内容。

　　让我们凭借着已有的知识和技巧来开始这个实验。我们知道在 USB 设备准备阶段已经创建了数据文件，它在设备上的第一个分区。所以我们不需要在引导记录和包含着大量空白的第一分区中搜索。至少这是它应该包含的内容。

从 /dev/sda1 开始，花点时间看看这些数据块来找到我们想要的。实验 9-7 中的命令和实验 9-6 中的相似，不同之处是我们指定了一些要查看的数据块。如果你的终端不足以一次性展示所有的数据，你可以指定更少的数据块；或者你可以将数据丢进管道，并通过 less 工具来进行翻页，两种方式都可以。记住我们是以 root 用户来执行，因为非 root 用户没有必要的权限。

9.8　深入探究

存储设备的内容远不止引导记录。所以，让我们进一步探究存储设备 sda 上的分区。

实验 9-7　显示分区的多个记录

输入实验 9-6 中相同的命令，但是这次使用 /dev/sda4，并且把块的数量增加到图示中的 2000，以展示更多的数据。

请注意，"^@^@^@^@"基本上是空数据。在分区的第一条记录与数据区的开头之间可能有很多这样的数据：

```
[root@studentvm1 ~]# dd if=/dev/sda4 bs=512 count=2000 | less
```

向下翻页，直到你看到类似这样的内容：

```
^@^@^@^@^@^@^@^@^@^@^@^@^@^@^@^@^@^@^@^@^@^@^@^@^@^@^@^@^@^@^@^@^@^@
^@^@^@^@^@^@^@^@^@^^@^@^@^@^@^@^@^@^@^@^@^@^@^@^@^@^@^@^@^@^@^@^@^@^@
^@^@^@^@^@^@^@^@^@^@^@^@^@^@^@^@^@^^@^@^@^@^@^@^@^@^@^@^@^@^@^@^@^@^@
^@^@^@^@^@^@^@^@^@^@^@^@^@^@^@^@^@^@^@^@^@^@^^@^@^@^@^@^@^@^@^@^@^@^@
^@^@^@^@^@^@^@^@^@^@^@^@^@^@^@^@^@^@^@^@^@^@^@^@fedora_studentvm1 {
id = "KUZ1r9-FGf5-QXR1-xvx9-8gff-N85k-sicFij"
seqno = 1
format = "lvm2"
status = ["RESIZEABLE", "READ", "WRITE"]
flags = []
extent_size = 8192
max_lv = 0
max_pv = 0
metadata_copies = 0

physical_volumes {

pv0 {
id = "czfgYd-e5tH-b4PK-2PXd-74Tx-9vkC-SWduDi"
device = "/dev/sda4"
status = ["ALLOCATABLE"]
flags = []
dev_size = 121628672
pe_start = 2048
pe_count = 14847
}
```

这些数据是卷组的元数据的一部分。LVM 元数据有相当多的内容，所以滚动查看它需要一些时间。继续向下滚动，直到你看到类似这样的内容。这是 /home 卷的 LVM 元数据。所有的卷定义都位于 sda4 设备的这个区域：

```
home {
id = "sfKPPQ-7kAx-fIdF-S74h-St3W-Ppw3-HfNhlZ"
status = ["READ", "WRITE", "VISIBLE"]
flags = []
creation_time = 1673958577
creation_host = "localhost-live"
segment_count = 1

segment1 {
start_extent = 0
extent_count = 512

type = "striped"
stripe_count = 1

stripes = [
"pv0", 3840
]
}
}
```

滚动查看这些数据可能需要很长时间，但我们还有另一个选项。

让我们看看 dd 命令的新选项，这可以为我们提供更多的灵活性。

实验 9-8　从非首行记录开始

我们现在想一次性展示 100 个块的数据，但是我们不想从分区的起始位置处开始，我们想跳过我们已经查看过的块。

输入如下命令，并且加入 `skip` 参数，这可以跳过头 2000 个数据块并且展示接下来的 100 个块。

```
[root@studentvm1 test]# dd if=/dev/sda4 bs=512 count=100 skip=2000
10+0 records in
10+0 records out
5120 bytes (5.1 kB, 5.0 KiB) copied, 0.01786 s, 287 kB/s
```

如果你的测试卷有不同的规格或者不同的格式化方式，这组参数可能不会展示上面的内容，但这也是一个好的开始。你可以继续重复操作，直到你找到数据。你绝对应该自己花一些时间来探究其他分区的内容，你可能会对你的发现感到惊讶。

9.9　随机性

事实证明随机性对于计算机来说是很重要的事情。谁知道呢？系统管理员有充足的理由来生成随机数据的数据流。随机数据流有时候对于覆盖一个完整分区的内容来说十分有用，比如 /dev/sda1；甚至整个磁盘驱动器，比如 /dev/sda。

尽管删除文件操作看上去是永久性的，但事实并非如此。有很多急救工具可以使用，训练有素的专家可以使用这些工具轻易地恢复那些本想删除的文件。文件一旦被随机数据流覆盖过，就很难被恢复。我经常不仅需要删除磁盘驱动器上的所有数据，还需要覆盖它，使它无法恢复。我为那些将旧计算机"赠送"给我的客户或者朋友做这些工作。

不管计算机最终会变成啥样子，我向那些捐赠计算机的人承诺：我会擦除所有在磁盘驱动器上的数据。我从计算机上移除驱动器，将它们插在我的插入式硬盘扩展槽上，用实验 9-9 相似的命令来覆盖数据，但是不同于本次实验中将随机数据流输出到标准输出，我重定向到磁盘驱动器的设备文件来覆盖它们，实验中请不要这么做。

实验 9-9　生成随机内容

以 student 用户身份进行以下实验。输入以下命令来无休止地打印随机数据流到标准输出：

```
[student@studentvm1 test]$ cat /dev/urandom
```

按 <Ctrl+C> 来中断并停止数据流，你可以多次使用它。

如果你想较真，那么可以使用 shred 命令来覆盖独立的文件、分区和完整驱动器。它可以覆盖写入设备多次，这会让你感到更安全。通过多次使用随机数据以及专门排序的数据模式，为了防止即使是最敏感的设备从硬盘驱动器恢复任何数据。和其他使用随机数据的工具一样，随机数据流由 /dev/urandom 设备文件提供。

随机数据也可以用作科学计算和数理统计中生成随机密码、随机数据、随机数的程序输入种子。我将在下册的第 3 章中对随机数据和其他数据源做更多的细节介绍。

9.10　管道流

对于我们在命令行完成令人惊奇的事情的能力来说，管道是如此至关重要。思来想去，认识到它是 Douglas McIlroy 在早期的 UNIX 版本中发明出来的，这是很重要的一件事。谢谢你，Doug！普利斯顿大学网站有一段对 McIlroy 的采访片段，他在采访中讨论了管道的创建和 UNIX 哲学的起源。

注意，实验 9-10 中的简单的命令行程序使用管道来列举每一个登录的用户，无论当前这些用户有多少次活跃登录。

实验 9-10　介绍管道

用 student 用户身份进行以下实验，输入下列命令：

```
[student@studentvm1 test]$ w | tail -n +3 | awk '{print $1}' | sort | uniq
```

```
root
student
[student@studentvm1 test]$
```

命令行产生两行数据，显示了用户 root 和 student 都登录着。它不会显示每个用户登录了多少次。

　　管道是句法粘合剂（由竖线 | 表示），它将这些命令行工具连接在一起。管道允许一个命令的标准输出被"管道化"，也就是说，从一个命令的标准输出流式传输到下一个命令的标准输入。

　　操作符 |& 可以用于将标准错误和标准输出一起通过管道传输到下一个命令的标准输入。这并不常用，但是对定位问题来说它确实为记录标准错误的数据流提供了灵活性。

　　通过管道连接的程序链被称为管道流水线。

　　想象一下，如果我们无法将数据流从一个命令传输到下一个命令，这些程序将如何工作？第一个命令完成数据处理后，其输出会保存进文件；下一个命令会从中间文件中读取并修改数据流，把结果保存到一个新的临时数据文件；第三个命令将从这个临时数据文件中读取数据来完成自己的数据流操作，并存储结果数据流到另外一个临时文件。每一个步骤都需要将数据文件的名称以某种方式从上一个命令传递到下一个命令。

　　我甚至受不了去想象这种场景，因为它太复杂了。请记住这些简单的工具。

9.11　构建管道流水线

　　当我处理新的工作，解决一个新问题的时候，我通常不会从头开始输入完整的 Bash 命令管道，如实验 9-10 所示。我通常从一两个命令开始，通过加入更多的命令进一步处理数据流来建造管道流水线。这允许我来查看每一个管道流水线中的命令处理后的数据流的状态，有必要的话就纠正它们。

　　在实验 9-11 中，你应该输入并运行图示中的每一行命令来查看结果。这让你了解如何分阶段构造管道流水线。

实验 9-11　构建一个管道流水线

　　输入下列每一行命令，当每一个新的转换器工具使用管道插入数据流后，观察数据流的改变。

　　以 root 身份登录两个 Linux 虚拟控制台，用 student 用户登录另外两个虚拟控制台，并且打开桌面上的多个终端会话。这会为实验提供大量数据：

```
[student@studentvm1 test]$ w
[student@studentvm1 test]$ w | tail -n +3
[student@studentvm1 test]$ w | tail -n +3 | awk '{print $1}'
```

```
[student@studentvm1 test]$ w | tail -n +3 | awk '{print $1}' | sort
[student@studentvm1 test]$ w | tail -n +3 | awk '{print $1}' | sort | uniq
```

这个实验的结果说明了每一个管道流水线中的转换器工具处理后的数据流的改变。

通过许多不同工具建造一个极为复杂的管道流水线来处理数据流是可能的，这些工具使用 STDIO。

9.12　重定向

重定向是指将一个程序的标准输出转储到一个文件，而不是输出到默认的显示器上。大于号（>）是重定向的语法符号。实验 9-12 展示了如何将 df -h 命令的数据流输出重定向到文件 diskusage.txt。

实验 9-12　重定向标准输出

重定向一个命令的标准输出可以用来创建一个文件，文件内容包含该命令结果。

```
[student@studentvm1 test]$ df -h > diskusage.txt
```

这个命令不会在终端上产生输出，除非其中有错误。这是因为标准输出的数据流已经被重定向到文件，而标准错误仍然输出到标准输出的设备文件（即显示器）。你可以使用下一个命令来观察文件内容。

```
[student@studentvm1 test]$ cat diskusage.txt
Filesystem                      Size  Used Avail Use% Mounted on
devtmpfs                        2.0G     0  2.0G   0% /dev
tmpfs                           2.0G     0  2.0G   0% /dev/shm
tmpfs                           2.0G  1.2M  2.0G   1% /run
tmpfs                           2.0G     0  2.0G   0% /sys/fs/cgroup
/dev/mapper/fedora_studentvm1-root  2.0G   49M  1.8G   3% /
/dev/mapper/fedora_studentvm1-usr   15G  3.8G   11G  27% /usr
/dev/sda1                       976M  185M  724M  21% /boot
/dev/mapper/fedora_studentvm1-tmp  4.9G   21M  4.6G   1% /tmp
/dev/mapper/fedora_studentvm1-var  9.8G  504M  8.8G   6% /var
/dev/mapper/fedora_studentvm1-home  2.0G  7.3M  1.8G   1% /home
tmpfs                           395M  8.0K  395M   1% /run/user/1000
tmpfs                           395M     0  395M   0% /run/user/0
/dev/sdb1                        60M  440K   59M   1% /test
[student@studentvm1 test]$
```

重定向过程中使用 > 符号时，指定文件如果不存在，则文件会被创建。如果它已经存在，那么文件内容会被输出的数据流覆盖。你可以使用两个大于号（>>）来将新的数据流追加到已经存在的文件内容尾部，如实验 9-13 所展示的那样。

实验 9-13　追加重定向数据流

这个命令会将新的数据流追加到已经存在的文件尾部。

[student@studentvm1 test]$ **df -h ›› diskusage.txt**

你可以使用 cat 或者 less 命令来查看 diskusage.txt 的文件内容，来验证新的数据是否已追加到文件尾部。

小于号（<）重定向程序的标准输入数据。你也许会想使用这个方法将文件中的数据输入到使用标准输入的命令程序，即使该程序不以文件名作为参数。尽管输入源可以重定向为标准输入，比如将文件用来作为 grep 命令的输入，但这通常是不必要的。因为 grep 也使用文件名作为参数来指定输入源。很多其他命令也带上文件名参数作为它们的输入源。

一个使用重定向到标准输入的例子，如实验 9-14 使用的 od 命令。选项 -N 50 防止无休止输出结果。如果不使用 -N 选项来限制它，你可以按 <Ctrl+C> 来终止输出数据流。

实验 9-14　重定向标准输入

这个实验解释了重定向输入到标准输入的用法：

```
[student@studentvm1 test]$ od -c -N 50 < /dev/urandom
0000000  331 203   _ 307   ]   { 335 337   6 257 347       $   J   Z   U
0000020 245  \0   `  \b   8 307 261 207   K   :   }   S   \ 276 344   ;
0000040 336 256 221 317 314 241 352   ` 253 333 367 003 374 264 335   4
0000060   U  \n 347   (   h 263 354 251   u   H   ] 315 376   W 205  \0
0000100 323 263 024   % 355 003 214 354 343   \   a 254   #   `   {   _
0000120   b 201 222   2 265   [ 372 215 334 253 273 250   L   c 241 233
<snip>
```

将使用 od（八进制显示）格式化数据流时，使得输出结果更易于理解。请阅读 od 命令的手册来获取更多信息。

重定向可以是管道流水线的源头或者结尾。因为很少需要用它作为输入，所以重定向通常作为工作管道流水线的结尾。

实验 9-15　使用 ECHO 生成文本流

以 student 用户身份进行如下实验。这为尚未完成的重定向的其他方面提供了例子。echo 命令用来打印文本到标准输出。

1）将你的当前工作目录切换到主目录并创建文本文件：

[student@studentvm1 test]$ **echo "Hello world" › hello.txt**

2）通过重定向标准输入来阅读内容：

[student@studentvm1 test]$ **cat ‹ hello.txt**
Hello world
[student@studentvm1 test]$

3）向已经存在的文件加入新的一行：

```
[student@studentvm1 test]$ echo "How are you?" >> hello.txt
```

4）查看内容：

```
[student@studentvm1 test]$ cat hello.txt
Hello world
How are you?
[student@studentvm1 test]$
```

5）删除文件，并列出主目录的内容来验证文件已被移除：

```
[student@studentvm1 test]$ rm hello.txt ; ls -l
```

6）再次创建文件：

```
[student@studentvm1 test]$ echo "Hello world" >> hello.txt ; ll
```

7）使用 ls 和 cat 命令来验证文件已被重新创建。

注意在步骤 6）中，>> 操作符创建了文件，因为该文件并不存在。如果它已经存在，那么该行会在现有文件的尾部添加，就像步骤 4）中一样。另外，双引号是标准 ASCII 中的双引号，前后引号都是一样的字符；而非扩展的 ASCII，其前后引号不一样。

9.13 使用 grep 命令

grep 命令用来选择数据流中匹配指定模式的数据行。grep 是一个最为常见的转换器工具，极具创造力和趣味性。grep 命令是少数能完全被称为过滤器的程序，因为它过滤了所有数据流中的不想要的数据行；只保留想要的数据行在剩余的数据流中。

根据 Klaatu（《网络服务详解》的审稿人）的说法，"其中一个经典的 UNIX 命令是由 Ken Thompson 在 1974 年开发的全局正则表达式打印（grep）命令。它在计算领域无处不在，经常被用作动词（'在文件中 grep'），并且，根据你的受众有多 '极客'，它也非常适用于现实场景。（例如，'我必须 grep 我的记忆库才能想起那些信息。'）简而言之，grep 是一种在文件中搜索特定字符模式的方法。如果这听起来像任何文字处理器或文本编辑器中可用的现代查找功能，那么你已经体验到了 grep 对计算行业的影响。"

实验 9-16　介绍 grep

我们需要使用随机数据创建一个文件。我们可以用工具来生成随机密码，但是我们得先用 root 的身份来安装它。

```
dnf -y install pwgen
```

现在以 student 用户身份生成一些随机数据并使用它创建一个文件。如果当前工作目录不是 /test，请切换到 /test。下列命令创建了一个 5000 行的随机数据流，每一行数据有

75 个字符，存储在 random.txt 文件中。

```
pwgen 75 5000 > random.txt
```

考虑到这里有如此之多的密码，它们之中很可能有相同的字符串。从屏幕中的最近 10 行密码中，找到一些短的、随机选择的字符串，使用 grep 命令来定位它们。我看见单词 see 和 loop 在最近十行密码之中，所以我的命令可能像这样：

```
grep see random.txt
```

你可以尝试一下，但是你应该挑选你自己的字符串，最好是 2 ～ 4 个字符的短字符串。

使用 grep 过滤器来定位 dmesg 命令的输出中有关 CPU 的数据行：

```
dmesg | grep cpu
```

列举你的主目录中的所有目录：

```
ls -la | grep ^d
```

这是有效的，因为在列表中的每一个目录都是字符"d"开头的。在 grep 及其他工具中使用插入符号（^）将正在搜索的文本锚定到行的开头。

使用 -v 选项列举所有文件中的非目录文件，同前面这个 grep 命令的目的相反。

```
ls -la | grep -v ^d
```

总结

你可能已经注意到，这一章并不仅仅是关于创建随机数据流的。你创建了有意义的数据流，然后操作它们以查看或使用特定的数据。其中许多数据都与存储有关，因为你在后续章节中需要一个逻辑卷进行更多的实验，而这是探索数据流、磁盘和 LVM 结构的好机会。

只有使用管道和重定向，许多可以在 Linux 命令行上执行的惊人而强大的任务才有可能实现。管道将标准输入 / 输出数据流从一个程序或文件传输到另一个程序或文件。在本章中，你了解到：通过一个或多个转换器程序使用管道数据流水线，来支持对这些流中的数据进行强大而灵活的操作。

实验中演示的流水线中的每个程序都很小，每个程序都做好一件事。它们都是转换器，它们获取标准输入，某种程度上处理数据流，并将它发送到标准输出。这些程序的实现以转换器的方式去发送处理过的数据流，这些数据流从它们的标准输出转到下一个程序的标准输入，这是对于 Linux 工具中的管道实现的补充，这是有必要的。

你还了解到 STDIO 不过是数据流。此数据几乎可以是任何东西，从列出目录中文件的命令的输出，到来自特殊设备（如 /dev/urandom）的无尽数据流，甚至是包含硬盘、逻辑卷或分区的所有原始数据的流。你学习了一些不同且有趣的生成不同类型数据流的方法，以及如何使用 dd 命令来探索硬盘的内容。

Linux 计算机上的任何设备都可以被当作数据流来处理。你可以使用普通工具（比如 dd、cat）从设备文件转储到其他标准输入 / 输出数据流中，这些数据流可被普通 Linux 工具处理。

练习

完成以下练习来结束本章：

1）大于号（>）的功能是什么？

2）追加数据流中的内容到一个已存在的文件是否可行？

3）设计一个简短的命令行程序，只显示包含 CPU 型号名称的行。

4）在 /test 目录创建一个由十个随机数据块组成的文件。

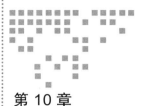

第 10 章

文本编辑器

目标

在本章中，你将学习以下内容：

❑ 为何需要文本编辑器？

❑ 一些文本编辑器的相关内容，其中一部分可以在终端会话中使用，另一部分在 GUI 桌面使用。

❑ 如何使用 Nano 文本编辑器？

❑ 如何使用 Vim 文本编辑器？

❑ 为何选择这些文本编辑器？

10.1　为何我们需要文本编辑器

在文字处理程序诞生之前，我们使用文本编辑器。早期的文本编辑器一开始用于文本文件（比如脚本、C 语言和其他语言程序、系统配置文件）的创建和维护。

不久之后，诸如 LaTex 等文档预处理软件被开发出来，用来自动排版各种类型的文档，尤其是技术文档和期刊。这不是文字处理，而是排版。LaTex 正在仍被广泛使用，大受欢迎，它只处理文档的内容而非格式和外观。为输入到 LaTex 而创建的文本文件是由 Vim 等文本编辑器创建的 ASCII 纯文本文件。

文本编辑器是为一个特定环境而开发的，在该环境中，文本字符和字符串是结果文件的唯一重要方面。编辑器创建的文本文件没有文字处理程序使用的用来表示字体、样式、各种标题级别、精美表格和图形插图的无关标记字符。编辑器的全部意义在于创建一个仅包含文本的文件。对 Intel PC 和相关处理器来说，这就是 ASCII 文本。

虽然 LibreOffice Writer 和其他文字处理程序可以将文件保存为 ASCII 文本，但是这需要额外的步骤来完成，并且这些结果仍然不是真正的 ASCII 文本。比如，我尝试创建一个 ASCII 文本作为一个可执行程序。非常简单。我在 LibreOffice Writer 中创建下列文本文档，并保存为一个纯文本文档，见代码示例 10-1。

代码示例 10-1　ASCII—NOT!

```
#!/usr/bin/bash
# This is an ASCII text file.
echo "This is a BASH program created by LibreOffice"
exit
```

你发现问题了吗？

一起看下 echo 语句中的引号。这不是真正的 ASCII 字符，它们是扩展的 ASCII 字符，区分左右引号。这些扩展的 ASCII 引号字符不能很好地被 Bash 或者其他的脚本所解释。这个程序执行后的结果会打印包含引号的所有字符串。而这类代码的目的是打印双引号内的字符串，而非引号本身。只有标准的 ASCII 双引号字符（十六进制表示为 22）或者单引号字符（十六进制表示为 27）可以正常工作。

有许多方法可以让 LibreOffice 去使用标准的 ASCII 双引号，但是在使用标准 ASCII 的文档和其他类型的文档中转换会带来很大的不便。

还有一个事实，你无法在没有安装 GUI 桌面的主机上使用一个 GUI 程序，例如很多服务器主机。在所有 Linux 发行版上，只有 Vim 是可以使用的。在所有发行版的任何运行级别上，不要期望可以使用其他的编辑器。

10.2　Vim

Vim 编辑器是 Vi 文本编辑器的加强版本，它发行在许多版本的 UNIX 上。仅有少数情况下，Vi 编辑器可用而 Vim 不可用，比如一个较老的发行版本操作系统被引导到恢复模式或者单用户模式时就是这样。现在的 Fedora 发行版在急救模式中使用 Vim。

Vim 给人的第一印象可能是非常简单的文本编辑器，但是事实上它非常强大。Vim 可以扩展性地配置，有很多量身定制的插件。当在支持彩色的终端和命令终端中使用 Vim 时，丰富的预定义色彩样式可以使用；当彩色可用时，Vim 可以突出显示各种编程和脚本语言的句法和逻辑结构，以增强程序员可视化代码结构和功能的能力。

Vim 有着超越任何文字处理程序的检索替换能力。使用正则表达式，Vim 可以查找并修改文本字符串，这种方式连我最爱的文字处理程序 LibreOffice Writer 都无法媲美。Vim 称之为替换命令。Vim 也有它自己的脚本语言：Vim Script。

Bash 终端是众多 Linux 发行版的默认终端，它有着很多强大的内置命令和 Linux 核心工具集中的工具。这些都能直接在 Vim 编辑器中使用。

这是实践了大量 Linux 哲学原则的很好的例子，在这些哲学原则之中，每一个程序应该只做好一件事。一个典型的例子是 sort 核心工具。sort 工具是一个擅长排序的小程序，它只排序。当 Vim 的开发者发现使用核心工具集中现成的工具来完成排序这样的任务是一个不错的想法时，他们做出了这个决定，简单地使用那些核心工具集中现成的工具。为何需要重新造轮子而且使得 Vim 更为复杂呢？使用外部的 sort 命令或者任何其他的外部命令，意味着增加特性会变得很简单；只需添加使用 Vim 外部已经存在的那些命令的能力。

Vim 可以在分屏模式下工作，可以在同一屏幕上编辑两个文件，甚至可以在一个屏幕上编辑不同的文件。它还具有内置的帮助功能，可以与正在编辑的文件一起在分屏中显示。

为了使 Vim 的用户体验更好，在 GUI 桌面环境中还可以使用 gVim。Vim 还可以配置成一个简单的版本，evim 或者 easy Vim。在 Bash 终端中，Vim 可以使用一个选项配置成适合命令行编辑的模式。Vim 编辑器（Fedora 和其他基于 Red Hat 的发行版中的 Vim）是系统管理员工具箱中最强大的工具之一。

我建议学习 Vim，因为它始终存在于 Linux 的所有发行版中，包括最小安装版本。这也是 UNIX 中最为广泛的编辑器。没有其他编辑器是如此的无处不在。由于 Vim 的可用性如此广泛，因此我们在本书中将会使用它。

10.3　其他编辑器

对于 Linux 系统管理员来说，还有许多其他的编辑器，让我们一起看一眼，也许会对你有所启发。

使用 Google 搜索"Linux open source text editors"（Linux 开源文本编辑器），会返回大量结果。其中很多结果都是以"某某最好的文本编辑器"开头的文章，所以这里有很多选择。正因为选择太多，所以这里没法全部囊括起来介绍。这些编辑器都很完美，每一个都有它的强项和弱项，我也试过其中一部分，但往往最后都会用回 Vim。因此我对它们了解不是很深，但我会介绍一下我用过的这几个。

10.3.1　Nano

Nano 编辑器非常受欢迎，现在已经成为包括 Fedora 在内的许多 Linux 发行版的默认编辑器。Nano 旨在比其他编辑器对用户更加友好。它在编辑模式下打开文件，而 Vim 不会，而且它在屏幕底部显示了最常用的按键。

我确实喜欢 Nano 的相对简单性，我认为它对于 Linux 和文本编辑的新手来说是一个更好的选择。我在这第 2 版中增加了一个关于如何开始使用 Nano 的简短部分，并建议你在本书中将它作为默认编辑器。

Vim 和 Nano 都在 Fedora Xfce 版本中默认安装。

提示 尽管我推荐在本书中使用 Nano 作为你的编辑器，但仍然可能存在一些关于使用 Vim 编辑文件的参考。你可以选择使用 Nano 或 Vim，取决于你更喜欢哪一个。

10.3.2 Emacs

GNU Emacs 可以说是最受欢迎的、使用最多的开源文本编辑器。Emacs 架构可扩展，有着大量的插件，十分强大。它是文本模式的编辑器，但是同 Vim 一样，它也有 GUI 版本。

Emacs 为许多编程和脚本语言提供语法高亮显示。它也有一个脚本语言 Emacs Lisp 和广泛的内置文档。有些人将 Emacs 称为操作系统本身，因为可以使用 Emacs 编写多种类型的程序，包括在 Emacs 会话中运行的游戏。Emacs 模式也是 Bash 终端的默认编辑模式。如果你喜欢 Emacs，那么 Bash 命令行编辑将成为你的第二爱好。

10.3.3 GNOME 文本编辑器

GNOME 文本编辑器是一个简单的桌面编辑器。它明确地为 GNOME 设计，但也适用于其他桌面环境。它基本功能不多，但我特别喜欢的一个功能是你可以打开多个文档，每个文档都在自己的选项卡上。

10.3.4 gedit

gedit 文本编辑器是一个 GUI 程序，它提供语法突出显示、插件、内置拼写检查和一个可以显式打开的文本文档列表的侧面板。它简单易用，但仍然拥有强大的功能集。

gedit 仍然可用，但它并没有默认安装，因为它已经被 GNOME 文本编辑器替代了。

10.3.5 Leafpad

Leafpad 是我尝试过的另一个 GUI 文本编辑器。它非常简单，只有几个功能。你可以打开自动换行、自动缩进和行编号。如果你想要最简单的 GUI 编辑器，这绝对是你想要的那一个。

10.3.6 Kate

Kate 是一个为 KDE 环境设计的高级 GUI 桌面文本编辑器，但是其他版本的桌面环境也能使用。它具有语法高亮显示功能，可以使用多个面板（例如分屏、用于文档概览的侧面板、行编号等）。Kate 还支持插件，它为我们这些拥有根深蒂固的 Vim 肌肉记忆的人提供了 Vi 模式。

不像很多其他 KDE 相关的工具，Kate 没有很多对于 KDE 包的依赖。当我安装它的时候，只有一个额外的依赖项需要安装。

Kate 有很多为开发环境而设计的特性。如果你是一个在 GUI 桌面上工作的开发者，你应该考虑一下使用 Kate。

10.3.7　xfw

xfw 编辑器也就是 X File Writer，它是一个非常简单的 GUI 文本编辑器，除了基本的搜索和替换之外，几乎没有提供其他功能。它只有很少的配置选项，如果你喜欢简洁，那么 xfw 是个不错的选择。

10.3.8　xed

xed 是另外一款简单的 GUI 编辑器。它具有拼写检查和语法突出显示功能，因此对于一些进行编码或长文本文档的用户来说，它可能是更好的选择。

10.4　学习 Nano

许多 Linux 发行版本将 Vim 作为其默认文本编辑器。这吸引了许多老的 Linux 用户，那些不喜欢它的人在安装后也可以迅速地更改它。然而，Vim 是一个有趣的编辑器，因为它是少数几个打开时不允许文本输入的编辑器之一。对于任何用户来说，这都是一个令人困惑的选择，对于新用户来说更是如此。

多亏了 GNU Nano，现在有一个轻量级的基于终端的文本编辑器可以作为 Vim 的常见替代品，而且它非常容易使用——它在窗口的底部列出了其最重要的命令。在许多 Linux 发行版本中，Nano 似乎正在超越 Vim 成为默认的编辑器，Fedora 也不例外。

实验 10-1　介绍 Nano

在 Linux 和 macOS 上，你可能已经安装了 GNU Nano。你能够以 student 用户使用 `which` 命令来验证一下：

```
$ which nano
```

/bin/nano

如果你还没有安装它，你可以从 Fedora 库中安装它。请以 root 身份执行以下操作：

```
# dnf -y install nano
```

从终端启动 nano，可以单独启动：

```
$ nano
```

或者你可以通过在命令后跟随一个文件的路径来打开特定的文件。如果你命名的文件还不存在，它会被创建：

```
$ nano example.txt
```

Nano 是一个相当直观的编辑器，只需稍微了解一下就可以明白其用法。当你启动它时，Nano 会打开一个空的缓冲区，或者打开你指定的文件。在屏幕的底部，有一个功能

列表及其相应的键盘快捷键。通过按 <Ctrl+G> 获取帮助，可以获得更多的功能。

以下是最重要的应用命令：

❑ Ctrl+S 保存你对现有文件的工作。

❑ Ctrl+W 允许你将文件保存为新的文件名。

❑ Ctrl+R 加载一个文件。就像 Vim 中的"Read"（r）命令，它将一个文件的内容读入到当前正在编辑的文档的光标位置。

❑ Ctrl+X 退出或离开。如果自上次更改以来尚未保存你的工作，它还会询问你是否要保存你的工作。

❑ Ctrl+G 用于获取帮助，带有简短的描述和最常用命令的列表。

以下是最常用的编辑命令：

❑ Alt+A 选择（"标记"）一个区域。

❑ Ctrl+K 剪切标记的文本。

❑ Ctrl+U 粘贴（"取消剪切"）。

❑ Alt+F 用于撤销最新的操作。

❑ Alt+E 用于重做最近的操作。

It's FOSS 网站有一个很好的关于 Nano 使用的介绍。现在查看它，然后按照以下步骤操作。

以 student 用户登录，确保你的当前目录是主目录。使用 Nano 创建一个新文件，并在其中键入几段文本。移动一些句子。删除一些文本，撤销删除，然后重新执行删除操作。

花一些时间熟悉 Nano，这样你可以将其与 Vim 进行比较。然后你可以选择在本书的其余部分中使用哪种编辑器。

Nano 并不像 Emacs 或 Vim 那样可扩展，但你可以在一个叫作 ~/.nanorc 的文件中进行一些重要的自定义。在这个文件中，你可以设置全局偏好，包括自动换行设置、颜色方案、行编号等。你还可以创建自己的按键绑定，所以如果你想按 <Ctrl+V> 来粘贴而不是 Nano 默认的 <Ctrl+U>，你可以更改分配给粘贴功能的绑定。

```
bind ^V paste all
```

你可以在 GNU Nano 的文档中获得所有可用功能的列表。

GNU Nano 确实是一个简单直接的文本编辑器。它易于使用，并提供了你期望的文本编辑器的所有功能。尝试使用它，看看你是否喜欢直观编辑的简单性。

10.5 学习 Vim

学习任何文本编辑器都是一个挑战。对于所有系统管理员来说，学习 Vim 编辑器可能会受益良多，因为 Vim 或者 Vi 是触手可及的。幸运的是，Vim 有一个优秀的入门指南

vimtutor。按照实验 10-2 的指引来安装并启动入门指南。

实验 10-2　vimtutor

可能早已安装过 vimtutor，让我们确认一下。vimtutor 在 Vim 增强软件包中。

以 root 身份登录终端会话，安装 Vim 增强软件包：

```
[root@studentvm1 ~]# dnf -y install vim-enhanced
```

以 student 用户登录会话，输入命令 vimtutor 来启动向导：

```
[student@studentvm1 ~]$ vimtutor
```

阅读 vimtutor 加载的文件，并按照给出的指示操作。所有你需要完成入门指南的信息，都在 vimtutor 文件中。

在系统管理员社区有很多新用户无法退出 Vim 的小插曲。在 vimtutor 课程 1.2 有提及过，因此注意一下。这并不难，但是如果你不知道如何操作，你会感到非常沮丧。

vimtutor 指南为你提供了一个非常基本的操作集合，这让你可以完成编辑操作。然而，vimtutor 仅仅触及了 Vim 的皮毛。在本书以及现实世界中，你会遇到希望 Vim 具有特定功能的情况。它确实也很有可能拥有你所想要的一切。使用帮助功能来查看你是否可以查找到你需要的特性或者功能。

我同样推荐 *Pro Vim* 这本书，它提供了一种从头开始学习 Vim 的绝妙方法。

设置 SELinux 为 permissive 模式

现在是时候开始使用某个编辑器了。

SELinux 是一种安全协议，最初由 NSA（美国国家安全局）创建，目的是防止破解者即使获得访问权限也对 Linux 计算机进行更改。这是一个很好的安全措施，而且它是开源的，因此 NSA 以外的许多开发人员都有机会检查它以验证不存在后门。由于 SELinux 在以后的一些实验中可能会出现一些问题，你必须将 SELinux 设置为"permissive"模式。

实验 10-3　设置 SELinux 为 permissive 模式

首先，检查 SELinux 的当前状态。

```
[root@studentvm1 ~]# getenforce
Enforcing
[root@studentvm1 ~]#
```

以 root 身份，使用你首选的编辑器在 /etc/selinux/config 文件中将 SELinux 设置为"permissive"。

在示例中，我展示了如何使用 Vim 启动 SELinux 配置文件：

```
[root@studentvm1 ~]# vim /etc/selinux/config
Change the SELINUX line from
SELINUX=enforcing
to
SELINUX=permissive
```

文本编辑完成后，文件应该如下所示。我已经高亮显示了已更改的行，显示了它应该是什么样的。

```
# This file controls the state of SELinux on the system.
# SELINUX= can take one of these three values:
#     enforcing - SELinux security policy is enforced.
#     permissive - SELinux prints warnings instead of enforcing.
#     disabled - No SELinux policy is loaded.
SELINUX=permissive
# SELINUXTYPE= can take one of these three values:
#     targeted - Targeted processes are protected,
#     minimum - Modification of targeted policy. Only selected processes are protected.
#     mls - Multi Level Security protection.
SELINUXTYPE=targeted
```

保存文件，退出编辑器，然后重新引导虚拟机。引导完成后，以 root 身份运行以下命令以验证 SELinux 的当前状态：

```
[root@studentvm1 ~]# getenforce
permissive
[root@studentvm1 ~]#
```

这是极少数需要重新引导才能对 Linux 配置进行所需更改的情况之一。在重新引导期间，SELinux 可能需要几分钟来重新标记目标文件和目录。标记是为进程或文件分配安全上下文的过程。系统将在重新标记过程结束时再次重新引导。

我们将会在《网络服务详解》的第 5 章中更为详细地介绍 SELinux。

10.6 使用你最喜欢的文本编辑器

"使用你最喜欢的文本编辑器"是系统管理员的一个 Linux 哲学信条。我认为这非常重要。

在 20 多年前学习 Solaris 的时候，我就开始使用 Vim 了。导师建议我开始学习使用 Vim 进行文本编辑，因为它在每一个系统中都会存在。的确如此，不管是 Solaris 还是 Linux 操作系统。Vim 编辑器总是在那里，所以我可以依赖它。对我来说，这很有效。

Vim 编辑器也可以用作 Bash 命令行编辑器。尽管默认的命令编辑器是 Emacs，我使用 Vim 选项是因为我已经知道 Vim 的快捷键操作。在 Bash 中使用 Vim 风格编辑的选项，可

以通过在 ~/.bashrc 文件中加入 "set -o vi" 这一行来设置。若要全局设置 Vim 选项，使用 /etc/profile.d/ 中的配置文件，以便所有用户（包括 root 和非特权用户）都将其作为 Bash 配置的一部分。

其他使用 Vim 编辑的工具有 crontab 和 visudo 命令，它们都是对 Vi 的封装。偷懒的系统管理员使用已经存在的代码，尤其是在代码已经开源的情况下。在这些工具中使用 Vim 编辑器是一个绝佳的例子。

虽然有很多其他可用的编辑器，它们也很棒、很强大、很出色，但是我仍然推荐 Vim。你应该使用你想用的，无须担心别人正在使用什么。我使用 Vim 并不意味着你也必须使用它。使用最适合你的编辑器对你的创造力很重要。一旦你在编辑器中学习了使用最为频繁的快捷键组合和命令，处理任何类型的文件就会变得非常高效。

总结

本章主要介绍 Nano 和 Vim 编辑器。部分原因是在任何 Linux 发行版上总会存在其中一个或两个，也因为它们具有惊人的功能。只学习一些基础知识也能有很高的创造力。学习它们更为高级的功能可以发挥它们的能力，让你变得更高效。

正如本章所指出的，还有很多其他的开源文本编辑器可用，其中一些在很多开发者和用户中极为流行，而有些则不然。但它们都有值得推荐的功能。你可能会发现其中一个编辑器更适合你的风格。如果是这样，那么你确实应该使用它，但是你对 Vim 和 Nano 的了解总是有用的。

练习

完成以下练习来结束本章：

1）文本编辑器和文字处理程序有何不同？

2）如果要删除 5 个单词，你会使用 Vim 中的什么命令？

3）Vim 有哪两种操作模式？

4）假设你已经知道行号，如何将光标定位到那一行？

5）在 student 用户主目录下使用 Vim 创建一个名为 fruit.txt 的文件，至少包含 10 种水果，每种水果一行。保存文件，然后使用 cat 工具来展示文件内容。

6）使用 Vim 编辑 fruit.txt 文件，并将水果按照字母表顺序排序。保存文件然后再次用 cat 命令展示内容。

7）Vim 是否有拼写检查的特性？你如何确定这一点？

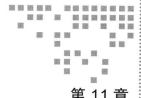

以 root 身份工作

目标

在本章中，你将学习以下内容：

❑ root 用户和非 root 用户在功能上的区别。

❑ 拥有 root 权限的优势。

❑ 拥有 root 权限的劣势。

❑ 对非 root 用户提权，以使他可以访问特权任务。

❑ sudo 的正确用法。

❑ 如何给非 root 用户分配 root 特权来运行单个程序？

11.1 为什么使用 root

所有的 Linux 计算机系统需要一个管理员。系统管理员是具有在计算机上执行任何必要的管理任务权限的用户。对于 UNIX 和 Linux，系统管理员叫作 root。root 就约定俗成地成为超级用户的代名词。

root 用户可以在 Linux 计算机上做任何事情并执行任何任务，无论文件、目录、进程归属于谁；root 可以删除无法删除的文件，并增删用户；root 可以修改任何正在运行的进程的优先级（通过设置"nice"值的大小），并终止或者暂停任何正在运行的进程；root 可以探索所有文件系统目录树的深刻而迷人的角落，以及探索文件系统本身的结构。

在 Linux 计算机上，非 root 用户（没有被赋予 root 用户特权的用户）没有执行 root 级别任务的权限。例如，非特权用户不能进入其他用户的主目录或者其他目录，无法删除属于其他用户的文件，除非 root 或者文件所有者的非 root 用户明确设置了允许其他非 root 用户权限。这是因为 Linux 保护用户的文件和进程不被其他用户删除或修改。这对于像 Linux 这样的多用户操作系统来说是必要的。

非 root、非特权用户可以做的事情是管理自己的文件和目录，并访问那些允许访问的共享文件和目录。他们还可以管理为他们执行某些工作而启动的程序。

尽管非 root 用户有可能拥有 root 权限，但最好不要这样做。最好是让指定的、有相关知识的人拥有 root 用户的访问权限。如果一个或者更多的非特权、非 root 用户访问一两个需要 root 权限的命令，最佳实践是使用 sudo 工具赋予他们对这些少数命令的访问权限。我们会在本章介绍 sudo 的更多细节。

11.2　su 命令

su（切换用户，也称替换用户）命令为我们提供了一个强大的工具，可以允许我们以不同于登录用户的身份在命令行中工作。我们已经在命令行中使用这个命令从 student 用户切换到 root 用户，但是需要小心一点。

这个命令在当今的 Linux 环境中是必需的，因为不鼓励用户以 root 身份直接登录到图形桌面。此限制通常由显示管理器实现，当键入用户名为 root 时，显示所有其他有效用户名以供选择。这个可以规避，但是仍然不鼓励系统管理员以 root 用户身份执行所有操作，这会导致安全问题。每个系统管理员应该以非 root 用户登录，然后在必要时再切换到 root 用户身份去执行那些需要 root 特权的操作。

关于连字符号（-），如果一个像 student 这样的非 root 用户使用不带连字符（-）的 su 命令来获取 root 特权，$PATH 等其他环境变量将仍是 student 用户的环境变量，当前工作目录将保持不变；这是为了历史向后兼容。加上连字符（-）告诉 su 命令开始登录到终端，这将会设置 root 环境并且将当前工作目录切换到 root 的主目录 /root。如果 root 用户使用 su 命令切换到非 root 用户，连字符（-）会导致环境被设置成目标用户的环境。一起来看一下。

在 $PATH 环境变量中定义的路径告诉 Linux 在哪里为当前用户（无论是 root 用户还是非 root 用户）找到可执行文件。路径是顺序敏感的，所以在 $PATH 一系列的位置中找到的第一个可执行文件就是用于该命令的可执行文件。如果 $PATH 环境变量为空，则需要输入完全限定的目录名来告诉 Linux 在哪里找到可执行文件。

实验 11-1　su 环境

以 student 用户开始本次实验。必要的话，打开一个终端会话，使用不带连字符（-）的 su 命令切换到 root 用户。

```
[student@studentvm1 ~]$ su
Password: <Enter the root password>
```

```
[root@studentvm1 student]# echo $PATH
/root/.local/bin:/root/bin:/home/student/.local/bin:/home/student/
bin:/usr/local/bin:/usr/bin:/usr/local/sbin:/usr/sbin
```

exit 命令会从由 su 命令创建的子终端中退出，并且返回到一开始的 Bash 终端中：

```
[root@studentvm1 student]# exit
[student@studentvm1 ~]$ su -
Password: <Enter the root password>
[root@studentvm1 ~]# echo $PATH
/root/.local/bin:/root/bin:/usr/local/sbin:/usr/local/bin:/usr/sbin:/
usr/bin
[root@studentvm1 ~]# exit
[student@studentvm1 ~]$
```

注意当前工作目录和 $PATH 环境变量的区别。由于这些终端环境的区别，会导致一些命令的结果会不正确，并获得错误的结果。

实验 11-1 的结果告诉我们，切换用户到 root 或者任何其他用户的时候，始终使用连字符（-）是十分重要的。

root 用户可以使用 su - 命令来切换到任何其他用户，而不需要输入密码。这使得 root 用户可以切换到任何其他用户以该用户身份来执行任务。这通常是为了通过尝试普通用户遇到问题的相同命令来帮助确定问题。我们将在本章末尾查看 su 命令的这一方面。

阅读 su 的手册页以获得更多信息。

执行需要 root 访问权限的任务的另一个选项是 sudo（切换用户并执行）命令。sudo 命令有它自己的用途，我们会在本章后面讨论其相关的优点和缺点。

11.3 了解 root 账户

root 账户具有一些独特的属性，使其能够被操作系统识别。每一个 Linux 用户账户都具有属性，为操作系统提供有关如何处理账户、属于该账户的文件、在命令行输入或由代表该账户的程序和工具集发出的任何命令的信息。其中有两个属性是用户 ID（UID）和组 ID（GID）。首先查看 root 的用户和组的信息。

实验 11-2　从 root 开始

这个简单的实验需要以 root 身份进行。可以使用 id 命令从 /etc/passwd 文件中提取我们为 root 用户查找 UID 和 GID 所需的信息以及有关用户安全上下文的一些信息。

在本章你所使用的虚拟机中，如果登录的终端模拟器还不是 root 用户，那么使用 su - 切换到 root：

```
[student@studentvm1 ~]$ su -
Password: <Enter root password here>
```

```
[root@studentvm1 ~]#
```

在第 7 章中，我们使用 id 命令看到了 student 用户的账户信息，现在我们使用它来查看 root 的信息：

```
[root@studentvm1 ~]# id
uid=0(root) gid=0(root) groups=0(root)
[root@studentvm1 ~]#
```

可以看到，root 的 UID 和 GID 都是 0，并且 root 用户是 root 用户组的成员。如果 SELinux 被设置为开启，这个命令会展示一些额外的关于 SELinux 的上下文信息。

现在，一起来看 root 的主目录文件。第二个 ll 命令的 -n 选项以用户和用户组的数字 ID 来展示文件归属关系，而不是用户和用户组名称：

```
[root@studentvm1 ~]# ll
total 12
-rw-------. 1 root root 1354 Aug 13 16:24 anaconda-ks.cfg
-rw-r--r--. 1 root root 1371 Aug 18 10:16 initial-setup-ks.cfg
[root@studentvm1 ~]# ll -n
total 12
-rw-------. 1 0 0 1354 Aug 13 16:24 anaconda-ks.cfg
-rw-r--r--. 1 0 0 1371 Aug 18 10:16 initial-setup-ks.cfg
[root@studentvm1 ~]#
```

你可以看到 root 的用户和用户组 ID 都是 0。

如实验 11-2 所示的，UID 和 GID 都是 0 的文件会被 Linux 识别为属于 root 用户，并且会和其他用户的处理方式不同。我们将会在下册的第 16 章中探索用户管理以及包含用户和组信息的文件。现在我们只需要知道 root 账户是不同的，可以在 Linux 系统中做任何事情并执行任何任务，而所有其他账户都在特定方面受到限制，以确保一个用户不会侵犯另一个用户或系统本身的资源。

在设置 VirtualBox 和安装 Linux 虚拟机的时候，你已经以 root 身份完成了一些工作。你以 root 的身份安装了新的软件包并进行了一些实验。在设置和准备期间，你以 root 用户身份执行的那些任务，非 root 用户都无法完成。

为了更全面地了解 root 用户的能力，我们将会开始探索非 root 用户的限制。

实验 11-3　非 root 用户的限制

让我们从创建目录的简单说明开始。以 student 用户身份使用以下示例中显示的命令，尝试在文件系统目录树的不同位置创建一个新目录 testdir：

```
[student@studentvm1 ~]$ mkdir /testdir
mkdir: cannot create directory '/testdir': Permission denied
[student@studentvm1 ~]$ mkdir /etc/testdir
mkdir: cannot create directory '/etc/testdir': Permission denied
[student@studentvm1 ~]$ mkdir /var/testdir
```

```
mkdir: cannot create directory '/var/testdir': Permission denied
[student@studentvm1 ~]$ mkdir /media/testdir
mkdir: cannot create directory '/media/testdir': Permission denied
[student@studentvm1 ~]$ mkdir /mnt/testdir
mkdir: cannot create directory '/mnt/testdir': Permission denied
[student@studentvm1 ~]$ mkdir testdir
[student@studentvm1 ~]$
```

student 用户无法在目录树的很多位置创建目录。这些尝试会产生"权限不足"的错误信息。student 用户可以创建新目录的唯一位置是在它自己的主目录中。

这里有一个目录，像 student 这样的非 root 用户可以创建目录。

你认为是哪呢？

尝试下列操作：

```
[student@studentvm1 ~]$ mkdir /tmp/testdir
[student@studentvm1 ~]$ ll /tmp
total 264
-rw-r--r--. 1 root     root     1654 Jan 17 07:54 anaconda.log
<SNIP>
drwxr-xr-x  2 student student  4096 Jan 22 17:13 testdir
-rw-r--r--  1 student student  2353 Jan 22 14:32 tmp1_0161i5.png
<SNIP>
[student@studentvm1 ~]$
```

这次没有错误，我们可以确定 /tmp/testdir 已经被创建了。为什么这次可以成功呢？

为了解释为何非 root 用户无法创建目录以及文件，我们需要看下这些目录的归属关系和权限。

实验 11-4　快速了解权限

查看 student 用户试图创建新目录的两个目录的归属关系和权限：

```
[student@studentvm1 ~]$ ls -la /
total 76
dr-xr-xr-x. 18 root root  4096 Apr 25 02:19 .
dr-xr-xr-x. 18 root root  4096 Apr 25 02:19 ..
<SNIP>
dr-xr-xr-x. 13 root root     0 Sep 12 17:18 sys
drwxrwxrwt. 10 root root  4096 Sep 13 16:45 tmp
drwxr-xr-x. 13 root root  4096 Apr 25 02:19 usr
drwxr-xr-x. 22 root root  4096 Apr 25 02:23 var
[student@studentvm1 ~]$
```

这些信息已经告诉了我们。我高亮了列表中的两个条目，并解释这个现象。

在实验 11-4 的两个高亮目录中，你可以看到有权限上的区别。注意这两个目录都属于 root，组所有权也是 root。我们看一下这些权限应用到目录时意味着什么。第 18 章中，我

们将会详细介绍文件和目录的权限。

图 11-1 展示了文件和目录的 Linux 权限结构。

User	Group	Other
rwx	rwx	rwx

图 11-1　应用在目录上的 Linux 权限

文件、目录的权限及所有权是 Linux 提供的安全性的一部分，因为它们与用户账户相关。在 Linux 系统上，每个文件和目录都有归属者（一个所属的组）和一系列访问权限。了解一些关于用户账户上下文中的文件所有权、权限及其使用文件和目录的能力是很重要的。文件或目录的权限设置也称为文件模式。查看 /usr 目录的条目：

```
drwxr-xr-x.  13 root root  4096 Apr 25 02:19 usr
```

此例中的第一个字符"d"告诉我们这是一个目录。字符"1"意味着这个条目是一个链接文件，我们将在第 18 章详细介绍链接。第一个位置的连字符 (-) 表示没有字符，默认情况下它表示一个文件，可以在 root 的主目录中看到的任何类型的文件：

```
-rw-------. 1 root root 2118 Dec 22 11:07 anaconda-ks.cfg
-rw-r--r--. 1 root root 2196 Dec 22 12:47 initial-setup-ks.cfg
```

权限分为三类，每一类都提供对文件的可读（r）、可写（w）、可执行（x）访问。权限类别分别为用户（u）、用户组（g）和其他（o）。

用户是文件或目录的所有者，用户（u）权限是"rwx"表示用户 root 可以列举这些内容（可读）并在这个目录创建新的文件（可写）。组（g）的权限是"r-x"表示 root 用户组内的任何用户（当然这里不应该存在）都可以进入目录（x）并读取（r）其中的文件。其他（o）的权限（"r-x"）允许所有其他用户（既不是 root 用户也不是 root 用户组中的成员）也可以进入目录并读取内容，但是无法在该目录创建目录和文件。

结果就是 student 用户可以将 /usr 作为当前工作目录，并列举那里的文件和其他目录。在所有情况下，对目录中单个文件的读写访问由每个文件的模式管理。

实验 11-5　更改权限

除非另有明确说明，请以 root 身份执行此实验。首先，在 /tmp 中创建一个目录：

```
[root@studentvm1 ~]# mkdir /test/testdir1 ; cd /test
[root@studentvm1 test]# ll
total 1076
-rw-r--r--. 1 root root  69827 Jan 22 10:09 file0.txt
<SNIP>
-rw-r--r--. 1 root root     25 Jan 22 11:06 hello.txt
drwx------  2 root root  12288 Jan 21 10:16 lost+found
-rw-r--r--. 1 root root 380000 Jan 22 11:37 random.txt
drwxr-xr-x 2 root root   1024 Jan 23 08:35 testdir1
```

现在我们使用 chmod 命令（修改模式）来修改该目录的权限。最简单的方式是结合八进制的数字权限。000 的权限意味着没有人可以访问该目录，甚至是 root：

```
[root@studentvm1 test]# chmod 000 testdir1 ; ll
total 1076
-rw-r--r--. 1 root root  69827 Jan 22 10:09 file0.txt
<SNIP>
-rw-r--r--. 1 root root     25 Jan 22 11:06 hello.txt
drwx------  2 root root  12288 Jan 21 10:16 lost+found
-rw-r--r--. 1 root root 380000 Jan 22 11:37 random.txt
d---------  2 root root   1024 Jan 23 08:35 testdir1
```

在理论上，即使是 /tmp/testdir1 的所有者也不能进入这个目录或者在其中创建文件。但是我们以 root 用户尝试，仍然得到如下结果：

```
[root@studentvm1 test]# cd testdir1 ; pwd
/test/testdir1
[root@studentvm1 testdir1]# cd testdir1 ; echo "This is a new file" >
testfile.txt ; ll
total 1
-rw-r--r-- 1 root root 19 Jan 23 08:41 testfile.txt
[root@studentvm1 testdir1]#
```

你应该也能使用 cat 命令查看 testfile.txt 文件，来验证其实际内容。我们通过列举目录文件，看到它包含 19B 的数据。

我们将会在后面探索非 root 用户的文件模式，但是现在你可以先假定这个事实：root 之外的用户将无法工作。当权限是 000 时，其他用户不能在该目录中创建文件。

返回 root 的主目录以 PWD。

现在你可以看到，root 采取的操作覆盖了目录上设置的权限，并且 root 用户能够进入并在一个完全没有权限的目录中创建包含数据的文件。这里的关键点是 root 可以做任何事情。尽管有一些有意限制 root 的方法，但 root 用户很容易克服这些相对较小的限制。

11.4　root 的缺点

在 Linux 系统上，root 用户可以做任何事情，所以存在很大危险。root 用户犯的任何错误都有可能对 Linux 主机造成灾难性的伤害。我在第 1 章中使用了以下引用来解释 Linux 的强大力量：

UNIX 不是为了阻止用户做蠢事而设计的，因为那样也会阻止用户做聪明的事情。

——Doug Gwyn

这句话完全正确，特别是对 root 用户来说。尽管对 root 的权限有一些限制，这只是为了帮助防止一些容易犯的错误，但这些都可以很容易地规避。问题是，很多时候当我以 root 身份工作时，我会自动地做事——肌肉记忆很强大。这很容易犯一个错误，可能会破坏一个文件或整个目录结构。当通过 SSH 连接到多台主机以 root 身份远程工作时，也很容易关闭或重新引导错误的机器。

作为系统管理员，我们以 root 身份工作时有责任小心行事。root 用户的权限是如此之大，以至于很容易造成完全无法恢复的损坏。至少可能需要数小时才能从无意的错误中恢复过来。

11.5 给用户提权

为了让非 root 用户能完成一些通常只有 root 才能执行的任务，可以给他们提权。这样是为了让非 root 用户可以完成那些只有 root 用户具有权限的任务。这很常见而且可以安全地完成。

11.5.1 错误方式

然而，我看到很多情况下系统管理员只是给用户 root 密码。这很危险，可能会导致没有经验的用户造成一些问题。这是一种可怕的方式，在减少 root 用户的重复劳动的同时，帮助用户完成他们合法的工作。允许非特权用户访问需要 root 特权的命令绝对不是一种安全的方式。

还有另外一种提供完整权限升级的可怕方式。你应该知道它们是什么，因为你应该能够识别它们以便禁用它们。你可以修改 passwd、group、shadow 等文件来将用户的 UID 和 GID 改成 0。我们会在下册的第 16 章来探索这些文件。像这样的方法可能是以前训练不当的管理员的遗留问题——如果有的话——或者他们只是不了解这些方法有多么的不安全。它们也可能是由于无知的老板要求的一种方法。

这里有更好的方式。

11.5.2 使用 sudo

使用 sudo 工具可以为非 root 用户提供指定权限命令的合法访问，这减轻了系统管理员的工作负担，同时维护了安全性，并通过 ID 和命令提供用户的操作日志。sudo 工具可以用于允许非特权用户对一个或者一组命令进行特权的提权。

实验 11-6 引入 sudo

以 root 身份登录终端会话，输入下列命令，该命令将显示有关测试 VM 上的互联网连接的信息。nmcli 命令（NetworkManager 命令行界面）是用于管理网络接口的最新工具。下册的第 14 章介绍了 NMCLI 工具。

```
[root@studentvm1 ~]# nmcli
enp0s3: connected to Wired connection 1
```

```
        "Intel 82540EM"
        ethernet (e1000), 08:00:27:01:7D:AD, hw, mtu 1500
        ip4 default
        inet4 10.0.2.22/24
        route4 10.0.2.0/24 metric 100
        route4 default via 10.0.2.1 metric 100
        inet6 fe80::b36b:f81c:21ea:75c0/64
        route6 fe80::/64 metric 1024
enp0s9: connected to Wired connection 2
        "Intel 82540EM"
        ethernet (e1000), 08:00:27:FF:C6:4F, hw, mtu 1500
        inet4 192.168.0.181/24
        route4 192.168.0.0/24 metric 101
        route4 default via 192.168.0.254 metric 101
        inet6 fe80::6ce0:897c:5b7f:7c62/64
        route6 fe80::/64 metric 1024
lo: unmanaged
        "lo"
        loopback (unknown), 00:00:00:00:00:00, sw, mtu 65536
DNS configuration:
        servers: 192.168.0.52 8.8.8.8 8.8.4.4
        domains: both.org
        interface: enp0s3

        servers: 192.168.0.52 8.8.8.8 8.8.4.4
        domains: both.org
        interface: enp0s9
Use "nmcli device show" to get complete information about known devices
and "nmcli connection show" to get an overview on active connection
profiles.

Consult nmcli(1) and nmcli-examples(7) manual pages for complete usage
details.
[root@studentvm1 ~]#
```

查看第一个条目（在前面的代码中突出显示），其中包含配置在此虚拟机上的 NIC 的名称。它应该是 enp0s3，IP 地址应该是 10.0.2.22/24，或者至少在该 IP 范围内。我的虚拟机上是这样，但请检查以确保你的虚拟机也是如此。如果它与我的不同，请确保使用与你的虚拟机匹配的 NIC 名称。

我的虚拟机上有第二个 NIC，即 enp0s9。我已经配置了此 NIC，以便我可以直接从主工作站上的终端会话中登录到虚拟机。这使得在编写本书时复制和粘贴更加容易。在《网络服务详解》中，你将设置第二个 NIC。除非它用于说明某个要点，否则我可能会在后面删除对它的大多数引用。

以 student 用户身份输入下一个命令，来查看 NIC 信息：

```
[student@studentvm1 ~]$ mii-tool -v enp0s3
```

```
SIOCGMIIPHY on 'enp0s3' failed: Operation not permitted
[student@studentvm1 ~]$
```

操作失败了，因为 student 用户没有权限来运行该命令。

为 student 用户授权访问单个命令。在终端会话中以 root 身份工作，使用 visudo 命令：

```
[root@studentvm1 ~]# visudo
```

在 /etc/sudoers 文件的底部添加以下行。此行只允许 student 用户访问并使用这一个特权命令：

```
student ALL=/usr/sbin/mii-tool
```

如果你还不习惯使用 Vim 或其他编辑器来编辑配置文件，你也可以用以下命令来在 /etc/sudoers 文件的末尾追加一行：

```
[root@studentvm1 ~]# echo "student ALL=/usr/sbin/mii-tool" >>
/etc/sudoers
```

坦白说，我很惊讶这个命令可以工作，因为推荐使用 visudo 来编辑 sudoers 文件。

运行下列命令来测试 student 用户执行 mii-tool 命令的能力：

```
[student@studentvm1 ~]$ sudo mii-tool -v enp0s3

We trust you have received the usual lecture from the local System
Administrator. It usually boils down to these three things:

    #1) Respect the privacy of others.
    #2) Think before you type.
    #3) With great power comes great responsibility.
[sudo] password for student: <Enter student password>
enp0s3: no autonegotiation, 1000baseT-FD flow-control, link ok
  product info: Yukon 88E1011 rev 4
  basic mode:   autonegotiation enabled
  basic status: autonegotiation complete, link ok
  capabilities: 1000baseT-FD 100baseTx-FD 100baseTx-HD 10baseT-FD
10baseT-HD
  advertising:  1000baseT-FD 100baseTx-FD 100baseTx-HD 10baseT-FD
10baseT-HD flow-control
  link partner: 1000baseT-HD 1000baseT-FD 100baseTx-FD 100baseTx-HD
10baseT-FD 10baseT-HD
[student@studentvm1 ~]$
```

请注意，用户第一次使用 sudo 时，他们会在屏幕上看到一些条文提示。系统管理员应该始终对具有 sudo 权限的用户进行严格地培训。

用户需要输入他们自己的密码，然后才能执行该命令。请注意，5min 内运行相同的命令或者其他允许的命令是不用再次输入密码的。这个过期时间可以配置。

现在以 student 用户尝试另外一个特权命令。vgs 命令列举了主机中当前可用的卷组，无论这些卷组是否处于活动状态：

```
[student@studentvm1 ~]$ vgs
  WARNING: Running as a non-root user. Functionality may be unavailable.
  /run/lock/lvm/P_global:aux: open failed: Permission denied
```

这个命令失败了，因为 student 用户只获得了单个命令的权限。

在你擅长的地方使用 sudo

来看看 sudoers 文件更多的细节。我最近写了一个简短的 Bash 程序，从一台网络主机 U 盘复制一些 MP3 文件到另外一台网络主机。这些文件从工作站复制到服务器上的特定目录，从那里可以下载和播放它们。

这个程序做了一些其他的事情，比如在复制文件之前更改文件的名称，以便它们在网页上按日期自动排序。在确认传输无误后，它还会删除 USB 驱动器上的所有文件。这个漂亮的小程序有几个选项，例如 -h 显示帮助，-t 测试模式，以及其他一些选项。

我的程序虽然很棒，但需要以 root 身份运行才能执行其主要功能。不幸的是，除了我之外，这个组织只有几个人对管理我们的音频和计算机系统感兴趣，这使我不得不去寻找那些有一些技术能力的人，来训练他们如何登录到我们用来运行传输和执行这个小程序的计算机上。

不是我自己运行不了程序，而是因为出差、生病等各种原因，我并不是一直都在。即使当我在场时，作为"懒惰的系统管理员"，我也喜欢将任务委派给其他人，这样他们就有了学习的机会。所以我编写了脚本来自动执行这些任务，并使用 sudo 指定几个用户来运行脚本。

许多 Linux 管理命令要求用户是 root 才能运行。sudo 程序是一个方便的工具，它允许具有 root 访问权限的系统管理员的我将所有或一些管理任务的责任委托给我认为合适的其他计算机用户。这允许我在不泄露 root 密码的情况下执行该委托，从而在主机上保持高级别的安全性。

例如，假设我已授予普通用户"ruser"访问我的 Bash 程序"myprog"的权限，该程序必须以 root 身份运行才能执行其部分功能。首先，用户使用自己的密码以 ruser 身份登录。然后，用户使用以下命令运行 myprog：

sudo myprog

sudo 程序检查 /etc/sudoers 文件并验证是否允许 ruser 运行 myprog。如果允许，sudo 要求用户输入他们自己的密码，而不是 root 密码。用户输入自己的密码后，程序开始运行。sudo 程序还记录了 myprog 的访问数据，包括程序运行的日期和时间、完整的命令以及运行它的用户。此数据记录在 /var/log/secure 中。

我这样做是为了将运行单个程序的权限委托给我自己和其他几个用户。然而 sudo 可以用来做更多的事情。它可以允许系统管理员将管理网络功能或特定服务的权限委托给一个人或一组受信任的用户。它允许委托这些功能，同时保护 root 密码的安全。

11.5.3　sudoers 文件

作为系统管理员，我可以使用 /etc/sudoers 文件来允许用户或用户组访问单个命令、定义的命令组或所有命令。这种灵活性是使用 sudo 进行委托的强大功能和简单性的关键。为了节省空间，我没有在这里复制 sudoers 文件。你可以使用 less 命令查看 sudoers 文件。

实验 11-7　浏览 sudoers 文件

以 root 身份完成这个实验。输入下列命令来浏览 sudoers 文件：

```
[root@studentvm1 ~]# less /etc/sudoers
```

你可以按 <PageUp> 和 <PageDown> 键来按页滚动，也可以按 <↑> 或 <↓> 键来按行滚动。当你浏览完 sudoers 文件后，只需要按 <Q> 键就可以退出并返回到命令行。

我第一次看到 sudoers 文件时发现它非常混乱。希望通过我们的解释，它对你来说不那么晦涩难懂。我确实喜欢基于 Red Hat 的发行版，它往往具有默认配置文件，其中包含大量注释和示例以提供指导。因为需要更少的网络搜索，这确实让事情变得更容易。

通常地，我们都是编辑 sudoers 文件，而非在文件后面追加新的一行。不要使用标准编辑器修改 sudoers 文件，请使用 visudo 命令，因为它旨在保存文件并退出编辑器后立即启用任何更改。visudo 命令是 Vi 编辑器的封装器。可以像 visudo 一样使用 vi 以外的编辑器。

通过使用几种类型的别名，让我们从头开始分析这个文件。滚动浏览 sudoers 文件来检查每一部分。

1. 主机别名

主机别名部分用于创建主机组，在这些主机上可以使用命令或命令别名提供访问。基本思路是，将为一个组织中的所有主机维护这个单个文件，并复制到每个主机的 /etc 目录。因此，一些主机（如服务器）可以配置为一个组来允许一些用户访问特定的命令，比如启动和停止 HTTPD、DNS、网络等服务的能力，挂载文件系统的能力等。可以使用 IP 地址来代替主机别名中的主机名。

2. 用户别名

下一组配置示例是用户别名。这允许 root 将用户分类到别名组中，以便可以为整个组提供对某些 root 功能的访问权限。你可以在本节中创建自己的别名。

对于我写的小程序，我在这部分添加了以下别名：

```
User_Alias AUDIO = dboth, ruser
```

正如 sudoers 文件中所述，可以简单地使用 /etc/groups 文件中定义的组而不是别名。如果你已经定义了一个满足你需求的组，比如"audio"，稍后在 sudoers 文件中分配可用于组的命令时，可以通过在组名前加百分号（%）的方式来使用这个组名，比如 %group。

3. 命令别名

sudoers 文件的下方是命令别名的部分。这些别名是相关命令的列表，例如网络命令、安装更新或新 RPM 包所需的命令。这些别名允许系统管理员轻松地允许访问命令组。本节中已经设置了许多别名，可以轻松地委派对特定类型命令的访问。

4. 默认环境

下面一小节是设置一些默认环境变量。其中最有趣的是 !visiblepw 那一行，如果用户环境设置为显示密码，它会阻止 sudo 运行。这个安全预防措施不应该被修改。

5. 命令部分

这一小节是 sudoers 文件的主要部分。通过在此处添加足够的条目，可以在完全没有别名的情况下完成所有必要的工作。别名只是让这变得更容易。

本节使用已经定义的别名来告诉 sudo：谁可以在哪些主机上执行什么操作。一旦你理解了本节中的语法，这些示例就不言自明了。这里我们有一个用户账户 ruser 的示例条目：

ruser   ALL=(ALL) ALL

第一个"ALL"表示该规则适用于所有主机。第二个 ALL 允许 ruser 像任何其他用户一样运行命令。默认情况下，命令以 root 用户身份运行，但 ruser 可以在 sudo 命令行上指定程序以任何其他用户身份运行。最后一个 ALL 表示 ruser 可以不受限制地运行所有命令。此条目将为用户提供完全的 root 权限。我没有使用这样的方式来解决问题，因为这会给用户太多不必要的权力。

请注意，有一个 root 条目。此条目允许 root 对所有主机上的所有命令具有无所不包的访问权限。

下面的条目是我为控制对 myprog 的访问而添加的条目。它指定了在 sudoers 文件顶部附近定义的 AUDIO 组中列出的用户，只能访问 guest1 这一台主机上的 myprog 这个程序：

AUDIO   guest1=/usr/local/bin/myprog

请注意，上面的语法，指定 AUDIO 组仅被允许访问某个主机上的某个程序。它没有指定某个用户可以像任何其他用户一样运行该程序。

6. 绕过密码

可以使用 NOPASSWORD 来允许 AUDIO 用户组中的用户直接运行 myprog 程序，而不需要输入他们的密码。命令部分中修改后的条目如下所示：

AUDIO   guest1=NOPASSWORD : /usr/local/bin/myprog

我没有为该程序这样配置，因为我相信：相对缺乏经验的用户，在具有 sudo 访问权限时，必须停下来思考他们在做什么，这可能会有所帮助。我只是以我的小程序的配置条目为例。

7. wheel

如下所示，sudoers 文件命令部分中的 wheel 允许"wheel"组中的所有用户能在任何主机上运行所有命令。/etc/group 文件中定义了 wheel 用户组，必须将用户添加到组中才能工作。组名前面的百分号（%）表示 sudo 应该在 /etc/group 文件中查找该组：

```
%wheel    ALL = (ALL) ALL
```

这是在不提供 root 密码的情况下，将完整的 root 访问权限委托给多个用户的好方法。只需将用户添加到 wheel 组即可让他们获得完整的 root 权限。它还提供了一种通过 sudo 创建的日志条目来监视这些用户的活动的方法。一些发行版（如 Ubuntu）将用户的 ID 添加到 /etc/group 中的 wheel 组，这允许他们使用 sudo 命令来使用所有特权命令。

在本例中，我使用 sudo 来实现一个非常有限的目标——为一两个用户提供对单个命令的访问权限，因此我只需要用两行配置来完成这个目标。将执行某些任务的权限委托给没有 root 访问权限的用户很简单，并且可以为系统管理员节省大量时间。它还会生成有助于检测问题的日志条目。

sudoers 文件提供了大量的功能和配置选项。请查阅手册页来获得 sudo 命令和 sudoers 文件的详细信息。

11.6 真正的系统管理员不使用 sudo

我最近读了一篇非常有趣的文章，其中包含一些我想了解的 Linux 特性的有用信息。我不会告诉你这篇文章的名称、内容，甚至是我阅读它的网站，但这篇文章本身让我不寒而栗。

我觉得这篇文章如此令人畏惧的原因是：它在每个命令之前都加上了 sudo 命令。我的问题是这篇文章据称是针对系统管理员的，而真正的系统管理员不会在他们发出的每条命令前使用 sudo。这是对 sudo 命令的误用。

11.6.1 用不用 sudo

我认为，无论是作为系统管理员还是使用你最喜欢的工具，其中一部分是正确使用我们拥有的工具，并且不受任何限制地使用它们。在这种情况下，我发现 sudo 命令以一种非预期的方式使用。

（系统管理员）不使用 sudo。

——Paul Venezia

Venezia 在他的 *InfoWorld* 杂志的文章中解释说，sudo 被用作系统管理员的拐杖。他没有花很多时间来捍卫或解释这个立场。他只是将此作为事实陈述。对于系统管理员，我同意他的观点。

所以让我们明确一点：我建议你在执行需要多次使用 root 权限的管理任务时，使用 su - 命令，就像你在本书中迄今为止所做的那样。当你只需要快速地使用一两个需要 root 权限的命令时，使用 sudo。

如果为了满足你的组织的必要安全和操作流程，还有另一种使用 sudo 的选项。你可以使用 sudo 命令来启动一个新的 Bash（或其他）终端。这有效地消除了超时和详细的用户活动的记录，同时提供了一个简短的记录，表明用户可能已经执行了一些特权任务。

实验 11-8　高级用户以及 sudo

在本实验中，你将使用 sudo 命令启动一个新的 Bash 终端实例。

首先，你需要配置 sudoers 文件，以便高级用户可以访问 Bash 终端。使用你喜欢的文本编辑器编辑 /etc/sudoers 文件，并为 student 用户添加以下行。可以将它们添加到文件的末尾：

```
# Allow the student user to sudo to Bash
student ALL=/usr/bin/bash
```

现在你可以使用 sudo 命令来启动 Bash。稍微探索一下这个环境：

```
[student@studentvm1 ~]$ sudo bash
[root@studentvm1 student]# echo $PATH
/root/.local/bin:/root/bin:/usr/local/sbin:/usr/local/bin:/usr/sbin:/usr/
bin:/sbin:/bin:/var/lib/snapd/snap/bin
[root@studentvm1 student]# pwd
/home/student
[root@studentvm1 student]#
```

你可以看到 $PATH 对于 root 用户是正确的，但 PWD 仍然是 student 用户的主目录，这是执行 sudo 命令时的 PWD。在这一点上，所有命令都能够以 root 权限提供。

我建议只为那些可以被完全信任的高级用户提供这种类型的访问权限。

11.6.2　有效的 sudo 使用方式

sudo 工具确实有其用途，其真正目的是使 root 用户将非 root 用户日常工作所需要用到的几个特权命令权限委托给一两个非 root 用户。这背后的原因是懒惰的系统管理员，这可以为系统管理员节省大量来自用户的请求，消除用户本来会经历的等待时间。但是大多数非 root 用户永远不应该拥有完整的 root 访问权限，只能访问他们需要的少数命令。

我有时需要以非 root 用户身份运行需要 root 权限的程序。在这种情况下，我设置了一两个非 root 用户并授权他们运行该命令。sudo 工具在日志中保留了使用它的每个用户的用户 ID。这可以让我能定位到谁犯了错误。这就是它所做的一切，它不是魔法保护器。

sudo 工具从未打算成为系统管理员发出的命令的网关。它无法检查命令的有效性。它不会检查用户是否在做一些愚蠢的事情。它也不能使系统免受有权访问系统上所有命令的用户的影响，即使通过了一个强制他们说"请"的网关——这从来都不是它的预期目的。

UNIX 从来不说请。

——Rob Pike

关于 UNIX 的这段引用，既适用于 Linux，也适用于 UNIX。需要的时候，系统管理员以 root 身份登录，并在完成后注销会话。有时我们一直都以 root 登录，但是我们总是在需要的时候以 root 用户身份工作。我们从不使用 sudo，因为它会迫使我们输入不必要的内容，以便运行我们完成工作所需的命令。UNIX 和 Linux 都不会问我们是否真的想做某事，也就是说，它不会说"请确认你想做这个"。

是的，我不喜欢一些发行版本使用 sudo 命令的方式。

11.7 以 root 身份使用 su 命令

到目前为止，我们已经了解了如何使用 su 和 sudo 命令将我们的权限级别从普通用户提升到超级用户 root 的级别。而有时我们需要切换到另一个用户。

例如，我可能以非 root 用户的身份工作，比如 student，假设另一个用户 student1 发生了奇怪的事情⊖，他们无法修复或解释它。相信我，这确实发生了。所以作为系统管理员，我的工作就是解决这个问题。作为一名懒惰的系统管理员，我不想为了看着他们的屏幕来观察问题而跟着 student1 到处走，即使在步行距离之内。

我可以简单地在我的一个终端会话中使用 su-student1 切换到 student1。我只需要 student1 的密码，除非我不知道密码然后向 student1 询问并得到他们的密码，但这样他们就会违反最基本的安全规则之一：永远、永远不要跟别人分享你的密码，即使那个人是 root 用户。

但是 root 用户可以做任何事情，即使不是那么直接。我可以拆成两步完成，通过 su – 命令从 student 用户切换到 root，然后使用 su – student1。这样我可以观察并解决问题。root 用户不需要非 root 用户的密码即可切换到该用户。

总结

在本章中，我们了解了 root 用户并探索了一些功能，其结论是 root 用户可以做任何事情。在 Linux 中，root 用户是无所不能的，甚至可以执行完全自我毁灭的任务而不受惩罚。就 Linux 主机而言，我们作为系统管理员在以 root 身份工作时拥有的权力是无限的。

非 root 用户存在一些限制，这些限制只是为了防止他们干扰或破坏他人的工作。使用 sudo 命令使系统管理员能够为普通用户分配某些有限的额外权限，使他们能够执行需要 root 权限的特定任务。

系统管理员永远不应该使用 sudo，如果在按要求实现 sudo 的 Linux 发行版上工作，则应该绕过它。我们配置了 sudoers 文件，以便在系统管理员不在时，非特权用户可以利用 sudo 获得非常有限的访问权限来运行所需要的极少数命令。

⊖ 几乎被以任何可能的方式破坏，通常是造成最大破坏的方式。

练习

完成以下练习来结束本章：

1）root 账户的功能是什么？

2）在实验 11-1 中，我们通过使用 su 命令从 student 用户切换到 root 用户，探索了用户切换。如果 root 使用 su 命令来切换到非特权用户会发生什么？如果是 su – 命令呢？

3）为什么系统管理员应该在他们自己的工作中使用 su –？

4）系统管理员可以使用 sudo 为非特权用户提供对一个或几个程序的管理访问权限，这样做有什么优点？

5）实验 11-5 展示了即使将目录权限设置为 000，root 用户仍然可以创建文件。该实验中使用的目录归 root 所有。在前面的章节中，student 用户也在 /tmp 中创建了一个目录，root 仍然可以在另一个用户拥有的目录中创建文件，并将所有权限设置为 000 吗？验证你的答案。

6）在 Linux 主机上，存在对 root 账户的限制吗？

7）为什么在实验 11-8 中使用 sudo 会消除通常执行特权命令后出现的超时？

8）编辑 sudoers 文件，允许 student 用户使用 vgs 命令——仅仅是 vgs 命令——然后测试结果。

Chapter 12 | 第 12 章

安装和更新软件

目标

在本章中，你将学习以下内容：

❏ 为什么创建 RPM 包管理器？

❏ 在当今互联网世界中，RPM 包管理器的缺陷。

❏ DNF 包管理器的优势。

❏ 如何使用 DNF 安装、更新和管理软件包？

❏ 如何继续高效地使用 RPM 工具？

软件包管理和工具（如 RPM 和 DNF）的作用是为 Linux 主机上的软件安装和管理提供便利。DNF 是对 RPM 的封装，旨在弥补 RPM 的主要缺陷。在本章中，我们将探讨 RPM 的不足并使用 DNF 来安装和更新软件。

12.1 依赖引起的问题

我认为了解依赖的全部影响很重要，至少在没有实际经历的情况下尽可能多地了解。依赖问题是处理多层复杂依赖关系中的难点，是进行现代包管理工具开发之前需要解决的普遍问题。

在早期使用 Red Hat Linux（在 RHEL、CentOS 和 Fedora 之前）期间，有一次我在计算机上安装了 Linux。因为不知道最终可能需要什么软件，所以我只安装了一些基本的软件。系统启动并运行后，我决定安装一些额外的软件，所以我尝试安装一个文字处理器；我甚至不记得是哪一个，但它不是 LibreOffice，甚至也不是 LibreOffice 的某个前身。我需要的所有软件都在发行光盘上，所以这应该很容易。

我首先尝试安装文字处理器软件本身。我收到了一份长长的需要提前安装的包依赖项的列表，于是我开始按列表顺序安装。第一个依赖项是一个库文件包。我尝试安装它却收到另一个依赖项列表，这些依赖项之前没有列出，但在安装库包之前需要这些依赖项。所以我开始安装这个列表中的依赖项。安装完几个之后，我成功安装了库。然后，我开始安装原始列表中的第二个依赖项，却得到了另一个需要被安装的依赖项列表。

我发现了依赖问题。在我真正安装文字处理器之前，我花了一整天的时间来安装所有依赖包。这是一种糟糕的情况，并且可能是 Linux 在早期被认为非常难用的原因之一。需要一些新的东西来解决这个问题。

你曾经使用 DNF 安装更新和新软件。现在让我们更详细地了解包管理和 DNF。RPM 和 DNF 可以做的不仅仅是软件安装和更新。

12.2 RPM

RPM 即 RPM 包管理器。它既是一个系统，也是一个程序，提供了安装、删除、升级和管理 RPM 包的能力。RPM 是 Red Hat 包管理器的简称，它也是用于安装和管理 RPM 包的程序 rpm 的名称，.rpm 是 RPM 包的文件扩展名。

rpm 程序有一些缺点，例如它无法处理正在安装或删除的 RPM 中的依赖项。这意味着你可能尝试安装一个新的软件包来使用，但只收到一条错误消息，表示有一个缺失的依赖项，或者是一长串的依赖项列表。

rpm 程序只能对已经下载到本地主机的 RPM 包进行操作。它无法访问远程存储库，即 repos。

尽管存在很多缺点，但 RPM 仍是使 Linux 可供更多用户使用的一个重要进步。通过取代使用所谓的五步过程下载和编译每个软件包的需求，RPM 简化并规范了 Linux 的软件安装过程。古老而烦琐的五步过程需要时间和耐心。以下步骤列表假定编译器和 make 程序已安装并且你知道如何使用它们。它还假定 Internet 上有一个易于访问的站点，可以从中下载源代码：

1）下载源代码，这些源代码通常作为 tar 压缩包[⊖]被分发。
2）解压 tar 压缩包到目录树中用于开发的位置。
3）运行 `make configure` 命令，为正在执行这些步骤的指定主机配置程序。
4）运行 `make` 命令，将源代码真正编译为可执行文件。
5）运行 `make install` 命令，将二进制执行文件、编译过程创建的所有库以及包括手册页在内的所有文档安装到文件系统目录结构中的正确位置。

RPM 包管理器是第一个可用于任何发行版的系统，它使得安装和维护 Linux 主机比以前容易得多。它还以签名密钥的形式提供安全性。软件打包者可以使用 rpn 程序用 GPG（GNU Privacy Guard，GNU 隐私保护）签名密钥对 RPM 包进行签名，然后在下载时使用该

⊖ tar 压缩包在功能上类似于 zip 文件，但它是用 tar 命令创建的，文件扩展名为 .tar。

密钥验证 RPM 的真实性。DNF 等包管理系统使用签名密钥来确保从包存储库（如 Fedora 存储库）下载的所有包都是安全的并且未被篡改。

尽管 rpm 程序有很多缺点，并且有像 DNF 这样更强大的封装器存在，但 rpm 仍是一个功能强大且仍然有用的程序。因为 dnf 是 rpm 程序的封装器，所以了解 rpm 的工作原理是理解 DNF 高级包管理的重要部分。在此过程中你也会发现许多使用 RPM 的理由。

让我们通过尝试安装一个简单的 RPM 包来开始探索 rpm。你将在实验 12-1 中遇到的 wget 命令可以用来直接从 Internet 下载文件，前提是你知道完整的 URL。这意味着不必浪费时间打开 Web 浏览器并导航到正确的 URL。

实验 12-1　使用 RPM

以 root 身份进行此实验。本实验旨在说明 rpm 程序的问题。我们将尝试安装为此实验创建的 RPM 包 utils-1.0.0-1.noarch.rpm。

将 /tmp 目录设为 PWD。将本实验要用到的 RPM 文件下载到 /tmp 目录下：

[root@studentvm1 tmp]# wget https://github.com/Apress/using-and-administering-linux-volume-1/raw/master/utils-1.0.0-1.noarch.rpm

使用以下命令安装下载的 RPM。选项是 (i) nstall 、(v)erbose 和 (h)ash（显示进度条）：

```
[root@studentvm1 tmp]# rpm -ivf utils-1.0.0-1.noarch.rpm
error: Failed dependencies:
        mc is needed by utils-1.0.0-1.noarch
[root@studentvm1 tmp]#
```

此错误是由于尚未安装 mc (Midnight Commander) 软件包造成的。

rpm 程序无法解决此依赖关系，因此它会指出错误并退出。至少它能告诉我们哪里出了问题。

---

rpm 程序本身无法解决实验 12-1 中遇到的依赖关系问题，必须从存储库下载 Midnight Commander 包，然后使用 rpm 安装它，最后再次尝试安装 utils 包。当然前提是 Midnight Commander 没有任何未安装的依赖项。

在我们查看这些问题的解决方案之前，让我们先看看 RPM 可以做的事情。

实验 12-2　探索 RPM 包

此实验必须以 root 身份执行。我们将使用 RPM 探索 utils 包并找到更多相关信息。

让我们看看 utils-1.0.0-1.noarch.rpm 文件并找到它具有的所有依赖项。-q 选项是查询，R 选项是查询的类型，在本例中是 Requires，表示依赖项或要求。-q 选项必须始终位于所有其他查询选项之前：

```
[root@studentvm1 tmp]# rpm -qR utils-1.0.0-1.noarch.rpm
/bin/bash
/bin/sh
/bin/sh
```

```
/bin/sh
/bin/sh
bash
dmidecode
mc
rpmlib(CompressedFileNames) <= 3.0.4-1
rpmlib(FileDigests) <= 4.6.0-1
rpmlib(PayloadFilesHavePrefix) <= 4.0-1
rpmlib(PayloadIsXz) <= 5.2-1
screen
[root@studentvm1 tmp]#
```

我们可能还想知道这个 RPM 包将安装哪些文件。选项 −l（小写 L）列出了将要安装的文件。这些主要是我编写的小脚本和 GPL 许可信息：

```
[root@studentvm1 tmp]# rpm -ql utils-1.0.0-1.noarch.rpm
/usr/local/bin/create_motd
/usr/local/bin/die
/usr/local/bin/mymotd
/usr/local/bin/sysdata
/usr/local/share/utils/Copyright.and.GPL.Notice.txt
/usr/local/share/utils/GPL_LICENSE.txt
/usr/local/share/utils/utils.spec
[root@studentvm1 tmp]#
```

请注意，此文件列表显示了文件将安装的完整绝对路径。

选项 -i 显示包的详细信息，如下所示：

```
[root@studentvm1 tmp]# rpm -qi utils-1.0.0-1.noarch.rpm
Name        : utils
Version     : 1.0.0
Release     : 1
Architecture: noarch
Install Date: (not installed)
Group       : System
Size        : 71985
License     : GPL
Signature   : (none)
Source RPM  : utils-1.0.0-1.src.rpm
Build Date  : Thu 30 Aug 2018 10:16:42 AM EDT
Build Host  : testvm1.both.org
Relocations : (not relocatable)
Packager    : David Both
URL         : http://www.both.org
Summary     : Utility scripts for testing RPM creation
Description :
A collection of utility scripts for testing RPM creation.
```

有时 RPM 数据库会损坏。发生这种情况时它会告诉你，因为 rpm 命令会抛出一个错误，指示数据库已损坏。可以使用以下命令重建数据库：

```
[root@studentvm1 tmp]# rpm --rebuilddb
[root@studentvm1 tmp]#
```

这将重建已安装软件包的数据库。RPM 无法知道哪些软件包可用但未安装。

阅读 rpm 的手册页以了解 RPM 的更多功能：

```
[root@studentvm1 tmp]# man rpm
```

RPM 可用于删除（擦除）已安装的包。只需使用 -e 选项和 RPM 的名称。RPM 不会删除其他依赖包。它只会退出并显示一条错误消息。

12.3　YUM

YUM（Yellow Dog Updater Modified）是早期（但不是第一个）尝试解决依赖问题以及使 Red Hat Linux RPM 包可以从 Internet 上的存储库中下载的程序。这样就不必在每次安装新软件时将 CD 插入系统，它还使通过 Internet 轻松安装更新成为可能。

YUM 由杜克大学物理系的 Seth Vidal 和 Michael Stenner 编写，用于为 Red Hat 和 RPM 软件包做与最初名为 Yellow Dog 的早期 Linux 发行版软件（YUP）相同的事情。YUM 非常成功，但随着时间的推移，人们发现了几个问题。它速度慢，占用大量内存，而且它的大部分代码都需要重写。

进一步讨论 YUM 没有什么意义。作为直接替代软件，除了命令名称本身外，DNF 的语法与其相同。在 RHEL 8 之前，YUM 仍然被 RHEL 和 CentOS 用作包管理器，但是你在 DNF 中学到的任何东西也将同样适用于 YUM。当前发行的 Fedora 和 RHEL 8 系统中的 yum 和 dnf 命令都只是指向 dnf-3 命令的链接。我们将在第 18 章探讨链接，但是现在，只要知道一个链接是指向一个文件的指针，并且允许多个链接就足够了。

实验 12-3　YUM

以 root 身份执行此实验。让我们看看 yum 和 dnf 工具的链接：

```
[root@studentvm1 ~]# for I in `which yum dnf` ; do ll $I ; done
lrwxrwxrwx. 1 root root 5 Dec 13 05:33 /usr/bin/yum -> dnf-3
lrwxrwxrwx. 1 root root 5 Dec 13 05:33 /usr/bin/dnf -> dnf-3
```

which 工具定位 yum 和 dnf 的可执行文件。for 循环使用该结果来执行它找到的一长串文件。

你可以单独尝试 which yum dnf。

12.4　DNF

DNF 工具取代了 YUM，成为 Fedora 22 中的默认包管理器。它是 rpm 程序的封装器，支持从本地或远程存储库安装 RPM 包，并根据需要处理依赖项。DNF 对依赖项的处理包括递归地确定所有可能阻止目标包安装的依赖项并实现它们的能力。也就是说，如果目标包有 25个依赖包，那么它会全部识别它们，确定它们是否已经安装，如果没有，则将它们标记为待安装。然后它会检查这些依赖项是否有进一步的依赖项并将它们标记为待安装；它继续对所有新标记的包进行递归，直到找不到更多的依赖项。最后它下载所有标记的包并安装它们。

DNF 代表"DaNdiFied YUM"。DNF 命令的语法与 YUM 的语法相同，这使得从 YUM 到 DNF 的切换变得容易。DNF 可以安装和删除包。它还可以安装更新并向我们提供与已安装的软件包以及存储库中可用的且尚未安装的软件包有关的信息。DNF 允许自动检查已签名的软件包，以防止假冒软件包在你的 Fedora 系统上安装恶意软件。

DNF 可以在下载后和安装前自动下载 GPG 签名密钥并检查 RPM 包的真实性。

12.4.1　安装软件包

安装新软件是我们大多数人在新计算机上安装 Linux 后要做的第一件事。由于从 Fedora Live USB 安装盘进行安装时的选项有限，因此大多数软件需要在操作系统初始安装后再安装。

实验 12-4　使用 DNF 安装 RPM

此实验必须以 root 身份执行。RPM 和 DNF 工具的很多功能只能在 root 用户运行时才能使用。

现在让我们尝试安装之前尝试过的 utils 包。utils-1.0.0-1.noarch.rpm 包应该位于 /tmp 目录中，所以将 /tmp 目录设为 PWD。

用 DNF 安装这个包：

```
[root@studentvm1 tmp]# dnf -y install ./utils-1.0.0-1.noarch.rpm
Last metadata expiration check: 3:58:01 ago on Tue 24 Jan 2023 04:15:51 AM EST.
Dependencies resolved.

================================================================
 Package        Architecture    Version         Repository      Size
================================================================
Installing:
 utils          noarch          1.0.0-1         @commandline    24 k
Installing dependencies:
 mc             x86_64          1:4.8.28-3.fc37 fedora          1.9 M

Transaction Summary
================================================================
Install  2 Packages

Total size: 1.9 M
Total download size: 1.9 M
Installed size: 7.0 M
Downloading Packages:
mc-4.8.28-3.fc37.x86_64.rpm               1.5 MB/s | 1.9 MB     00:01
----------------------------------------------------------------
```

```
Total                                      1.3 MB/s | 1.9 MB     00:01
Running transaction check
Transaction check succeeded.
Running transaction test
Transaction test succeeded.
Running transaction
  Preparing        :                                         1/1
  Installing       : mc-1:4.8.28-3.fc37.x86_64               1/2
  Running scriptlet: utils-1.0.0-1.noarch                    2/2
  Installing       : utils-1.0.0-1.noarch                    2/2
  Running scriptlet: utils-1.0.0-1.noarch                    2/2
  Verifying        : mc-1:4.8.28-3.fc37.x86_64               1/2
  Verifying        : utils-1.0.0-1.noarch                    2/2

Installed:
  mc-1:4.8.28-3.fc37.x86_64              utils-1.0.0-1.noarch

Complete!
```

这太奇妙了！ DNF 不仅可以确定 utils-1.0.0-1.noarch.rpm 依赖项中所有的包，还能为我们下载并安装它们，不再有依赖项。

你是否还记得在实验 12-2 中，我们查看了 utils 包中指定的依赖项，而 libssh2 不在其中。它很可能是 mc (Midnight Commander) 包的依赖项。我们可以检查一下，如下所示：

```
[root@studentvm1 tmp]# dnf repoquery --deplist mc
Last metadata expiration check: 0:22:27 ago on Sun 23 Sep 2018 09:11:46 PM
EDT.
package: mc-1:4.8.19-7.fc27.x86_64
  dependency: /bin/sh
   provider: bash-4.4.23-1.fc28.x86_64
  dependency: /usr/bin/perl
   provider: perl-interpreter-4:5.26.2-413.fc28.x86_64
  dependency: /usr/bin/python
   provider: python2-2.7.15-2.fc28.i686
   provider: python2-2.7.15-2.fc28.x86_64
  dependency: libc.so.6(GLIBC_2.15)(64bit)
   provider: glibc-2.27-32.fc28.x86_64
  dependency: libglib-2.0.so.0()(64bit)
   provider: glib2-2.56.1-4.fc28.x86_64
  dependency: libgmodule-2.0.so.0()(64bit)
   provider: glib2-2.56.1-4.fc28.x86_64
  dependency: libgpm.so.2()(64bit)
   provider: gpm-libs-1.20.7-15.fc28.x86_64
  dependency: libpthread.so.0()(64bit)
   provider: glibc-2.27-32.fc28.x86_64
  dependency: libpthread.so.0(GLIBC_2.2.5)(64bit)
   provider: glibc-2.27-32.fc28.x86_64
  dependency: libslang.so.2()(64bit)
   provider: slang-2.3.2-2.fc28.x86_64
  dependency: libslang.so.2(SLANG2)(64bit)
   provider: slang-2.3.2-2.fc28.x86_64
  dependency: libssh2.so.1()(64bit)
```

```
      provider: libssh2-1.8.0-7.fc28.x86_64
     dependency: perl(File::Basename)
      provider: perl-interpreter-4:5.26.2-413.fc28.x86_64
     dependency: perl(File::Temp)
      provider: perl-File-Temp-0.230.600-1.fc28.noarch
     dependency: perl(POSIX)
      provider: perl-interpreter-4:5.26.2-413.fc28.x86_64
     dependency: perl(bytes)
      provider: perl-interpreter-4:5.26.2-413.fc28.x86_64
     dependency: perl(strict)
      provider: perl-libs-4:5.26.2-413.fc28.i686
      provider: perl-libs-4:5.26.2-413.fc28.x86_64
     dependency: rtld(GNU_HASH)
      provider: glibc-2.27-32.fc28.i686
      provider: glibc-2.27-32.fc28.x86_64
[root@studentvm1 tmp]#
```

你可以在该查询结果的某一行中找到 libssh.so.2。

12.4.2　安装更新

与大多数包管理器一样，DNF 也可以为已安装的软件安装更新。这一般包括一个或多个（通常更多）更新的 RPM 包，其中包含错误修复、文档更新，有时还包含软件版本更新。此过程不会安装从一个 Fedora 版本到另一个版本的完整升级，例如从 Fedora 28 到 Fedora 29。

实验 12-5　安装更新

此实验必须以 root 身份执行。我们首先使用 DNF 确定是否有可用的更新，然后安装这些更新。

DNF 还允许我们检查系统上需要安装的更新列表：

[root@studentvm1 tmp]# **dnf check-update**

你可能希望将生成的数据流通过 less 工具进行管道传输，这样就能够分页浏览结果。

看完需要更新的软件包列表后，让我们继续执行更新。tee 工具将发送到 STDOUT 的数据流复制到指定文件以供以后查看。虽然还有其他的 DNF 日志文件，但是这样就可以把我们在显示屏上看到的内容保存到 /tmp/update.log 文件中作为记录，供我们以后查看：

[root@studentvm1 tmp]# **dnf -y update | tee /tmp/update.log**

我不会给出此命令的输出数据流，因为它非常长。请观察更新过程，注意将有大量的包需要更新。执行此任务需要一些时间，它将分阶段进行。

1）确定哪些已安装的包有可用的更新。

2）检查并添加依赖项。

3）下载所需的包或增量文件。

4）验证下载的 RPM 文件的完整性。

5）使用增量文件重建 RPM。

6）安装更新。

我很幸运在第 2 版中重新验证了这个实验。在下载过程中发生了一个错误，其中一个文件与 GPG 安全签名不匹配。输出数据流中的"md5 不匹配"短语表明了这一点。DNF 工具足够智能，可以检测到这个错误并再次下载那个文件：

```
/var/cache/dnf/updates-fd4d3d0d1c34d49a/packages/kernel-modules-6.1.6-
200.fc37_6.1.7-200.fc37.x86_64.drpm: md5 mismatch of result
```

更新完成后，使用 `less` 工具查看我们使用 `tee` 命令创建的存储在 /etc/update.log 中的结果。

DNF 会自行创建日志文件。让我们来看看：

```
[root@studentvm1 tmp]# cd /var/log
[root@studentvm1 log]# ll dnf*
-rw-------  1 root root 1606065 Sep 24 11:48 dnf.librepo.log
-rw-------. 1 root root 1202827 Sep  2 03:35 dnf.librepo.log-20180902
-rw-------. 1 root root 4944897 Sep 12 17:29 dnf.librepo.log-20180912
-rw-------. 1 root root 2603370 Sep 16 02:57 dnf.librepo.log-20180916
-rw-------  1 root root 6019320 Sep 23 02:57 dnf.librepo.log-20180923
-rw-------  1 root root  178075 Sep 24 11:48 dnf.log
-rw-------. 1 root root   46411 Sep  2 03:35 dnf.log-20180902
-rw-------. 1 root root  271613 Sep 12 17:29 dnf.log-20180912
-rw-------. 1 root root   98175 Sep 16 02:57 dnf.log-20180916
-rw-------  1 root root  313358 Sep 23 02:57 dnf.log-20180923
-rw-------  1 root root   27576 Sep 24 11:48 dnf.rpm.log
-rw-------. 1 root root    1998 Sep  2 03:35 dnf.rpm.log-20180902
-rw-------. 1 root root    9175 Sep 12 17:28 dnf.rpm.log-20180912
-rw-------. 1 root root    4482 Sep 16 02:57 dnf.rpm.log-20180916
-rw-------  1 root root   10839 Sep 23 02:57 dnf.rpm.log-20180923
[root@studentvm1 log]#
```

使用 *（星号）符号允许我们指定所有以"dnf"开头并在其后有零个或多个附加字符的文件，并且只有符合此规范的文件才会显示。这称为文件通配，而 * 是可用的通配符之一。更多关于文件通配的内容将在第 15 章介绍。

请注意，名称中带有日期的文件是较旧的日志文件。Linux 会定期轮换日志文件，这样所有日志文件都不会变得太大。

将 /var/log 设为当前工作目录，然后使用 `less` 查看 dnf.log。你应该能够找到安装 utils 包的日志数据。less 工具允许你搜索所查看文件的内容，只需输入正斜杠然后输入要搜索的字符串即可。使用 /util 应该很容易找到第一个条目。每个条目前面都有它发生的日期和时间。这里 Z 代表 Zulu，Zulu 是格林尼治标准时的军事名称：

```
2018-09-24T01:04:09Z DDEBUG Command: dnf -y install utils-1.0.0-1.noarch.rpm
```

按 <N> 键查找字符串的下一个实例。你应该找到安装 utils 包及其依赖项的整个事务。

滚动 dnf.log 文件来浏览其内容。你应该能够找到我们在本实验的第 5 步中所做的系统更新的条目。浏览完成后退出 less。

使用 less 浏览 dnf.librepo.log 和 dnf.rpm.log 文件。

dnf 命令有一些选项，可以很容易地从它的日志文件中获取信息。第一个命令列出了最近安装的包：

```
[root@studentvm1 ~]# dnf list recent
```

以下命令列出了所有已安装的软件包：

```
[root@studentvm1 ~]$ dnf list installed | wc -l
```

以下命令列出了所有可用的尚未安装的包：

```
[root@studentvm1 ~]$ dnf list available | wc -l
```

通过 wc（单词计数）命令对 dnf 命令的数据流进行管道传输，以确定已经安装了多少包以及有多少包可用。我的 student 虚拟机上安装了 1503 个包，但是如果你的数字与此不同也没关系。

只有在安装新内核或 glibc 软件包后才需要重新启动 Linux 计算机，这是加载新内核的唯一方法。更新 glibc 后重新启动也是一个好主意。内核或 glibc 软件包很可能已更新。检查日志以验证是否已安装新内核，如果是，则重新启动。

系统重启后，你将看到列出多个内核的 GRUB 菜单屏幕。

在此屏幕退出之前，请务必按 <Escape> 键。默认时间为 5s，因此你需要做好准备。按 <space> 键或 <Escape> 键停止倒计时并查看选项。你可以使用方向键选择任何可用的内核，并选择任何列出的内核进行引导。只需大致看一下此菜单，因为我们稍后还会提到它。

按 <Enter> 键继续从顶部的（默认）内核开始引导。

GRUB（GRand Unified Bootloader，实际上是 GRUB2）负责 Linux 引导过程的初始阶段。我们将在第 16 章详细讨论 GRUB、内核和引导。

12.4.3 更新后任务

执行更新后通常至少需要执行一个额外步骤，尤其是在更新了许多 RPM 包时。一个好主意就是更新手册页数据库来包含新的和修订的页面以及删除过时的页面。

实验 12-6 更新手册页数据库

此实验必须以 root 身份执行。更新手册页数据库：

```
[root@studentvm1 ~]# mandb
Purging old database entries in /usr/share/man...
```

```
Processing manual pages under /usr/share/man...
Purging old database entries in /usr/share/man/ru...
Processing manual pages under /usr/share/man/ru...
Purging old database entries in /usr/share/man/zh_CN...
Processing manual pages under /usr/share/man/zh_CN...
Purging old database entries in /usr/share/man/cs...
<snip>
Purging old database entries in /usr/local/share/man...
Processing manual pages under /usr/local/share/man...
3 man subdirectories contained newer manual pages.
27 manual pages were added.
0 stray cats were added.
5 old database entries were purged.
[root@studentvm1 ~]#
```

现在，你需要的大部分手册页都可以使用了。

我不确定为什么此时不自动更新手册页数据库。

12.4.4　删除包

DNF 还可以删除软件包（`dnf remove`），它还会删除与其一起安装的依赖项。因此，删除 utils 包也会删除 libssh2 和 mc 包。

实验 12-7　删除软件包

以 root 身份执行此实验。在这个实验中，我们使用以下命令删除 utils 包。不要使用 -y 选项，这样 DNF 会询问我们是否要继续。当我试图删除我认为是单独的或未使用的包时，我将其当作安全措施；它使我避免删除数百个仍然需要使用的文件：

```
[root@studentvm1 log]# dnf remove utils
Dependencies resolved.
================================================================
 Package        Arch        Version        Repository        Size
================================================================
Removing:
 utils          noarch      1.0.0-1        @@commandline     70 k
Removing dependent packages:
 mc             x86_64      1:4.8.19-7.fc27 @fedora          6.7 M
Removing unused dependencies:
 libssh2        x86_64      1.8.0-7.fc28    @fedora          197 k

Transaction Summary
================================================================
Remove  3 Packages

Freed space: 7.0 M
```

此命令将删除列出的三个包。这是有问题的。删除 utils 包也会导致删除 mc（Midnight

Commander）包。Midnight Commander 并不是 utils 包的真正依赖项。在另一个 root 会话中，使用以下命令查询存储数据库并列出 mc 的依赖项：

```
[root@studentvm1 log]# dnf repoquery --requires mc
```

你认为为什么 DNF 会尝试把 mc 作为依赖项移除呢？返回删除等待的终端会话，输入 y 继续删除：

```
Is this ok [y/N]: y
Running transaction check
Transaction check succeeded.
Running transaction test
Transaction test succeeded.
Running transaction
  Preparing         :                                    1/1
  Erasing           : utils-1.0.0-1.noarch               1/3
  Running scriptlet: utils-1.0.0-1.noarch                1/3
  Erasing           : mc-1:4.8.19-7.fc27.x86_64          2/3
  Erasing           : libssh2-1.8.0-7.fc28.x86_64        3/3
  Running scriptlet: libssh2-1.8.0-7.fc28.x86_64         3/3
  Verifying         : utils-1.0.0-1.noarch               1/3
  Verifying         : libssh2-1.8.0-7.fc28.x86_64        2/3
  Verifying         : mc-1:4.8.19-7.fc27.x86_64          3/3

Removed:
  utils.noarch 1.0.0-1   mc.x86_64 1:4.8.19-7.fc27      libssh2.x86_64
1.8.0-7.fc28

Complete!
[root@studentvm1 tmp]#
```

尽管 DNF 看起来已经是对独立的 RPM 包管理器的重大改进，但它还有另一个功能可以使我们作为系统管理员的工作变得更加轻松，那就是组。

12.5 组

有许多复杂的软件系统需要许多包（有时是数百个）才能安装。想想 GUI 桌面，或集成开发环境（如 Eclipse 或一组开发工具）。所有这些都需要很多单独的包才能完全发挥作用。

DNF 具有"组"功能，允许打包者定义创建全功能系统（如桌面、教育软件、电子实验室、Python 教室等）所需的所有单个包。

实验 12-8　安装组——LIBREOFFICE

此实验必须以 root 身份执行。

我们首先列出所有组：

```
[root@studentvm1 tmp]# dnf grouplist
```

结果列表中的组被分成几类。"可用环境组"类别中列出的组往往是桌面环境。"已安装组"类别很明显，此类别中应该只列出一个组。"可用组"类别包含尚未安装且不是桌面的组。

查看其中一个组的信息。请注意，对于所有 DNF 组命令，组名中包含空格时需要使用引号引起来：

```
[root@studentvm1 ~]# dnf groupinfo "Audio Production" | less
```

你应该会看到一长串将与该组一起安装的软件包。

现在让我们安装一个在现实生活中可能对你有用的组。我使用 LibreOffice 套件来写书（比如这本书），并创建电子表格和演示文稿。LibreOffice 的文档使用广泛接受的开放文档格式（Open Document Format，ODF），它还可以创建和使用 Microsoft Office 文档、电子表格、演示文稿等。

首先使用 DNF 查看 LibreOffice 的组信息，然后安装 LibreOffice 组。不要使用 -y 选项，以便你可以看到需要安装的依赖项列表：

```
[root@studentvm1 ~]# dnf group install LibreOffice
```

根据你的 Internet 连接速度，下载和安装完整的办公套件应该只需要几分钟。

许多软件包不属于任何组。组是管理需要许多软件包的复杂软件系统的一种方式。同样，一个或多个组的某个成员包也可以在不安装整个组的情况下进行安装。

12.6　添加存储库

使用 Fedora 时，并非所有可能需要用到的软件都位于标准的 Fedora 存储库中。添加其他存储库，尤其是像 RPMFusion 这样的可信存储库，可以更快捷、更容易地添加不属于 Fedora 发行版的新软件。

RPMFusion 存储库包含许多 Fedora 发行版未提供的软件包。RPMFusion 存储库和其中的软件包维护良好、有签名，并且是可信任的。如果你愿意，可以使用浏览器浏览 RPMFusion 网站 www.rpmfusion.org。这两个 RPMFusion 存储库的安装非常简单。

对于 CentOS 和 RHEL，你必须首先安装 EPEL（Extra Programs for Enterprise Linux）存储库，但这对我们来说不是必要的，因为我们使用的是 Fedora。

实验 12-9　添加一个库

此实验必须以 root 身份执行。我们将下载 RPMFusion 免费和非免费存储库的 RPM 并安装。

将 /tmp 目录设为 PWD：

```
[root@studentvm1 ~]# cd /tmp
```

使用 wget 将 RPMFusion RPM 包下载到 /tmp。输入以下两个命令，每个命令应该在一行上。由于空间问题，它们在这里被分开了。

提示 虽然这两个存储库有"稳定"版本，但截至撰写本文时，它们尚未更新可以在 Fedora 37 下安装的版本。因此，我们需要下载并安装主机上指定 Fedora 版本的 RPM 包来执行这些实验。我使用的是 Fedora 37，但你可能使用的是不同的更新版本。当你执行此实验时，此问题可能已得到解决，但如果 RPMFusion 稳定版 RPM 无法安装，请务必使用已安装的版本。安装 RPMFusion 存储库后，无须重新安装它们。这严格来说是稳定包的安装问题。安装后，位于 /etc/yum.repo.d 中的 repo 文件是相同的。

确保为你的 Fedora 系统使用正确的版本号。我们在这里使用版本 37，因为这是我用来执行这个实验的主机上安装的版本。

有两种方法可以用来下载和安装像这样的 RPM。

（1）两步法 两步法使用单独的下载和安装命令。wget 命令用来从互联网上的已知位置轻松下载文件。然后可以使用 dnf 命令在本地进行安装：

```
[root@studentvm1 tmp]# wget
http://download1.rpmfusion.org/free/fedora/rpmfusion-free-release-37.noarch.rpm
--2023-01-24 09:29:09--  http://download1.rpmfusion.org/free/fedora/rpmfusion-free-
release-37.noarch.rpm
Resolving download1.rpmfusion.org (download1.rpmfusion.org)... 193.28.235.6,
2001:67c:1740:800d::65
Connecting to download1.rpmfusion.org (download1.rpmfusion.org)|193.28.235.6|:80...
connected.
HTTP request sent, awaiting response... 200 OK
Length: 11374 (11K) [application/x-rpm]
Saving to: 'rpmfusion-free-release-37.noarch.rpm'

rpmfusion-free-release-37 100%[===================================>]  11.11K  --.-
KB/s    in 0s

2023-01-24 09:29:09 (78.3 MB/s) - 'rpmfusion-free-release-37.noarch.rpm' saved
[11374/11374]
[root@studentvm1 tmp]# wget
http://download1.rpmfusion.org/nonfree/fedora/rpmfusion-nonfree-release-37.noarch.rpm
--2023-01-24 09:29:30--  http://download1.rpmfusion.org/nonfree/fedora/rpmfusion-
nonfree-release-37.noarch.rpm
Resolving download1.rpmfusion.org (download1.rpmfusion.org)... 193.28.235.6,
2001:67c:1740:800d::65
Connecting to download1.rpmfusion.org (download1.rpmfusion.org)
|193.28.235.6|:80... connected.
HTTP request sent, awaiting response... 200 OK
Length: 11431 (11K) [application/x-rpm]
Saving to: 'rpmfusion-nonfree-release-37.noarch.rpm'
```

```
rpmfusion-nonfree-release 100%[====================================>]
11.16K --.-KB/s    in 0s

2023-01-24 09:29:31 (83.4 MB/s) - 'rpmfusion-nonfree-release-37.noarch.rpm' saved
[11431/11431]

[root@studentvm1 tmp]#
```

使用以下命令在本地安装两个 RPM：

```
[root@studentvm1 tmp]# dnf -y install ./rpmfusion*
```

（2）一步法　一步法使用 dnf 命令通过单个指令下载并安装每个 RPM。

```
# dnf install http://download1.rpmfusion.org/free/fedora/rpmfusion-free-
release-37.noarch.rpm
# dnf install
http://download1.rpmfusion.org/nonfree/fedora/rpmfusion-nonfree-release-37.
noarch.rpm
```

在这些 RPM 被安装后，将 PWD 更改为 /etc/yum.repos.d 目录，并列出那里的文件。你应该会看到几个 RPMFusion 存储库。你还应该看到默认的 fedora 和 fedora-updates 存储库配置文件。

查看其中一些文件的内容。请注意，testing 和 rawhide 存储库的 enabled=0，这意味着它们被禁用。这些是用于测试的存储库，除非你是编程专家并且喜欢探索新事物，否则永远不要启用它们。

我们现在可以轻松地安装 RPMFusion 存储库中的 RPM 包了。

一些存储库只让你下载 repo 文件并将其放在 /etc/yum.repos.d 中，而不是将它们打包在 RPM 中。

12.7　其他软件

我的瑜伽老师 Cyndi 与我合著了 *Linux for Small Business Owners* 一书。后来她改变了商业模式，从原来的面对面课程转变为现在的线上课程。她现在使用 Fedora 上的 Zoom 来教授许多瑜伽课程，并发现这非常有效，并且融入了她的工作流程技术中。尽管 Zoom 可以在浏览器中使用，但 Cyndi 作为会议主持人，所需的某些功能只在 Zoom 提供的客户端软件中可用。

Zoom 并未包含在任何 Fedora 存储库中，所以她和我不得不从 Zoom 下载网站上下载它，以便使用命令行进行安装。这实际上非常简单。有时，我们需要从除 Fedora 存储库以外的来源安装软件，所以现在我们用 Zoom 来做这件事。

12.7.1 安装 Zoom

此过程可用于从其他来源下载的软件，只要它们是可信的并且是 RPM 包。

提示 我们安装 Zoom 客户端的这个过程本质上与安装不包含在 Fedora 存储库中的其他软件的过程相同。

实验 12-10 安装其他软件

转到 Zoom 的 Linux 下载中心 https://zoom.us/download#client_4meeting，并在 Linux Type 下拉列表框中选择 Fedora。当 Linux 下载文件管理器出现时，选择临时目录 /tmp 来存储文件。Zoom 的文件名始终是 zoom_x86_64.rpm，这使得人们很难知道 RPM 文件中包含哪个版本。

如果 Zoom 已经在运行，则退出 Zoom。打开一个终端会话并切换到 root 用户。这需要 root 密码。尽管我使用 su 命令，但你也可以使用 sudo 来提升你的权限：

```
$ su -
Password: <Enter the root password>
#
```

确保使用后面的连字符 (-)，否则它将无法正常工作。将工作目录更改为 /tmp：

```
# cd /tmp
```

执行下一条命令进行安装。-i 选项表示安装，y 表示对 DNF 安装过程中询问的任何问题自动回答为"是"：

```
# dnf install -y zoom_x86_64.rpm
```

安装只需几分钟，你应该为 Zoom 会议做好准备。

12.7.2 更新 Zoom

在使用 Zoom 客户端几个月后，Cyndi 开始收到消息，提示她需要更新到最新版本，否则她的 Zoom 客户端将无法使用。安装更新对现有的 Zoom 安装也同样简单。步骤与之前的安装几乎相同。只有最后一步有所不同。

实验 12-11 更新其他软件

你可能需要等到 Zoom 发布更新后才能执行此实验。但如你所见，过程几乎是相同的。

从 Zoom 网站下载最新的 Zoom 包并将其存储在 /tmp 中。打开一个终端会话并切换用户至 root。将 /tmp 设为 PWD，并执行以下命令：

```
# dnf update -y zoom_x86_64.rpm
```

与安装一样，更新只需几分钟的时间。

提示	任何存储在 /tmp 目录中的文件都会在 Linux 启动时被自动删除，无论系统是否重新引导或文件是否已存在十天。如果你想要将 Zoom 的安装包文件保存更长的时间，应该将其复制到一个不同的目录。例如，我使用 /root 目录保存一些我打算保留几个星期的文件。对于我预期要保留几个月或更长时间的文件，我有一个完全独立的目录。

12.8　关于内核

你应该已经注意到，在 DNF 更新安装包的过程中，新内核没有被"更新"，而是"已经安装"。这是因为 DNF 提供了一个选项来保持安装多个旧内核，以防新内核导致系统出现问题。此类问题可能是某些程序不能运行，特别是那些依赖于某些内核的程序，例如 VMWare 虚拟化软件。我也有一些其他软件在内核更新后无法运行或运行不正常。这种情况并不会经常发生，但确实会发生。保留旧的内核可以让我在最新的内核出现问题时引导到其中的一个。图 12-1 显示了 StudentVM1 上的 GRUB 菜单，其中有三个内核。默认的内核总是位于顶部。

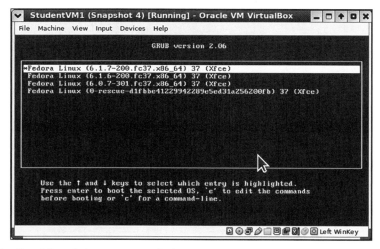

图 12-1　在更新系统几次之后，GRUB 菜单显示三个常规内核和一个恢复选项。最新的内核位于顶部，但是你可以使用方向键选择要引导到的旧内核

实验 12-12　保留旧内核

以 root 身份执行此实验。看一看能够维护多个内核的配置项，我们可以从中选择引导。我们还将更改要保留的旧内核的数量。

使用 vim 编辑 /etc/dnf/dnf.conf 配置文件。将 installonly_limit=3 更改为 installonly_ limit=5，以将要保留的内核总数增加到 5。

查看 clean_requirements_on_remove=True 这一行。它意味着当删除具有依赖项的包时，只要没有其他已安装的包依赖于这些依赖项，那么这些依赖项也应该被删除。不要更改它，因为它确实有助于让我们的 Linux 主机删除不需要和未使用的 RPM 包。不需要的旧东西，无论是 RPM 包、其他旧程序、程序中的旧代码和未使用的代码，以及任何类型的未使用文件，都是不受欢迎的内容。

gpgcheck=1 这一行意味着将根据 GPG 签名密钥检查下载的 RPM 包，以确保它们有效且未被更改。

保存文件并退出。

现在让我们看看 /etc/yum.repo.d 目录中的 repo 文件。将 /etc/yum.repo.d 设为 PWD 并列出目录的内容：

```
[root@studentvm1 yum.repos.d]# ls
fedora-cisco-openh264.repo      rpmfusion-free-updates.repo
fedora.repo                     rpmfusion-free-updates-testing.repo
fedora-updates.repo             rpmfusion-nonfree.repo
fedora-updates-testing.repo     rpmfusion-nonfree-updates.repo
rpmfusion-free.repo             rpmfusion-nonfree-updates-testing.repo
[root@studentvm1 yum.repos.d]#
```

使用 cat 命令可以查看 Fedora 存储库配置文件的内容。请注意，fedora.repo 文件有多个部分。第一部分 [fedora] 已启用。其他两个部分 [fedora- debuginfo] 和 [fedora-source] 被禁用。只有当你在本章尝试使用调试代码解决问题，或者正在安装源代码 RPM 包 (.src.rpm) 以修改和重新编译一个或多个包时，才会启用这些部分。我们大多数人从不需要启用这两部分中的任何一个。

可以使用 /etc/yum.repo.d 中的配置文件禁用某一个或者所有的存储库。此外，可以使用 disablerepo=<reponame> 或 enablerepo=<reponame> 选项为单个 DNF 命令临时启用或禁用 repos。请务必阅读 DNF 手册页。

总结

使用 DNF（DaNdiFied YUM 包管理器）等工具可以轻松更新软件和安装新软件。DNF 是功能强大的 RPM 包管理器的封装器，但 DNF 提供更高级的功能，例如提供自动处理依赖项的能力。它将确定依赖项，从 Internet 上的存储库下载它们，然后安装它们。

DNF 使用组的概念来安装和删除大量相关包，例如复杂软件系统将使用的包。使用组来定义桌面、开发环境、办公套件、科学计算和相关技术包等内容，可以轻松地使用单个命令安装完整的系统。

DNF 和 RPM 都提供了可以浏览 RPM 包内容的工具。可以列出将由 RPM 包安装的文件以及它所依赖的其他包。

除了 Fedora 提供的默认存储库之外，我们还安装了一些额外的存储库。使用额外的存储库可以更容易地安装不属于发行版的软件。

我们还从 Zoom 网站下载了 Zoom，并使用命令行从 /tmp 目录安装了下载的包。

练习

完成以下练习来结束本章：

1）在实验 12-7 中，你删除了 utils 包，并且 mc (Midnight Commander) 包也被删除了。详细解释为什么 DNF 也删除了 mc。

2）你知道你可以在基于终端命令行文本的环境中浏览互联网、接收和发送电子邮件、从远程服务器下载文件等吗？找出完成这些任务所需的所有包并安装它们。

3）重新启动你的 student 虚拟机，并选择一个较旧的内核，但不要选择恢复选项。使用你已经学会的一些工具来探索并确定是否一切都运行良好。

4）有时 DNF 数据库及其缓存可能会损坏，或者至少与系统不同步。你会如何纠正这种情况？

解决问题的工具

目标

在本章中，你将学习以下内容：

❑ 解决问题的流程。

❑ 安装一些有用的解决问题的，但不是默认安装的工具。

❑ 选择和使用正确的工具来调查各种 Linux 系统资源状况，如 CPU、内存、磁盘。

❑ 创建模拟某些问题的命令行程序。

❑ 使用可用的工具来定位和解决模拟问题。

❑ 创建一个 FIFO（First In First Out，先进先出）命名管道来说明缓冲区的功能。

本章介绍了一些可用于定位并解决问题的强大且重要的工具。这是一个很长的章节，因为针对这些工具有很多需要了解的内容。我有意将这些工具分组到这一章中，因为它们至少在两方面密切相关。首先，它们是用来确定问题的一些最基本和最常用的工具。其次，这些工具在它们提供的数据中提供了大量重复的部分，因此你可以相当灵活地选择用于特定目的的工具。

所有这些工具都是功能强大和灵活的，并为如何显示它们可访问的数据提供了许多选项。与其涵盖每一个可能的选择，不如尝试为你提供关于这些工具的足够信息，以激发你的好奇心，并鼓励你自己探索它们的深度。"跟随你的好奇心"是《Linux 哲学》一书的原则之一。

13.1　解决问题的艺术

导师给我提供的最大帮助是帮我制定了一个可以用来解决几乎任何类型问题的流程。这一流程与科学方法密切相关。

我发现这篇名为"How the Scientific Method Works"的短文十分有帮助。他用一个图来描述科学方法，这个图非常像我画的那个解决问题五步走的流程图。所以，我把这个当作指导，这是我给年轻系统管理员的礼物。我希望你能像我一样，发现它的有用之处。

解决任何形式的问题都是一种艺术、科学，有些人还会觉得需要一点魔法。解决技术问题，比如那些在计算机上出现的问题，还需要大量的专业知识。解决一般问题（包括Linux中的问题）的任何方法必然包含一系列问题症状，以及修复或规避引起问题症状的必要步骤。这种"治标不治本"的方法在管理者看来还不错，但在实践中却很糟糕。解决问题的最佳方法是拥有大量的基础学科知识和强大的方法论。

13.1.1　解决问题的五个步骤

图 13-1 描述了解决问题的五个基本步骤。

图 13-1　我解决问题的步骤

你过去可能还听过其他几个用来解决问题的术语。流程中的前三个步骤也被称作问题定义，也就是发现产生问题的根源。最后两个步骤用来解决实际问题。下文会更详细地描述这五个步骤。

13.1.2　知识

了解你试图解决的问题是第一步。我所看到的所有科学方法的文章似乎都把这作为先决条件。然而，知识的获取是一个持续的过程，它由好奇心驱动，并使用科学方法通过实验探索扩展现有知识来获得知识。这也是我在这门课中使用"实验"而不是"实验室项目"的原因之一。

你至少必须了解 Linux，更重要的是，你必须了解可能与 Linux 交互并影响 Linux 的其他因素，例如硬件、网络，甚至环境因素（如 Linux 系统运行的温度、湿度和电气环境如何影响 Linux）。

记住，用博格人的话来说，"没有知识，反抗是徒劳的。"知识就是力量！

13.1.3　观察

解决问题的第二步是观察问题的症状。记录所有的问题症状是很重要的。观察正常工作状态下是什么样的也很重要。现在不是试图解决问题的时候，只要做好观察就可以了。

观察的另一个重要部分是问自己：你看到了什么，你没有看到什么。除了你需要问的具体问题外，还有一些一般性的问题要问：

- ❑ 这个问题是由硬件、Linux、应用软件引起的，还是可能是由于缺乏用户知识或培训所致？
- ❑ 这个问题和我看到的其他问题相似吗？
- ❑ 是否存在错误信息？
- ❑ 是否有与此问题有关的日志条目？
- ❑ 就在错误发生之前，计算机上发生了什么？
- ❑ 如果这个错误没发生，那么我期望会发生什么？
- ❑ 关于系统的硬件或软件最近有什么变化吗？

当你收集数据时，永远不要假设从别人那里获得的信息是正确的。亲自观察每件事。最好的问题解决者是那些从不把任何事情视为理所当然的人。他们从不认为他们所掌握的信息是 100% 准确或完整的。当你掌握的信息似乎与自己的预期或问题症状相矛盾时，从一开始就好像你根本没有任何信息一样。

在一次非常奇怪的事件中，我坐在一台大计算机上修理它。这是一个很长的故事，相当于我观察到的一个非常短暂的症状是由坐在一个非常大的打印机控制单元顶部的工作空间引起的。完整的故事可以在《Linux 哲学》一书中找到。

13.1.4　推理

运用推理技巧从对症状的观察中获取信息，运用知识来确定问题的可能原因。通过你对问题的观察、你的知识和你过去的经验进行推理的过程是艺术和科学结合产生灵感、直觉或其他一些神秘的心理过程的地方，这些过程提供了对问题根源的一些见解。

这有助于记住症状不是问题所在，问题导致症状。你要解决的是真正的问题，而不仅仅是症状。

13.1.5　行动

现在是时候执行适当的修复操作了。这通常是一个简单的过程。难点在于之前发生的事情：弄清楚该做什么。在知道问题的原因后，通常很容易确定采取正确的修复措施。

你所采取的具体行动将取决于问题的原因。记住，我们是在解决根本原因，而不仅仅是试图摆脱或掩盖症状。

一次只做一个更改。如果有多个可以采取的解决问题的操作，则只做一个更改或采取一个最有可能解决根本原因的操作。选择一个最可能解决问题的纠正措施是你接下来该做的。根据你或者别人的经验把所有的方法按照解决问题的可能性从高到低进行排序操作。在每个操作后测试其结果。

13.1.6　测试

在采取一些明显的修复操作后，应该对修复进行测试。这通常意味着执行最初失败的任务，但也可以是一个单一的、简单的命令来说明问题。

一次只做一个更改，只采取一个潜在的纠正措施，然后测试该措施的结果。这是我们能够确定哪些纠正措施解决了问题的唯一方法。如果我们要采取几个纠正措施，然后进行一次测试，那么就没有办法知道哪个措施负责修复问题。如果我们想要在找到解决方案后退回那些无效的更改，这一点尤为重要。

在进行测试时，请务必检查最初观察到的症状。由于你所采取的行动，它们可能已经发生了变化，你需要意识到这一点，以便在流程的下一次迭代中做出明智的决策。即使问题没有得到解决，改变后的症状对于决定如何继续修复也非常有价值。

当你处理一个问题时，有必要至少迭代一些步骤。图 13-1 显示，你可能需要迭代到之前的某个步骤才能继续。

这是灵活的。如果没有其他办法能取得进展，不要犹豫，退一步重新开始。

13.2　系统性能观测和解决问题

现在，让我们来看一些命令，使你能够观察 Linux 系统的各种配置和性能。如果你对命令所显示的数据有疑问，请确保使用每个命令的手册页。

在分析系统性能和解决问题的过程中使用了大量的 Linux 命令。这些命令中的大多数都是从 /proc 文件系统中的各种文件中获取信息的。你可能希望并排使用多个终端会话，以便在命令及其输出之间进行一些比较。

在开始确定问题的过程中，我使用 top、htop 和 atop 作为我的主要工具。这三种工具显示了许多相同的信息，但每种工具都有自己的方式和不同的重点。这三种工具都几乎实时地显示系统数据。top 和 htop 工具也是交互式的，并允许系统管理员通过发送信号来调整优先级和终止进程。atop 工具可以终止进程，但不能调整优先级。

注意　nice 命令可以用来更改进程的 nice 值（renice），以便修改其优先级，然后 Linux 调度程序可能为它分配 CPU 时间。在本章和下册的第 4 章中，我们将探讨 nice 值、优先级和调度。

让我们来详细介绍一下这三种工具。

top

当我解决任何类型的性能问题时，top 命令是我的首选工具。我喜欢它，因为它作为默认工具总是被系统安装，而其他工具可能没有安装。top 工具总是由 Fedora 和我使用过的所有其他发行版所默认安装。

top 程序是一个非常重要和强大的工具，可以观察内存、CPU 利用率以及动态负载值。top 提供的信息有助于诊断某个正在出现的问题，它通常是我在排除新问题时使用的第一个工具。

理解 top 所展示的信息是最大限度地使用它的关键。让我们来看一些可以提示性能问题的数据，并更深入地探索这些数据的含义。这些信息中的大部分也与我们将要研究的其他系统监视器有关，它们也显示一些相同的信息。

top 工具几乎实时显示系统信息，默认每 3s 刷新一次。允许使用小数，但是非常小的值会给系统造成显著的负载。它也是交互式的，可以修改要显示的数据列和排序列。

实验 13-1 top

在 StudentVM1 的虚拟机环境中以 root 身份执行此实验。启动 top：

```
[root@StudentVM1 ~]# top
```

结果将全屏显示并实时显示，每 3s 更新一次。top 是一个交互式工具，它允许更改显示的程序以及对显示的结果进行排序。它还允许与程序进行一些互动，如 renice 命令改变它们的优先级；kill 命令，终止进程：

```
top - 12:19:00 up 2:16, 2 users, load average: 0.08, 0.04, 0.01
Tasks: 158 total,   1 running, 157 sleeping,   0 stopped,   0 zombie
%Cpu(s): 0.0 us, 0.2 sy, 0.0 ni, 97.6 id, 0.0 wa, 0.9 hi, 1.3 si, 0.0 st
MiB Mem : 15996.4 total, 15065.5 free,   289.7 used,    641.2 buff/cache
MiB Swap:  8192.0 total,  8192.0 free,     0.0 used. 15434.7 avail Mem
    PID USER      PR  NI    VIRT    RES    SHR S  %CPU  %MEM     TIME+ COMMAND
    808 systemd+   20   0   16428   6332   5460 S   0.2   0.0   0:08.35 systemd-oomd
   1009 root       20   0  473224  19968  17112 S   0.2   0.1   0:00.37 NetworkManager
   1317 root       20   0   16128   6632   4852 S   0.2   0.0   0:00.16 sshd
   1586 root       20   0       0      0      0 I   0.2   0.0   0:00.10 kworker/0:3-events
      1 root       20   0  103172  13812   9816 S   0.0   0.1   0:02.47 systemd
      2 root       20   0       0      0      0 S   0.0   0.0   0:00.00 kthreadd
      3 root        0 -20       0      0      0 I   0.0   0.0   0:00.00 rcu_gp
      4 root        0 -20       0      0      0 I   0.0   0.0   0:00.00 rcu_par_gp
      5 root        0 -20       0      0      0 I   0.0   0.0   0:00.00 slub_flushwq
      6 root        0 -20       0      0      0 I   0.0   0.0   0:00.00 netns
      8 root        0 -20       0      0      0 I   0.0   0.0   0:00.00 kworker/0:0H-events_h+
     10 root        0 -20       0      0      0 I   0.0   0.0   0:00.00 mm_percpu_wq
     12 root       20   0       0      0      0 I   0.0   0.0   0:00.00 rcu_tasks_kthread
     13 root       20   0       0      0      0 I   0.0   0.0   0:00.00 rcu_tasks_rude_kthread
     14 root       20   0       0      0      0 I   0.0   0.0   0:00.00 rcu_tasks_trace_kthre+
     15 root       20   0       0      0      0 S   0.0   0.0   0:00.07 ksoftirqd/0
     16 root       20   0       0      0      0 I   0.0   0.0   0:00.07 rcu_preempt
     17 root       rt   0       0      0      0 S   0.0   0.0   0:00.00 migration/0
     19 root       20   0       0      0      0 S   0.0   0.0   0:00.00 cpuhp/0
```

```
     20 root      20   0       0       0       0 S   0.0   0.0   0:00.00 kdevtmpfs
     21 root       0 -20       0       0       0 I   0.0   0.0   0:00.00 inet_frag_wq
  <SNIP>
```

在学习的过程中，保持 **top** 的运行。然后按 <s（小写）> 键。**top** 工具显示 **Change delay from 3.0 to**，键入 1 并按 <Enter> 键。这会将显示更新设置为 1s。我发现这比默认的 3s 更灵敏，更让我喜欢。现在按 <1> 键，在此虚拟机中显示两个 CPU，在开始部分的每一行上显示每个 CPU 的统计信息。再次按 <1> 键，将返回显示 CPU 统计数据。多做几次本操作，对比两种显示的不同，保留它，这样在完成时，**top** 分别显示两个 CPU。

在做出这些改变之后，我们想让它们永久化，但是 **top** 工具不会自动保存这些更改，因此我们必须按 <W（大写）> 键将修改后的配置写入 ~/.toprc 文件。

当你阅读屏幕上显示的各个信息段的时候，保持 **top** 工具的运行。

top 显示分为两个部分。"摘要"部分是输出的顶部部分，"进程"部分是输出的下部部分。为了保持一致性，我将在 **top**、**atop** 和 **htop** 中统一使用"摘要"和"进程"。

top 程序有许多有用的交互式命令，你可以使用它们来管理数据的显示和操作单个进程。使用 h 命令可以查看各种交互式命令的简要帮助页面。帮助界面一共有两页，需要按两次 <H> 键才能显示完整。按 <Q> 键退出"帮助"并返回显示页面。

1. 摘要部分

top 的摘要部分提供了一个非常棒的当前系统状态的视图。这些信息可以告诉你 CPU 和内存的总体使用情况，以及 CPU 负载趋势。

第一行显示了系统的运行时间以及 1min、5min 和 15min 的负载平均值。在实验 13-1 中，由于主机所做的工作很少，所以负载平均值几乎都为零。图 13-2 显示了正在进行一些工作的系统的负载平均值。第二行显示了当前活动的进程的数量和每个进程的状态。

接下来将显示包含 CPU 统计信息的行。可以用一行显示系统中所有 CPU 的统计数据，也可以如图 13-2 所示，每个 CPU 显示一行，在这种情况下是四核 CPU。按 <1> 键可在 CPU 使用情况的统计显示和单个 CPU 的详细显示之间进行切换。这些行中的数据显示为可用 CPU 时间的百分比。

摘要部分的最后两行是内存使用情况。它们显示了物理内存的使用情况，包括 RAM 和交换空间。

许多其他工具也提供了类似的信息。接下来几个小节，我们会详细介绍这些显示的信息，这也适用于在所有其他工具中显示的相同信息。

（1）**负载平均值** **top** 输出的第一行包含当前的负载平均值。负载平均值表示系统的 1min、5min 和 15min 内的负载平均值。图 13-2 所示的数据来自一个回核 CPU，负载平均值分别为 2.49、1.37 和 0.60。

```
top - 12:21:44 up 1 day,  3:25,  7 users,  load average: 2.49, 1.37, 0.60
Tasks: 257 total,   5 running, 252 sleeping,   0 stopped,   0 zombie
Cpu0 : 33.2%us, 32.3%sy,  0.0%ni, 34.5%id,  0.0%wa,  0.0%hi,  0.0%si,  0.0%st
Cpu1 : 51.7%us, 24.0%sy,  0.0%ni, 24.2%id,  0.0%wa,  0.0%hi,  0.0%si,  0.0%st
Cpu2 : 24.6%us, 48.5%sy,  0.0%ni, 27.0%id,  0.0%wa,  0.0%hi,  0.0%si,  0.0%st
Cpu3 : 67.1%us, 21.6%sy,  0.0%ni, 11.3%id,  0.0%wa,  0.0%hi,  0.0%si,  0.0%st
Mem:   6122964k total,  3582032k used,  2540932k free,   358752k buffers
Swap:  8191996k total,        0k used,  8191996k free,  2596520k cached
```

图 13-2　这个 top 程序示例中的负载平均值表明了最近 CPU 使用量有所增加

但是，当我说 1min（或 5min、10min）的负载平均值是 2.49 时，这到底意味着什么呢？负载平均值可以被认为是对 CPU 需求的度量，它是一个数字，表示等待 CPU 时间的指令平均数量。因此，在单处理器系统中，一个被充分利用的 CPU 负载平均值为 1。这意味着 CPU 正好满足需求；换句话说，它有完美的利用率。负载平均值小于 1 意味着 CPU 未被充分利用，而负载平均值大于 1 意味着 CPU 被过度利用，并且存在被压抑的、未被满足的需求。例如，在单 CPU 系统中，负载平均值为 1.5 表明一些指令被迫等待执行，直到前一个指令完成。

对于多核处理器也是如此。如果一个四核 CPU 系统的负载平均值为 4，那么它得到了充分利用。例如，如果它的负载平均值为 3.24，那么其中三个核得到了充分利用，一个核的利用率约为 24%。在前面的例子中，一个四核 CPU 系统的 1min 负载平均值为 2.49，这意味着 CPU 仍然有大量可用容量。一个得到充分利用的四核 CPU 系统的负载平均值为 4.00。

在理想服务器环境中，负载平均值的最佳条件是它等于系统中的 CPU（核）总数。这意味着每个 CPU（核）都得到了充分利用，但没有任何指令被迫等待。

还要注意，长期负载平均值提供了总体利用率趋势的指示。在前面的示例中，短期负载平均值显示了利用率的短期峰值，但仍然有大量的可用容量。

Linux Journal 在 2006 年 12 月 1 日的一期中有一篇优秀的文章，描述了负载平均值、其背后的理论和数学原理，以及如何解释它们。

（2）CPU 利用率　CPU 利用率是对执行指令占用的 CPU 时间的一个相当简单的度量。这些数字以百分比显示，表示 CPU 在特定时间段内被使用的时间量。CPU 和内存使用情况如图 13-3 所示。

默认的更新时间间隔通常是 3s，尽管可以按 <s> 键更改此间隔，我通常使用 1s。最低精度是 0.01s。我并不建议少于 1s 的、非常短的间隔，因为这增加了系统的负载，使读取数据变得困难。然而，Linux 是灵活的，将间隔偶尔设置为小于 1s 可能很有用。

```
top - 09:47:38 up 13 days, 24 min,  6 users,  load average: 0.13, 0.04, 0.01
Tasks: 180 total,   1 running, 179 sleeping,   0 stopped,   0 zombie
Cpu0 :  0.0%us,  0.0%sy,  0.0%ni,100.0%id,  0.0%wa,  0.0%hi,  0.0%si,  0.0%st
Cpu1 :  0.9%us,  0.9%sy,  0.0%ni, 98.1%id,  0.0%wa,  0.0%hi,  0.0%si,  0.0%st
Cpu2 :  0.0%us,  0.0%sy,  0.0%ni,100.0%id,  0.0%wa,  0.0%hi,  0.0%si,  0.0%st
Cpu3 :  1.0%us,  0.0%sy,  0.0%ni, 99.0%id,  0.0%wa,  0.0%hi,  0.0%si,  0.0%st
Mem:   2056456k total,   797768k used,  1258688k free,    92028k buffers
Swap:  4095992k total,       88k used,  4095904k free,   336252k cached
```

图 13-3　top 工具的摘要部分包含了对 CPU 和内存的使用情况数据

有八个字段可以更详细地描述 CPU 的使用情况。us、sy、ni、id、wa、hi、si 和 st 字段将 CPU 使用细分为不同类别，可以提供更多关于系统中使用 CPU 时间的见解。

- ❑ us（userspace，用户空间）：在用户空间中执行任务所花费的 CPU 时间，而不是在系统或内核空间。这描述用户级程序运行的 cpu 时间。
- ❑ sy（system calls，系统调用）：执行系统任务所花费的 CPU 时间。这些大多是内核任务，如内存管理、任务调度以及由内核执行的所有其他任务。
- ❑ ni（nice，优先级）：CPU 时间花在具有正数 nice 值的任务上的时间。一个正的数字使任务更友好，也就是说，它对 CPU 时间的要求更低，其他任务可能会优先于它。
- ❑ id（idle，空闲）：CPU 空闲且不执行任何处理，也不等待 I/O 发生的任何时间。
- ❑ wa（wait，等待）：CPU 等待某些 I/O 发生的时间，例如磁盘读或写。在该 CPU 上运行的程序正在等待该 I/O 操作的结果，然后才能继续运行，在此之前程序被阻塞。
- ❑ hi（hardware interrupt，硬件中断）：在该时间间隔内等待硬件中断的 CPU 时间百分比。如果这个数字太大，特别是当 I/O 等待时间也很高时，可能表明硬件速度对于现有的负载来说太慢了。
- ❑ si（software interrupt，软件中断）：在该时间间隔内等待软件中断的 CPU 时间百分比。如果这个数字很大，特别是当 I/O 等待时间也很高时，表明某些软件应用程序可能处于某种紧密循环或竞争状态。
- ❑ st（steal time，丢失时间）：当管理程序为另一个虚拟机提供服务时，虚拟 CPU 等待实际 CPU 占 CPU 周期的百分比。对于非虚拟主机，该值应该始终为零。在虚拟主机中，一个明显大于零的数字可能意味着，对于实际和虚拟系统负载，需要更多的物理 CPU 算力。

这些时间通常对每个 CPU 加起来为 100%，或存在一点舍入误差。

2. 进程部分

top 输出的进程部分是系统中正在运行的进程的列表——至少是在终端显示器上显示的进程数量。top 显示的默认列如下所示，还有其他几个列可用，通常每个列都可以通过单次按键添加。详细信息请参阅 top 手册页：

- ❑ PID：进程 ID。
- ❑ USER：进程所有者的用户名。
- ❑ PR：进程优先级。
- ❑ NI：进程的 nice 值。
- ❑ VIRT：分配给进程的虚拟内存总量。
- ❑ RES：进程消耗的非交换物理 RAM 内存的驻留大小（单位是 KB，除非另有说明）。
- ❑ SHR：进程所使用的共享内存量，以 KB 为单位。
- ❑ S：进程的状态。其中，R 表示运行，I 表示空闲，S 表示睡眠，Z 表示僵尸。较少见的状态，例如 T 表示跟踪或停止，D 表示深度、不可中断睡眠状态。

❑ %CPU：此进程在上次测量的时间段内使用的 CPU 百分比。

❑ %MEM：进程所使用的物理系统内存的百分比。

❑ TIME+：自进程启动以来消耗的累积 CPU 时间（精确到 0.01s）。

❑ COMMAND：用于启动进程的命令。

按 <Page Up> 和 <Page Down> 键滚动浏览正在运行的进程列表，按 < ← > 或 < → > 键将序列向左或向右排序。

按 <K> 键可以用来终止一个进程，按 <R> 键可以重新调整优先级。你必须知道要终止或重新调整优先级的进程的 ID（PID），该信息显示在 top 的进程部分。当终止一个进程时，top 首先询问 PID，然后询问用于终止该进程的信号编号。分别输入它们，之后按 <Enter> 键。先尝试信号 15（SIGTERM），如果它没有终止进程，则使用 9（SIGKILL）。

3. 关于 CPU 利用率的一些信息

当排除问题时，应该检查 CPU 的利用率。寻找一个或多个长期空闲时间为 0% 的 CPU。如果所有的 CPU 都有零或非常低的空闲时间，你就应该当心了。然后，你应该查看显示器的任务区域，以确定哪个进程正在使用 CPU 时间。

请注意了解高 CPU 使用率对特定环境或程序是否正常，这样你就会知道你看到的是正常的还是短暂的行为。负载平均值可用于帮助确定系统是过载还是非常繁忙。

让我们探索在有消耗 CPU 的程序时使用 top 来观察 CPU 的使用情况。

实验 13-2 探索 CPU 占用情况

以 student 用户身份启动第二个终端会话，并将其放置在已经在运行的 root 权限的终端会话 top 附近，以便可以同时看到它们。

作为 student 用户，在你的主目录中创建一个名为 cpuHog 的文件，并赋予权限 rwxr_xr_x 使其可执行：

```
[student@studentvm1 ~]$ touch cpuHog
[student@studentvm1 ~]$ chmod 755 cpuHog
```

使用 Vim 编辑器向文件中添加以下内容：

```
#!/bin/bash
# This little program is a cpu hog
X=0;while [ 1 ];do echo $X;X=$((X+1));done
```

保存此 Bash 脚本，关闭 Vim，并使用以下命令运行 cpuHog 程序：

```
[student@studentvm1 ~]$ ./cpuHog
```

前面的程序只是将 X 的当前值打印到 STDOUT 并递增 1，这样做会占用 CPU 周期。在 top 中观察这对系统性能的影响。CPU 使用率应该立即上升，负载平均值也应该随着时间的推移而增加。

---

cpuHog 程序的优先级是什么？

现在以 student 用户打开另一个终端会话，并在其中运行相同的程序。你现在应该有两个此程序的实例在运行。注意在 top 中，这两个进程平均获得的 CPU 时间基本相同。有时一个进程获得的时间比另一个更多，有时他们获得的时间大约相同。

图 13-4 显示了运行这两个 cpuHog 程序时 top 的结果。请注意，我通过 SSH 远程登录，并使用 screen 程序在 VM 上执行这些实验，所以在图 13-4 中这两个工具都显示了很高的 CPU 使用率。也许你的 top 输出中不应该有这两个条目，但你所看到的结果基本相同。

```
top - 11:46:13 up 20:55,  6 users,  load average: 3.64, 2.46, 1.14
Tasks: 161 total,  5 running, 97 sleeping,  0 stopped,  0 zombie
%Cpu0  :  3.0 us, 73.7 sy,  0.0 ni,  0.0 id,  0.0 wa, 12.1 hi, 11.1 si,  0.0 st
%Cpu1  : 11.2 us, 85.7 sy,  0.0 ni,  0.0 id,  0.0 wa,  3.1 hi,  0.0 si,  0.0 st
KiB Mem :  4038488 total,  3015548 free,   240244 used,   782696 buff/cache
KiB Swap: 10485756 total, 10485756 free,        0 used.  3543352 avail Mem

  PID USER      PR  NI    VIRT    RES    SHR S  %CPU %MEM     TIME+ COMMAND
 1893 student   20   0  214388   1180   1036 R  52.0  0.0   0:19.30 cpuHog
 1919 student   20   0  214388   1184   1040 R  33.3  0.0   4:07.18 cpuHog
15017 root      20   0       0      0      0 I  13.7  0.0   0:27.36 kworker/u4:2-ev
15158 root      20   0       0      0      0 I  13.7  0.0   0:22.97 kworker/u4:0-ev
  814 root      20   0   98212   6704   5792 S   1.0  0.2   0:02.01 rngd
13103 root      20   0  257244   4384   3628 R   1.0  0.1   1:16.87 top
    1 root      20   0  171068   9488   6880 S   0.0  0.2   0:04.82 systemd
    2 root      20   0       0      0      0 S   0.0  0.0   0:00.02 kthreadd
    3 root       0 -20       0      0      0 I   0.0  0.0   0:00.00 rcu_gp
<SNIP>
```

图 13-4　当两个 cpuHog 程序运行时，top 命令显示的内容

请注意在你的虚拟机上负载平均值会随着时间的推移上升，直到最终稳定，就像我的虚拟机在图 13-4 中所示的那样。你还可以看到，一个或两个 CPU 将开始显示对硬件和软件中断的等待。

以 root 用户使用 top 首先将其中一个 cpuHog 程序的 nice 值设置为 +19，然后设置为 −20，并在短时间内观察每个设置的结果。我们将在下册第 4 章中讨论 renicing 和优先级的细节，但现在只需要知道，nice 数字越大，代表这个进程优先级越低；nice 数值越小，表示这个进程优先级越高，一个 nice 值高的进程获得的 CPU 时间比 nice 值低的进程少。这看来有些违反直觉，但确实是这样。

这是一个反向程序员逻辑。

提示　按 <r（小写）> 键重新调整优先级，并按照屏幕上"Swap"行下方的指示进行操作。

要使用 top 更改运行程序的 nice 值，只需按 <r> 键。当 top 询问要调整优先级的 PID 时，请输入 PID（进程 ID）编号，如图 13-5 所示。你正在运行的进程的 PID 与我的不同。然后，top 工具会询问其 nice 值。输入 19，并按 <Enter> 键。我建议选择"TIME+"值

最大的 cpuHog 程序（"TIME+"属性代表了累积运行时间），来观看另一个的 cpuHog 随着时间的推移而追赶上来。我已经用粗体突出显示了相关的数据行。

```
top - 11:46:13 up 20:55,  6 users,  load average: 3.64, 2.46, 1.14
Tasks: 160 total,   5 running,  97 sleeping,   0 stopped,   0 zombie
%Cpu0  :  2.0 us, 64.6 sy,  0.0 ni,  0.0 id,  0.0 wa, 15.2 hi, 18.2 si,  0.0 st
%Cpu1  :  6.1 us, 91.9 sy,  0.0 ni,  0.0 id,  0.0 wa,  2.0 hi,  0.0 si,  0.0 st
KiB Mem :  4038488 total,  3015028 free,    240208 used,   783252 buff/cache
KiB Swap: 10485756 total, 10485756 free,         0 used.  3543356 avail Mem
PID to renice [default pid = 15217] 1893
   PID USER      PR  NI    VIRT    RES    SHR S  %CPU %MEM     TIME+ COMMAND
  1893 student   20   0  214388   1184   1040 R  34.7  0.0  10:06.25 cpuHog
  1919 student   20   0  214388   1180   1036 R  33.7  0.0   7:01.68 cpuHog
 15158 root      20   0       0      0      0 I  13.9  0.0   1:21.88 kworker/u4:0-ev
     9 root      20   0       0      0      0 R   2.0  0.0   0:12.88 ksoftirqd/0
 15505 root      20   0  257244   4256   3504 R   1.0  0.1   0:06.23 top
<SNIP>
```

图 13-5　对一个 cpuHog 程序执行 renice 操作

尽管运行了这两个 cpuHog 程序，但在整体系统性能和响应能力方面几乎没有什么变化，因为没有其他程序严重竞争资源。然而，具有最高优先级（负数的 nice 值）的 cpuHog 程序将始终得到更多的 CPU 时间，即使只多一点点。你应该注意到 top 显示的 nice 值和实际的优先级。图 13-6 显示了使用 PID 1893 在 +19 的 nice 值下运行近 3 个小时后的结果。请注意，虽然 PID 1893 在图 13-5 中的累积时间最多，但它在图 13-6 中两个 cpuHog 程序中的累积时间最少。

```
top - 21:11:30 up  8:36,  6 users,  load average: 3.98, 3.79, 3.88
Tasks: 177 total,   5 running, 172 sleeping,   0 stopped,   0 zombie
%Cpu0  : 20.1 us, 33.8 sy, 17.7 ni,  0.0 id,  0.0 wa, 15.7 hi, 12.7 si,  0.0 st
%Cpu1  :  6.1 us, 60.8 sy,  8.5 ni, 13.8 id,  0.0 wa,  9.2 hi,  1.7 si,  0.0 st
MiB Mem : 15996.1 total, 15015.0 free,    326.1 used,    655.1 buff/cache
MiB Swap:  8192.0 total,  8192.0 free,      0.0 used.  15397.8 avail Mem
   PID USER      PR  NI    VIRT    RES    SHR S  %CPU %MEM     TIME+ COMMAND
  1919 student   20   0  222940   1424   1268 R  42.0  0.0 116:07.21 cpuHog
  1893 student   39  19  222940   1332   1172 R  41.8  0.0 105:06.44 cpuHog
  2319 root      20   0       0      0      0 I   0.0  0.0   0:59.25 kworker/u4:3-
  1789 root      20   0  224736   3512   2936 R   0.2  0.0   0:46.40 top
  2331 root      20   0       0      0      0 I   4.3  0.0   0:39.97 kworker/u4:0-
<SNIP>
```

图 13-6　在 nice 数值为 +19 的情况下运行了近 3 个小时后，cpuHog PID 1893 在累积 CPU 时间上落后于 cpuHog PID 1919

现在将具有较高 nice 值的进程的 nice 值从 +19 更改为 −20。我们将 cpuHog 1893 的 PID 从 +19 更改为 −20，并将另一个 cpuHog 的 nice 值保持为 0。图 13-7 显示了运行几个小时后更改的结果。

最终，由于其更高的优先级，cpuHog 1893 比 cpuHog 1919 累积了更多的时间。现在让 top 和两个 cpuHog 实例继续运行。还要注意，负载平均值还在继续收敛。

```
top - 07:48:17 up 19:13,  6 users,  load average: 3.64, 3.75, 3.89
Tasks: 179 total,   3 running, 176 sleeping,   0 stopped,   0 zombie
%Cpu0 : 21.6 us, 41.5 sy,  0.0 ni,  3.7 id,  0.0 wa, 20.2 hi, 13.1 si,  0.0 st
%Cpu1 : 30.1 us, 61.9 sy,  0.0 ni,  1.0 id,  0.0 wa,  5.6 hi,  1.5 si,  0.0 st
MiB Mem :  15996.1 total,  15005.3 free,    335.6 used,    655.2 buff/cache
MiB Swap:   8192.0 total,   8192.0 free,      0.0 used.  15388.3 avail Mem

   PID USER      PR  NI    VIRT    RES    SHR S  %CPU  %MEM     TIME+ COMMAND
  1893 student    0 -20  222940   1332   1172 R  36.2   0.0 391:58.50 cpuHog
  1919 student   20   0  222940   1424   1268 R  46.6   0.0 377:44.29 cpuHog
  1869 student   20   0  224080   2544   1628 S  33.0   0.0  92:11.01 screen
  1822 student   20   0   16236   6820   5040 S  23.1   0.0  69:57.38 sshd
```

图 13-7　将 PID 1893 的 nice 值从 +19 改为 –20 后，任务 1893 积累了更多的时间

请注意，nice 值只是内核调度器使用的一个因素，正如信息页所说，这是一个"建议"。因此，一个较大的负 nice 值可能不会导致进程获得更多的 CPU 时间。这完全取决于总体负载，并且在计算哪个进程何时获得 CPU 时间时会使用许多其他数据值。但是我们的 cpuHog 可以帮助我们理解这一点。

4. 内存统计

性能问题也可能由内存不足引起。如果没有足够的内存来运行所有活跃程序，内核内存管理子系统将花费时间在磁盘上的交换空间和 RAM 之间移动内存内容，以保持所有进程的运行。这种交换需要 CPU 时间和 I/O 带宽，因此会减慢生产工作的进度。最终可能会出现一种称为"抖动"的状态，即计算机的大部分时间消耗在磁盘和 RAM 之间移动内存内容上，几乎没有时间用于生产工作上。如图 13-8 所示，我们可以看到还有大量的空闲 RAM，并且没有使用交换空间。

```
top - 07:50:07 up 19:14,  6 users,  load average: 3.74, 3.76, 3.88
Tasks: 177 total,   3 running, 174 sleeping,   0 stopped,   0 zombie
%Cpu0 : 20.6 us, 45.0 sy,  0.0 ni,  0.3 id,  0.0 wa, 20.2 hi, 13.9 si,  0.0 st
%Cpu1 : 23.1 us, 69.9 sy,  0.0 ni,  0.3 id,  0.0 wa,  5.8 hi,  1.1 si,  0.0 st
MiB Mem :  15996.1 total,  14876.5 free,    365.9 used,    753.7 buff/cache
MiB Swap:   8192.0 total,   8192.0 free,      0.0 used.  15345.6 avail Mem

   PID USER      PR  NI    VIRT    RES    SHR S  %CPU  %MEM     TIME+ COMMAND
  1893 student    0 -20  222940   1332   1172 R  42.4   0.0 392:48.38 cpuHog
  1919 student   20   0  222940   1424   1268 R  42.0   0.0 378:28.64 cpuHog
    15 root      20   0       0      0      0 S   0.2   0.0   7:49.21 ksoftirqd/0
  1789 root      20   0  224736   3512   2936 R   0.0   0.0   4:18.78 top
<SNIP>
```

图 13-8　top 内存统计数据显示，我们有大量的虚拟内存和实际内存可用

RAM 和交换空间的内存总量、空闲和使用量都是明确的。不太明确的数字是 buff/cache 值。buff/cache 是用于临时存储的 RAM，但不是交换空间。

缓冲区通常是一个指定的内存区域，操作系统将存储通过网络、串行通信线路或其他程序传输的数据，例如，数据会在短时间内存储在缓冲区，直到使用该数据的程序或工具能够获取并处理它。缓冲区中的数据在被删除和使用之前不会被更改。缓冲区让以不同速

度工作的进程能够进行通信，而不会因为速度不匹配而丢失数据。

　　Linux 提供了一个命名管道工具，它可以作为两个（或更多）程序之间的存储缓冲区。任何用户都可以创建一个命名管道，它作为一个文件显示在创建它的目录中。命名管道是一个 FIFO（先入先出）缓冲区，因为数据输出的顺序与它进入的顺序相同。命名管道可用于多种用途。它们可以提供脚本和其他可执行程序之间的进程间通信，以及存储供其他程序以后使用的输出数据的位置。

实验 13-3　命名管道

　　该实验应以 student 用户执行。在这个实验中，我们将研究一种叫作命名管道的缓冲区。因为它很容易被任何用户创建和使用，所以它允许我们去举例说明缓冲区的功能。

　　在本实验中，你需要两个 student 用户的开放终端会话。在一个终端中，在你的主目录中创建一个名为 mypipe 的命名管道，然后列出主目录的内容，并查看 mypipe 条目。第一列中应该有文件类型"p"以表示它是管道。

```
[student@studentvm1 ~]$ mkfifo mypipe
[student@studentvm1 ~]$ ll
total 158964
-rwxr-xr-x  1 student student        91 Jan 24 16:40 cpuHog
<SNIP>
prw-r--r--  1 student student         0 Jan 25 08:02 mypipe
<SNIP>
[student@studentvm1 ~]$
```

　　现在让我们将一些数据放入管道。我们可以使用任何创建数据流的命令，但在这个实验中，让我们使用 lsblk 命令列出系统上的块设备（本质上是磁盘驱动器），并将输出重定向到命名管道。在其中一个终端会话中运行以下命令：

```
[student@studentvm1 ~]$ lsblk -i > mypipe
```

　　请注意，你不会返回到命令提示符，而是只剩下一行空白。不要按 <Ctrl+C> 返回到命令提示符。在另一个会话终端中，使用 cat 命令从命名管道中读取数据。这个简单的、标准的、核心的命令从管道中检索数据并将其发送到 STDOUT。那时，我们可以用它做任何我们想做的事情。

```
[student@studentvm1 ~]$ cat mypipe
NAME                     MAJ:MIN RM  SIZE RO TYPE MOUNTPOINT
sda                        8:0    0   60G  0 disk
|-sda1                     8:1    0    1M  0 part
|-sda2                     8:2    0    1G  0 part /boot
|-sda3                     8:3    0    1G  0 part /boot/efi
`-sda4                     8:4    0   58G  0 part
  |-fedora_studentvm1-root 253:0  0    2G  0 lvm  /
  |-fedora_studentvm1-usr  253:1  0   15G  0 lvm  /usr
  |-fedora_studentvm1-tmp  253:2  0    5G  0 lvm  /tmp
  |-fedora_studentvm1-var  253:3  0   10G  0 lvm  /var
  |-fedora_studentvm1-home 253:4  0    2G  0 lvm  /home
```

```
     `-fedora_studentvm1-test 253:5    0  500M   0 lvm  /test
sr0                          11:0    1 50.5M   0 rom
zram0                       252:0    0    8G   0 disk [SWAP]
[student@studentvm1 ~]$
```

注意，管道中的所有数据都被发送到 STDOUT。返回到向管道添加数据的终端会话。请注意它已经返回到命令提示符。

使用一些不同的命令向管道中添加更多的数据，然后再次读取。

缓存是一种 RAM 内存，专门分配给可能发生变化的数据，这些数据可能在不久的将来某个时间使用，或者在不需要的时候可能会被丢弃。

硬件缓存在处理器中也很常见。CPU 缓存不同于 top 监控的 RAM 缓存。这是位于处理器芯片本身上的一个单独的存储空间，用于缓存从 RAM 传输的数据，直到 CPU 需要它。并非 CPU 缓存中的所有数据都必须被使用，有些数据可能会被丢弃，以便为来自 RAM 的数据腾出空间，这些数据更有可能被 CPU 使用。CPU 中的缓存比普通的系统 RAM 要快，因此将数据放入 CPU 使用的缓存中可以提高整体处理速度。这绝对不是由 top 程序监视的缓存类型。

缓冲区和缓存空间非常相似，因为它们都分配在 RAM 中用于临时存储，区别在于它们的使用方式。

5. 任务列表

top 任务列表提供了消耗特定资源最多的任务视图。任务列表可以按显示的任何列进行排序，包括 CPU 和内存使用情况。默认情况下，top 按 CPU 使用率从高到低排序。这提供了一种快速查看占用 CPU 周期最多的进程的方法。如果有一个进程很突出，比如占用了 90% 或更多的可用 CPU 周期，这可能表明系统存在问题，但事实并非总是如此。一些应用程序本就会占用大量 CPU 时间。任务列表还向我们提供了其他数据，如果想了解更多，可以从帮助选项或 top 手册页获得。

同样，你必须观察正确运行的系统，以了解什么是正常的，这样当你看到异常时你就会识别。我花了大量时间使用 top 和其他工具，在没有出现问题的情况下观察主机的活动。这使我能够了解这些主机的"正常"状态，并使我了解当它们不正常运行时所需的知识。

6. 信号

top、atop 与 htop 工具允许你向正在运行的进程发送信号。这些信号都有一个信号处理句柄来定义的处理函数。

kill 命令与 top 是分开的，也可以用来向除监视器之外的进程发送信号。kill -l 可用于列出所有可能发出的信号。如果你并不打算终止进程，那么使用 kill 命令发送信号可能会令人困惑。需要记住的是，kill 命令用于向进程发送信号，并且这些信号中至少有三个可以用于不同程度地终止进程：

❑ SIGTERM（15）：信号 15,SIGTERM 是 top 和其他监控程序在按下 <k> 键时发送的默认信号。它也可能是效率最低的，因为程序必须内置一个信号处理程序。程序的信号处理器必须拦截传入的信号并采取相应的行动。因此，对于大多数没有信号处理器的脚本，SIGTERM 将被忽略。SIGTERM 背后的思想是，通过简单地告诉程序你想让它终止自己，它会利用这一点，清理打开的文件之类的东西，然后以一种可控的方式终止自己。

❑ SIGKILL（9）：信号 9,SIGKILL 提供了一种终止最顽固程序的方法，包括没有信号处理器的脚本和其他程序。然而，对于没有信号处理器的脚本和其他程序，它不仅终止正在运行的脚本，而且还终止运行脚本的终端会话。这可能不是你想要的行为。如果你想终止一个进程，并且你不关心它是否友好，那它就是你想要的信号。此信号不能被程序代码中的信号处理器截获。

❑ SIGINT（2）：信号 2,SIGINT 可以在你希望程序更漂亮地终止，但 SIGTERM 又不起作用时使用，例如，不想终止运行该程序的终端会话。SIGINT 向运行程序的会话发送中断信号。这相当于按 <Ctrl+C> 终止一个正在运行的程序，特别是脚本。

还有许多其他信号，但以上是我发现的与终止程序有关的信号。

7. 一致性

关于 top 和它的许多同类程序，还有一点需要说明，它不需要为了显示正确且一致的当前统计信息而连续运行。例如，像 TIME+ 这样的数据是从引导系统或进程启动的时间开始累积的。启动或重新启动 top 不会改变数据的准确性。这不是由于 top 的任何内在能力，事实上，top 和其他类似的程序是从 /proc 虚拟文件系统中获取信息的。

13.3 其他类似于 top 的工具

和 Linux 一样，还有其他程序以类似 top 的方式工作，如果你喜欢，可以使用它们，如 htop、atop 和 iotop。这些工具可能并没有安装在你的 Fedora VM 上，因此现在就让我们安装这些工具。

准备 安装 htop、atop、iotop

以 root 用户执行此准备步骤。安装本章需要的工具：

```
[root@studentvm1 ~]# dnf -y install htop atop iotop
```

注意，atop 的包名可能显示为较早的打包版本。这种情况并不常见，但是如果一个工具还没有针对 Fedora 的最新版本重新打包，就会发生这种情况。我的技术审稿人 Jason 和我都注意到了这一点。这不是问题。如果这是一个问题，那么旧的包将不会出现在当前 Fedora 发行版的存储库中。

13.3.1　htop

htop 与 top 非常相似，但在与正在运行的进程交互方面提供了一些不同的功能。htop 允许选择多个进程，以便同时对它们进行操作。它允许你终止和更新所选进程，并同时向一个或多个进程发送信号。

实验 13-4　使用 htop

离开 top 并且运行两个 cpuHog 程序。在另一个终端会话中，以 root 用户启动 htop：

[root@studentvm1 ~]# **htop**

注意图 13-9 中屏幕顶部的条形图和负载平均数据。我删除了一些数据行，以减少所需的页面空间，但你仍然可以看到显示的数据与 top 非常相似。屏幕底部的功能键菜单提供了许多功能的快捷访问：

```
    0[|||||||||||||||||||||||||||100.0%] Tasks: 75, 57 thr, 107 kthr; 2 running
    1[|||||||||||||||||||||||||||100.0%] Load average: 3.08 3.34 3.42
  Mem[|||||                  353M/15.6G] Uptime: 20:02:01
  Swp[                          0K/8.00G]

  [Main] [I/O]
    PID USER      PRI  NI  VIRT   RES   SHR S  CPU%▽MEM%  TIME+   Command
   1893 student     0 -20  217M  1332  1172 R  69.4  0.0  6h59:14 /bin/bash ./cpuHog
   1919 student    20   0  217M  1424  1268 R  61.1  0.0  6h44:09 /bin/bash ./cpuHog
   1869 student    20   0  219M  3056  1628 S  35.2  0.0  5h15:18 SCREEN
   3697 root       20   0  218M  4784  3520 R   2.1  0.0  0:04.63 htop
    857 dbus       20   0  6056  3996  2580 S   1.0  0.0  0:01.27 dbus-broker --log 4
      1 root       20   0  166M 15404  9756 S   0.0  0.1  0:03.90 /usr/lib/systemd/sys
    664 root       20   0 49060 20592 19320 S   0.0  0.1  0:00.90 /usr/lib/systemd/sys
    676 root       20   0 32176 10212  7480 S   0.0  0.1  0:00.24 /usr/lib/systemd/sys
    826 systemd-oo 20   0 16428  6392  5528 S   0.0  0.1  0:57.43 /usr/lib/systemd/sys
    827 systemd-re 20   0 20796 12944 10720 S   0.0  0.1  0:00.29 /usr/lib/systemd/sys
    828 root       16  -4 91616  2440  1700 S   0.0  0.0  0:00.06 /sbin/auditd
    829 root       16  -4 91616  2440  1700 S   0.0  0.0  0:00.00 /sbin/auditd
    830 root       20   0 15860  6908  6036 S   0.0  0.1  0:00.39 /usr/lib/systemd/sys
    831 root       16  -4  6068  2588  2320 S   0.0  0.0  0:00.00 /usr/sbin/sedispatch
    832 root       16  -4 91616  2440  1700 S   0.0  0.0  0:00.00 /sbin/auditd
```

图 13-9　htop 显示的数据与 top 类似，但提供了不同的配置选项，数据的表示方式也略有不同

按 <H> 键进入简短的帮助页面。你还应该花一点时间阅读 htop 的手册页。

按 <F2> 键进入 Setup 菜单。在此菜单中，你可以修改标题信息的布局，并选择一些显示数据的替代方法。按 <Esc> 键返回主界面。我们将在第 14 章看到为什么 F1 和 F10 键在这种情况下不像你期望的那样工作，以及如何解决这个问题。

按 <F6> 键显示 Sort by（排序）菜单并选择 CPU%。观察一下这两个 cpuHog 程序占用的 CPU 使用数据。

按 < ↑ >/< ↓ > 键突出显示其中一个 cpuHog 程序占用，然后按 <F7> 和 <F8> 键将 nice 值减少到 –20，然后将其增加到 +19，观察一会儿两种状态。观察进程的优先级如何

随着 nice 值的变化而变化。

使第一个 cpuHog 高亮，并按 <Space> 键选中它，然后对第二个 cpuHog 执行同样的操作。在执行此任务时，突出显示栏停留在另一个进程上是没问题的，因为只有选定的进程会受到影响。按 <F7> 和 <F8> 键来调整这两个进程的数值。假设 cpuHog 以不同的 nice 值开始，当一个进程达到上限或下限时会发生什么？

进程可以被取消选择。选中它，然后再次按 <Space> 键。取消选择累积 CPU 时间（TIME+）最多的 cpuHog，然后将另一个 cpuHog 进程（仍应被选中）的 nice 值设置为比它更小的数字。

按 <F5> 键显示进程树视图。我喜欢这个视图，因为它显示了运行程序的父 / 子层次结构。向下滚动进程列表，直到找到 cpuHog。

htop 有更多值得探索的东西。我建议你花一些时间探索它并学习其强大的功能。不要停下 htop 工具。

13.3.2 atop

atop 工具与 top 和 htop 提供的数据大部分相同，其显著不同的数据结构如图 13-10 所示。

实验 13-5　使用 atop

在另一个 root 终端会话中启动 atop：

```
[root@studentvm1 ~]# atop
```

你现在应该运行了 top、htop 和 atop，还有正在运行的两个 cpuHog。我减小了如下所示输出的字体大小，以便更好展示。你可以在下面看到由 atop 显示的附加信息。atop 工具提供关于 I/O 使用情况的详细信息，包括聚合的、每个设备和进程的数据。应该很容易从以下信息及 student 虚拟机中选择这些数据。

atop 程序提供了网络利用率数据，以及合并的和单独的详细 CPU 使用数据。默认情况下，它只显示在收集间隔期间实际接收 CPU 时间的进程。按 <A> 键显示所有进程。如果有一些活跃进程，atop 还会在标题空间显示数据。在观察一段时间的输出后，你将看到这一点。它可以终止进程，但不能调整进程的优先级。

atop 程序以 10s 的间隔启动。要将间隔设置为 1s，首先输入 i，然后输入 1。

要访问帮助工具，请按 <h> 键观看帮助文档，这样可以了解此工具的许多功能。按 <q> 键退出帮助。

atop 提供了对大量信息的洞察，我发现它非常有用。它有一个创建日志文件的选项，因此可以用来监测长期系统性能，稍后可以查看。按 <Q> 键退出 atop。

```
ATOP - studentvm1        2023/01/25  10:44:03        -----x-----------        10s elapsed
PRC |   sys    12.76s |  user    5.88s |  #proc    179 |  #zombie     0 |  #exit       0 |
CPU |   sys     124% |  user     61% |  irq      15% |  idle     0% |  wait       0% |
cpu |   sys      55% |  user     41% |  irq       4% |  idle     0% |  cpu000 w   0% |
cpu |   sys      69% |  user     20% |  irq      11% |  idle     0% |  cpu001 w   0% |
CPL |  numcpu      2 |  avg1     3.64 |  avg5     3.73 |  csw  2724942 |  intr   572365 |
MEM |   tot    15.6G |  free    14.3G |  cache  858.3M |  buff   105.6M |  slab   127.3M |
MEM | numnode      1 |  shmem    8.1M |  shrss    6.7M |  tcpsk   0.0M |  udpsk    0.0M |
SWP |   tot     8.0G |  free     8.0G |  swcac    0.0M |  vmcom  810.2M |  vmlim   15.8G |
PSI | cpusome    37% | memsome     0% | memfull     0% |  iosome    0% |  iofull     0% |
NET | transport       |  tcpi      18 |  tcpo      17 |  udpi       0 |  udpo       0 |
NET | network         |  ipi       18 |  ipo       17 |  ipfrw      0 |  deliv      18 |
NET | enp0s9      0% |  pcki      18 |  pcko      17 |  si    1 Kbps |  so     2 Kbps |
No colors will be used...
  PID SYSCPU USRCPU RDELAY BDELAY   VGROW   RGROW   RDDSK   WRDSK CPUNR   CPU CMD          1/2
 1893  2.97s  3.89s  3.10s  0.00s      0B      0B      0B      0B     0   74% cpuHog
 1919  5.05s  0.91s  3.98s  0.00s      0B      0B      0B      0B     1   65% cpuHog
 1869  2.03s  1.05s  0.08s  0.00s      0B      0B      0B      0B     1   33% screen
 3929  1.34s  0.00s  0.21s  0.00s      0B      0B      0B      0B     0   15% kworker/u4:3-e
 3949  1.34s  0.00s  0.21s  0.00s      0B      0B      0B      0B     0   15% kworker/u4:0-e
 3945  0.02s  0.01s  0.03s  0.00s      0B      0B      0B      0B     0    0% atop
 1270  0.00s  0.01s  0.00s  0.00s      0B      0B      0B    4.0K     0    0% lightdm-gtk-gr
  826  0.01s  0.00s  0.00s  0.00s      0B      0B      0B      0B     0    0% systemd-oomd
  857  0.00s  0.01s  0.00s  0.00s      0B      0B      0B      0B     1    0% dbus-broker
 1249  0.00s  0.00s  0.00s  0.00s      0B      0B      0B      0B     0    0% Xorg
 1030  0.00s  0.00s  0.00s  0.00s      0B      0B      0B      0B     0    0% NetworkManager
  866  0.00s  0.00s  0.00s  0.00s      0B      0B      0B      0B     0    0% rsyslogd
  868  0.00s  0.00s  0.00s  0.00s      0B      0B      0B      0B     1    0% accounts-daemo
 3943  0.00s  0.00s  0.00s  0.00s      0B      0B      0B      0B     0    0% systemd-userwo
 3944  0.00s  0.00s  0.00s  0.00s      0B      0B      0B      0B     1    0% systemd-userwo
 1333  0.00s  0.00s  0.00s  0.00s      0B      0B      0B      0B     1    0% sshd
 1164  0.00s  0.00s  0.00s  0.00s      0B      0B      0B      0B     1    0% crond
  883  0.00s  0.00s  0.00s  0.00s      0B      0B      0B      0B     1    0% VBoxService
 1359  0.00s  0.00s  0.00s  0.00s      0B      0B      0B      0B     1    0% screen
 1360  0.00s  0.00s  0.00s  0.00s      0B      0B      0B      0B     1    0% screen
  867  0.00s  0.00s  0.00s  0.00s      0B      0B      0B      0B     1    0% rtkit-daemon
   22  0.00s  0.00s  0.00s  0.00s      0B      0B      0B      0B     1    0% ksoftirqd/1
   31  0.00s  0.00s  0.00s  0.00s      0B      0B      0B      0B     0    0% kcompactd0
<SNIP>
```

图 13-10　atop 提供了一种不同的系统资源利用方式，包括网络统计信息

htop、atop、iotop 是我查找问题时首先使用的工具。它们可以告诉我几乎所有需要知道的、关于正在运行的系统的信息。我发现 atop 的界面最复杂，在一个没有足够宽度（列）的终端上，输出可能会错位和失真。

13.4　更多工具

作为系统管理员，我们可以使用许多其他可用工具。这些大多数专注于系统操作的某一方面，如内存或 CPU 使用情况。让我们按类型简要地看一下其中几个。

内存工具

free 和 vmstat 工具查看内存使用情况。vmstat 工具还提供 CPU 使用细分的数据，例如用户、系统和空闲时间。这些工具都是静态的，它们在某一时刻获取内存状态的快照。它们不提供任何交互功能。

实验 13-6 使用 free 命令

你应该以 root 身份执行此实验，但这些命令也可以被任何非特权用户使用，结果相同。
使用 free 命令显示系统内存信息：

```
[root@studentvm1 ~]# free
              total        used        free      shared  buff/cache   available
Mem:       16380056      331504    14964008        8252     1084544    15747756
Swap:       8388604           0     8388604
```

它是否与 top 的输出非常接近？应该是，因为它们都从 /proc 文件系统获取数据。
vmstat 命令显示的虚拟内存统计信息包括了 top 和其他工具中显示的一些数据。与其他命令相比，此命令的数据输出可能需要更多的解释。因此如果需要，可以使用手册页来搞清楚它。

```
[root@studentvm1 ~]# vmstat
procs -----------memory---------- ---swap-- -----io---- -system-- ------cpu-----
 r  b   swpd   free   buff  cache   si   so    bi    bo   in   cs us sy id wa st
 4  0      0 14963768 109336 975284    0    0     6     3  106   65 20 60 19  0  0
```

这两个命令都不是交互式的；也就是说，它们只显示一次数据并退出。watch 命令可以帮助我们把它们变成重复的工具。输入以下命令并观察一段时间。输出实际上出现在终端的顶部：

```
[root@studentvm1 ~]# watch free

Every 2.0s: free                              studentvm1: Sat Oct 27 10:24:26 2018
              total        used        free      shared  buff/cache   available
Mem:        4038488      255932     2864320        6092      918236     3516804
Swap:      10485756           0    10485756
```

屏幕上的数据将以默认的 2s 间隔更新。该间隔可以更改，并且刷新实例之间的差异可以突出显示。当然，watch 命令也适用于其他工具。watch 命令有许多有趣的功能，你可以使用手册页来进行探索。完成后，可以按 <Ctrl+C> 退出 watch 程序。

显示磁盘 I/O 统计信息的工具

尽管 top 和 atop 都提供了一些关于 I/O 使用情况的洞察，但是 top 中的这些数据仅限于 I/O 等待。atop 工具提供了大量的 I/O 信息，包括磁盘读取和写入。与 free 命令一样，iostat 程序提供了磁盘 I/O 统计的即时视图，而 iotop 提供了类似 top 的磁盘 I/O 统计视图。

实验 13-7 I/O 工具

以 root 用户执行此实验。首先看一下 iostat 工具的结果。以个人工作站为例，结果如图 13-11 所示。你的 VM 将显示更少的设备。

```
[root@myworkstation ~]# iostat
Linux 5.10.10-200.fc33.x86_64 (david.both.org)        02/18/2021        _x86_64_  (32 CPU)

avg-cpu:  %user   %nice %system %iowait  %steal   %idle
           0.49   84.45   15.03    0.00    0.00    0.03

Device            tps    kB_read/s    kB_wrtn/s    kB_dscd/s     kB_read     kB_wrtn     kB_dscd
dm-0             0.05         0.69         0.23         5.69     1146291      377237     9388240
dm-1             0.00         0.00         0.00         0.00        2216           0           0
dm-10            2.60       379.55         2.18       106.94   626576552     3596334   176547684
dm-2             0.37         4.73         0.39        23.59     7814765      636041    38943708
dm-3            17.31        16.55      2034.99        73.82    27316881  3359484897   121870348
dm-4             0.07         0.01        11.00        32.09       13165    18160709    52974036
dm-5             0.05         0.41         0.13         9.03      683809      211397    14911968
dm-6             2.50        25.29        33.25       135.83    41749049    54887481   224238188
dm-7             7.26       250.71       291.42         0.00   413893089   481097720           0
dm-8             0.03         4.27         0.03         0.00     7053716       54448           0
dm-9             0.00         0.00         0.00         0.00        2997          33           0
nvme0n1         24.49        22.43      2046.05       156.37    37022567  3377740936   258148924
nvme1n1          1.55        25.30        32.89       135.83    41762393    54299845   224238188
sda              3.05       250.73       291.42         0.00   413912958   481089656           0
sdb              0.04         4.29         0.03         0.00     7076582       54373           0
sdc              2.58       379.56         2.16       106.94   626594231     3570658   176547684
sdd              3.74       373.61       351.48         0.00   616770824   580251344           0
sdf              0.49        20.45        17.72         0.00    33752429    29247408           0
scd0             0.00         0.00         0.00         0.00           1           0           0
scd1             0.00         0.00         0.00         0.00        1148           0           0
zram0            0.18         0.21         0.52         0.00      341248      863640
```

图 13-11　iostat 命令用来显示 HDD、SSD 等存储设备的统计信息

　　图 13-12 中的 **iostat** 实用程序提供存储设备每秒读写以及累计读写数据的即时数据。sda 设备是整个硬盘驱动器，因此该行中的数据是整个设备上所有文件系统的总和。dm 设备是 /dev/sda 设备上的单个文件系统。可以使用以下命令查看文件系统名称。

```
[root@studentvm1 tmp]# iostat -j ID
Linux 4.18.9-200.fc28.x86_64 (studentvm1)        10/28/2018        _x86_64_      (2-CPU)

avg-cpu:  %user   %nice %system %iowait  %steal   %idle
           8.56   11.10   42.79    0.54    0.00   37.01

    tps    kB_read/s    kB_wrtn/s     kB_read    kB_wrtn Device
   2.09         2.57        15.57      670835    4059184 ata-VBOX_HARDDISK_VBb426cd38-
22c9b6be
   0.00         0.00         0.00         280         44 dm-0
   0.01         0.08         0.02       20917       5640 dm-1
   0.01         0.08         0.02       20853       5640 dm-2
   0.01         0.14         0.02       37397       6028 dm-name-fedora_studentvm1-root
   0.00         0.01         0.00        3320          0 dm-name-fedora_studentvm1-swap
   0.15         1.41         0.13      368072      34580 dm-name-fedora_studentvm1-usr
   0.00         0.01         0.00        2916        412 -dm-name-fedora_studentvm1-home
   2.28         1.00        11.59      261985    3021780 dm-name-fedora_studentvm1-var
   0.01         0.02         4.09        6252    1065412 dm-name-fedora_studentvm1-tmp
<SNIP>
```

图 13-12　显示文件系统的 iostat 命令

　　iostat 程序有许多选项，可用于提供该数据的动态视图，以及创建日志文件以供以后阅读。

iotop 工具由两行标题组成，显示当前间隔（默认为 1s）的所有的磁盘读写和实际读写。首先，我们在一个终端上以 root 用户启动 iotop 程序：

[root@studentvm1 tmp]# **iotop**

起初，全屏输出如下示例，没有太多活动。这个输出包含了终端窗口中所有的进程，而不管它们是否正在执行 I/O：

```
Total DISK READ :      0.00 B/s | Total DISK WRITE :      0.00 B/s
Actual DISK READ:      0.00 B/s | Actual DISK WRITE:      0.00 B/s
  TID  PRIO  USER     DISK READ  DISK WRITE  SWAPIN     IO>    COMMAND
    1 be/4 root        0.00 B/s    0.00 B/s  0.00 %  0.00 % systemd --
switched-root~system --deserialize 32
    2 be/4 root        0.00 B/s    0.00 B/s  0.00 %  0.00 % [kthreadd]
    3 be/0 root        0.00 B/s    0.00 B/s  0.00 %  0.00 % [rcu_gp]
    4 be/0 root        0.00 B/s    0.00 B/s  0.00 %  0.00 % [rcu_par_gp]
<snip>
```

尽管 cpuHog 程序仍应该在运行，但它们不执行任何磁盘 I/O，因此我们需要一个小程序来完成 I/O 工作。在这个终端窗口中保持 iotop 工具运行。

以 student 用户的身份打开另一个终端，以便在前一个终端窗口中可以看到正在运行的 iotop 程序。运行如下所示的简短命令行程序。这个 dd 命令对 /home 文件系统进行镜像备份并将结果存储在 /tmp 中。如果你根据表 5-1 中提供的文件系统大小创建文件系统，那么应该不会用 2.0 GB 的 /home 文件系统的内容填充 5GB /tmp 文件系统：

```
[root@studentvm1 tmp]# time dd if=/dev/mapper/fedora_studentvm1-home
of=/tmp/home.bak
4194304+0 records in
4194304+0 records out
2147483648 bytes (2.1 GB, 2.0 GiB) copied, 96.1923 s, 22.3 MB/s

real    1m36.194s
user    0m0.968s
sys     0m14.808s
[root@studentvm1 ~]#
```

我使用 time 工具来了解 dd 程序的运行时长。在我的 VM 上，它的实际运行时间略超过 1.5min，但这会因底层物理主机的规格以及其他负载而有所不同。

iotop 命令的输出应该会有所变化，如下所示。你的结果将取决于你的系统，但你至少应该看到一些磁盘活动：

```
Total DISK READ:      53.88 M/s | Total DISK WRITE:       53.93 M/s
Current DISK READ:    53.88 M/s | Current DISK WRITE:      0.00 B/s
   TID  PRIO  USER     DISK READ DISK WRITE>   COMMAND
  4185 be/4 root       53.88 M/s  53.93 M/s dd
if=/dev/mapper/fedora_st~ntvm1-home of=/tmp/home.bak
    1 be/4 root        0.00 B/s    0.00 B/s systemd rhgb --switched-
root --system --deserialize 35
    2 be/4 root        0.00 B/s    0.00 B/s [kthreadd]
```

> 如果在你在 iotop 中观察到之前备份完成已经完成的话，请再次运行它。
>
> 我把确定可与 iotop 一起使用以仅显示实际执行 I/O 的进程的选项留给你作为练习。使用该选项集执行本实验的最后一部分。

13.5　/proc 文件系统

本章中命令，以及让我们查看正在运行的 Linux 系统的当前状态的许多其他工具所显示的所有数据都由内核存储在 /proc 文件系统中。由于内核已经将这些数据存储在一个易于访问的位置且大部分以 ASCII 文本格式存储，因此其他程序可以访问这些数据而不影响内核的性能。

关于 /proc 文件系统有两点需要理解：首先，它是一个虚拟文件系统，它不存在于任何物理硬盘驱动器上，它只存在于 RAM 中；其次，/proc 文件系统是内核本身的内部状态和配置设置与操作系统其余部分之间的直接接口。简单的 Linux 命令使我们能够查看内核的当前状态及其配置参数。也可以在不重新引导的情况下立即更改许多内核配置项。在下册第 5 章有更多的介绍。

实验 13-8　探索 / proc

本实验应以 root 用户执行。将 /proc 设为当前工作目录，并列出目录内容的简短列表：

```
[root@studentvm1 proc]# ls
1      1321   2      4127   52     736    858          crypto          misc
10     1324   20     4155   521    74     86           devices         modules
100    1325   21     4157   530    75     860          diskstats       mounts
1000   1333   22     4158   548    756    862          dma             mtrr
1002   1334   24     4184   549    788    863          driver          net
101    1359   25     42     58     789    866          dynamic_debug   pagetypeinfo
1030   1360   250    4209   588    79     867          execdomains     partitions
1043   1361   26     4212   589    792    868          fb              pressure
1046   14     27     4217   59     793    875          filesystems     schedstat
1157   15     29     4220   6      797    876          fs              scsi
1164   16     3      4221   60     798    877          interrupts      self
12     1652   30     4222   61     799    879          iomem           slabinfo
1225   17     31     4223   62     8      883          ioports         softirqs
1249   1771   32     4225   63     80     884          irq             stat
1256   1790   33     4228   64     800    905          kallsyms        swaps
1261   1809   34     44     65     803    934          kcore           sys
1262   1812   35     45     66     804    979          keys            sysrq-trigger
1270   1814   3582   461    664    81     980          key-users       sysvipc
1272   1822   36     462    67     826    981          kmsg            thread-self
1273   1823   37     466    676    827    acpi         kpagecgroup     timer_list
1274   1868   38     470    68     828    bootconfig   kpagecount      tty
```

```
1279    1869    39      472     69      830     buddyinfo   kpageflags   uptime
1280    1870    4       473     72      831     bus         latency_stats version
1282    1893    40      475     73      835     cgroups     loadavg      vmallocinfo
13      1894    41      476     732     836     cmdline     locks        vmstat
1312    19      4120    479     733     856     consoles    mdstat       zoneinfo
1314    1919    4125    5       734     857     cpuinfo     meminfo
[root@studentvm1 proc]# ll
```

注意带有数字名称的目录。每个目录名都是一个正在运行的进程的 PID。这些目录中包含的数据公开了每个进程的所有相关信息。让我们来查看其中一个，看看这意味着什么。

使用 htop 找到其中一个 cpuHog 的 PID。在我的 VM 上是 1919 和 1893，但是你的 PID 可能不同。选择其中一个 PID，然后将其设置为当前目录。我使用 PID 1919，所以我当前的 PWD 是 /proc/1919。

现在使用 cat 查看 loginuid 文件。注意，这些文件中的大多数数据（至少最后一项）可能没有结束换行字符。这意味着有时新的命令提示符与数据打印在同一行。这就是正在发生的事情：

```
[root@studentvm1 1919]# cat loginuid
1000[root@studentvm1 1919]#
```

启动此进程的用户的 UID 为 1000。现在转到以 student 用户登录的终端，输入以下命令：

```
[student@studentvm1 ~]$ id
uid=1000(student) gid=1000(student) groups=1000(student)
[student@studentvm1 ~]$
```

因此，我们看到 student 用户的用户 ID（UID）是 1000，因此用户 student 启动了 PID 1919 进程。现在让我们看看这个进程的调度数据。我不会在这里重现我的结果，但是你应该能够看到这些实时数据中的变化。在 root 终端会话中执行如下命令：

```
[root@studentvm1 1919]# watch cat sched
```

现在返回到 /proc 并将它设为 PWD。输入以下命令查看 /proc 文件系统中的一些原始数据：

```
[root@studentvm1 proc]# cat /proc/meminfo
[root@studentvm1 proc]# cat /proc/cpuinfo
[root@studentvm1 proc]# cat /proc/loadavg
```

这些只是 /proc 中包含非常有用信息的几个文件。花些时间探索 /proc 中的更多数据。需要对有些数据的格式施加一些操作，以便对我们有意义，其中大部分只对内核或系统开发人员有用。

我们刚刚涉及了 /proc 文件系统的一小部分。将所有这些数据公开并提供给作为系统管理员（更不用说系统开发人员）的我们，可以很容易地获得关于内核、硬件和正在运行的程序的信息。这意味着无须编写访问内核及其数据结构的代码即可发现 Linux 系统的所有可知方面。

CentOS / RHEL 7.2 文档列出了 /proc 文件系统中许多更有用的文件（一些较旧的 Fedora 文档也包含此信息）。Linux 文档项目对 /proc 中的一些数据文件有简要的描述。

13.6　探索硬件

有时（实际上经常）我发现了解主机中安装的硬件的具体信息是很好的，并且我们有一些工具可以提供帮助。我喜欢的两个工具是 lshw（列出硬件）和 dmidecode（桌面管理接口解码）命令，它们都显示 SMBIOS 中可用的尽可能多的硬件信息。dmidecode 的手册页指出，"SMBIOS 代表系统管理 BIOS，而 DMI 代表桌面管理接口。"这两个标准紧密相关，并由 DMTF（14.4 桌面管理任务组）开发。

这些实用工具使用存储在 SMBIOS 中的数据，SMBIOS 是系统主板上的一个数据存储区域，允许 BIOS 引导进程存储关于系统硬件的数据。因为收集硬件数据的任务是在 BIOS 引导时执行的，所以操作系统不需要直接探测硬件即可收集可用于执行任务的信息，例如确定在引导和启动过程的 Linux 内核部分加载哪些与硬件相关的内核模块。我们将在 16 章详细讨论 Linux 计算机的引导和启动顺序。

收集到 SMBIOS 中的数据可以通过 lshw 和 dmidecode 等工具轻松地访问，以供系统管理员使用。例如，我在计划升级时使用这些数据。上次我需要在系统中安装更多 RAM 时，我使用了 dmidecode 工具来确定主板上可用的内存容量总量、当前的内存类型（如 DDR4）以及是否还有内存插槽是可用。很多时候，主板供应商、型号和序列号也可用。这使得获取在互联网上查找文档所需的信息变得容易。

其他工具（如 lsusb 和 lspci），不使用 DMI 信息。它们使用在 Linux 引导过程中生成的特殊文件系统 /proc 和 /sys 的数据。我们将在下册第 5 章探讨这些特殊的文件系统。

因为这些都是命令行工具，所以我们可以访问本地或地球另一端系统的硬件详细信息。能够确定关于系统的详细硬件信息而不必拆卸它们，这价值是无法估量的。

实验 13-9　探索硬件

以 root 身份执行此实验。安装 lshw 包：

```
[root@studentvm1 ~]# dnf install -y lshw
```

这个程序列出有关主板、CPU 和其他已安装硬件的数据。运行以下命令列出主机上的硬件。提取和显示数据可能需要一些时间，所以要有耐心。浏览数据以查看虚拟机中的所有（虚拟）硬件：

```
[root@studentvm1 ~]# lshw | less
```

现在运行 `dmidecode` 并执行同样的操作:

```
[root@studentvm1 ~]# dmidecode | less
```

也可以按 DMI 类型列出硬件信息。例如,主板是 DMI 类型 2,所以你可以使用下面的命令列出主板的硬件信息:

```
[root@studentvm1 ~]# dmidecode -t 2
```

你可以在 dmidecode 手册页中找到不同类型硬件的类型代码。

有两个命令可以列出 USB 和 PCI 设备。两者都应该已经安装好了。运行以下命令,花点时间查看输出结果,–v 选项意思是输出详细的信息:

```
[root@studentvm1 ~]# lsusb -v | less
[root@studentvm1 ~]# lspci -v | less
```

注意 dmidecode 和 lshw 工具的结果可能有问题。根据它们的手册页,"通常情况下,DMI 表中包含的信息是不准确的、不完整的或完全错误的。"

在很大程度上,这种信息缺陷是因为硬件供应商在他们提供数据时并不总是以一种有用的方式存储有关其硬件的数据。

13.7 监控硬件温度

不要让计算机长期过热是确保其使用寿命的关键。大型数据中心会耗费大量的能量来给计算机降温。在不深入细节的情况下,设计师需要确保冷空气流向被引导进入数据中心,特别是进入计算机机架,以给它们的降温。如果它们能保持在一个相当恒定的温度下就更好了。

即使在家庭或办公室环境中,适当的冷却也是必不可少的。事实上,在这些环境中,它甚至更重要,因为环境温度通常比计算机中心高,因为它主要是为了人类的舒适。可以测量数据中心内许多不同点和单个机架的温度。但是如何测量计算机内部的温度呢?

幸运的是,现代计算机在不同的部件中内置了许多传感器,可以监控温度、风扇速度和电压。如果你曾经查看过计算机处于 BIOS 配置模式时可用的一些数据,就可以看到许多这样的值。但是,这并不能表示计算机在真实情况中承受各种负载时的内部情况。

Linux 有一些可用软件工具允许系统管理员监控内部传感器。这些工具都基于 lm_sensors、SMART 和 hddtemp 库模块,这些模块可在所有基于 Red Hat 的发行版上使用,例如 Fedora 和 CentOS,以及大多数其他发行版。

最简单的工具是 sensors 命令。在运行 sensors 命令之前,使用 sensors-detect 命令尽可能多地检测主机系统上安装的传感器。sensors 命令随后会产生输出,包括主板和

CPU 温度、主板各个点的电压以及风扇转速。sensors 命令还显示被认为是正常、高温和危险的温度范围。

hddtemp 命令显示指定硬盘的温度。smartctl 命令显示硬盘的当前温度、各种指示硬盘故障潜在因素的测量数据，以及在某些情况下，硬盘温度的 ASCII 文本历史图表。在某些类型的问题中，最后一种输出尤其有帮助。

还有一些很好的图形监控工具可用于监控计算机的温度状态。我喜欢在桌面上使用 GKrellM，还有很多其他工具供你选择。

我建议在每个新安装的系统上安装这些工具并监控其输出。这样你就可以了解你的计算机的正常温度范围。使用这些工具可以实时监控温度，并了解各种负载对温度的影响。

实验 13-10　探索温度

以 root 户的身份安装 lm_sensors 和 hddtemp 包。如果你的虚拟机物理主机是 Linux 系统，且你具有 root 访问权限，则可以在该系统上进行这些实验：

```
[root@studentvm1 proc]# dnf -y install lm_sensors hddtemp
```

在获取有用的数据之前，必须配置 lm_sensors 软件包。不幸的是，这是一个高度交互式的过程，但通常你只需按 <Enter> 键接受所有默认值，其中一些是"否"，或者使用管道将"是"传递给所有选项：

```
[root@studentvm1 proc]# yes | sensors-detect
```

因为这些工具需要真实的硬件支持，所以在虚拟机上不会产生任何结果。因此，我将使用我自己的一台主机，即我的主要工作站的数据来说明结果：

```
[root@myworkstation proc]# sensors
coretemp-isa-0000
Adapter: ISA adapter
Package id 0:   +54.0°C  (high = +86.0°C, crit = +96.0°C)
Core 0:         +44.0°C  (high = +86.0°C, crit = +96.0°C)
Core 1:         +51.0°C  (high = +86.0°C, crit = +96.0°C)
Core 2:         +49.0°C  (high = +86.0°C, crit = +96.0°C)
Core 3:         +51.0°C  (high = +86.0°C, crit = +96.0°C)
Core 4:         +51.0°C  (high = +86.0°C, crit = +96.0°C)
Core 5:         +50.0°C  (high = +86.0°C, crit = +96.0°C)
Core 6:         +47.0°C  (high = +86.0°C, crit = +96.0°C)
Core 7:         +51.0°C  (high = +86.0°C, crit = +96.0°C)
Core 8:         +48.0°C  (high = +86.0°C, crit = +96.0°C)
Core 9:         +51.0°C  (high = +86.0°C, crit = +96.0°C)
Core 10:        +53.0°C  (high = +86.0°C, crit = +96.0°C)
Core 11:        +47.0°C  (high = +86.0°C, crit = +96.0°C)
Core 12:        +52.0°C  (high = +86.0°C, crit = +96.0°C)
Core 13:        +52.0°C  (high = +86.0°C, crit = +96.0°C)
Core 14:        +54.0°C  (high = +86.0°C, crit = +96.0°C)
Core 15:        +52.0°C  (high = +86.0°C, crit = +96.0°C)
```

```
radeon-pci-6500
Adapter: PCI adapter
temp1:           +40.5°C  (crit = +120.0°C, hyst = +90.0°C)

asus-isa-0000
Adapter: ISA adapter
cpu_fan:          0 RPM

[root@myworkstation proc]# hddtemp
/dev/sda: TOSHIBA HDWE140: 38°C
/dev/sdb: ST320DM000-1BD14C: 33°C
/dev/sdc: ST3000DM001-1CH166: 31°C
/dev/sdd: ST1000DM003-1CH162: 32°C
/dev/sdg: WD My Passport 070A:  drive supported, but it doesn't have a
temperature sensor.
[root@myworkstation proc]#
```

13.8 监控存储驱动器

存储设备是计算机中仅次于风扇的最常见故障点之一。它们有活动部件，而这些部件总是比电子集成电路芯片更容易发生故障。提前知道硬盘可能很快就会出现故障可以节省很多时间和麻烦。内置在现代存储驱动器中的自我监控、分析和报告技术（SMART）功能使像我们这样的系统管理员能够识别可能很快出现故障的驱动器，并在定期维护期间替换它们。

尽管它们没有活动部件，但使用 SATA 连接到主机的 SSD 存储设备以及一些外部 USB 存储设备也支持 SMART 功能。

Smartctl 命令用于访问支持 SMART 的存储驱动器提供的数据和统计信息。现在大多数存储设备都支持 SMART，但不是全部，尤其是非常旧的存储设备和一些外部 USB 存储驱动器。

实验 13-11 监控存储驱动器

提示 该实验不能在虚拟机中进行。我使用了一台物理主机，以便你可以看到它的样子。如果你拥有对适当物理主机的 root 访问权限，则可以在该主机上安全地执行此实验。

以 root 用户执行此实验。

你可能需要在主机上安装 smartmontools 包：

```
[root@myworkstation ~]# dnf -y install smartmontools
```

验证硬盘驱动器的设备名称。在你的 VM 上应该只有一个硬盘驱动器 sda，因为这是我们创建它的方式。但是，验证你正在使用的设备永远不会有什么坏处。

使用以下命令打印所有 SMART 数据，并将其传递给 less 转换器。假设你的硬盘是

/dev/sda：

```
[root@myworkstation ~]# smartctl -x /dev/sda
```

以下是我的主工作站上的一个存储设备的结果。这是一个相当长的数据流，但我没有缩减它，因为重要的是要看到你可以在物理主机和硬盘驱动器上找到的所有数据：

```
[root@myworkstation ~]# smartctl -x /dev/sda
smartctl 6.6 2017-11-05 r4594 [x86_64-linux-4.18.16-200.fc28.x86_64]
(local build)
Copyright (C) 2002-17, Bruce Allen, Christian Franke,
www.smartmontools.org

=== START OF INFORMATION SECTION ===
Model Family:     Toshiba X300
Device Model:     TOSHIBA HDWE140
Serial Number:    46P2K0DZF58D
LU WWN Device Id: 5 000039 6fb783fa0

Firmware Version: FP2A
User Capacity:    4,000,787,030,016 bytes [4.00 TB]
Sector Sizes:     512 bytes logical, 4096 bytes physical
Rotation Rate:    7200 rpm
Form Factor:      3.5 inches
Device is:        In smartctl database [for details use: -P show]
ATA Version is:   ATA8-ACS (minor revision not indicated)
SATA Version is:  SATA 3.0, 6.0 Gb/s (current: 6.0 Gb/s)
Local Time is:    Wed Oct 31 08:59:01 2018 EDT
SMART support is: Available - device has SMART capability.
SMART support is: Enabled
AAM feature is:   Unavailable
APM level is:     128 (minimum power consumption without standby)
Rd look-ahead is: Enabled
Write cache is:   Enabled
DSN feature is:   Unavailable
ATA Security is:  Disabled, frozen [SEC2]
Wt Cache Reorder: Enabled

=== START OF READ SMART DATA SECTION ===
SMART overall-health self-assessment test result: PASSED

General SMART Values:
Offline data collection status:  (0x82)	Offline data collection
					activity
				was completed without error.
				Auto Offline Data Collection: Enabled.
Self-test execution status:      (   0)	The previous self-test routine
					completed
				without error or no self-test has ever
```

```
                                        been run.
Total time to complete Offline
data collection:               ( 120) seconds.
Offline data collection
capabilities:                         (0x5b) SMART execute Offline
                                        immediate.
                                      Auto Offline data collection on/off
                                      support.
                                      Suspend Offline collection upon new
                                      command.
                                      Offline surface scan supported.
                                      Self-test supported.
                                      No Conveyance Self-test supported.
                                      Selective Self-test supported.
SMART capabilities:            (0x0003)   Saves SMART data before
                                            entering
                                      power-saving mode.
                                      Supports SMART auto save timer.
Error logging capability:      (0x01)   Error logging supported.
                                      General Purpose Logging supported.
Short self-test routine
recommended polling time:      (   2) minutes.
Extended self-test routine
recommended polling time:      ( 469) minutes.
SCT capabilities:              (0x003d)   SCT Status supported.
                                      SCT Error Recovery Control supported.
                                      SCT Feature Control supported.
                                      SCT Data Table supported.

SMART Attributes Data Structure revision number: 16
Vendor Specific SMART Attributes with Thresholds:
ID# ATTRIBUTE_NAME             FLAGS    VALUE WORST THRESH FAIL RAW_VALUE
  1 Raw_Read_Error_Rate        PO-R--   100   100   050    -    0
  2 Throughput_Performance     P-S---   100   100   050    -    0
  3 Spin_Up_Time               POS--K   100   100   001    -    4146
  4 Start_Stop_Count           -O--CK   100   100   000    -    132
  5 Reallocated_Sector_Ct      PO--CK   100   100   050    -    0
  7 Seek_Error_Rate            PO-R--   100   100   050    -    0
  8 Seek_Time_Performance      P-S---   100   100   050    -    0
  9 Power_On_Hours             -O--CK   051   051   000    -    19898
 10 Spin_Retry_Count           PO--CK   102   100   030    -    0
 12 Power_Cycle_Count          -O--CK   100   100   000    -    132
191 G-Sense_Error_Rate         -O--CK   100   100   000    -    63
192 Power-Off_Retract_Count    -O--CK   100   100   000    -    82
193 Load_Cycle_Count           -O--CK   100   100   000    -    162
194 Temperature_Celsius        -O---K   100   100   000    -    36 (Min/
Max 24/45)
```

```
196 Reallocated_Event_Count -O--CK   100   100   000    -    0
197 Current_Pending_Sector   -O--CK   100   100   000    -    0
198 Offline_Uncorrectable    ----CK   100   100   000    -    0
199 UDMA_CRC_Error_Count     -O--CK   200   253   000    -    0
220 Disk_Shift               -O----   100   100   000    -    0
222 Loaded_Hours             -O--CK   051   051   000    -    19891
223 Load_Retry_Count         -O--CK   100   100   000    -    0
224 Load_Friction            -O---K   100   100   000    -    0
226 Load-in_Time             -OS--K   100   100   000    -    210
240 Head_Flying_Hours        P-----   100   100   001    -    0
                             ||||||_ K auto-keep
                             |||||__ C event count
                             ||||___ R error rate
                             |||____ S speed/performance
                             ||_____ O updated online
                             |_____ P prefailure warning

General Purpose Log Directory Version 1
SMART           Log Directory Version 1 [multi-sector log support]
Address    Access  R/W   Size  Description
0x00       GPL,SL  R/O     1   Log Directory
0x01           SL  R/O     1   Summary SMART error log
0x02           SL  R/O    51   Comprehensive SMART error log
0x03       GPL     R/O    64   Ext. Comprehensive SMART error log
0x04       GPL,SL  R/O     8   Device Statistics log
0x06           SL  R/O     1   SMART self-test log
0x07       GPL     R/O     1   Extended self-test log
0x08       GPL     R/O     2   Power Conditions log
0x09           SL  R/W     1   Selective self-test log
0x10       GPL     R/O     1   NCQ Command Error log
0x11       GPL     R/O     1   SATA Phy Event Counters log
0x24       GPL     R/O 12288   Current Device Internal Status Data log
0x30       GPL,SL  R/O     9   IDENTIFY DEVICE data log
0x80-0x9f  GPL,SL  R/W    16   Host vendor specific log
0xa7       GPL     VS      8   Device vendor specific log
0xe0       GPL,SL  R/W     1   SCT Command/Status
0xe1       GPL,SL  R/W     1   SCT Data Transfer

SMART Extended Comprehensive Error Log Version: 1 (64 sectors)
No Errors Logged

SMART Extended Self-test Log Version: 1 (1 sectors)
No self-tests have been logged.  [To run self-tests, use: smartctl -t]

SMART Selective self-test log data structure revision number 1
 SPAN  MIN_LBA  MAX_LBA  CURRENT_TEST_STATUS
    1        0        0  Not_testing
    2        0        0  Not_testing
    3        0        0  Not_testing
```

```
    4        0        0  Not_testing
    5        0        0  Not_testing
Selective self-test flags (0x0):
  After scanning selected spans, do NOT read-scan remainder of disk.
If Selective self-test is pending on power-up, resume after 0
minute delay.

SCT Status Version:                  3
SCT Version (vendor specific):       1 (0x0001)
SCT Support Level:                   1
Device State:                        Active (0)
Current Temperature:                    36 Celsius
Power Cycle Min/Max Temperature:     34/45 Celsius
Lifetime    Min/Max Temperature:     24/45 Celsius
Under/Over Temperature Limit Count:  0/0

SCT Temperature History Version:     2
Temperature Sampling Period:         1 minute
Temperature Logging Interval:        1 minute
Min/Max recommended Temperature:     5/55 Celsius
Min/Max Temperature Limit:           5/55 Celsius
Temperature History Size (Index):    478 (197)

Index    Estimated Time   Temperature Celsius
 198    2018-10-31 01:02    37  *****************
 ...    ..( 12 skipped).    ..  *****************
 211    2018-10-31 01:15    37  *****************
 212    2018-10-31 01:16    36  ****************
 ...    ..(137 skipped).    ..  ****************
<snip>
  16    2018-10-31 05:58    35  ***************
  17    2018-10-31 05:59    36  ****************
 ...    ..(179 skipped).    ..  ****************
 197    2018-10-31 08:59    36  ****************

SCT Error Recovery Control:
          Read: Disabled
         Write: Disabled

Device Statistics (GP Log 0x04)
Page  Offset Size      Value Flags Description
0x01  ===== =             = === == General Statistics (rev 2) ==
0x01  0x008 4           132 ---  Lifetime Power-On Resets
0x01  0x010 4         19898 ---  Power-on Hours
0x01  0x018 6   37056039193 ---  Logical Sectors Written
0x01  0x020 6      31778305 ---  Number of Write Commands
0x01  0x028 6   46110927573 ---  Logical Sectors Read
0x01  0x030 6     256272184 ---  Number of Read Commands
0x02  ===== =             = === == Free-Fall Statistics (rev 1) ==
```

```
0x02  0x010  4         63  ---  Overlimit Shock Events
0x03  =====  =          =  ===  == Rotating Media Statistics
                                    (rev 1) ==
0x03  0x008  4      19897  ---  Spindle Motor Power-on Hours
0x03  0x010  4      19891  ---  Head Flying Hours
0x03  0x018  4        162  ---  Head Load Events
0x03  0x020  4          0  ---  Number of Reallocated
Logical Sectors
0x03  0x028  4          0  ---  Read Recovery Attempts
0x03  0x030  4          0  ---  Number of Mechanical Start Failures
0x04  =====  =          =  ===  == General Errors Statistics
                                    (rev 1) ==
0x04  0x008  4          0  ---  Number of Reported
Uncorrectable Errors
0x04  0x010  4          1  ---  Resets Between Cmd Acceptance and
Completion
0x05  =====  =          =  ===  == Temperature Statistics
                                    (rev 1) ==
0x05  0x008  1         36  ---  Current Temperature
0x05  0x010  1         37  N--  Average Short Term Temperature
0x05  0x018  1         38  N--  Average Long Term Temperature
0x05  0x020  1         45  ---  Highest Temperature
0x05  0x028  1         24  ---  Lowest Temperature
0x05  0x030  1         41  N--  Highest Average Short Term
                                  Temperature
0x05  0x038  1         30  N--  Lowest Average Short Term
                                  Temperature
0x05  0x040  1         39  N--  Highest Average Long Term
                                  Temperature
0x05  0x048  1         32  N--  Lowest Average Long Term
                                  Temperature
0x05  0x050  4          0  ---  Time in Over-Temperature
0x05  0x058  1         55  ---  Specified Maximum Operating
                                  Temperature
0x05  0x060  4          0  ---  Time in Under-Temperature
0x05  0x068  1          5  ---  Specified Minimum Operating
                                  Temperature
0x06  =====  =          =  ===  == Transport Statistics (rev 1) ==
0x06  0x008  4       1674  ---  Number of Hardware Resets
0x06  0x018  4          0  ---  Number of Interface CRC Errors
0x07  =====  =          =  ===  == Solid State Device Statistics
                                    (rev 1) ==
                         |||_ C monitored condition met
                         ||__ D supports DSN
                         |___ N normalized value
Pending Defects log (GP Log 0x0c) not supported
```

```
SATA Phy Event Counters (GP Log 0x11)
ID     Size   Value  Description
0x0001 4          0  Command failed due to ICRC error
0x0002 4          0  R_ERR response for data FIS
0x0003 4          0  R_ERR response for device-to-host data FIS
0x0004 4          0  R_ERR response for host-to-device data FIS
0x0005 4          0  R_ERR response for non-data FIS
0x0006 4          0  R_ERR response for device-to-host non-data FIS
0x0007 4          0  R_ERR response for host-to-device non-data FIS
0x0008 4          0  Device-to-host non-data FIS retries
0x0009 4         15  Transition from drive PhyRdy to drive PhyNRdy
0x000a 4         16  Device-to-host register FISes sent due to a
                     COMRESET
0x000b 4          0  CRC errors within host-to-device FIS
0x000d 4          0  Non-CRC errors within host-to-device FIS
0x000f 4          0  R_ERR response for host-to-device data FIS, CRC
0x0010 4          0  R_ERR response for host-to-device data
                     FIS, non-CRC
0x0012 4          0  R_ERR response for host-to-device non-data
                     FIS, CRC
0x0013 4          0  R_ERR response for host-to-device non-data
                     FIS, non-CRC

[root@myworkstation ~]#
```

这个长而复杂的结果中易于理解的一部分是 START OF READ SMART DATA SECTION。前面展示的结果是：

SMART overall-health self-assessment test result: PASSED

特定硬盘驱动器的具体数据将根据设备供应商和型号而有所不同。最新版本的软件可以利用新存储设备存储的额外信息。SSD 将有一些与 HDD 不同的信息，因为它们采用的是不同的技术。

SMART 报告包含了大量的信息，理解这些信息是有用的。乍一看，这些数据可能很令人困惑，但了解一点知识会很有帮助。造成混乱的原因是没有显示信息的标准，而且不同的供应商以不同的方式实现 SMART。

一家大型云存储公司在过去几年中一直保存着近 4 万台存储设备的记录，并将其数据发布到网络上。根据计算机世界网站上的一篇文章，该公司确定了以下五个可以预测硬盘（非 SSD）故障的数据点：

❑ SMART 5：Reallocated_Sector_Count 可重分配扇区数量。

❑ SMART 187：Reported_Uncorrectable_Errors 报告无法纠正的错误。

❑ SMART 188：Command_Timeout 命令超时。

❑ SMART 197：Current_Pending_Sector_Count 当前挂起的扇区数量。

❑ SMART 198：Offline_Uncorrectable 离线无法纠正。

这些属性都列在输出的 SMART 属性部分中，数值越小越好。如果这些属性中的任何一个甚至是多个属性的数值很高，那么在发生全面故障之前更换硬盘驱动器将是一个好主意。

13.9　SAR 系统统计

我在解决问题时最喜欢使用的工具之一是 sar（System Activity Reporter，系统活动报告器）命令。它的主要功能是收集每天的系统性能数据并将其存储在日志文件中，以供以后显示。数据以 10min 平均值的形式收集，但也可以配置更细粒度的数据收集。数据保留一个月。

我唯一更改 SAR 配置的情况是我需要每 1min 而不是每 10min 收集数据，以便更好地掌握特定问题发生的确切时间。SAR 数据每天存储在 /var/log/sa 目录下的两个文件中。比每 10min 收集一次更频繁的数据可能会导致这些文件变得非常大。

我曾经工作的某个地方出现了一个问题，问题会很快出现并升级，以至于默认的 10min 间隔无法帮助我们确定 CPU 负载、高磁盘活动或其他因素中哪一个是首先发生的。使用 1min 间隔，我们发现 CPU 活动不仅很高，而且在高网络活动和高磁盘活动之间还有短暂的高活动期。最终确定这是对网络服务器的拒绝服务（DOS）攻击，并由于计算机中安装的内存太少无法处理临时过载这一事实而变得更加复杂。在现有的 2GB 内存的基础上增加 2GB 内存解决了这个问题，进一步的 DOS 攻击没有造成问题。

13.9.1　安装和配置

SAR 是基于 Red Hat 的发行版 sysstat 软件包的一部分安装的；但是，在当前的一些 Fedora 发行版中，默认情况下可能没有安装它。我们在第 7 章中安装了它。现在，SAR 数据收集已经运行了足够长的时间，可以积累足够多的数据供我们探索。

在将 SAR 作为 sysstat 包的一部分安装后，通常不需要更改进行任何配置或开始数据收集。10min 收集一次数据。

13.9.2　检查收集的数据

sar 命令的输出可能非常详细。在我的主要工作站中（具有 16 个英特尔核心和 32 个 CPU），一整天的数据产生了 14,921 行数据。你可以通过多种方式处理这个问题。你可以选择仅指定特定的数据子集来限制显示的数据，可以使用 grep 命令清除所需的数据，也可以通过 less 工具将其管道化，并使用 less 的内置搜索功能在数据中进行分页。

实验 13-12　SAR

请以 Student 用户执行此实验。运行 sar 命令不需要 root 权限。由于 SAR 可以产生大量数据，因此我不会在这里重现，只会展示标题和少量数据来说明结果。

> **注意**　sar 命令的某些选项是大写的，使用小写将导致错误或显示不正确的数据。

首先，只输入 sar 命令而不加任何选项，它将显示聚合 CPU 性能数据。sar 命令默认使用当天的数据，从午夜或系统启动当天的时间开始计算。如果主机在当天重新启动过，则结果中会有通知。请注意，SAR 命令的一些输出可能非常宽：

```
[student@studentvm1 ~]$ sar
Linux 4.18.9-200.fc28.x86_64 (studentvm1)    11/01/2018  _x86_64_   (2-CPU)

08:44:38     LINUX RESTART     (2-CPU)

08:50:01 AM     CPU     %user    %nice    %system   %iowait   %steal    %idle
09:00:05 AM     all     0.01     0.03     0.13      1.54      0.00      98.28
09:10:05 AM     all     0.01     0.00     0.09      0.95      0.00      98.95
09:20:05 AM     all     0.01     0.00     0.08      1.14      0.00      98.77
09:30:02 AM     all     0.02     0.00     0.09      1.17      0.00      98.72
09:40:05 AM     all     0.01     0.00     0.08      0.95      0.00      98.96
09:50:02 AM     all     0.01     0.00     0.09      1.04      0.00      98.86
10:00:01 AM     all     0.01     0.01     0.09      1.29      0.00      98.61
10:10:01 AM     all     0.01     0.00     0.08      0.93      0.00      98.98
10:20:05 AM     all     6.26     3.91     82.39     0.18      0.00      7.26
Average:        all     0.68     0.42     8.89      1.02      0.00      88.98

11:10:03 AM  LINUX RESTART     (2-CPU)

11:20:31 AM     CPU     %user    %nice    %system   %iowait   %steal    %idle
11:30:31 AM     all     18.41    10.15    71.34     0.00      0.00      0.10
11:40:07 AM     all     20.07    10.93    68.83     0.00      0.00      0.17
11:50:18 AM     all     18.68    10.32    70.88     0.00      0.00      0.13
12:00:31 PM     all     17.83    10.09    71.98     0.00      0.00      0.09
12:10:31 PM     all     17.87    10.95    71.07     0.00      0.00      0.11
Average:        all     18.55    10.48    70.84     0.00      0.00      0.12
[student@studentvm1 ~]$
```

所有这些数据都是每隔 10min 时间段的所有 CPU 的聚合，这里有两个 CPU。这也是在 top、htop 和 atop 中看到的 CPU 使用情况的相同数据。使用下一个命令来查看单个 CPU 的详细信息：

```
[student@studentvm1 ~]$ sar -P ALL
Linux 4.18.9-200.fc28.x86_64 (studentvm1)    11/01/2018  _x86_64_   (2-CPU)

08:44:38     LINUX RESTART     (2-CPU)

08:50:01 AM     CPU     %user    %nice    %system   %iowait   %steal    %idle
09:00:05 AM     all     0.01     0.03     0.13      1.54      0.00      98.28
09:00:05 AM     0       0.02     0.00     0.12      0.24      0.00      99.61
09:00:05 AM     1       0.01     0.05     0.14      2.85      0.00      96.95

09:00:05 AM     CPU     %user    %nice    %system   %iowait   %steal    %idle
09:10:05 AM     all     0.01     0.00     0.09      0.95      0.00      98.95
09:10:05 AM     0       0.02     0.00     0.08      0.10      0.00      99.80
```

```
09:10:05 AM      1    0.01      0.00      0.10      1.80      0.00     98.09
<snip>

12:20:31 PM     CPU    %user    %nice    %system   %iowait   %steal    %idle
12:30:31 PM     all    15.4%    13.6%     70.8%      0.0%      0.0%      0.2%
12:30:31 PM      0     16.9%    15.3%     67.7%      0.0%      0.0%      0.1%
12:30:31 PM      1     13.9%    11.8%     73.9%      0.0%      0.0%      0.4%
Average:        CPU    %user    %nice    %system   %iowait   %steal    %idle
Average:        all    18.3%    10.7%     70.9%      0.0%      0.0%      0.1%
Average:         0     18.8%    15.6%     65.6%      0.0%      0.0%      0.0%
Average:         1     17.8%     5.9%     76.1%      0.0%      0.0%      0.2%
```

现在使用以下命令查看磁盘统计信息。-h 选项使数据更易于人类阅读，并且对于块设备（磁盘）还显示设备的名称。-d 选项指定 SAR 显示磁盘活动：

```
[student@studentvm1 ~]$ sar -dh
Linux 4.18.9-200.fc28.x86_64 (studentvm1)    11/01/2018    _x86_64_    (2-CPU)

08:44:38     LINUX RESTART    (2-CPU)

08:50:01 AM     tps     rkB/s    wkB/s    areq-sz   aqu-sz    await    svctm    %util
DEV
09:00:05 AM    8.12    168.8k    13.5k     22.5k      0.07     7.88     4.49     3.6%
sda
09:00:05 AM    0.00      0.0k     0.0k      0.0k      0.00     0.00     0.00     0.0%
fedora_studentvm1-pool00_tmeta
09:00:05 AM    0.09      0.5k     0.1k      7.1k      0.00    15.53     9.13     0.1%
fedora_studentvm1-pool00_tdata
09:00:05 AM    0.09      0.5k     0.1k      7.1k      0.00    15.53     9.13     0.1%
fedora_studentvm1-pool00-tpool
09:00:05 AM    0.09      0.7k     0.2k      9.5k      0.00    15.53     9.13     0.1%
fedora_studentvm1-root
09:00:05 AM    0.00      0.0k     0.0k      0.0k      0.00     0.00     0.00     0.0%
fedora_studentvm1-swap
09:00:05 AM    0.86     14.3k     1.1k     18.1k      0.01    10.25     4.41     0.4%
fedora_studentvm1-usr
09:00:05 AM    0.00      0.0k     0.0k      0.0k      0.00     0.00     0.00     0.0%
fedora_studentvm1-home
09:00:05 AM    7.71    154.0k    12.3k     21.6k      0.06     8.39     4.21     3.2%
fedora_studentvm1-var
09:00:05 AM    0.06      0.0k     0.2k      4.0k      0.00    27.37    23.71     0.1%
fedora_studentvm1-tmp
09:10:05 AM    1.74      0.4k     8.3k      5.0k      0.10    55.05    14.06     2.4%
sda
09:10:05 AM    0.00      0.0k     0.0k      0.0k      0.00     0.00     0.00     0.0%
fedora_studentvm1-pool00_tmeta
09:10:05 AM    0.02      0.0k     0.1k      3.7k      0.00    34.25    34.25     0.1%
fedora_studentvm1-pool00_tdata
09:10:05 AM    0.02      0.0k     0.1k      3.7k      0.00    34.25    34.25     0.1%
fedora_studentvm1-pool00-tpool
<snip>
```

请尝试前面的命令，但不使用 -h 选项。

运行以下命令以查看当天的全部输出，或至少查看当天主机首次启动时的所有输出：

[student@studentvm1 ~]$ **sar -A | less**

使用 sar 命令的手册页来解释结果并了解其众多可用选项，其中许多选项允许你查看特定的数据，如网络和磁盘性能。

我通常使用 **sar -A** 命令，因为许多可用的数据类型是相互关联的，有时我会在输出的某个部分发现一些提示性能问题的内容，否则我可能不会注意到这些问题。

你可以限制总数据量为 CPU 活动总量。尝试一下，注意到你只会得到汇总的 CPU 数据，而不是单个 CPU 的数据。还可以尝试使用 –r 选项来查看内存，–S 选项来查看交换空间。也可以将这些选项结合起来，下面的命令将显示 CPU、内存和交换空间的数据：

[student@studentvm1 ~]$ **sar -urS**

如果你只想要某个时间段内的数据，你可以使用 -s 和 -e 分别定义开始和结束时间。下面的命令将显示今天上午 7:50—8:11 之间的所有 CPU 数据，包括单个 CPU 和汇总数据：

[student@studentvm1 ~]$ **sar -P ALL -s 07:50:00 -e 08:11:00**

请注意，所有时间都必须以 24 小时格式指定。如果你有多个 CPU，则每个 CPU 都会单独详细说明，并且还会给出所有 CPU 的平均值。

下一个命令使用 -n 选项来显示所有接口的网络统计信息：

[student@studentvm1 ~]$ **sar -n ALL | less**

还可以通过指定的日志文件来查看先前日期收集的数据。假设你想要查看每月第二天的数据，则以下命令将显示该天收集的所有数据。每个文件名的最后两个数字是收集数据的月份中的日期。

在下面的示例中，我使用了文件 sa02，但你应该列出 /var/log/sa 目录的内容，并为你的主机选择一个存在的文件：

[student@studentvm1 ~]$ **sar -A -f /var/log/sa/sa02 | less**

你也可以使用 SAR 工具显示（几乎）实时数据。以下命令每隔 5s 显示一次内存使用情况，共展示十次：

[student@studentvm1 ~]$ **sar -r 5 10**

这是 sar 的一个有趣的选项，它可以提供一段时间内一系列的数据，可以进行详细的检查和比较。

SAR 工具功能强大，拥有很多选项。我们仅涉及了其中的一部分，而所有选项均列在手册页中。我建议你熟悉 SAR，因为它非常有用，可以帮助你找到那些在没有人关注时发生的性能问题。

如果你对英特尔及相关硬件不是非常熟悉，那么从 sar 命令中得到的一些输出可能对你来说并不是特别有意义。随着时间的推移，系统管理员一定会学到很多有关硬件方面的知识，当然也包括你。我建议以相对安全的方式做到这一点的最佳方法是：使用你在本书中学习的工具来探索你可用的所有虚拟机和物理主机。

13.10　清理

此时可能需要进行一些清理工作。我们想要终止 cpuHogs，你也可能想要关闭本章实验过程中打开的许多终端会话，但并非全部。

使用 top 命令向一个 CPU 占用过高的进程发送 2 号信号以终止它。然后使用 htop 命令向另一个 CPU 占用过高的进程发送 15 号信号以终止它。退出 top、htop 和 atop 程序，并保留一个或两个终端会话，关闭所有其他终端会话。

总结

本章介绍了系统管理员用于确定许多类型的性能问题的源头的一些最常用的工具。我们探索的每个工具都提供了有用的信息，可以帮助定位问题的来源。虽然我从 top 开始，但我也依赖所有其他工具，因为它们都很有用且有价值。每个工具都让我能够在其他工具无法解决问题时解决问题。

还有很多其他的工具可用，其中许多工具可以在 GUI 桌面上使用，显示各种漂亮的图形。我们研究了这些特定的工具，因为它们最有可能在几乎任何 Linux 主机上可用或容易安装。随着你作为系统管理员的经验不断增加，你会发现其他工具对你也会有用。

绝对不应该试图记住每个工具的每个选项。知道这些工具存在并且它们各自都有有用和有趣的功能，就可以在尝试解决问题的时候有一个起点。如果时间允许，你可以进行更多探索，而有一个具体的任务，比如修复一个损坏的系统，可以让你把精力集中在解决该问题所需的具体内容上。

在我看来，购买昂贵的工具完全没有必要，因为它们只是重新打包 /proc 文件系统的内容，因为这正是它们所做的。与使用标准 Linux 工具已经可用的信息相比，没有什么工具可以为你提供更多的信息。Linux 甚至有许多 GUI 工具可供选择，可以显示本地和远程主机的所有数据，包括我们在这里看到的，甚至更多的数据，并且可以使用图表显示。

最后，现在你应该已经习惯于查看手册页、信息页面以及大多数命令的可用帮助选项，以便更多地了解它们。因此，我猜想你已经厌烦了阅读这些建议，就像我厌烦写它们一样。让我们约定一件事情，那就是当你了解一个新命令时，应该始终使用这些工具来帮助你更多地学习。

练习

完成以下练习来结束本章：

1）你可以将 top 命令的刷新延迟设置为 ms 级别，例如 0.2s 或 0.5s 吗？

2）定义三个负载平均数。

3）使用 top 命令，查看在 StudentVM1 虚拟主机上有多少可用的内存和交换空间？

4）列出至少三个可以查找内存使用信息的其他工具。

5）top 显示中的 TIME+ 值告诉你什么？

6）在这个虚拟机上有多少可用的内存和交换空间？

7）top 的默认排序列是什么？

8）首先将 top 排序列更改为 PID，然后更改为 TIME+。具有最多 CPU 时间的进程的 PID 是多少？

9）top 和本章中探讨的所有其他工具的原始数据来源是什么？

10）在读取任何数据之前，是否可以从同一命名管道中的多个程序中缓冲数据？

11）本章讨论的哪个工具提供网络 I/O 信息？

12）本章讨论的哪个工具允许同时对多个进程执行重新调度等操作？

13）使用 htop，你会按哪一列进行排序以确定哪些进程累积了最多的 CPU 时间？

14）iotop 显示的总磁盘读写和实际磁盘读写之间有什么区别？

15）使用 htop 的设置功能将主机名和日时钟添加到右侧标题列的顶部。

16）你会使用哪个命令来获取硬盘的内部温度的时域图？

17）使用 SAR 查看当天的网络统计信息。

18）查看昨天所有记录的系统活动，以及当时你的 VM 是否正在运行。如果不是，请选择 SAR 数据收集的其他日期。

19）你的 VM 安装了哪种类型的 CPU？

品牌：＿＿＿＿＿＿型号：＿＿＿＿＿＿速度：＿＿＿＿＿＿GHZ

Chapter 14 第 14 章

终端模拟

目标

在本章中，你将学习以下内容：

❑ 使用多个不同的终端模拟器。

❑ 使用这些终端模拟器的高级功能，以更高效的方式工作。

❑ 使用高级的 Bash 终端工具，如通配符、集合、大括号扩展、元字符等，轻松地定位和操作单个或多个文件。

终端模拟器的功能是为我们提供一个窗口，让我们可以访问 Linux 命令行，从而可以无限制地访问 Linux 的全部功能。在本章中，我们将详细探讨几个终端模拟器，以更好地理解这些终端模拟器如何使我们更有效率地使用 CLI。

14.1 关于终端

终端模拟器是一个模拟硬件终端的软件程序。大多数终端模拟器都是图形程序，可以在任何 Linux 图形桌面环境（如 Xfce、KDE、Cinnamon、LXDE、GNOME 等）上运行。

在第 7 章中，我们详细探讨了命令行界面和终端模拟器的概念。我们特别关注了 xfce4-terminal，以便在命令行中开始操作，但我们没有深入探讨它的功能。接下来，我们将更仔细地研究它的功能，以及其他几个终端模拟器。

准备 14-1　安装终端模拟器

Fedora 没有安装本章将要使用的所有终端模拟器，所以我们现在就安装它们。以 root 身份执行。输入以下命令来安装我们将要探索的终端模拟器：

```
# dnf -y install tilix lxterminal konsole5 rxvt-unicode terminator
```
你会注意到除了终端模拟器本身外，还安装了很多依赖项。

所有这些终端模拟器现在都应该出现在 Xfce 桌面面板上的应用程序启动器的附件或系统子菜单中。

14.2　我的需求

作为一名管理多个地点的多个系统的 Linux 系统管理员，我的目标就是简化并使访问和监控这些系统变得容易和灵活。我过去使用过许多不同的终端模拟器，从值得尊敬的 Xterm 到 Terminator 和 Konsole。

在大多数情况下，同时打开多达 25 或 30 个终端会话，只有一个或两个窗口来管理这些会话，这可以防止在桌面上打开大量窗口。作为一个通常保持凌乱的物理桌面的人（他们确实说这是高智商的标志），我的 Linux 桌面上有很多打开的窗口，把所有的终端会话整理成少数几个窗口是在整理方面迈出的一大步。

图 14-1 所示为我编写本章时主工作站的桌面。我打开了三个不同的终端模拟器。我知道在图 14-1 中无法分辨任何细节，但它确实给你提供了一个良好形象，也就是在单个 GUI 桌面上打开多个终端模拟器以提供灵活性。

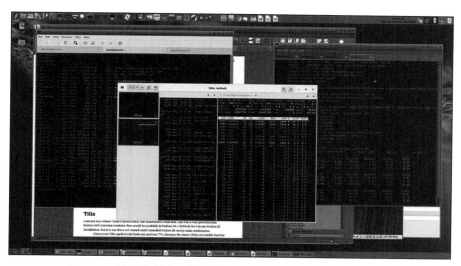

图 14-1　这是我的主工作站桌面，上面打开了多个终端模拟器

Linux 有许多终端模拟器可用。它们完成这项任务的不同方法是由创建它们的开发人员的需求、喜好和哲学定义的。某个网站有一篇题为《2018 年 35 个最佳 Linux 终端模拟器》的文章，应该会让你知道有多少个选择。遗憾的是，它们太多了，我们无法在这里一一研究。

14.3　终端模拟器

我们在本节中探讨的模拟器具有一些特性，这些特性使我们能够大量利用命令行的功能，从而在执行工作时变得更加高效。我曾经使用过所有这些终端模拟器，它们都提供了强大的功能来实现这一点。有时我同时使用多个终端模拟器，因为每一个都可能更适合我处理特定任务的方式。因此，虽然我目前最喜欢的终端模拟器碰巧是 Konsole，并且我打开了它的多个实例，但我也可能打开了其他终端模拟器的实例，例如 xfce4-terminal 是另一个讨人喜欢的终端模拟器。所以让我们更仔细地看一看这些终端模拟器。

14.3.1　rxvt

有一些非常简约的终端。rxvt 终端模拟器就是其中之一。我们在前面安装了 rxvt-unicode 包，它是对原始 rxvt 包的统一码升级，原始 rxvt 包用于 Fedora 的早期版本，包括 Fedora 29。

rxvt 终端模拟器没有可以在单个窗口中打开选项卡或多个窗格等功能。它的字体支持是原始的，必须在命令行上指定特定的字体，否则将使用非常基本的默认字体。

实验 14-1　rxvt

在虚拟机的桌面上打开一个 rxvt 实例。rxvt 窗口没有菜单栏或图标栏。右击窗口不会产生任何作用。但是你可以将其用作基本终端模拟器。为了对真正的老式但功能齐全的终端模拟器有所了解，请尝试使用 rxvt 进行几分钟的实验。

对这个终端模拟器的探索是为了给你一个比较其他终端模拟器高级功能的基准。此外，你可能更喜欢这种简洁类型的终端模拟器。有些人确实喜欢这种终端模拟器，这是你的选择，完全没问题。

rxvt 终端可执行文件的大小为 197,472B，在运行时使用 226MB 的虚拟内存。这是我在本章中看到的所有终端模拟器中内存占用最小的。但它也是一个极简主义项目。除了作为终端模拟器工作之外，它没有任何其他功能。它确实有一些选项可以作为启动它的命令行的一部分来使用，但这些选项也非常少。

14.3.2　xfce4-terminal

xfce4-terminal 灵活且易于使用，xfce4-terminal 是这个模拟器的可执行文件的名称。

我最喜欢的 xfce4-terminal 特性之一是选项卡。你可以在一个窗口中打开多个选项卡。将每个选项卡视为一个单独的终端会话。这为运行多个终端会话提供了巨大的灵活性，同时在桌面上保持一个窗口。如果你喜欢，可以添加更多选项卡。

现在让我们尝试一下。因为我们正在使用 Xfce 桌面环境，所以到目前为止你应该已经在使用 xfce4-terminal 了。因此，你应该已经对它有了一定的了解。

实验 14-2 xfce4

以 student 用户的身份执行此实验。如果你的桌面上还没有打开可用的 xfce4-terminal 实例，那么现在就打开一个。其启动图标位于底部面板上左起第三个位置。另一个启动器位于主应用程序下拉菜单中。

xfce4-terminal 窗口如图 14-2 所示，其中打开了三个选项卡。在你的实例中应该仍然只有一个选项卡打开。执行一个简单的任务，在第一个终端会话中包含一些内容，比如 ll 命令。

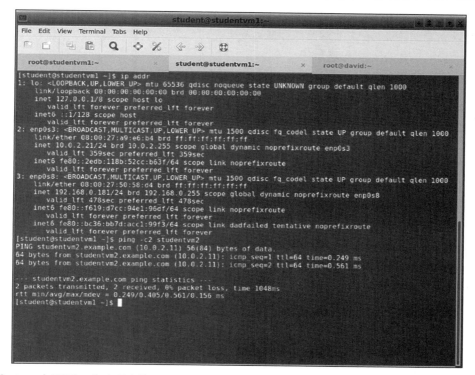

图 14-2 打开了三个选项卡的 xfce4-terminal 窗口。xfce4-terminal 终端模拟器拥有易于使用的界面，包括选项卡可用于在终端模拟器会话之间切换。每个选项卡可以作为不同的用户登录到不同的主机，或者二者的组合

除了标准菜单栏之外，xfce4-terminal 模拟器还有一个图标栏，可用于打开另一个选项卡或另一个模拟器窗口。我们需要打开图标栏才能看到它。在菜单栏上，选择 View → Show Toolbar。将鼠标光标悬停在图标栏最左边的图标上。工具提示表明此图标将在当前窗口中启动另一个选项卡。单击选项卡图标。新选项卡插入选项卡栏最右边的位置，如果之前只有一个终端会话打开，则创建该选项卡栏。打开更多的选项卡，并在其中一个中使用 su - 命令切换到 root 用户。

可以更改选项卡名称，并且可以通过拖放或选择菜单栏上的选项来重新排列选项卡。

双击其中一个选项卡打开一个小对话框，允许你为选项卡指定一个新的静态名称。输入名称"My Tab"。将"My Tab"拖到标签栏上的新位置。现在，将一个选项卡完全从xfce4-terminal 窗口中拖出，并将其放在桌面上的其他位置。这将创建一个只包含该选项卡的新窗口。现在，新窗口的功能与原来的相同，你也可以在其中打开新的选项卡。

可以轻松配置许多功能和外观以满足你的需求。打开 Terminal Preferences 配置菜单，如图 14-3 所示，可访问五个选项卡，以配置 xfce4-terminal 外观和感觉的各个方面。打开终端的 Edit → Preferences 对话框，并选择 Appearance 选项卡。选择不同的字体和字体大小以查看差异。htop 工具对某些类型的数据使用粗体文本，因此取消"允许粗体文本"项的复选标记，以查看其外观如何。

我有时会调整 colors 选项卡，以使某些颜色更易读。colors 选项卡还有一些预设值，可以从中开始修改。我通常从黑色背景上的绿色或白色开始，修改一些单独的颜色以提高可读性。选择 colors 选项卡。加载几个不同的预设值以查看差异。随意尝试该选项卡，不要花费太多时间。

选择在上面运行 htop 的选项卡。按 <F1> 键查看 htop 帮助。

图 14-3　xfce4-terminal 终端的首选项对话框允许配置其外观和感觉的许多方面

再次按 <F1> 键关闭 htop 帮助页面。关闭所有打开的 xfce4-terminal 窗口。

在我看来，xfce4-terminal 模拟器是我使用过的三个最好的综合终端模拟器之一。它的特点是为我恰到好处地工作。只要模拟器窗口中有可用的水平空间，选项卡的宽度就足以显示整个主机和目录名称，或者足以显示其余内容。其他带有选项卡的终端模拟器通常具有固定大小的选项卡，这限制了选项卡上可用信息的视图。

xfce4-terminal 可执行文件的大小略大于 255KB。该终端模拟器在运行时使用的虚拟内存为 576MB，是我测试过的先进模拟器中第二小的。

14.3.3 LXTerminal

LXTerminal 模拟器使用的 RAM 最少，其可执行文件大小也是所有终端模拟器中最小的。它没有多余的功能，但它具有选项卡，可以在单个模拟器窗口中启用多个会话。

LXTerminal 窗口没有图标栏，只使用菜单栏和弹出菜单，在右击窗口时弹出对话框。

实验 14-3 LXTerminal

以 student 用户身份打开 LXTerminal 的一个实例。运行一个简短的命令，例如 ll，以在第一个会话中显示一些内容。此时还没有显示选项卡。右击现有会话以显示弹出菜单，然后选择 New tab 以打开第二个选项卡。现在应该可以在终端模拟器窗口的顶部看到两个选项卡。现在从菜单栏中打开 File 菜单，并打开一个新的选项卡。如图 14-4 所示，现在应该有三个打开的选项卡。

使用菜单栏，打开 Edit → Preferences 以显示极简配置选项。你可以在 Style 选项卡上更改终端字体，调整颜色和光标样式。我有时会调整其中一种颜色，使某些彩色文本更易读。选择几个颜色板以查看可用选项，然后以此为起点进行修改。

注意，除非单击 OK 按钮并关闭 Preferences 对话框，否则不会应用任何首选项更改。这是我不喜欢的一件事。保存你当前的更改以查看其外观。

再次打开 Preferences，并选择 Dispiay 选项卡。我喜欢将选项卡放在顶部，但你可能更喜欢将其放在窗口底部。选择 Bottom（底部）并保存更改。Display（显示）选项卡还允许更改回滚行数和新 LXTerminal 窗口打开时的默认窗口大小。我目前将其调整为 130 列 65 行。我有很多屏幕空间，所以这对我的宽屏幕来说很适合。尝试调整窗口大小，并启动一个新的 LXTerminal 会话，看看它适用于你的情况。

此选项卡上的其他选项使你可以隐藏各种工具，如滚动条和菜单栏。尝试进行操作，以查看在没有这些工具的环境中如何工作。我从不隐藏它们。

切换到 Advanced（高级）选项卡。我在此选项卡上唯一做的事情是禁用 F10 菜单快捷键。Shortcuts（快捷键）选项卡提供了更改该键到其他键的能力，但我从未更改默认设置。花些时间自己探索 LXTerminal，以便更好地了解它如何适合你的工作方式。完成后，关闭所有 LXTerminal 实例。

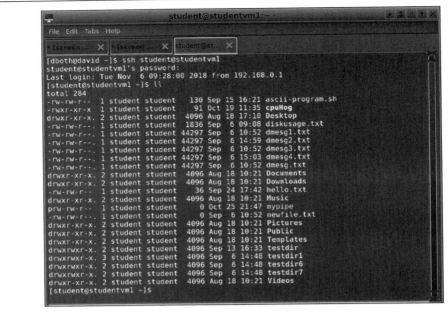

图 14-4　打开了三个选项卡的 LXTerminal 窗口

　　LXTerminal 是一个非常轻量级的终端模拟器，这反映在其小巧的体积和相对较少的配置选项上。这个终端模拟器的重要之处在于它拥有我们作为系统管理员快速、轻松完成工作所需的所有功能。这两个事实使 LXTerminal 非常适合像较小、老旧的、内存较低的笔记本计算机等小型系统，但也足够强大，可以在像我的主工作站这样的大型系统中同样完美地使用。

　　LXTerminal 可执行文件的大小为 98,592B，在运行时占用 457MB 虚拟内存。这两个数字都是我测试过的高级模拟器中最小的。

14.3.4　Tilix

　　Tilix 可以帮助我进行一些组织工作，因为它允许我将所有或至少大部分的终端会话保存在一个非常灵活的窗口中。由于 Tilix 强大的功能和灵活性，我可以用许多不同的方式组织我的终端会话。图 14-5 显示了一个典型的 Tilix 窗口，至少对我来说是这样的，其中包含了三个活动会话中的一个，该会话包含四个终端。该会话中的每个终端（包括第 2 个会话中的终端）使用 SSH 连接到不同的主机。请注意，每个终端的标题栏显示了该终端的用户、主机名和当前目录。

　　图 14-5 中的 Tilix 实例在我的个人工作站上运行。我使用 SSH 登录了虚拟 student 网络中的三个不同主机。屏幕的左半部分是我用于测试的主机，testvm1。右上角的终端已登录到 VM 服务器 studentvm2，我已在我的虚拟测试网络上安装了该服务器。右下角的终端已登录到 studentvm1。这可以使我轻松监视虚拟网络中的所有三个主机。图 14-5 中的一些细节可能难以看清，但你可以看到，在单个模拟器窗口中打开多个终端的能力可以方便地比

较多个系统或单个主机上的多个工具，这非常有用。

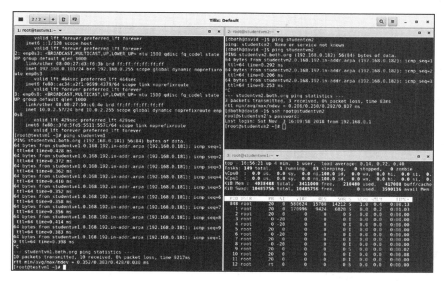

图 14-5　这个 Tilix 实例有两个打开的会话，在可见会话中有两个选项卡活动，右边选项卡上有两个终端打开

让我们确保我们保持术语的准确性，因为它可能会让人感到困惑。在 Tilix 中，"会话"是 Tilix 窗口中包含一个或多个终端的页面。打开一个新会话会打开一个新的页面，其中包含一个终端模拟会话。Tilix 会话可以水平和垂直创建或细分，并可以使用 Tilix 标题栏中的工具执行一般配置。将窗口和会话控件放置在窗口标题栏中，可以节省通常用于单独菜单和图标栏的空间。

实验 14-4　Tilix

以 student 用户进入，首先在你的 VM 桌面上打开一个 Tilix 实例。像其他支持在单个窗口中提供多个终端会话的终端模拟器一样，启动模拟器时只会打开一个会话。

图 14-6 显示了 Tilix 窗口的顶部部分，只打开了一个模拟器会话。你可以在新会话中打开另一个终端，如前面定义的，或在当前会话中打开终端。对于此实例，让我们在此会话中垂直地打开一个新的终端，放在现有终端旁边。

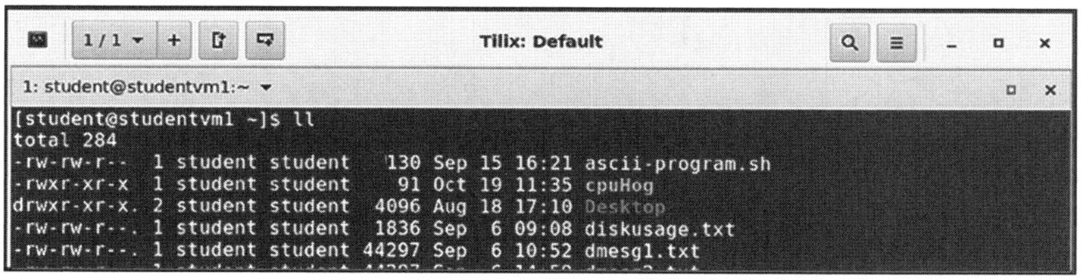

图 14-6　Tilix 窗口的标题栏包含一组非标准的图标，用于帮助管理终端会话

标题栏的左侧是一些图标，可让我们以各种方式打开新的终端。图 14-7 中的两个图标会在当前会话中打开一个新的终端。

图 14-7　这两个图标允许你在活动的现有终端的右侧或下方打开一个新终端

单击这两个图标的左侧图标，在现有终端的右侧打开一个终端。会话窗口将从中间分开，现在将包含两个终端，一个在左边，一个在右边。操作结果如图 14-8 所示。这两个并排的终端允许你执行一些操作，例如使用 top 来观察在一个终端中执行的命令对另一个终端中系统资源的影响。

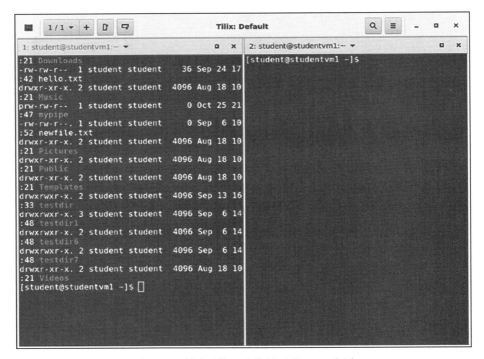

图 14-8　创建了第二个终端后的 Tilix 会话

现在选择左侧的终端，单击图 14-7 右侧的按钮。这样就打开了一个新的终端，终端 1 在顶部，终端 3 在底部，终端 2 仍然占据整个会话的右侧。界面如图 14-9 所示：

你可以移动终端之间的分割器以调整它们的相对大小。调整水平和垂直分割器以查看它们的工作原理。

到目前为止，我们只使用了一个会话。要在此 Tilix 窗口中创建第二个会话，请单击图 14-10 中显示的加号（+）图标。

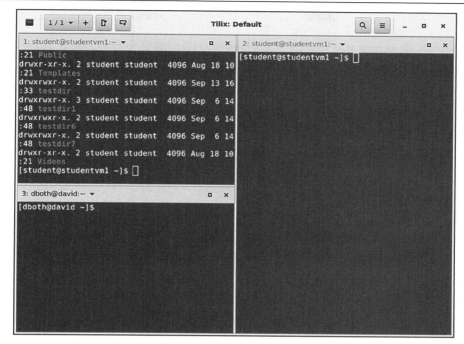

图 14-9　在同一个屏幕中包含三个终端的 Tilix 会话

新会话已创建，并且现在成为焦点。第一个具有三个终端的会话现在已隐藏。该图标中的计数现在显示"2/2"，因为我们已经在第二个会话中。单击该图标左侧的任何位置以显示侧边栏。侧边栏显示在 Tilix 窗口的左侧，显示打开会话的较小图像。单击所需的会话以切换到它。

图 14-10　使用图标（+）创新新会话并在它们之间导航

标题栏最左侧的图标看起来像终端屏幕，我们通常期望它是标准的"系统"菜单。对于 Tilix 窗口，那是不正确的。Tilix 在该图标中放置了自己的菜单。该菜单中的一个选项是 Preferences。打开 Preferences 对话框。

我会让你自己通过这个首选项对话框来找到自己的方法。我建议你尝试从使用侧边栏切换到使用选项卡来切换会话。试试看哪种方法更适合你。Tilix 有一个默认配置文件用于配置其外观和感觉，可以根据需要添加其他配置文件。每个配置文件设置 Tilix 的功能和外观的备选值。现有配置文件可以克隆为新配置文件的起点。要从已经打开的窗口中选择配置文件列表，请单击终端窗口的名称，选择 Profile（配置文件），然后选择要更改的配置文件。你还可以选择一个配置文件，以便在启动新的 Tilix 会话或终端时使用。

对于我来说，在 GUI 桌面上使用终端模拟器将 GUI 的功能与命令行的功能相结合。当使用像 Tilix、Terminator 或 Konsole 这样允许多个页面和分屏的终端模拟器时，我的工作效率成倍增加。尽管还有其他功能强大的终端模拟器允许在单个窗口中进行多个终端会话，但我发现 Tilix 比我迄今为止尝试过的任何终端模拟器都更能满足我对该功能的需求。

Tilix 为我提供了 xfce4-terminal、LXTerm、Konsole、Terminator 和其他终端模拟软件的大部分标准功能，同时还提供了它们不具备的一些功能。它在一个优雅的界面中实现了这些功能，易于学习、配置和导航，并最大化了屏幕上的可用空间。我发现 Tilix 非常适合我的桌面工作风格，这才是最重要的，不是吗？ Tilix 可执行文件大小为 2.9MB，运行时消耗 675MB 虚拟内存。

还有其他管理多个终端模拟器会话的选择。我们已经探讨了其中一个 GNU screen 工具，tmux（终端复用器）是另一个。这两个工具都可以在任何终端会话中使用单个窗口、虚拟控制台或远程连接来创建和访问多个终端模拟器会话。这两个命令行工具完全可以通过简单或至少是相对简单的按键操作进行导航。它们不需要任何 GUI 来运行。

我们在本章中讨论的终端模拟器以及许多未讨论的终端模拟器，都是使用多个选项卡或将终端模拟器窗口分成多个窗格，每个窗格都有一个终端模拟器会话的 GUI 工具。像 Tilix 这样的一些 GUI 终端模拟器也可以将屏幕分成多个窗格并使用选项卡。多个窗格的好处之一是：我们可以将要一起比较或观察的会话放在一个窗口中。但是，将屏幕分成太多的窗格会导致窗格中没有足够的空间来看清真正发生了什么。

因此，我们可以使用精美的多窗格、选项卡式的终端模拟器，然后在其中一个或多个终端模拟器会话中运行 screen 或 tmux。唯一的缺点是，我有时会迷失在已经打开的现有会话中，因此忘记我已经为需要完成的任务打开了一个会话。窗格和选项卡的组合可以变得非常复杂。

所有这些有趣的功能使得在少数窗口中管理大量的终端会话成为可能，从而使我的桌面更整洁。不过，找到特定的会话可能有些棘手。还可能很容易将命令输入到错误的终端会话中，这可能会引起混乱。

14.3.5　Konsole

Konsole 是 KDE 桌面环境的默认终端模拟器。它可以安装并在任何桌面环境下使用，但它会安装大量不被其他终端模拟器需要的 KDE 库和软件包。Konsole 是我目前最喜欢的终端模拟器。

实验 14-5　Konsole

打开 Konsole 终端模拟程序实例。让我们在干其他事情之前进行一些配置更改。打开 Settings → Configure Konsole，选择 Tab Bar 选项卡。更改选项卡栏可见性，以始终显示选项卡栏，并选中 Show 'New Tab' 和 'Close Tab' 复选按钮。单击 OK 按钮使这些更改生效。Konsole 不需要重新启动。

现在，你可以看到 Konsole 提供了打开和关闭选项卡的图标，它允许我们在选项卡栏的空白处双击以打开新选项卡。新选项卡也可以在 File 菜单中打开。

使用刚才提到的任一方法打开第二个选项卡。你的 Konsole 窗口现在应该看起来像图 14-11。

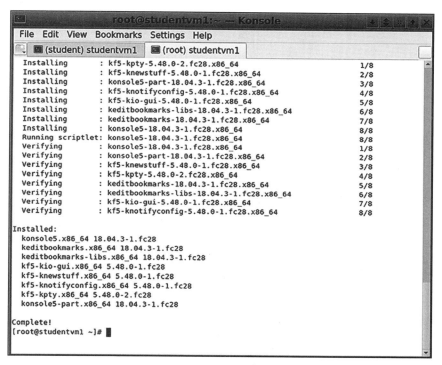

图 14-11　Konsole 终端模拟器打开了两个选项卡。在选项卡栏的空白区域双击将会打开一个新的选项卡

Konsole 具有非常灵活的配置文件功能，可以通过 Settings → Manage Profiles 来访问，从而打开 Congfigure 对话框。选择 Profiles 选项卡，然后单击 New Profiles 以创建一个新配置文件，并以不同的方式配置它以探索这里的选项。确保在"配置文件"列表的"显示"列中放置一个勾选标记以启用新配置文件。单击 OK 按钮保存更改。现在打开 Settings → Switch Profile（切换配置文件），并单击你的新配置文件名称。

Konsole 的许多其他方面都可以进行探索。花一些额外的时间，让你的好奇心带你到一些有趣的地方。

我很喜欢 Konsole，因为它提供了多个终端会话的选项卡，同时保持了干净简洁的用户界面。但我对 KDE Plasma 桌面环境有些担忧，因为它似乎在不断扩展并且变得臃肿，而且通常会变得缓慢。我曾经在 KDE Plasma 桌面上遇到过性能和崩溃问题，但在 Konsole 上并没有任何性能问题。

一个 Konsole 实例使用 859MB 的虚拟内存。

14.3.6　Terminator

Terminator 是另一个功能强大的终端模拟器。尽管它基于 GNOME 终端，但其目标是为系统管理员提供一个工具，可以在每个选项卡中使用网格，并在多个终端同时进行操作。

实验 14-6　Terminator

以 student 用户身份打开一个 Terminator 实例。现在右击窗口以打开如图 14-12 所示的菜单。选择垂直拆分以将窗口分为两半，并在右半部分打开一个新终端。

你可能需要调整 Terminator 窗口的大小，以便在进行实验的同时使其更大一些。

在右侧终端会话中启动 top 程序。在左侧终端中打开 Terminator 的手册页。

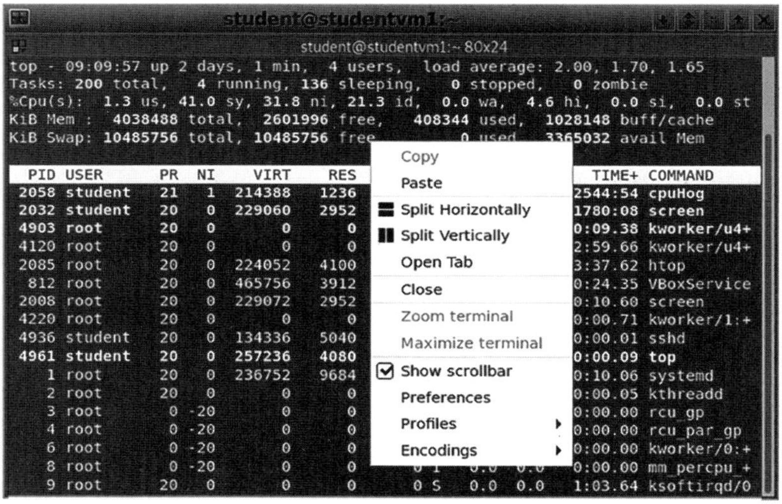

图 14-12　与 Terminator 功能的所有交互都通过弹出菜单完成

将右侧的终端水平分割。top 运行的终端应该是上面的那一个，新的终端应该在下面。在右下角的终端中运行像 ll 这样的简单程序，然后再将右下角的终端垂直分割。

调整终端会话的相对大小以更好地查看。终端会话由拖动栏分隔。将鼠标光标移动到左侧和右侧之间的垂直拖动栏上。然后将拖动栏拖向左侧，以便在右侧终端会话中获得更多空间。

注意　双箭头图标的使用方式与其他应用程序不同。当光标遇到垂直拖动栏时，将显示上 / 下双箭头图标。所有其他终端模拟器都使用右 / 左箭头来指示可能移动的方向。

你的 Terminator 实例应该类似于图 14-13。现在打开第二个选项卡，并将其拆分为至少三个终端会话。

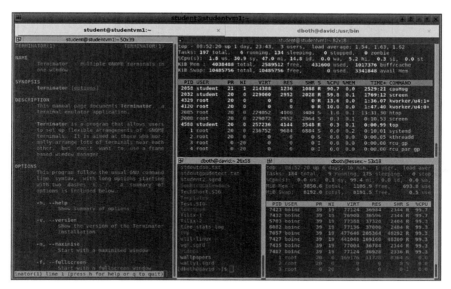

图 14-13　一个 Terminator 实例，有两个打开的标签页，可见标签页中有四个会话

终端会话可以使用拖放在窗口中重新排列。选择第一个标签页中的一个窗口的标题栏。将该终端会话拖到窗口中的另一个位置。移动终端会话以了解此功能的工作方式。终端会话无法拖动到桌面上以打开另一个 Terminator 窗口，它们只能拖到它们已经存在的窗口中的其他位置。

右击打开 Terminator 菜单，选择 Preferences。这里是你可以进行配置更改和创建新配置文件的地方。尝试使用绿色背景和略大字体创建一个新配置文件。使用自己选择的配色方案创建第三个配置文件。在不同的配置文件之间切换，每个打开的终端必须单独切换到新的方案。

花一些时间自行探索 Terminator，特别是各种首选项。

我发现当需要打开许多终端会话并且需要同时看到其中的几个时，Terminator 非常有用。但我有时会有许多小窗口，因此需要重新排列它们以便查看更重要的终端。

一个 Terminator 实例通常消耗 753MB 的虚拟 RAM。

总结

与 Linux 的几乎所有其他方面一样，对于终端模拟器，用户和系统管理员有很多选择。我尝试了很多种，但是本章中讨论的通常是我使用最多的，并且为我提供了最有效工作的工具。如果你已经有了喜爱的终端模拟器而我没有在这里包含它，我很抱歉，因为太多了，无法将它们全部包括在内。

我一直在重复使用这些终端模拟器，因为我喜欢它们，即使它们的功能不同。我也会不断寻找以前没有遇到过的其他终端模拟器，因为了解新事物总是好的，其中之一可能是我能够独家使用的终端模拟器。

我最喜欢的终端模拟器会随着时间而改变。我认为这是因为我确实喜欢尝试不同的东西，但也因为每个模拟器都有适合我在任何时间点进行的不同项目的功能。

你应该在实验之外花费一些时间使用每个终端模拟器。在本书的其他实验中使用不同的终端模拟器。这样，你就有机会更好地了解它们如何帮助用好命令行。如果这些终端模拟器不符合你的需求，请不要认为你必须使用它们。请务必尝试其他发现的终端模拟器，并使用你最喜欢的终端模拟器。你可能会发现，像我一样，你的最爱随着时间的推移而改变。

练习

完成以下练习来结束本章：

1）为什么会有那么多终端模拟器的选择？

2）添加一个 Tilix 配置文件，以使其符合你的需求和喜好，比默认设置更好。你可能想要更改颜色、字体和默认终端大小。

3）使用 DNF 和因特网查找本章未探讨的新终端模拟器。安装其中至少两个，并探索其功能。

4）在本章中探索的终端模拟器功能中，哪些对你目前最重要？

5）选择一个合适的终端模拟器，并在其中打开终端会话，以便同时启动和查看以下程序：top、iotop 和 sar，以实时查看网络统计信息。

6）你是否已经对某个终端模拟器有了偏好？如果有，是哪一个？为什么？

第 15 章 Chapter 15

高阶终端主题

目标

在本章中，你将学习以下内容：

❏ Bash 终端的高阶使用。

❏ 终端选项的用法。

❏ 内置命令和外部命令之间的区别。

❏ 命令失败时怎么办？

❏ 如何确定使用内置命令还是外部命令？

❏ 如何指定使用外部命令？

❏ 使用通配符来匹配要由命令操作的多个文件名。

❏ PATH 环境变量是如何影响可以使用哪些命令的？

❏ 供一个用户使用及与全体用户使用的脚本的放置位置。

❏ 命令行程序的使用。

❏ 基础流程控制在简单命令行程序中的使用。

❏ 使用 grep 高阶模式匹配来从数据流中提取行。

❏ 基于简单规则或复杂规则，如何使用 find 来定位文件？

在第 7 章，我们简要介绍了 Bash 终端的使用，并定义了一些术语，以确保对诸如终端模拟器、终端、命令行，以及其他一些易混淆的术语达成一致认识。在第 9 章，我们研究了一些基本的 Linux 命令以及一些简单的管道及重定向的使用。

在这一章，我们详细探讨 Bash 内置命令、环境以及其中所包含的变量。探索环境对执行终端命令的影响，我们还将从命令行编程起步，探索命令行程序的功能，然后转到一些高阶工具，如 grep 与 find。

15.1　Bash 终端

我们已经在使用 Bash 终端，至少现在看起来有点熟悉，因为我们对它的工作原理有所了解。任何一个终端都是命令行解释器。终端的功能是获取在命令行上输入的命令，将任意文件通配（即通配符 *、? 及集合）展开为完整的文件或目录名称，并将结果转换为命令供内核使用，然后将生成的命令传递给内核执行。终端随后将执行该命令时产生的所有结果输出至 STDOUT。

Bash 既是命令行解释器，又是编程语言。它可以用于创建大型且复杂的程序，这些程序会使用所有常见的编程语言结构，如流程控制、过程。Bash 终端类似于所有其他命令行程序，它可以通过命令行选项与参数来调用。它还有全面的手册页来描述这些内容以及其他方方面面，包括其内置命令。

15.2　终端选项

可以在启动 Bash 可执行文件时设置 Bash 终端选项。但作为用户，我们通常无法访问启动终端的命令。因此，Bash 的创建者为我们提供了 shopt（终端选项）命令，使我们能够在终端运行时查看及调整很多定义终端行为细节的选项。

shopt 命令允许用户访问 Bash set 命令可用选项的超集。我还没有发现有必要更改 shopt 命令可访问的任何选项，但我确实使用 set 命令将命令行编辑设置成 vi 模式。

不带选项使用 shopt 命令可以列出已经明确设置为启用或禁用状态的 Bash 选项的当前状态。该命令不会列出所有可用的选项。Bash 手册页有 set 及 shopt 的详细信息，包括它们可用于设置的所有选项。

实验 15-1　终端选项

以 student 用户进行此实验。我们将快速浏览一下终端选项，但不会改变其中任何一项。使用不带任何选项及参数的 shopt 命令，列出终端选项：

```
[student@studentvm1 ~]$ shopt
autocd              off
cdable_vars         off
cdspell             off
checkhash           off
checkjobs           off
checkwinsize        on
cmdhist             on
compat31            off
<snip>
nullglob            off
progcomp            on
promptvars          on
```

```
restricted_shell    off
shift_verbose       off
sourcepath          on
xpg_echo            off
```

我对前面的列表进行了裁剪。因此你实际看到的输出应该比这里显示的要多。正如我所讲的，我从来没有改变这些终端选项的需求。

15.3 终端变量

我们将在第 17 章深入探索环境及终端变量，但现在我们先快速浏览一下。

变量是一个已命名实体，表示在内存中包含值的位置。变量的值是不固定的，会因各种各样的数值或字符串操作而变化。Bash 终端变量是非类型化的，也就是说，它们可以作为数值或字符串来处理。

实验 15-2　终端变量

以 student 用户进行此实验。首先，我们打印终端中的 $HOSTNAME 变量的值，因为它已经存在。每当我们希望在脚本中或从 CLI 命令访问变量的值时，都需要使用 $ 符号来引用它。$ 符号向 Bash 终端表明后面的名称（不带空格）是一个变量名：

```
[student@studentvm1 ~]$ echo $HOSTNAME
studentvm1
```

现在我们来看另外一个变量——一个并不存在的变量，我们将其命名为 MYVAR：

```
[student@studentvm1 ~]$ echo $MYVAR

[student@studentvm1 ~]$
```

因为变量尚未存在，其值为 null，所以终端打印出一个空白行。我们给此变量赋一个值，并再次打印：

```
[student@studentvm1 ~]$ MYVAR="Hello World!"
[student@studentvm1 ~]$ echo $MYVAR
Hello World!
[student@studentvm1 ~]$
```

如你所见，在赋值时，我们直接使用变量名，并未附上前导 $ 符号。在这种情况下，Bash 终端能够根据上下文推断出，等号后面的名称是一个变量名。

提示　Bash 终端语法非常严格，有时需要空格，有时不允许有空格。在给变量赋值时，等号两侧均不能有空格。

我有时会使用"PATH"或"path"作为引用路径的一般概念，但当我使用 $PATH 时，

它始终表示变量或变量值。

15.4　命令

终端的目的是使人与计算机的交互变得简单高效。终端接受我们输入的命令，将其调整至内核可以理解，然后将它们传递给操作系统加以执行。终端提供了实现这种交互的工具。

命令可以分为两类：有些是作为终端程序组成部分的内置命令；有些是独立存在的有自己的可执行文件的外部命令，比如 GNU 及 Linux 核心工具集。其他外部命令是单独提供的工具，或是由各种 Linux 组件（如逻辑卷管理）提供的工具。

这个区分非常重要，因为调用时，终端内置命令优先于具有相同名称的外部命令。例如，有一个终端内置 echo 命令和一个外部 echo 命令，除非你将外部命令的路径指定为命令行的一部分，否则将使用 Bash 内置 echo 命令。如果两者的工作方式有所不同，那么这可能是一个问题。

现在我们详细了解一下，在命令输入后，Bash 终端是如何工作的：

1）键入命令并按 <Enter> 键。

2）Bash 解析命令，确认命令名前是否带有路径。如果有，则转到步骤 4。

3）Bash 检查命令是否为内置命令。如果是，则派生一个新的子进程来立即运行该命令。这种派生不仅需要时间，还需要 CPU、I/O 和 RAM 等系统资源。

4）如果将路径用作命令的一部分，则 Bash 将派生一个子进程并在其中执行相关命令，然后运行该命令。终端进程需要时间及系统资源，如 CPU、I/O 及 RAM。

5）如果未指定命令的路径，且这不是一个内置命令，则 Bash 将检索别名及终端函数（系统和用户创建的过程）的列表。如果找到其中一个，则派生一个终端子进程，并执行该函数或别名。同样，这一切都需要时间，尽管很少。

6）如果没有找到别名或函数，则 Bash 将根据环境变量 $PATH 中指定的目录列表进行搜索，来找到该命令。找到命令后，Bash 会派生一个新的子终端来执行该命令。这要耗费更多的时间。

7）如果命令在子终端中运行，则命令结束后，子终端终止，返回父终端。

15.4.1　PATH

$PATH 是终端的一个重要的环境变量。它定义了一个以冒号分隔的目录列表，系统及终端在其中查找可执行文件。当键入的为非内置命令时，终端会在 $PATH 中列出的每个目录中查找可执行文件。

可以针对当前终端、特定用户甚至是全部用户的所有终端实例来更改 $PATH 环境变量。通常这既不必要也不可取，因为默认的 $PATH 值考虑到了个人用户需要维护他们自己的主目录树上的可执行文件（如终端脚本），就像我们下面将看到的。

实验 15-3　探索 $PATH

以 student 用户进行此实验。我们从观察 $PATH 的默认值开始：

```
[student@studentvm1 ~]$ echo $PATH
/usr/local/bin:/usr/bin:/usr/local/sbin:/usr/sbin:/home/student/.local/bin:/
home/student/bin
```

看一下此 PATH 中的元素。第一个是 /usr/local/bin，这是一个专门定义的位置，用于存放本地创建的可执行文件，比如供系统管理员或是所有用户使用的终端脚本。/usr/local/etc 目录用于存放 /usr/local/bin 下可执行文件的配置文件。

第二个元素是 /usr/bin。适用于大部分用户可执行的二进制文件，供所有用户使用。第三个元素是 /usr/local/sbin，里面是一些标准但并非必要的系统二进制文件，供系统管理员使用。

最后两个目录说明符对应到用户目录树。也就是说，如果用户有一些私有的可执行文件，比如个人的终端脚本，这些文件通常存入～ /bin 中，内核会在那里搜索它们，因为它们在用户的 $PATH 中。

$PATH 节约了用户大量的输入操作，还记得如何启动 cpuHog 程序的吗？

```
./cpuHog
```

我们必须在命令前加 ./（点斜杠）的原因是终端可执行脚本 cpuHog 在 student 用户的主目录中，而 /home/student 不是 $PATH 的一部分。

试试以 student 用户的主目录为当前工作目录，而不再以某种方式指定搜索路径到主目录：

```
[student@studentvm1 ~]$ cpuHog
Bash: /home/student/bin/cpuHog: No such file or directory
```

我们收到一个错误信息，所以需要使用当前目录的相对路径来指定路径。点（.）号是当前目录的快捷表示。我们可以按如下方式发出命令：

- ❏ ./cpuHog
- ❏ ～ /cpuHog
- ❏ /home/cpuHog

终止当前正在运行的任何 cpuHog 实例。确保当前工作目录为 student 用户的主目录（～）。然后，我们试试后两种还没有使用过的方法。

方法 1 假设 cpuHog 脚本在当前工作目录中。方法 2 不对当前工作目录进行任何假设，并使用～（波浪号）指代用户的主目录。切换到其他目录，并使用方法 2 启动 cpuHog：

```
[student@studentvm1 ~]$ cd /tmp ; ~/cpuHog
```

按 <Ctrl+C> 键来终止 cpuHog 的这一实例。保持在 /tmp/ 目录下，并应用方法 3：

```
[student@studentvm1 tmp]$ /home/student/cpuHog
```

这一方法也是有效的，但它确实需要更多的按键操作。与简单地将 cpuHog 放入用户的私有可执行文件目录～/bin 相比，所有这些方法都需要额外的按键操作。不要忘了，那些懒惰的系统管理员会竭尽所能来少按一些键。

将当前工作目录切换到主目录，找一下～/bin。它并不存在，因此我们需要创建一个。我们只需要一个命令行程序就能做到这些，将 cpuHog 移入其中，并启动程序：

[student@studentvm1 ~]$ **cd ; mkdir ~/bin ; mv cpuHog ./bin ; cpuHog**

$PATH 的作用是存放可执行文件的预定义位置，以便无须键入它们的路径。

我们将在本章的后续部分，对命令行程序进行更多讨论。

15.4.2　内置命令

在 Linux 中，各终端本身集成有大量的内置命令，Bash 终端也不例外。帮助及信息页面给出了这些命令的清单，但要从其他信息中挖掘出哪些是内置命令可能有点难。

这些内置命令是终端本身的组成部分，并不存在于 Bash 终端之外。这也是为什么它们被定义为"内置"。

实验 15-4　内置命令

以 student 用户进行此实验。help 命令是列出内置的 Bash 命令的最简单方法：

```
[student@studentvm1 ~]$ help
GNU bash, version 5.2.15(1)-release (x86_64-redhat-linux-gnu)
These shell commands are defined internally.  Type `help' to see this list.
Type `help name' to find out more about the function `name'.
Use `info bash' to find out more about the shell in general.
Use `man -k' or `info' to find out more about commands not in this list.

A star (*) next to a name means that the command is disabled.

 job_spec [&]                            history [-c] [-d offset] [n] or history -a>
 (( expression ))                        if COMMANDS; then COMMANDS; [ elif COMMAND>
 . filename [arguments]                  jobs [-lnprs] [jobspec ...] or jobs -x com>
 :                                       kill [-s sigspec | -n signum | -sigspec] p>
 [ arg... ]                              let arg [arg ...]
 [[ expression ]]                        local [option] name[=value] ...
 alias [-p] [name[=value] ... ]          logout [n]
 bg [job_spec ...]                       mapfile [-d delim] [-n count] [-O origin] >
 bind [-lpsvPSVX] [-m keymap] [-f filename] >  popd [-n] [+N | -N]
 break [n]                               printf [-v var] format [arguments]
 builtin [shell-builtin [arg ...]]       pushd [-n] [+N | -N | dir]
 caller [expr]                           pwd [-LP]
 case WORD in [PATTERN [| PATTERN]...) COMMA>  read [-ers] [-a array] [-d delim] [-i text>
 cd [-L|[-P [-e]] [-@]] [dir]            readarray [-d delim] [-n count] [-O origin>
 command [-pVv] command [arg ...]        readonly [-aAf] [name[=value] ...] or read>
 compgen [-abcdefgjksuv] [-o option] [-A act>  return [n]
 complete [-abcdefgjksuv] [-pr] [-DEI] [-o o>  select NAME [in WORDS ... ;] do COMMANDS; >
```

```
compopt [-o|+o option] [-DEI] [name ...]      set [-abefhkmnptuvxBCEHPT] [-o option-name>
continue [n]                                  shift [n]
coproc [NAME] command [redirections]          shopt [-pqsu] [-o] [optname ...]
declare [-aAfFgiIlnrtux] [name[=value] ...]>   source filename [arguments]
dirs [-clpv] [+N] [-N]                         suspend [-f]
<SNIP>
```

注意 help 输出的每一列中，某些行尾的大于号（>）表示该行由于终端中空间不足而被截断。

有关每条命令的详细信息，请参考 Bash 的手册页，或是键入 help 及内置命令的名称查看。比如：

```
[student@studentvm1 ~]$ help echo
echo: echo [-neE] [arg ...]
    Write arguments to the standard output.

    Display the ARGs, separated by a single space character and followed by a
    newline, on the standard output.
<snip>
```

手册页仅提供了外部命令的信息，内置命令的信息只能在 Bash 自己的帮助及信息页面中找到：

```
[student@studentvm1 ~]$ man bash
```

要查看内置命令，搜索 /^SHELL BUILTIN。是的，全部为大写：

正斜杠（/）开启搜索，插入符（^）是一个锚点字符，表示只有当此字符串在行首时，搜索才能找到它。这个字符串出现于很多地方，但这些都是指它在行首开启部分的单个位置，例如"see SHELL BUILTIN COMMANDS below"。

每个内置命令都列在"SHELL BUILTIN COMMANDS"一节，包括相应语法及可能的选项及参数。许多 Bash 内置命令，如 for、continue、break、declare、getopts 等，都需要在脚本或命令行程序中使用，而非命令行上的独立命令。我们将在本章后续部分讨论其中一部分。可以在 Bash 的手册页中滚动翻阅 SHELL BUILTIN COMMANDS 章节。

我们在这些命令中选取三个，使用 type 工具来识别：

```
[student@studentvm1 ~]$ type echo getopts egrep
echo is a shell builtin
getopts is a shell builtin
egrep is aliased to `egrep --color=auto'
```

type 命令使得我们能够轻松识别哪些命令是终端内置命令。像很多 Linux 命令一样，它能接受参数序列。

15.4.3　外部命令

外部命令是那些以可执行文件形式存在并且不是终端组成部分的命令，这些可执行文件存放在诸如 /bin、/usr/bin、/sbin 等位置。

实验 15-5　外部命令

首先，将 /bin 设为当前工作目录，并对那里的文件进行长列表显示：

```
[student@studentvm1 bin]$ ll | less
```

滚动阅览该列表，并查找一些熟悉的命令。在这些外部命令中，你会发现 echo 和 getopts 赫然在列。为什么 type 命令未向我们展示这一点？若是我们使用 -a 选项，则 type 命令会定位到任何形态的命令，甚至是别名：

```
[student@studentvm1 bin]$ type -a echo getopts egrep
echo is a shell builtin
echo is /usr/bin/echo
getopts is a shell builtin
getopts is /usr/bin/getopts
egrep is aliased to `egrep --color=auto'
egrep is /usr/bin/egrep
[student@studentvm1 bin]$
```

type 命令在搜索可执行文件时，按与终端搜索命令相同的顺序进行。如果不使用 -a 选项，type 命令找到第一个实例即停下，因而将只显示命令执行时将会实际运行的可执行文件。-a 选项告诉 type 显示所有实例。

我们的终端脚本 cpuHog 会怎么样呢？关于它，type 命令会告诉我们些什么？试一试，并找出答案。

15.4.4　强制使用外部命令

正如我们所看到的，一些命令可能同时具有内置版本和外部版本。当这种情况出现时，尽管有着相同的名称，一个命令也可能与另外一个在工作方式上略有不同。我们应该意识到这种可能性，以便使用恰当的命令获得所需的结果。

如需确保使用外部命令，而不是同名的内置命令，只需要在命令之前加上相应的路径，如 /usr/bin/echo。理解 Bash 终端如何搜索可执行命令，在这里将会发挥作用。

15.5　命令行程序

我们已经使用了一些非常简单的命令行程序。命令行程序的最简单形式，即在命令行上按顺序将几个命令串接在一起。这些命令使用分号隔开，分号定义了命令的结束。

你可以像构建命令行程序管道那样构建复合命令。要在一行上创建一系列简单的命令，只需要使用分号分隔每个命令，如下所示：

命令 1；命令 2；命令 3；命令 4；……

最后的分号并非必需，因为按下 <Enter> 键意味着最后一个命令的结束。添加最后这个分号，只是为了保持一致性。这一系列命令可以像我们在实验 15-3 结束前做的那样，创建一个新的目录，并将 cpuHog 移动到新目录，然后执行 cpuHog。在这种情况下，后续命令的功能取决于前置命令的正确结果：

cd ; mkdir ~/bin ; mv cpuHog ./bin ; cpuHog

只要没有发生错误，这些命令都将正确无误地运行。但如果出现一个错误会怎么样呢？我们可以使用 Bash 内置控制操作符 && 及 || 来预测和处理错误。这两个控制操作符为我们提供了一些流程控制，并使我们能够改变代码的执行顺序。同换行符一样，分号也可以看作一个 Bash 控制操作符。

&& 操作符表示：如果命令 1 执行成功，则执行命令 2；如果命令 1 由于某种原因执行失败，则命令 2 将被跳过。该语法如下所示：

命令 1 && 命令 2

这种方式之所以可行，是因为每个命令都会向终端发送一个返回码（Return Code，RC），表明是否成功执行完，或在执行期间是否存在某种类型的错误。按惯例，返回码为零（0）表示成功，而任何正数都表示某种类型的失败。有些我们作为系统管理所用的工具仅返回 1 表示失败，不过也有许多工具返回其他码进一步表明所发生的故障属于哪种类型。

Bash 终端有一个变量 $？，脚本、命令序列中的下一命令，甚至是系统管理员都可以非常方便地对其进行检查。

实验 15-6　命令行程序

首先，查看返回码。我们可以运行一个简单的命令，然后立即检查其返回码。返回码总是对应到我们本次查看 $？之前的最后一条命令：

```
[student@studentvm1 ~]$ ll ; echo "RC = $?"
total 284
-rw-rw-r-- 1 student student   130 Sep 15 16:21 ascii-program.sh
drwxrwxr-x 2 student student  4096 Nov 10 11:09 bin
drwxr-xr-x. 2 student student  4096 Aug 18 17:10 Desktop
-rw-rw-r--. 1 student student  1836 Sep  6 09:08 diskusage.txt
-rw-rw-r--. 1 student student 44297 Sep  6 10:52 dmesg1.txt
<snip>
drwxrwxr-x. 2 student student  4096 Sep  6 14:48 testdir7
drwxr-xr-x. 2 student student  4096 Aug 18 10:21 Videos
RC = 0
[student@studentvm1 ~]$
```

返回码为 0 意味着该命令已经成功执行完毕。现在对我们没有权限的目录尝试使用相同的命令：

```
[student@studentvm1 ~]$ ll /root ; echo "RC = $?"
ls: cannot open directory '/root': Permission denied
RC = 2
[student@studentvm1 ~]$
```

你在哪里可以找到此返回码的含义？没错，我是说让你找到它。

试一下 **&&** 控制操作符，因为它可能在命令行程序中被使用。我们从一些简单的东西开始。我们的目标是新建一个目录，并在里面新建一个文件。我们希望在目录创建成功后才创建文件。

我们可以使用前一章创建的～ /testdir 来进行此实验。使用以下命令在～ /testdir 中新建一个目录，该目录现在应该是一个空目录。-p 选项意味着创建必要的父目录，因此该命令还将创建～ /testdir（如果它不存在）。在创建新目录之前，你可以运行 **tree-d** 命令来查看当前目录结构：

```
[student@studentvm1 ~]$ tree
.
├── cpuHog
├── Desktop
├── diskusage.txt
├── dmesg1.txt
├── dmesg2.txt
├── dmesg3.txt
├── dmesg4.txt
├── Documents
├── Downloads
├── Music
├── mypipe
├── newfile.txt
├── Pictures
├── Public
├── Templates
├── testdir
├── testdir1
│   └── testdir2
│       └── testdir3
│           └── testdir4
│               └── testdir5
├── testdir6
├── testdir7
├── Videos
└── zoom_x86_64.rpm
17 directories, 9 files

[student@studentvm1 ~]$ mkdir -p ~/testdir/testdir8 && touch ~/testdir/
testdir8/testfile1
[student@studentvm1 ~]$ tree
.
├── cpuHog
```

```
<SNIP>
├── Templates
├── testdir
│   └── testdir8
│       └── testfile1
├── testdir1
│   └── testdir2
│       └── testdir3
│           └── testdir4
│               └── testdir5
├── testdir6
├── testdir7
├── Videos
└── zoom_x86_64.rpm

18 directories, 10 files
[student@studentvm1 ~]$
```

因为 testdir 目录是可读写的，所以所有的工作都符合预期，现在改变 testdir 的权限，使得 student 用户不再具有对它的访问权限。我们将在第 18 章探讨所有权与权限：

```
[student@studentvm1 ~]$ chmod 076 testdir ; ll | grep testdir ; tree
d---rwxrw-  2 student student     4096 Jan 27 08:05 testdir
drwxr-xr-x. 3 student student     4096 Jan 21 16:36 testdir1
drwxr-xr-x. 2 student student     4096 Jan 21 16:36 testdir6
drwxr-xr-x. 2 student student     4096 Jan 21 16:36 testdir7

.
├── cpuHog
<SNIP>
├── Templates
├── testdir  [error opening dir]
├── testdir1
│   └── testdir2
│       └── testdir3
│           └── testdir4
<SNIP>
├── Videos
└── zoom_x86_64.rpm

17 directories, 9 files
[student@studentvm1 ~]$
```

在长列表（ll）之后使用 grep 命令，向我们展示了名称中带有 testdir 的所有目录列表。你能看到，student 用户不再拥有对 testdir 目录的访问权限。现在我们运行与之前几乎完全一样的命令，区别仅是在 testdir 中新建的目录名称有细微不同。

```
[student@studentvm1 ~]$ mkdir ~/testdir/testdir9 && touch ~/testdir/testdir9/
testfile1
mkdir: cannot create directory '/home/student/testdir/testdir9':
Permission denied
[student@studentvm1 ~]$
```

因为在创建 testdir9 时出现了一个错误，所以使用控制操作符 && 会阻止 touch 命令的执行。这种类型的命令行程序流程控制可以避免因复合命令的错误而使得事情变得一团糟。不过让我们再来点更加复杂的。

控制操作符 || 允许我们添加另一个程序语句，当初始语句返回一个大于零的值时执行。基本语法如下：

命令 1 || 命令 2

这个语法表示：如果命令 1 失败，则执行命令 2。这意味着，如果命令 1 成功，则跳过命令 2。我们在新建目录时尝试一下：

```
[student@testvm1 ~]$ mkdir ~/testdir/testdir9 || echo "testdir9 was not created."
mkdir: cannot create directory '/home/student/testdir/testdir9':
Permission denied
testdir9 was not created.
[student@testvm1 ~]$
```

这个结果正是我们所期望的。因为新目录无法创建，第一个命令失败，导致执行第二个命令。

将这两个操作符结合起来，我们可以兼得两者的优点：

```
[student@studentvm1 ~]$ mkdir ~/testdir/testdir9 && touch ~/testdir/testdir9/
testfile1 || echo "."
mkdir: cannot create directory '/home/student/testdir/testdir9':
Permission denied

[student@studentvm1 ~]$
```

现在将～ /testdir 的权限重置为 775，再试一下最后那条命令。

在同时使用 && 与 || 控制操作符时，我们所使用的流程控制的命令行程序语法采用如下所示的通用形式：

前置命令；命令 1 && 命令 2 || 命令 3；后续命令

这一语法可以这样表述：当命令 1 以返回值 0 结束时，执行命令 2；否则，执行命令 3。使用控制操作符的命令行程序，其前面或后面可以有其他命令，这些命令可以与流程控制部分的命令有关，但不受流程控制的影响。不管流程控制命令行程序内部发生了什么，所有前置命令和后续命令都会执行。

15.6　节约时间的工具

还有一些额外的工具供系统管理员及非特权用户使用，在我们执行各种任务时，这些工具为我们提供了极大的灵活性。文件通配符与集合的使用，使得我们能够匹配文件名及数据流中的字符串，以便对它们执行进一步的转换或操作。大括号扩展使我们能够将具有共性的字符串扩展为多个不同的字符串。我们已经见到了好几个 Bash 中的元字符，它们提供了能极大增强终端功能的编程功能。

15.6.1 大括号扩展

我们从大括号扩展开始，因为我们将使用这个工具创建大量文件，用于使用特殊模式字符进行实验。大括号扩展可以用于生成任意字符串的列表，并将他们插入封闭的静态字符串中的特定位置或静态字符串的两端。这或许很难直观想象，所以让我们动手吧。

实验 15-7　大括号扩展

首先，我们看看基本的大括号扩展的作用：

```
[student@studentvm1 ~]$ echo {string1,string2,string3}
string1 string2 string3
```

嗯，这也不是特别有用，对吧？但是，看看当我们以稍微不一样的方式来使用它时会发生什么：

```
[student@studentvm1 ~]$ echo "Hello "{David,Jen,Rikki,Jason}.
Hello David. Hello Jen. Hello Rikki. Hello Jason.
```

这看起来像是一些我们能够使用的东西了，因为它可以为我们节省大量的输入。现在试一下这个：

```
[student@studentvm1 ~]$ echo b{ed,olt,ar}s
beds bolts bars
```

下面看看我们怎么生成用于测试的文件名称的：

```
[student@studentvm1 ~]$ echo testfile{0,1,2,3,4,5,6,7,8,9}.txt
testfile0.txt testfile1.txt testfile2.txt testfile3.txt testfile4.txt
testfile5.txt testfile6.txt testfile7.txt testfile8.txt testfile9.txt
```

以下是创建连续编号文件的更好方法：

```
[student@studentvm1 ~]$ echo test{0..9}.file
test0.file test1.file test2.file test3.file test4.file test5.file test6.file
test7.file test8.file test9.file
```

语法 {x..y}，其中 x 及 y 为整数，展开为从 x 到 y 的所有整数，包括 x 及 y。下面的例子更能说明这一点：

```
[student@studentvm1 ~]$ echo test{20..54}.file
test20.file test21.file test22.file test23.file test24.file test25.file
test26.file test27.file test28.file test29.file test30.file test31.file
test32.file test33.file test34.file test35.file test36.file test37.file
test38.file test39.file test40.file test41.file test42.file test43.file
test44.file test45.file test46.file test47.file test48.file test49.file
test50.file test51.file test52.file test53.file test54.file
```

现在试试这个：

```
[student@studentvm1 ~]$ echo test{0..9}.file{1..4}
```

还有这个：

```
[student@studentvm1 ~]$ echo test{0..20}{a..f}.file
```

以及这个，在前面加上了前导零以保持数位的长度，从而保持文件名的长度相等。这样便于搜索及排序：

```
[student@studentvm1 ~]$ echo test{000..200}{a..f}.file
```

到目前为止，我们所做的只是创建长长的字符串列表。在我们做点或多或少有实际作用的事情之前，我们先移步到一个可以一展拳脚的目录，创建并处理文件进行实验。如果你还没有这样做，则将目录～ /testdir7 设为当前工作目录。确认该目录中没有其他文件，如有，则全部删除。

现在我们稍稍改变一下格式，然后使用结果作为文件名真实地创建文件：

```
[student@studentvm1 testdir7]$ touch {my,your,our}.test.file.{000..200}
{a..f}.{txt,asc,file,text}
```

过程很快。我想知道究竟有多快，所以我们删除刚刚创建的文件，并使用 time 命令来度量它需要耗费多长时间：

```
[student@studentvm1 testdir7]$ rm ~/testdir7/* ; time touch {my,your,our}.
test.file.{000..200}{a..f}.{txt,asc,file,text}

real    0m0.385s
user    0m0.056s
sys     0m0.321s
[student@studentvm1 testdir7]$
```

创建 14,472 个空白文件，实际用时 0.385s。使用 wc 命令进行验证。如果你得到的结果是 14,473，这是为什么？你能找到一个简单的方法来得出正确的结果吗？

你将在后续的实验中使用这些文件，请勿删除它们。

15.6.2　特殊模式字符

尽管大多数系统管理员谈论文件通配符，我们实际指的是特殊模式字符，在我们执行各种操作时能够非常灵活地匹配文件名及其他字符串。这些特殊的模式字符允许在字符串中匹配单个、多个或特定字符。

❏ ? 在字符串的指定位置匹配且仅匹配一个任意字符。

❏ * 在字符串的特定位置匹配零个或多个任意字符。

很有可能你以前用过这些字符。让我们尝试一些可以有效利用这些字符的方法。

实验 15-8　特殊模式字符

你可能已经使用文件通配符来回答我在实验 15-7 中提出的问题了：

```
[student@studentvm1 testdir7]$ ls *test* | wc
    14472    14472   340092
[student@studentvm1 testdir7]$
```

为了实现这个结果，我们要理解所创建文件名的结构。它们都包含字符串"test"，所以我们可以利用这一点。命令使用了终端的内置文件通配符，来匹配文件名中任意位置包含字符串"test"的所有文件，并且在该特定字符串之前和之后可以有任意数量的任意字符。我们来看一下不统计行数时的输出是什么样子的：

```
[student@studentvm1 testdir7]$ ls *test*
```

我确信，你不希望在你的主目录中有任何以"my"开头的文件。首先看一下有多少个以"my"开头的文件。然后全部删除，并确认没有遗漏：

```
[student@studentvm1 testdir7]$ ls my* | wc ; rm -v my* ; ls my*
```

rm 命令的 -v 选项在删除每一个文件时，都会将其列出。这些信息可以被重定向到日志文件，以保存所做操作的记录。文件通配允许 ls 命令列出以"my"开头的每一个文件，并对它们执行操作。

找出所有以"our"开头，并以扩展名 txt 结尾的文件：

```
[student@studentvm1 testdir7]$ ls our*txt | wc
```

找出文件名中嵌入 3 位数字且十位为 6，以 asc 结尾的文件：

```
[student@studentvm1 testdir7]$ ls *e.?6?*.asc
```

我们必须做一些额外的工作来确保我们小心地指定了"6"的位置，以避免列出三位数字中百位或个位出现了"6"但是十位不是"6"的那些文件。我们知道这些文件没有一个的名称在百位上包含"6"，不过这能让我们的文件通配更加通用一点，以便能在两种情况下都有效。

我们不关心文件名是以 our 还是 your 开头，但我们使用"file."最后的"e."（带点）来锚定接下来的三个字符。在"e."之后，所有的文件名都有三位数字。我们不关心第一位及第三位数字，只关心第二位。所以我们用"?"来明确定义我们在"6"的前面与后面有且只有一个字符。我们接下来使用"*"来表示我们不关心在那后面有多少或有什么字符。不过我们确实想要列出以"asc"结尾的文件。

我们希望向某些文件中添加一些内容。我们现在所拥有的文件模式规范几乎就是我们想要的。让我们向那些三位数中间一位为"6"并且在数字之后跟有一个"a"（比如×6×a）的文件中添加一些内容。我们想要匹配此模式的所有文件，不论后面的扩展名是 asc、txt、text 还是 file。

首先，确保我们的模式能够正常工作：

```
[student@studentvm1 testdir7]$ ls *e.?6?a.*
our.test.file.060a.asc    our.test.file.163a.text    your.test.file.067a.asc
```

```
our.test.file.060a.file   our.test.file.163a.txt    your.test.file.067a.file
our.test.file.060a.text   our.test.file.164a.asc    your.test.file.067a.text
our.test.file.060a.txt    our.test.file.164a.file   your.test.file.067a.txt
our.test.file.061a.asc    our.test.file.164a.text   your.test.file.068a.asc
our.test.file.061a.file   our.test.file.164a.txt    your.test.file.068a.file
our.test.file.061a.text   our.test.file.165a.asc    your.test.file.068a.text
<snip>
our.test.file.162a.file   your.test.file.065a.txt   your.test.file.169a.file
our.test.file.162a.text   your.test.file.066a.asc   your.test.file.169a.text
our.test.file.162a.txt    your.test.file.066a.file  your.test.file.169a.txt
our.test.file.163a.asc    your.test.file.066a.text
our.test.file.163a.file   your.test.file.066a.txt
```

似乎这就是我们所想要的。完整列表包含 160 个文件。我们想要在这些文件中随意存入一些数据，所以我们需要安装一个生成随机密码的小程序 pwgen。通常这个工具用于生成合适的密码，不过我们也可以轻松地将这些随机数据用于其他地方。它可能已经安装，但让我们确认一下：

```
[root@studentvm1 ~]# dnf -y install pwgen
```

测试一下 pwgen 工具，下面的 CLI 命令将生成每行 80 位，共计 50 行的随机字符：

```
[root@studentvm1 ~]# pwgen 80 50
```

现在，我们将构建一个简短的命令行程序，将一些随机数据存入与模式相匹配的每一个现有文件中：

```
[student@studentvm1 testdir7]$ for File in `ls *e.?6?a.*` ; do pwgen 80 50 >
$File ; done
```

要验证这些文件是否包含一些数据，我们可以检查文件大小：

```
[student@studentvm1 testdir7]$ ll *e.?6?a.*
```

使用 cat 来查看一小部分文件的内容。

文件通配使用特殊模式字符从列表中选择文件，这是一个功能强大的工具。然而，这些特殊模式还有一个扩展，这个扩展给了我们更多的灵活性，让我们在处理复杂模式时可以更加容易，这个工具便是集合。

15.6.3 集合

集合是一种特殊模式字符。它提供了一种方法来指定在字符串的一个特定位置包含方括号 [] 内列表的任一字符。集合可以单独使用，也可以与其他特殊模式字符结合使用。

一个集合可以由一个或多个字符组成，这些字符将与待匹配字符串上指定的单个位置上的字符相比较。下面的列表显示了一些典型的集合示例及其匹配的字符串字符：

[0-9]：数字字符

　　[a-z]：小写字母

　　[A-Z]：大写字母

　　[a-zA-Z]：大写或小写字母

　　[abc]：三个小写字母，a、b 及 c

　　[!a-z]：除小写字母以外的字符

　　[!5-7]：除数字 5、6 及 7 以外的字符

　　[a-gxz]：小写字母 a 到 g，以及 x，z

　　[A-F0-9]：大写字母 A 到 F，及数字 0 ～ 9

　　再一次，我们直接进入实验，这将更加容易解释。

实验 15-9　集合

　　以 student 用户进行本实验。当前工作目录应当还是 ~/testdir7。首先，查找文件名包含三位数字且中间一位为 6 的文件：

`[student@studentvm1 testdir7]$ ` **`ls *[0-9]6[0-9]*`**

　　我们知道最左侧的数字必定为 0 或 1，所以我们可以使用下面这个替代模式。可以通过计数两种情况下返回的文件名的数量来验证这一点：

`[student@studentvm1 testdir7]$ ` **`ls *[01]6[0-9]*`**

　　现在，我们来查找一下只在中间位包含"6"，而其他两个数字位均不为"6"的文件名：

`[student@studentvm1 testdir7]$ ` **`ls *[!6]6[!6]*`**

　　查找与我们当前所拥有的模式匹配，但同时以 t 结尾的文件：

`[student@studentvm1 testdir7]$ ` **`ls *[!6]6[!6]*t`**

　　现在查找与前一个模式匹配的所有文件，不过在数字后面还要跟一个"a"或是"e"：

`[student@studentvm1 testdir7]$ ` **`ls *[!6]6[!6][ae]*t`**

　　上面是关于集合用法的几个示例。继续进行相关实验，以进一步强化相关理解。

　　集合为模式匹配提供了强大的扩展，为我们在搜索文件时提供了更多的灵活性。然而，需要谨记的是，这些工具的主要作用可不仅仅是让我们"找到"这些文件，以便我们能看一下它们的名称。其意义在于定位那些与模式相匹配的文件，以便我们对其执行一定的操作，如删除、移动、向其中添加文本、在内容中检索特定字符串等。

15.6.4　元字符

　　元字符是对终端有特殊含义的字符。Bash 终端定义了大量这样的元字符，其中许多我们在前面的探索中已经遇到过：

　　$　　　　　　　终端变量

~　　　　　主目录变量

&　　　　　后台运行命令

;　　　　　命令终止符 / 分隔符

>、>>、< I/O 重定向

|　　　　　命令管道

'、"、\　　元引用符

$()　　　　命令代换——首选的 POSIX 标准方法

`...`　　　命令代换

()、{}　　命令分组

&&、||　　终端控制操作符，条件化命令执行

随着进一步深入本书，我们将更加详细地探索我们已知的元字符，并学习那些我们尚未知晓的元字符。

15.7　使用 grep

正如我们所见到的那样，文件通配模式非常强大。我们已经可以高效地对大量文件执行诸多任务。然而，正如其名，文件通配符用于文件名，所以并不会作用于相关文件的内容。因而其能力多少会受到一些制约。

grep 工具可以用来提取基于模式匹配出来的所有行，并将它们打印到 STDOUT。这些模式可以是简单的文本模式，也可以是复杂的正则表达式（regex）。grep 工具由 Ken Thompson 所写，第一版诞生于 1974 年，在 GNU 项目⊖中提供，并默认安装于我使用过的每一个 Linux 发行版中。

grep 无法识别通配符，grep 命令的默认搜索模式是"＊模式＊"。在搜索的模式前后都各有一个隐含的通配符。因此，你可以假定所指定的模式不管出现在所扫描行的什么位置，都能够被找到。可能是开头、中间任意位置，或者是结尾。因而也就不需要显式声明在我们搜索的字符串前后有字符。

实验 15-10　使用 grep

以 root 身份来进行本实验。尽管非特权用户也可以访问我们将要搜索的一些数据，但只有 root 可以访问全部内容。

我所需要使用 grep 工具完成的最常见任务就是扫描日志文件，以查找与特定事物相关的信息。比如，我可能需要确定有关操作系统是如何发现以 BIOS 名称⊖ethX 开头的

⊖　GNU 项目，www.gnu.org。

⊖　大部分现代 Linux 发行版会将网卡的名称从旧的 BIOS 命名 ethX 重命名为类似 enp0s3 这样的名称。这部分内容我们将在下册的第 17 ～ 19 章介绍。

NIC 信息。主机中所安装的 NIC 信息可以通过 dmesg 命令和 /var/log 目录下的消息日志文件找到。

我们从查看 dmesg 的输出开始。首先，将输出通过管道传给 less，并使用 less 内置的搜索工具：

```
[root@studentvm1 ~]# dmesg | less
```

你可以浏览由 less 生成的屏幕，并通过目视检查来定位字符串 "eth"，或是使用搜索功能。通过键入斜杠（/）符号和要搜索的字符串启动搜索功能：/eth。搜索到的字符串将高亮显示，你可以按 <n> 键查找字符串的下一处出现，或是按 <b> 键往回查找字符串的上一处出现。

即便使用很好的搜索工具，搜索数据页也比目测容易，但没有比使用 grep 更容易。-i 选项告诉 grep，忽略字符串 "eth" 中字母的大小写并予以显示。字符串 eth、ETH、Eth、eTh 等都会被找到，这些字符串在 Linux 中都是不同的：

```
[root@studentvm1 ~]# dmesg | grep -i eth
[    1.861192] e1000 0000:00:03.0 eth0: (PCI:33MHz:32-bit) 08:00:27:a9:e6:b4
[    1.861199] e1000 0000:00:03.0 eth0: Intel(R) PRO/1000 Network Connection
[    2.202563] e1000 0000:00:08.0 eth1: (PCI:33MHz:32-bit) 08:00:27:50:58:d4
[    2.202568] e1000 0000:00:08.0 eth1: Intel(R) PRO/1000 Network Connection
[    2.205334] e1000 0000:00:03.0 enp0s3: renamed from eth0
[    2.209591] e1000 0000:00:08.0 enp0s8: renamed from eth1
[root@studentvm1 ~]#
```

这些结果显示了有关 BIOS 名称、所在的 PCI 总线、MAC 地址及 Linux 赋予它们的新名称等相关数据。现在查找以新的 NIC 名称 "enp" 开头的字符串实例。你找到了吗？

提示 方括号中的数字 [2.205334] 是时间戳，表示该日志记录生成时，内核接管计算机后所经过的时间（单位为 s）。

在第一个使用示例中，grep 使用 STDIN 接收传入数据流，然后将输出发送至 STDOUT。grep 工具还可以将一个文件用作源数据流。我们可以在下一示例中看到，我将在消息日志文件中获取与有关 NIC 的信息：

```
[root@studentvm1 ~]$ cd /var/log ; grep -i eth messages*
<snip>
messages-20181111:Nov  6 09:27:36 studentvm1 dbus-daemon[830]: [system]
Rejected send message, 2 matched rules; type="method_call", sender=":1.89"
(uid=1000 pid=1738 comm="/usr/bin/pulseaudio --daemonize=no ")
interface="org.freedesktop.DBus.ObjectManager" member="GetManagedObjects"
error name="(unset)" requested_reply="0" destination="org.bluez" (bus)
messages-20181111:Nov  6 09:27:36 studentvm1 pulseaudio[1738]: E:
[pulseaudio] bluez5-util.c: GetManagedObjects() failed: org.freedesktop.
DBus.Error.AccessDenied: Rejected send message, 2 matched rules;
type="method_call", sender=":1.89" (uid=1000 pid=1738 comm="/usr/bin/
```

```
pulseaudio --daemonize=no ") interface="org.freedesktop.DBus.ObjectManager"
member="GetManagedObjects" error name="(unset)" requested_reply="0"
destination="org.bluez" (bus)
messages-20181118:Nov 16 07:41:00 studentvm1 kernel: e1000 0000:00:03.0 eth0:
(PCI:33MHz:32-bit) 08:00:27:a9:e6:b4
messages-20181118:Nov 16 07:41:00 studentvm1 kernel: e1000 0000:00:03.0 eth0:
Intel(R) PRO/1000 Network Connection
messages-20181118:Nov 16 07:41:00 studentvm1 kernel: e1000 0000:00:08.0 eth1:
(PCI:33MHz:32-bit) 08:00:27:50:58:d4
messages-20181118:Nov 16 07:41:00 studentvm1 kernel: e1000 0000:00:08.0 eth1:
Intel(R) PRO/1000 Network Connection
<SNIP>
```

在输出数据流中，每一行的第一部分是找到匹配行的文件的名称。如果你对当前消息文件（文件名不含日期）进行了一些探索，你或许会也或许不会找到任何与你搜索的模式相匹配的行。我未使用我的虚拟机，于是就使用文件通配符创建一个模式"messages*"，以搜索全部以messages开头的文件。此文件通配符的匹配由终端完成，而不是由grep工具完成。

在这第一次尝试中，你还将注意到，我们找到的比我们想找的要多。有些行中有"eth"字符串，是作为单词"method"的一部分发现的。因此，让我们更加明确一点，使用集合作为搜索模式的一部分：

[root@studentvm1 log]# grep -i eth[0-9] messages*

这个效果要更好，但我们也想得到NIC被命名后与我们的NIC相关的行。现在，我们已经知道了NIC从旧名称所改成的新名称，我们也可以搜索这些名称。于我们而言幸运的是，grep提供了一些有意思的选项，如使用 -e 来指定多个搜索表达式。每一个搜索表达式必须使用一个单独的 -e 选项来指定：

提示　每个表达式都是相加的，即通过 eth[0-9] 表达式找到所有包含该短语的消息，通过 enp0 表达式找到所有包含该短语的消息。因此，包含其中一个或两个表达式的行都会显示出来。因此，下一个命令将产生一个长数据流。

[root@studentvm1 log]# grep -i -e eth[0-9] -e enp0 messages*

这确实有效，然而还有一个扩展允许我们使用扩展的正则表达式[⊖]进行搜索。到目前为止，我们所使用的 grep 模式是基本正则表达式。要变得更加复杂，我们可以使用扩展正则表达式，为此，我们可以使用 egrep：

[root@studentvm1 log]# egrep "eth[0-9] | enp0" messages*

你可能希望使用 wc 命令来验证最后两个命令生成的结果行是否相同。

⊖　下册第 6 章详细探讨了正则表达式的主题。

> 注意扩展的正则表达式需要使用双引号括起来。
>
> 　　现在将 /etc 设为当前工作目录。有时我需要先列出 /etc 目录下的全部配置文件。这些文件名通常以 .conf、.cnf 扩展名，或者是 rc 结尾。为此，我们需要一个锚点来指定要搜索的字符串位于被搜索字符串的末尾，我们使用美元符号（$）来表示。下面命令中的搜索语句查找含所列字尾的所有配置文件。ll 或 ls 命令的 -R 选项使得该命令会递归执行到所有的子目录中：
>
> ```
> [root@studentvm1 etc]# ls -aR | grep -E "conf$|cnf$|rc$"
> ```
>
> 　　使用单词计数显示选中的文件数量，然后使用等效的 egrep 命令，查看它是否选择了相同数量的文件。
>
> 　　我们还可以使用插入符号（^）来锚定字符串的开头。假设我们想要找到 /etc 目录下面所有以 kde 开头的 KDE 桌面配置文件：
>
> ```
> [root@studentvm1 etc]# ls -R | grep -E "^kde"
> kde
> kde4rc
> kderc
> kde.csh
> kde.sh
> kdebugrc
> ```

　　grep 的高阶特性之一是从一个包含单一或多个模式的文件中读取搜索模式的能力。这在需要定期执行相同的复杂搜索时非常有用。

　　grep 工具既强大又复杂。手册页给出了大量信息，GNU 项目提供了一个 36 页的免费手册⊖来辅助学习与使用 grep。该文档有在线的可用网页浏览器阅读的 HTML 版、ASCII 文本版、一个 info 档案、一个可下载的 PDF 文件等。

15.8　查找文件

　　ls 命令及其别名（如 ll）被设计用于列出一个目录下的全部文件。特殊模式符号及 grep 命令可以用来减少发送到 STOUT 文件列表。但仍有些许不足。我们在实验 15-10 中使用的命令 ls -R | grep -E "^kde" 还有不少问题。它找到的一些文件位于 /etc 的子目录中，但不显示存放文件的子目录名称。

　　幸运的是，find 命令被明确设计为使用模式在目录树中搜索文件，既显示文件名也显示其目录名，或是对其执行一定的操作。find 命令还可以使用属性，诸如文件创建或者访问的日期及时间、创建或修改于某日某时之前或之后、文件大小、权限、用户 ID、组 ID 等。这些属性可以组合使用以变得极其明确，比如，大于 12MB 的，创建时间超过 5 年的，一年以上没有被访问过的，属于 UID 为 XXXX 的用户，常规文件（换句话说，即不是目

⊖　GNU 项目，GNU grep，www.gnu.org/software/grep/manual/。

录、符号链接、套接字、命名管道等）等。

一旦找到文件，`find` 命令就可以对文件执行内置选项操作，如列表、删除、打印，或是以文件名作为选项来执行系统命令，如移动或复制这些文件。这是一个非常强大而又灵活的命令，实验 15-11 显示了如何使用 `find` 命令查找文件。

***

实验 15-11　查找文件

以 root 用户来进行此实验。下述命令会查找 /etc 及其子目录下所有以 kde 开头的文件，并且由于使用 -iname 而不是 -name，这一搜索不区分大小写：

```
[root@studentvm1 etc]# find /etc -iname "kde*"
/etc/xdg/kdebugrc
/etc/profile.d/kde.csh
/etc/profile.d/kde.sh
/etc/kde4rc
/etc/kderc

/etc/kde
[root@studentvm1 ~]#
```

以 student 用户来执行其余的命令，将 student 用户的主目录（~）设为 PWD。

假设你要查找在你的主目录下创建的所有的空（长度为 0）文件，这些文件是我们之前实验的一部分。下面的命令可以实现这一目的。它首先在主（~）目录查找空文件（类型为 f），并且文件名中包含字符串"test.file"：

```
[student@studentvm1 ~]$ find . -type f -empty -name "*test.file*" | wc -l
    9488
[student@studentvm1 ~]$
```

在我的主目录里，有 9488 个之前实验的空文件，你的数字或许稍有不同。因为我们在先前的实验中创建了大量的空文件，大的数字在意料之中。运行相同的命令，只是不再通过 wc 命令运行数据流，列出名称。注意文件名未经排序。

但是，让我们再看一下，这些文件是否有任何一个不是我们之前实验的一部分。所以我们想要查找文件名不包含"test.file"的空文件。感叹号（!）反转了 -name 选项的含义，因此只显示与我们提供的文件名字符串不匹配的文件：

```
[student@studentvm1 ~]$ find . -type f -empty ! -name "*test.file*"
./link3
././.local/share/ranger/tagged
././.local/share/vifm/Trash/000_file02
././.local/share/vifm/Trash/000_file03
././.local/share/orage/orage_persistent_alarms.txt
././.local/share/mc/filepos
././.local/share/user-places.xbel.tbcache
././.cache/abrt/applet_dirlist
./file005
./newfile.txt
```

```
./testdir/file006
./testdir/file077
./testdir/link2
./testdir/file008
./testdir/file055
./testdir/file007
<snip>
```

我们再找一下那些非空的文件：

```
[student@studentvm1 ~]$ find . -type f ! -empty -name "*test.file*" | wc -l
160
[student@studentvm1 ~]$
```

我们得知有 160 个名称中包含字符串"test.file"的非空文件。现在我们知道，对通过前面命令找到的文件执行操作（如删除）不会影响任何其他重要文件。因此我们删除所有名称带"test.file"的空文件。然后验证这些空文件都不在了，而那些非空文件仍然存在：

```
[student@studentvm1 ~]$ find . -type f -empty -name "*test.file*" -delete
[student@studentvm1 ~]$ find . -type f -empty -name "*test.file*"
[student@studentvm1 ~]$ find . -type f ! -empty -name "*test.file*" | wc -l
    160
```

还有一些更有趣的事情可以尝试。首先，为我们下一个示例创建一个非常大的文件，因此创建一个超过 1GB 且用随机数填充的文件。在我的虚拟机上，生成这个文件大约花了 26min，因此请耐心等待：

```
[student@studentvm1 ~]$ pwgen -s 80 14000000 > testdir7/bigtestfile.txt
```

使用 -ls 选项可以提供所找到文件的排序后列表，并提供类似 ls -dils 命令的信息。注意，索引节点（inode）号将是最左侧一栏，表示数据按 inode 号排序：

```
[student@studentvm1 ~]$ find . -type f ! -empty -name "*test.file*" -ls
```

我们必须做一点不一样的事，按大小对结果排序。下一个命令查找所有大小超过 3KB 的文件，生成一个列表，并将数据流通过 sort 命令进行管道传输。sort 命令使用 -n 选项按数字排序，使用 -k 7 选项来对输出行的第 7 个域（也就是以字节计的文件大小）进行排序。空白字符是默认的域分隔符：

```
[student@studentvm1 ~]$ find -type f -size +3k -ls | sort -nk 7
```

我们将会在后面看到更多有关 find 命令的内容

我经常使用 find 命令，因为它能够根据非常严格的标准来定位文件，这就使得我能够对文件进行非常准确而又灵活地控制。我可以选择基于它自动化执行某些系统管理任务。

总结

本章对 Bash 终端及使用终端工具（如文件通配符、大括号扩展、控制操作符，以及集合）进行了探索，还向我们介绍了一些重要且常用的命令行工具。

我们已经了解了使用 Bash 终端的许多方面，并了解了如何执行一些强大而又惊人的事情。有关 Bash 终端的更多详细信息请参考 gnu.org，上面提供了完整的 GNU Bash 手册[⊖]，有 PDF 及 HTML 等多种格式。

这肯定不是对 Bash 以及我们作为系统管理员可用的一些高级命令行工具的完整阐述。但应该足以让你起步并激发你进行更多学习的兴趣。

练习

完成以下练习来结束本章：

1）在第 7 章，我们安装了一些其他终端。选择其中一个，并花一点时间用它执行些简单任务，以获得一些语法及句法方面的知识。阅读所选终端的手册页，以确定哪些命令是内置命令。

2）Bash 与你在练习 1）中所选的终端是否具有一些相同的内置命令？

3）如果 cpuHog 终端脚本位于你的主目录，而不是 ~/bin，那么 type 命令会怎么样？

4）$PATH 环境变量的作用是什么？

5）你为什么想使用外部命令而不是执行相同功能且具有相同名称的终端内部命令？

6）在主目录及其所有子目录中找到所有配置文件。

7）/etc 目录中最大的文件是什么？

8）整个文件系统（/）中最大的文件是什么？

⊖　自由软件基金会，GNU Bash 手册，www.gnu.org/software/Bash/manual。

第 16 章 *Chapter 16*

Linux 的引导与启动

目标

在本章中，你将学习以下内容：

❑ Linux 引导与启动之间的区别。

❑ 在硬件引导过程中出现的情况。

❑ 主引导记录与 GUID 分区表的功能及区别。

❑ 在 Linux 引导过程中出现的情况。

❑ 在 Linux 启动过程中出现的情况。

❑ 如何管理与修改 Linux 引导及启动顺序？

❑ 显示及窗口管理器的作用。

❑ 虚拟控制台及图形用户界面下登录过程的工作原理。

❑ 用户注销时出现的情况。

本章介绍并探讨了硬件引导过程、使用 GRUB2 引导加载程序的引导过程、由 systemd 初始化系统执行的启动过程，详细介绍了计算机状态从关机到完全启动，并运行至用户登录所需要的事件序列。

本章是关于像 Fedora 及其他基于 Red Hat 的现代 Linux 发行版的，这些发行版使用 systemd 进行启动、关机及系统管理。systemd 是 init 及 SystemV init 脚本的现代替代品。

16.1 概述

将 Linux 主机从关机状态转换到运行状态的完整过程非常复杂，但这个过程是开放且可认知的。在深入细节之前，将主机硬件上电到系统准备完毕并可供用户登录的过程快速整理一下，将有助于我们确定方向。通常我们听到"引导过程"，都以为是一个整体，然而并非如此。事实上，完整的引导及启动过程包括三个部分：

❑ 硬件引导，完成对系统硬件的初始化。

❑ Linux 引导，其中 GRUB2 引导加载程序从存储驱动器加载 Linux 内核和 systemd。

❑ Linux 启动，其中 systemd 使主机为高效工作做好准备。

将硬件引导、Linux 引导及 Linux 启动过程分开，并显式定义它们之间的分界点非常重要。理解这些区别以及在 Linux 系统进入到生产状态过程中各自所扮演的角色，可以管理这些过程，并更好地确定大多数人称为"引导"期间发生的问题属于哪一部分。

16.2 硬件引导

Linux 引导过程的第一步实际上与 Linux 毫不相关。这是引导过程中的硬件部分，且对于所有基于 Intel 的操作系统来说都是相同的。

在按下开关，将电源接通到计算机或是我们为本书而创建的虚拟机时，它会运行上电自检（Power-On Self-Test，POST）。上电自检是 BIOS 或是统一可扩展固件接口（UEFI）的一部分。IBM 在 1981 年设计第一台 PC 时，BIOS 被设计用来初始化硬件组件。POST 是 BIOS 的一部分，其任务是确保计算机硬件正常工作。如果上电自检失败，则计算机可能无法使用，因而引导过程也将就此中断。

大部分现代主板都使用较新的 UEFI 替换了 BIOS。许多主板也提供了传统 BIOS 支持。BIOS 与 UEFI 的功能相同——硬件验证及初始化，并加载引导加载程序。

BIOS/UEFI 上电自检检查硬件的基本可操作性。然后它会在所有已连接的可引导设备上寻找引导扇区，包括机械硬盘或是 SSD 存储设备、DVD 或是 CD-ROM、可引导 USB 存储棒（例如我们用来安装 StudentVM1 虚拟机的 Live USB 设备）。找到的包含有效主引导记录（Master Boot Record，MBR）的第一个引导扇区被加载到内存中，并且随后将控制权转移到内存中的引导扇区副本。

BIOS/UEFI 用户界面可以用来配置系统硬件，例如超频，指定 CPU 内核为活动或非活动状态，指定可以用来引导系统的设备，指定在这些可引导设备上按什么顺序寻找可引导扇区。我没有创建可引导 CD 或 DVD 设备，也不从它们引导。我只使用可引导的 U 盘从外部、可移动的设备引导。

由于有时候我确实会从外部 USB 驱动器或是在使用虚拟机的情况下从可引导 ISO 镜像（如 Live USB 设备 ISO 镜像）引导，因此我一直将自己的系统配置为优先从外部 USB 设备引导，然后从相应的内部磁盘驱动器引导。在大部分商业环境中，这样做并不安全，不过我还是经常从外部 USB 驱动器引导。如果他们窃走了整台计算机或是计算机在自然灾害中损毁，我可以从保存在保险箱中的备份⊖恢复。

　　⊖　备份在下册第 21 章中讨论。

在大部分环境中，你可能希望更加安全，并将主机设置成仅从内部可引导设备引导。使用 BIOS 密码可以防止非授权用户访问 BIOS 并改变默认的引导顺序。

引导扇区接管系统控制权后，硬件引导结束。

16.3　引导扇区

无论 HDD 还是 SSD，引导扇区总是位于存储设备的第一个扇区，它包含主引导记录的分区表。这种 MBR 分区方法可以追溯到 1983 年，并对现代存储硬件的性能施加了限制，使其无法发挥全部潜力。

现代分区方案使用 GUID 分区表（GUID Partition Table，GPT）来克服这些限制。

在本节中，我们将简要介绍 MBR 和 GPT。

16.3.1　MBR

MBR 非常小，只有 512B。因此，空间非常有限，并且必须包含少量代码、GRUB 第 1 阶段和驱动器的分区表。分区表定义了对存储驱动器上的空间进行细分的分区。

MBR 能够支持四个主分区，尽管可以将一个分区创建为所谓的扩展分区，扩展分区支持额外的逻辑分区，以便可以进一步细分驱动器上的空间。MBR 方法支持的总磁盘大小约为 2.2TB（2.2×10^{12}），比目前可用的许多存储设备都小。

16.3.2　GPT

GPT 是磁盘分区表的一种新的现代标准。它设计了更大的磁盘大小和系统冗余，它比 MBR 更大，所以它支持更大的存储设备——高达 9.44ZB（9.44×10^{21}）。

GPT 在磁盘的第一个扇区中使用一个 MBR，它用作一种保护结构来提供一个标识符，以便系统工具不会将驱动器视为空的存储设备。

16.3.3　影响

在大多数情况下，MBR 和 GPT 的区别与 Linux 主机的操作和解决问题的任务无关。两者的功能都是将存储设备划分为可用的块，并提供少量代码以在 BIOS/UEFI 硬件引导和 GRUB 引导加载程序的主要部分之间的转换。

在 Fedora 安装过程中使用不同的磁盘分区策略会影响 Anaconda 安装程序安装的是 MBR 还是 GPT。两者都适用于目前通常使用的 Linux 文件系统，如 EXT4、BTRFS、ZFS 等。唯一的功能区别是 GPT 支持超大容量的存储设备，这种设备目前在数据中心之外肯定找不到，甚至在大型企业中也找不到，更不用说家庭和中小型企业了。

16.4　Linux 引导

BIOS 加载的引导扇区是 GRUB 引导加载程序的第 1 阶段。Linux 引导过程本身由多阶段 GRUB 组成。我们将在本节研究每一阶段。

16.4.1　GRUB

GRUB 的主要功能是将 Linux 内核加载到内存中并运行。在预操作系统环境中使用 GRUB2 的命令超出了本章的范围。尽管 GRUB 没有正式使用"阶段"术语来描述它的三个阶段，但这样称呼它们很方便。GRUB2 是 GRUB 引导加载器的最新版本，并且现在使用得更加频繁了。本书不会涉及 GRUB1 或是 LILO，毕竟与 GRUB2 相比，它们过于老旧。

与 GRUB2 相比，GRUB 更加便于书写与发音，我在本书中将使用术语 GRUB，除非另有所指，均代指 GRUB2。GRUB2 全称为"第 2 版统一引导加载器（GRand Unified Bootloader，Version 2）"，现在它是当前很多 Linux 发行版的标准引导加载器。GRUB 是让计算机变得足够智能的程序，智能到足以找到操作系统内核并将其加载到内存，但这需要 GRUB 的三个阶段来完成。

GRUB 的设计目的是兼容多重引导规范，这就使得 GRUB 可以引导许多版本的 Linux 及其他自由操作系统。它还可以链式加载像 Windows 这样的专有操作系统的引导记录。如果因为更新系统导致你的 Linux 发行版本出现了几个不同的内核版本，则 GRUB 允许用户选择其中一个来引导。这使得能够在某个更新的内核出现问题或与重要软件不兼容时，引导到之前的内核版本。可以使用文件 /boot/grub/grub.conf 来配置 GRUB。

大约从 Fedora15 及 Centos/RHEL7 开始，基于 Red Hat 的发行版便已经升级到了 GRUB2。GRUB2 提供了与 GRUB1 相同的引导功能，但 GRUB2 还提供了类似大型机的基于命令的预操作系统环境，并且在预引导阶段提供了更大的灵活性。

1. GRUB 第 1 阶段

在 16.2 节提到，在上电自检最后，BIOS/UEFI 在已连接的磁盘上寻找引导记录，通常位于磁盘的主引导记录扇区。它将所找到的第一条引导记录加载到内存中，并开始执行该引导记录。自举（bootstrap）代码是 GRUB 的第一阶段，因为要与分区表共用硬盘驱动器的第一个 512B 的扇区，所以它必须非常小。在经典的常规 MBR 中，实际自举代码可占用的总空间容量至多为 446B。第 1 阶段所对应的 446B 文件被命名为 boot.img，不包含分区表。分区表在对设备进行分区时创建，并且以覆盖的方式写在主从第 447B 开始覆盖在引导记录上。

在 UEFI 系统中，分区表已从 MBR 移出，移入紧随其后的空间。这就为定义分区提供了更大的空间，因此也就允许创建数量更多的分区。

因为引导记录一定得这么小，因此它着实做不了太多事情，也就无法理解诸如 EXT4 这样的文件系统结构。因此第 1 阶段的唯一目的便是加载可以访问文件系统的 GRUB 第 1.5

阶段。要想完成这个任务，GRUB 第 1.5 阶段必须位于引导记录与 UEFI 分区数据及驱动器上的第一个分区之间。在 GRUB 第 1.5 阶段加载到内存之后，第 1 阶段将控制权交给第 1.5 阶段。

实验 16-1　引导记录

　　如果尚未以 root 身份打开终端会话，请以 root 身份登录到终端会话。在终端会话中，以 root 身份运行如下命令，验证你的虚拟机上的引导驱动器。它应该就是引导分区所在的驱动器。

```
[root@studentvm1 ~]# lsblk -i
NAME                             MAJ:MIN RM  SIZE RO TYPE MOUNTPOINT
sda                              8:0      0   60G  0 disk
|-sda1                           8:1      0    1G  0 part /boot
`-sda2                           8:2      0   59G  0 part
  |-fedora_studentvm1-root 253:0     0    2G  0 lvm  /
  |-fedora_studentvm1-swap 253:1     0    6G  0 lvm  [SWAP]
  |-fedora_studentvm1-usr  253:2     0   15G  0 lvm  /usr
  |-fedora_studentvm1-home 253:3     0    4G  0 lvm  /home
  |-fedora_studentvm1-var  253:4     0   10G  0 lvm  /var
  `-fedora_studentvm1-tmp  253:5     0    5G  0 lvm  /tmp
[root@studentvm1 ~]#
```

　　使用 dd 命令来查看引导驱动器的引导记录。本实验中，假定它被分配到设备 /dev/sda。命令中 bs= 后面的参数指定块的大小，count= 参数指定要转储到 STDIO 的块的数量。if= 参数（InFile，输入文件）指定数据流的来源，本例中为 USB 设备：

```
[root@studentvm1 ~]# dd if=/dev/sda bs=512 count=1
�c���м���-��|����!��8u
                 ����u����|���t�L��|
�����t��pt���y|1�-м �d|<�t��R�|1�D@�D��D�f�\|
f�f�`|f�\
�Dp�B�r�p��K`���1������a`���f��u����f1�f�TCPAf�f
�a�&Z|�}��.}�4�3}�.���GRUB GeomHard DiskRead Error
����<u�� .˜����� ����� �_U�1+0 records in
1+0 records out
512 bytes copied, 9.9294e-05 s, 5.2 MB/s
[root@studentvm1 ~]#
```

　　这个命令以"文本"形式打印出引导记录，在任何磁盘上，引导记录都是磁盘上的第一个块。在这里读出的是文件系统及分区表的相关信息，这些是以二进制格式存储的，因此难以阅读。GRUB 第 1 阶段或是某些其他引导加载器位于该扇区，但大多数内容也无法被我们人类阅读。我们可以看出在引导记录中有几条消息是以文本方式存储的。如果我们换个不同的方式执行此操作，可能会稍微容易阅读一些。od（八进制显示）命令显示通过管道传输给它的数据流，是一个八进制的漂亮矩阵，从而使内容更加容易阅读。-a 选项告诉命令将字符尽可能地转换为可读的 ASCII 格式。命令最后的 - 表示从 STDIN 获取数据流，而不是文件：

```
[root@studentvm1 ~]# dd if=/dev/sda bs=512 count=1 | od -a -
1+0 records in
1+0 records out
0000000   k   c dle dle  so   P   < nul   O   8 nul nul  so   X  so   @
0000020   {   > nul   |   ? nul ack   9 nul stx   s   $   j   ! ack nul
0000040 nul   >   > bel   8 eot   u  vt etx   F dle soh   ~   ~ bel   u
0000060   s   k syn   4 stx   O soh   ; nul   |   2 nul  nl   t soh  vt
0000100   L stx   M dc3   j nul   | nul nul   k   ~ nul nul nul nul nul
0000120 nul nul nul nul nul nul nul nul nul nul nul nul soh nul nul nul
0000140 nul nul nul nul del   z dle dle   v   B nul   t enq   v   B   p
0000160   t stx   2 nul   j   y   | nul nul   1   @  so   X  so   P   <
0000200 nul  sp   {  sp   d   |   < del   t stx  bs   B   R   > enq   |
0000220   1   @  ht   D eot   @  bs   D del  ht   D stx   G eot dle nul
0000240   f  vt  rs   \   |   f  ht   \  bs   f  vt  rs   `   |   f  ht
0000260   \  ff   G   D ack nul   p   4   B   M dc3   r enq   ; nul   p
0000300   k stx   k   K   `  rs   9 nul soh  so   [   1   v   ? nul nul
0000320  so   F   |   s   %  us   a   `   8 nul   ;   M sub   f enq   @
0000340   u  gs   8 bel   ;   ? nul nul   f   1   v   f   ;   T   C   P
0000360   A   f   9 nul stx nul nul   f   : bs nul nul nul   M sub   a
0000400 del   &   Z   |   >  us   }   k etx   >   .   }   h   4 nul   >
0000420   3   }   h   . nul   M can   k   ~   G   R   U   B  sp nul   G
0000440   e   o   m nul   H   a   r  sp   D   i   s   k nul   R   e
0000460   a   d nul  sp   E   r   r   o   r  cr  nl nul   ; soh nul   4
0000500  so   M dle   ,   < nul   u   t   C nul nul nul nul nul nul nul
0000520 nul nul nul nul nul nul nul nul nul nul nul nul nul nul nul nul
*
0000660 nul nul nul nul nul nul nul nul   \   ;   ^   . nul nul nul eot
0000700 soh eot etx   ~   B del nul  bs nul nul nul nul  sp nul nul   ~
0000720   B del  so   ~   B del nul  bs  sp nul nul   x   _ bel nul nul
0000740 nul nul nul nul nul nul nul nul nul nul nul nul nul nul nul nul
0000760 nul nul nul nul nul nul nul nul nul nul nul nul nul nul   U   *
0001000
```

注意 0000520 与 0000660 之间的星号（*），表示在此范围内的所有行的数据与上面的一行（0000520 行）相同，全部为空字符，od 命令用以节省输出数据流空间。地址以八进制表示，基数为 8。

不包含分区表的常规引导记录位于 /boot/grub2/i386-pc 目录，我们看一下其内容。如果我们使用 dd 命令来查看一个文件，就不需要指定块大小与数量，因为文件本身的长度是固定的。尽管可以使用 dd 命令，但我们也可以直接对指定的文件名使用 od 命令：

```
[root@studentvm1 ~]# od -a /usr/lib/grub/i386-pc/boot.img
0000000   k   c dle nul nul nul nul nul nul nul nul nul nul nul nul nul
0000020 nul nul nul nul nul nul nul nul nul nul nul nul nul nul nul nul
*
0000120 nul nul nul nul nul nul nul nul nul nul nul nul soh nul nul nul
0000140 nul nul nul nul del   z   k enq   v   B nul   t enq   v   B   p
0000160   t stx   2 nul   j   y   | nul nul   1   @  so   X  so   P   <
```

```
0000200 nul  sp   {   sp   d   |   <  del   t  stx  bs   B   R   >  enq   |
0000220  1   @   ht   D  eot   @   bs   D  del  ht   D  stx   G  eot  dle  nul
0000240  f   vt   rs   \   |   f   ht   \   bs   f   vt   rs   `   |   f   ht
0000260  \   ff   G   D  ack  nul   p   4   B   M  dc3   r  enq   ;  nul   p
0000300  k  stx   k   K   `   rs   9  nul  soh  so   [   1   v   ?  nul  nul
0000320  so   F   |   s   %   us   a   `   8  nul   ;   M  sub   f  enq   @
0000340  u   gs   8  bel   ;   ?  nul  nul   f   1   v   f   ;   T   C   P
0000360  A   f   9  nul  stx  nul  nul   f   :   bs  nul  nul  nul   M  sub   a
0000400 del   &   Z   |   >   us   }   k  etx   >   .   }   h   4  nul   >
0000420  3   }   h   .  nul   M  can   k   ~   G   R   U   B  sp  nul   G
0000440  e   o   m  nul   H   a   r   d  sp   D   i   s   k  nul   R   e
0000460  a   d  nul  sp   E   r   r   o   r  cr   nl  nul   ;  soh  nul   4
0000500  so   M  dle   ,   <  nul   u   t   C  nul  nul  nul  nul  nul  nul  nul
0000520 nul  nul  nul  nul  nul  nul  nul  nul  nul  nul  nul  nul  nul  nul  nul  nul
*
0000760 nul  nul  nul  nul  nul  nul  nul  nul  nul  nul  nul  nul  nul  nul   U   *
0001000
```

在这个输出的地址 0000020 与 0000120 之间，出现了第二处重复的数据。因为这个区域与实际的引导记录不同，并且在此文件中全部为空字符，我们可以推断这里在实际引导记录中是分区表所在。还有另外一个比较有意思的工具，能让我们仅阅读文件中包含的 ASCII 文件字符串：

```
[root@studentvm1 ~]# strings /boot/grub2/i386-pc/boot.img
ZRr=
`|f
\|f1
GRUB
Geom
Hard Disk
Read
 Error
Floppy
```

与对随机的 ASCII 字符中重排并在其中查找有意义的字符串相比，这个工具更加易于查找实际字符串。但请注意，与之前输出的第一行一样，并不是所有的字符串都对人类有意义。

这里的重点是，GRUB 引导记录安装于硬盘驱动器或是其他可引导介质的第一个扇区，以 boot.img 文件为源。然后分区表追加到启动记录的指定位置上。

2. GRUB 第1.5 阶段

GRUB 第 1.5 阶段必须位于引导记录与 UEFI 分区数据及磁盘驱动器第一个分区之间。历史上，出于技术及兼容性方面的原因，此空间未被使用，有时被称作"引导轨道"或是"MBR 沟槽"。硬盘驱动器上的第一个分区从第 63 扇区开始。加上第 0 扇区的 MBR，还留有 62 个 512B 的扇区，共 31,744B，可以用于存放 GRUB 第 1.5 阶段，该阶段以文件 core.

img 形式发布。截至撰写本书时，core.img 文件的大小是 28,535B，因此在 MBR 与第一个磁盘分区之间有足够大的空间可用。

实验 16-2　GRUB 第 1.5 阶段

包含 GRUB 第 1.5 阶段的文件保存在 /boot/grub2/i386-pc/core.img。就像我们先前对第 1 阶段所做的那样，你可以通过比较文件中的代码与保存在引导驱动器 MBR 沟槽中的代码来进行验证：

```
[root@studentvm1 ~]# dd if=/dev/sda bs=512 count=1 skip=1 | od -a -
1+0 records in
1+0 records out
512 bytes copied, 0.000132697 s, 3.9 MB/s
0000000   E   F   I  sp   P   A   R   T nul nul soh nul   \ nul nul nul
0000020   (   `   * so  nul nul nul nul soh nul nul nul nul nul nul nul
0000040 del del del bel nul nul nul nul   " nul nul nul nul nul nul nul
0000060   ^ del del bel nul nul nul nul   |  ht   @ ack   _  sp  nl   F
0000100 dc1  ff   c   ?   1   > so  etx stx nul nul nul nul nul nul nul
0000120 nul nul nul nul nul nul nul nul ack   ~   J   $ nul nul nul nul
0000140 nul nul nul nul nul nul nul nul nul nul nul nul nul nul nul nul
*
0001000

    [root@studentvm1 ~]# dd if=/boot/grub2/i386-pc/core.img bs=512 count=1
| od -a -
1+0 records in
1+0 records out
512 bytes copied, 5.1455e-05 s, 10.0 MB/s
0000000   R   V   > esc soh   h   9 soh   ^   ?   t soh   f  vt   - etx
0000020   } bs  nul si  eot   b nul nul   | del nul   t   F   f  vt  gs
0000040   f  vt   M eot   f   1   @   O del   9   E  bs del etx  vt   E
0000060  bs   )   E  bs   f soh enq   f etx   U eot nul   G eot dle nul
0000100  ht   D stx   f  ht   \  bs   f  ht   L  ff   G   D ack nul   p
0000120   P   G   D eot nul nul   4   B   M dc3 si  stx   / nul   ; nul
0000140   p   k   f   f  vt   E eot   f  ht   @ si  enq etb nul   f  vt
0000160 enq   f   1   R   f   w   4  bs   T  nl   f   1   R   f   w   t
0000200 eot  bs   T  vt  ht   D  ff   ;   D  bs   }   y  vt eot   *   D
0000220  nl   9   E  bs del etx  vt   E  bs   )   E  bs   f soh enq   f
0000240 etx   U eot nul  nl   T  cr   @   b ack  nl   L  nl   ~   A  bs
0000260   Q  nl   l  ff   Z   R  nl   t  vt   P   ; nul   p so    C   1
0000300   [   4 stx   M dc3   r   F  ff   C so    E  nl   X   A   ` enq
0000320 soh   E  nl   ` rs    A   ` etx  ht   A   1 del   1   v so    [
0000340   |   s   % us    >   # soh   h   W nul   a etx   }  bs nul si
0000360 enq   $ del etx   o  ff   i syn del   >   % soh   h   B nul   Z
0000400   j nul stx nul nul   >   ( soh   h   6 nul   k ack   >   - soh
0000420   h   . nul   >   2 soh   h   ( nul   k   ~   l   o   a   d   i
0000440   n   g nul   . nul  cr  nl nul   G   e   o   m nul   R   e   a
0000460   d nul  sp   E   r   r   o   r nul   ; soh nul   4 so    M dle
0000500   F  nl eot   < nul   u   r   C nul nul nul nul nul nul nul nul
0000520 nul nul nul nul nul nul nul nul nul nul nul nul nul nul nul nul
```

```
        *
0000760 nul nul nul nul stx nul nul nul nul nul nul nul   ? nul  sp  bs
0001000
[root@studentvm1 ~]#
```

两者的第一个扇区被拿出来验证，但是如果你愿意，你还可以随意翻阅更多的代码。我们可以使用一些工具来对文件中及硬盘驱动器上的 GRUB 第 1.5 阶段进行比较，但是很显然，这两个数据扇区是相同的。

此时此刻，我们知道了，包含 GRUB 第 1 阶段及第 1.5 阶段引导加载器的文件及其在硬盘驱动器上的位置，从而发挥它们作为 Linux 引导加载器的作用。

由于第 1.5 阶段比第 1 阶段可以容纳更多的代码，因此它有足够的代码，包含一些常见的文件系统驱动，如标准的 EXT、XFS，以及其他非 Linux 文件系统（如 FAT 及 NTFS）。GRUB2core.img 要比旧的 GRUB1 第 1.5 阶段更复杂，也更有能力。这就意味着，GRUB2 的第 2 阶段可以位于一个标准的 EXT 文件系统中，但是不能位于逻辑卷中，因为在加载文件系统驱动之前需要从可引导卷上的特定位置读取它。

注意 /boot 目录必须位于由 GRUB 支持的文件系统（如 EXT4）上，并不是所有的文件系统都被 GRUB 支持。第 1.5 阶段的作用是开始执行从 /boot 文件系统中定位第 2 阶段必要的文件系统驱动程序，并加载所需的驱动。

3. GRUB 第 2 阶段

GRUB 第 2 阶段的所有文件都位于 /boot/grub2 目录及其子目录。与 GRUB 第 1 阶段及第 1.5 阶段不同，GRUB 第 2 阶段没有镜像文件。相反，它由从 /boot/grub2 目录及其子目录加载（需要用到时才加载）的文件及运行时内核模块组成。一些 Linux 发行版可能会将这些文件保存在 /boot/grub 目录。

GRUB 第 2 阶段的作用是查找并将 Linux 内核加载到内存中，然后将计算机的控制权交给内核。内核及其相关的文件位于 /boot 目录。内核文件的名称都以 vmlinuz 开头，很好辨认。你可以列出 /boot 目录下的全部内容，以查看当前系统下安装了哪些内核。

实验 16-3 Linux 内核

你的 Linux 内核清单应该与我的虚拟机上的相似，但内核的版本及发行版本号将有所区别。你应在虚拟机上使用 Fedora 的最新版本，因此，发行版号应该是 39 或是更高，取决于你安装虚拟机的时间节点。这对实验不会产生任何影响：

```
[root@studentvm1 ~]# ll /boot
total 275508
-rw-r--r--. 1 root root    251528 Nov  4 14:55 config-6.0.7-301.fc37.x86_64
-rw-r--r--. 1 root root    253534 Jan 14 12:12 config-6.1.6-200.fc37.x86_64
-rw-r--r--  1 root root    253512 Jan 18 12:29 config-6.1.7-200.fc37.x86_64
drwx------  4 root root      4096 Dec 31  1969 efi
```

```
drwx------. 5 root root      4096 Jan 29 08:28 grub2
-rw-------. 1 root root 105160151 Jan 17 07:39 initramfs-0-rescue-
d1fbbe41229942289e5ed31a256200fb.img
-rw-------. 1 root root  36685746 Jan 17 07:40 initramfs-6.0.7-301.fc37.x86_64.img
-rw-------. 1 root root  34616617 Jan 17 21:33 initramfs-6.1.6-200.fc37.x86_64.img
-rw------  1 root root  34617482 Jan 24 08:29 initramfs-6.1.7-200.fc37.x86_64.img
drwxr-xr-x. 3 root root      4096 Jan 17 07:36 loader
drwx------. 2 root root     16384 Jan 17 07:29 lost+found
lrwxrwxrwx. 1 root root        45 Jan 17 07:36 symvers-6.0.7-301.fc37.x86_64.
gz -> /lib/modules/6.0.7-301.fc37.x86_64/symvers.gz
lrwxrwxrwx. 1 root root        45 Jan 17 21:32 symvers-6.1.6-200.fc37.x86_64.
gz -> /lib/modules/6.1.6-200.fc37.x86_64/symvers.gz
lrwxrwxrwx  1 root root        45 Jan 24 08:28 symvers-6.1.7-200.fc37.x86_64.
gz -> /lib/modules/6.1.7-200.fc37.x86_64/symvers.gz
-rw-------. 1 root root   7252122 Nov  4 14:55 System.map-6.0.7-301.fc37.x86_64
-rw-------. 1 root root   5984440 Jan 14 12:12 System.map-6.1.6-200.fc37.x86_64
-rw------  1 root root   5988800 Jan 18 12:29 System.map-6.1.7-200.fc37.x86_64
-rwxr-xr-x. 1 root root  12727016 Jan 17 07:37 vmlinuz-0-rescue-
d1fbbe41229942289e5ed31a256200fb
-rwxr-xr-x. 1 root root  12727016 Nov  4 14:55 vmlinuz-6.0.7-301.fc37.x86_64
-rwxr-xr-x. 1 root root  12761928 Jan 14 12:12 vmlinuz-6.1.6-200.fc37.x86_64
-rwxr-xr-x  1 root root  12781480 Jan 18 12:29 vmlinuz-6.1.7-200.fc37.x86_64
```

你可以看到：在这个列表的底部有四个内核文件。内核文件以"vmlinuz"开头，但是名称中的"vm"与"虚拟机"没有任何关系。

它们的支持文件也在这个列表中，包括内核救援文件。System.map 文件是符号表，映射变量和函数等的符号地址。在 Linux 引导过程的早期，在内核和文件系统驱动程序加载和文件系统挂载之前，会使用 initramfs 文件。

GRUB 支持从已安装的 Linux 内核中选择一个来引导。Red Hat 包管理器 DNF 支持保存多个版本的内核，以便在新内核出现问题时，可以重新引导较旧版本的内核。GRUB 为已安装内核提供了预引导菜单，包括一个救援（rescue）选项，在已经配置的情况下，每个内核还对应有一个恢复（recovery）选项，如图 16-1 所示。

默认内核始终是系统更新期间所安装的最新内核，在一个 5s 的短暂超时之后将会自动引导它。如果按下了 < ↑ > 或是 < ↓ > 键，倒计时停止，高亮显示条将移动到另一个内核上，按下 <Enter> 键引导选中的内核。

如果按下了除 < ↑ >、< ↓ > 键或是 <E>、<C> 键以外的键，倒计时停止，等待接受更多输入。现在，花点时间使用方向键来选择一个内核，并按 <Enter> 键从该项引导。GRUB 第 2 阶段将选中的内核加载到内存，并将计算机控制权交给内核。

rescue 引导选项是尝试解决引导过程中问题（即阻止 linux 系统完成引导过程）的最后手段。当引导过程中出现某些类型的错误时，GRUB 自动返回 rescue 镜像引导。

对我来说，GRUB 菜单上的已安装内核的对应条目十分有用。在我发现 VitualBox 之前，曾经使用过一些商业虚拟化软件，这些软件在更新 Linux 时有时会遇到问题。尽管这些公司试图跟上内核的变化，他们最终还是停下了更新软件的脚步，以支持软件运行每一个内核版本。不管它们对我所更新的内核版本是否支持，我直接使用 GRUB 菜单选择一个我所知道的可以工作的较老版本内核。我发现，仅维护三个较老版本的内核总是不够用，所以我配置了 DNF 包管理器来保存多达十个内核。DNF 包管理器的配置见第 12 章。

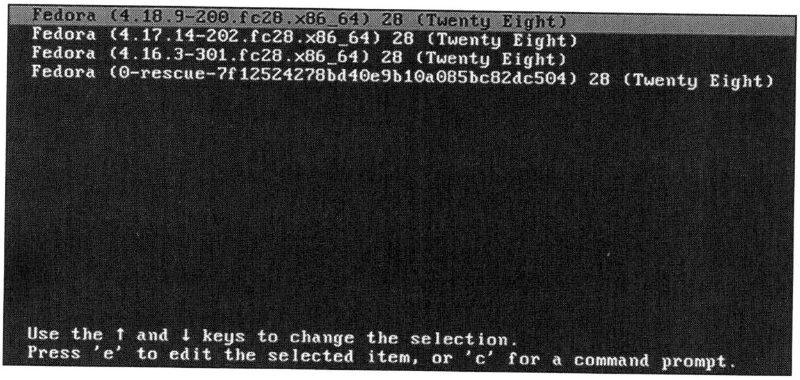

```
Fedora (4.18.9-200.fc28.x86_64) 28 (Twenty Eight)
Fedora (4.17.14-202.fc28.x86_64) 28 (Twenty Eight)
Fedora (4.16.3-301.fc28.x86_64) 28 (Twenty Eight)
Fedora (0-rescue-7f12524278bd40e9b10a085bc82dc504) 28 (Twenty Eight)




Use the ↑ and ↓ keys to change the selection.
Press 'e' to edit the selected item, or 'c' for a command prompt.
```

图 16-1　可以选择不同内核的 GRUB 引导菜单。这个图像来自 Fedora 28，但是你在以后的版本中看到的除了版本和版本号之外都是一样的。它的工作原理是一样的，这是非常重要的部分

16.4.2　配置 GRUB

GRUB 由 /boot/grub2/grub.cfg 配置，但我并不修改该文件，因为在内核更新到新版本时，该文件会被覆盖。作为替代，我修改 /etc/default/grub 文件。

> **提示**　这是你第一次接触到 Linux 允许用户配置操作系统本身以及许多工具和应用程序的情况。有一个默认的配置文件和另一个允许添加修改默认配置条目的文件。因此，如果我们在二级配置文件中犯了非常严重的错误，我们需要做的就是删除、移动或重命名二级文件，同时我们需要弄清楚我们做错了什么。然后我们可以进行修正或重新开始。因此，我们永远不需要或不应该更改主配置文件，并且总是可以返回到功能配置。

实验 16-4　配置 GRUB

我们首先看一下原始未修改版本的 /etc/default/grub 文件：

```
[root@studentvm1 ~]# cd /etc/default ; cat grub
GRUB_TIMEOUT=5
GRUB_DISTRIBUTOR="$(sed 's, release .*$,,g' /etc/system-release)"
GRUB_DEFAULT=saved
GRUB_DISABLE_SUBMENU=true
GRUB_TERMINAL_OUTPUT="console"
```

```
GRUB_CMDLINE_LINUX="resume=/dev/mapper/fedora_studentvm1-swap rd.lvm.
lv=fedora_studentvm1/root rd.lvm.lv=fedora_studentvm1/swap rd.lvm.lv=fedora_
studentvm1/usr rhgb quiet"
GRUB_DISABLE_RECOVERY="true"
[root@studentvm1 default]#
```

脚注 6 中引用的 GRUB 文档的第 6 章，包含了 /etc/default/grub 文件中所有可能条目的完整列表，但其中有三个，我们现在就应该看看。

我总会将 GRUB_TIMEOUT，GRUB 菜单倒计时的秒数从 5s 改成 10s，在倒计时到达 0 之前提供更充分的 GRUB 菜单响应时间。

我曾将 GRUB_DISABLE_RECOVERY 从"true"改成"false"，在逻辑上有那么一点点与程序员唱反调。这应该是为每个安装的内核创建一个救援引导选项。从 Fedora 30 开始，它就不再适用了。

注意　从 Fedora 30 开始，更改 GRUB 默认配置中的 GRUB_DISABLE_RECOVERY，不再生效。其他更改，GRUB_TIMEOUT 及从 GRUB_CMDLINE_LINUX 变量中移除 rhgb quiet，仍然有效。

GRUB_CMDLINE_LINUX 也可以更改。这一行指明了引导时传递给内核的全部命令行参数。通常我会删除这行最后的两个参数。"rhgb"参数代表红帽图形引导（Red Hat Graphical Boot），这会导致在内核初始化过程中显示 Fedora 图标的图形动画，而不是显示开机信息。"quiet"参数阻止了启动信息（里面记录了启动过程及可能出现的错误）的显示。删除这两个条目，是因为系统管理员需要能够看到这些信息。如果在引导过程中有出错的地方，屏幕上显示的消息可以告诉我们问题的起因。

按照描述修改 grub 文件中的这两行，就像下面这样：

```
[root@studentvm1 default]# cat grub
GRUB_TIMEOUT=10
GRUB_DISTRIBUTOR="$(sed 's, release .*$,,g' /etc/system-release)"
GRUB_DEFAULT=saved
GRUB_DISABLE_SUBMENU=true
GRUB_TERMINAL_OUTPUT="console"
GRUB_CMDLINE_LINUX="resume=/dev/mapper/fedora_studentvm1-swap rd.lvm.lv=
fedora_studentvm1/root rd.lvm.lv=fedora_studentvm1/swap rd.lvm.lv=fedora_
studentvm1/usr"
GRUB_DISABLE_RECOVERY="true"
[root@studentvm1 default]#
```

查看 /boot/grub2/grub.cfg 文件当前的时间戳。检查文件内容，找出这些特定的变量。

运行下面的命令更新 /boot/grub2/grub.cfg 配置文件：

```
[root@studentvm1 default]# grub2-mkconfig > /boot/grub2/grub.cfg
Generating grub configuration file ...
Adding boot menu entry for UEFI Firmware Settings ...
```

```
done
[root@studentvm1 default]#
```

重新检查 /boot/grub2/grub.cfg 的时间戳和内容，它应该反映了更改。你可以对我们更改的特定行进行 **grep**，以验证是否发生了更改。我们也可以使用这个命令的另一种形式 -o（小写字母 o，不是数字 0）来指定输出文件：

```
grub2-mkconfig -o /boot/grub2/grub.cfg
```

两种形式都可以，结果是一样的。

16.4.3　GRUB 引导完成

加载 GRUB 第 2 阶段后，GRUB 菜单显示出来，让用户有机会选择一个非默认的可选内核。用户也可以等待超时到期，或者在默认选择上按 <Enter> 键。最后两个选项中的任何一个都会启动默认内核。

GRUB 第 2 阶段定位并加载选定的内核，并将控制权移交给它。

16.5　Linux 内核

所有 Linux 内核都采用了自解压的压缩格式，以节省空间。内核位于 /boot 目录，同一目录下还有初始内存盘镜像及符号表。在内核被 GRUB 载入内存并开始执行后，在能进行任何有效工作之前，它首先要将自己从压缩版本提取出来。内核提取了自身之后，加载 systemd，并将控制权交给它。

至此，引导过程落下了帷幕。此时，虽然 Linux 内核及 systemd 已经运行，但是并不能为终端用户执行什么有用的生产任务，因为别的东西都没有运行，没有终端提供命令行，没有后台进程管理网络及其他通信连接，也没有其他东西能让计算机运行生产功能。

16.6　Linux 启动

启动过程紧跟在引导过程之后，将 Linux 计算机推进到可用状态，在该状态下计算机可用于生产性工作。启动过程在内核控制系统时开始。

16.6.1　文本模式启动

文本模式启动比默认的 GUI 启动模式显示更多的信息。这些附加信息使系统管理员有更好的机会定位问题的根源。不过，在正常运行的主机上查看数据流可以帮助你了解在一切正常运行时启动应该是什么样子。文本和 GUI 启动都在同一个地方结束，即 default.target。本章后面会详细介绍。

实验 16-5　探索文本模式启动

　　由于 Linux 启动的速度和它在数据流中发出的大量信息消息，我们这些"humons"⊖ 不可能跟上其中的大部分信息。不过，Linux 内核开发者已经为我们提供了一个很好的替代方案，即 dmesg 命令。

　　dmesg 命令列出屏幕上显示的所有启动消息，让我们探索启动期间发生了什么。这包括所有内核消息，例如探测内存和设备，以及 systemd 执行的系统服务的启动。

　　以 root 用户执行这个实验：

```
[root@studentvm1 ~]# dmesg | less
[    0.000000] Linux version 6.1.7-200.fc37.x86_64 (mockbuild@bkernel01.
iad2.fedoraproject.org) (gcc (GCC) 12.2.1 20221121 (Red Hat 12.2.1-4), GNU ld
version 2.38-25.fc37) #1 SMP PREEMPT_DYNAMIC Wed Jan 18 17:11:49 UTC 2023
[    0.000000] Command line: BOOT_IMAGE=(hd0,gpt2)/vmlinuz-6.1.7-200.
fc37.x86_64 root=/dev/mapper/fedora_studentvm1-root ro rd.lvm.lv=fedora_
studentvm1/root rd.lvm.lv=fedora_studentvm1/usr
[    0.000000] x86/fpu: Supporting XSAVE feature 0x001: 'x87 floating point
registers'
[    0.000000] x86/fpu: Supporting XSAVE feature 0x002: 'SSE registers'
[    0.000000] x86/fpu: Supporting XSAVE feature 0x004: 'AVX registers'
[    0.000000] x86/fpu: xstate_offset[2]:  576, xstate_sizes[2]:  256
[    0.000000] x86/fpu: Enabled xstate features 0x7, context size is 832
bytes, using 'standard' format.
[    0.000000] signal: max sigframe size: 1776
[    0.000000] BIOS-provided physical RAM map:
[    0.000000] BIOS-e820: [mem 0x0000000000000000-0x000000000009fbff] usable
[    0.000000] BIOS-e820: [mem 0x000000000009fc00-0x000000000009ffff] reserved
[    0.000000] BIOS-e820: [mem 0x00000000000f0000-0x00000000000fffff] reserved
[    0.000000] BIOS-e820: [mem 0x0000000000100000-0x00000000dffeffff] usable
[    0.000000] BIOS-e820: [mem 0x00000000dfff0000-0x00000000dfffffff] ACPI data
[    0.000000] BIOS-e820: [mem 0x00000000fec00000-0x00000000fec00fff] reserved
[    0.000000] BIOS-e820: [mem 0x00000000fee00000-0x00000000fee00fff] reserved
[    0.000000] BIOS-e820: [mem 0x00000000fffc0000-0x00000000ffffffff] reserved
[    0.000000] BIOS-e820: [mem 0x0000000100000000-0x000000041fffffff] usable
[    0.000000] NX (Execute Disable) protection: active
[    0.000000] SMBIOS 2.5 present.
[    0.000000] DMI: innotek GmbH VirtualBox/VirtualBox, BIOS VirtualBox 12/01/2006
[    0.000000] Hypervisor detected: KVM
[    0.000000] kvm-clock: Using msrs 4b564d01 and 4b564d00
<SNIP>
[    3.749441] Run /init as init process
[    3.749793]   with arguments:
[    3.749795]     /init
[    3.749797]   with environment:
[    3.749798]     HOME=/
[    3.749799]     TERM=linux
```

　　⊖　参考《星际迷航：深空九号》。

```
[    3.749800]         BOOT_IMAGE=(hd0,gpt2)/vmlinuz-6.1.7-200.fc37.x86_64
[    3.760797] systemd[1]: systemd 251.10-588.fc37 running in system mode
(+PAM +AUDIT +SELINUX -APPARMOR +IMA +SMACK +SECCOMP -GCRYPT +GNUTLS +OPENSSL
+ACL +BLKID +CURL +ELFUTILS +FIDO2 +IDN2 -IDN -IPTC +KMOD +LIBCRYPTSETUP
+LIBFDISK +PCRE2 +PWQUALITY +P11KIT +QRENCODE +TPM2 +BZIP2 +LZ4 +XZ +ZLIB
+ZSTD +BPF_FRAMEWORK +XKBCOMMON +UTMP +SYSVINIT default-hierarchy=unified)
[    3.763176] systemd[1]: Detected virtualization oracle.
[    3.765139] systemd[1]: Detected architecture x86-64.
[    3.765569] systemd[1]: Running in initial RAM disk.
[    3.767893] systemd[1]: Hostname set to <studentvm1>.
[    5.208337] systemd[1]: bpf-lsm: LSM BPF program attached
[    5.309583] systemd[1]: Queued start job for default target initrd.target.
[    5.310415] systemd[1]: Reached target initrd-usr-fs.target - Initrd /usr
File System.
[    5.315207] systemd[1]: Reached target local-fs.target - Local File Systems.
[    5.316402] systemd[1]: Reached target slices.target - Slice Units.
[    5.317445] systemd[1]: Reached target swap.target - Swaps.
[    5.318450] systemd[1]: Reached target timers.target - Timer Units.
[    5.319616] systemd[1]: Listening on dbus.socket - D-Bus System Message
Bus Socket.
[    5.321141] systemd[1]: Listening on systemd-journald-audit.socket -
Journal Audit Socket.
[    5.322570] systemd[1]: Listening on systemd-journald-dev-log.socket -
    Journal Socket (/dev/log).
[    5.324061] systemd[1]: Listening on systemd-journald.socket -
    Journal Socket.
```
像 [5.321141] 这样的数字是从内核开始运行以来以 ms（百万分之一）为单位的时间。
遍历数据，查找诸如文件系统装载和 NIC 配置等事件。

16.6.2 systemd

systemd[⊖]是所有进程之母，它的进程 ID 永远是 1。它负责将 Linux 主机推进到可进行生产性工作的状态。它所提供的功能要比旧版本的 SystemV init 程序广泛得多，被用于管理运行中的 Linux 主机的方方面面，包括挂载文件系统以及开启与管理生产性 Linux 主机所需要的系统服务。systemd 与启动顺序无关的任务，不在本章的讨论范围，我们将在下册第 16 章加以讨论。

systemd 按 /etc/fstab（filesystem table，文件系统表）文件定义的规则挂载文件系统，包括交换文件或分区。现在，它可以访问 /etc 下面的配置文件，包括它自己的。它使用自己的配置链接 /etc/systemd/system/default.target 来决定引导主机进入哪种状态或目标。default.target 文件是到真实目标文件的符号链接[⊖]（指针）。在桌面工作站上，通常是链接到 graphical.target，相当于 SystemV 的运行级 5。在服务器上默认则更可能是 multi-user.target，相当于

⊖ 没错，哪怕是出现在语句的开头，systemd 的拼写中也不应该出现任何一个大写字母。关于这一点，在 systemd 文档中非常清楚。

⊖ 第 18 章将介绍相关链接。

SystemV 的运行级 3。emergency.target 则与单用户模式相似。目标及服务是 systemd 的单元。

systemd 目标与旧 SystemV 运行级的对比如表 16-1 所示。systemd 目标别名由 systemd 出于向后兼容的原因而提供。目标别名让像我一样的系统管理员可以在脚本中使用 SystemV 命令，好比用 init 3 来改变运行级。当然 SystemV 命令被转发给 systemd 进行解释和执行。

表 16-1　systemd 目标与旧 SystemV 运行级和一些目标别名的比较

systemd 目标	SystemV 运行级	目标别名	描述
default.target	—	—	这个目标总是用一个指向 multi-user.target 或 graphical.target 的符号链接来提供别名。Systemd 总是使用 default.target 来启动系统。default.target 的别名不能为 halt.target, poweroff.target 或 reboot.target
graphical.target	5	runlevel5.target	带有 GUI 的 multi-user.target
	4	runlevel4.target	未使用。在 SystemV 中，运行级 4 与运行级 3 是相同的。可以创建和自定义此目标，以启动本地服务，而不更改默认的 multi-user.target
multi-user.target	3	runlevel3.target	多用户运行所有服务，但只有命令行界面
	2	runlevel2.target	多用户，没有 NFS，但运行所有其他非 GUI 服务
rescue.target	1	runlevel1.target	一个基本的系统，包括在主文件系统上安装运行和救援终端，只有最基本的服务控制台
emergency.target	5	—	没有服务正在运行，文件系统未挂载。这是最基本的操作级别，仅在主控制台上运行一个紧急终端，供用户与系统交互。SystemV 中的单用户模式
halt.target	—	—	停止系统而不关闭电源
reboot.target	6	runlevel6.target	重新引导
poweroff.target	0	runlevel0.target	停止系统并关闭电源

每个目标都有一组在其配置文件中描述的依赖项。systemd 启动所需的依赖项。这些依赖项是在特定功能级上运行 Linux 主机所需的服务。当目标配置文件中所列的全部依赖项都加载完毕并运行，则表示系统运行在该目标级。

systemd 也会查看遗留的 SystemV init 目录，看里面是否有任何启动文件。如果有的话，systemd 将它们用作配置文件来启动其中所描述的服务。过时的网络服务是那些仍在 Fedora 中使用 SystemV 启动文件的一个很好的例子。

图 16-2 直接复制自 bootup 手册页[⊖]，它显示了在 systemd 启动过程中事件的一般顺序，以及确保成功启动的基本顺序要求。

sysinit.target 及 basic.target 可以看作启动过程中的检查点。尽管 systemd 的设计目标之一是并行启动系统服务，但是仍然存在某些服务及功能目标必须先于其他服务及功能目标启动。在满足所需要的服务及目标之前，无法跳过此检查点。

在其所依赖的所有单元完成后，系统到达 systinit.target。所有这些单元挂载文件系统，设置交换文件，启动 udev，设置随机数生成器种子，初始化底层服务，在一个或多个文件

⊖　使用 man bootup 命令。

系统被加密时设置加密服务，都必须完成。但在 sysinit.target 内部，这些任务可以并行执行。

sysinit.target 启动了系统基础工作以及转到 basic.target 所需要的全部底层服务及单元。

在满足 sysinit.target 之后，systemd 接下来启动 basic.target，启动满足其所需的全部单元。basic.target 通过启动所有后续目标所需的单元来提供附加功能，包括设置到各可执行目录的路径、通信套接字及定时器等事项。

最后，用户级目标（multi-user.target 或 graphical.target）被初始化。在满足图形目标依赖关系之前，必须先达到 multi-user.target。图 16-2 中箭头指向的目标通常是启动目标。到达其中任意目标，启动工作结束。如果 multi-user.target 是默认目标，你应该在控制台上看到文本模式的登录界面；如果 graphical.target 是默认目标，则你应该看到图形登录界面。看到的具体图形登录屏幕依赖于默认显示管理器。

bootup 手册页描述并提供了引导至初始内存盘及 systemd 关机过程的流程。

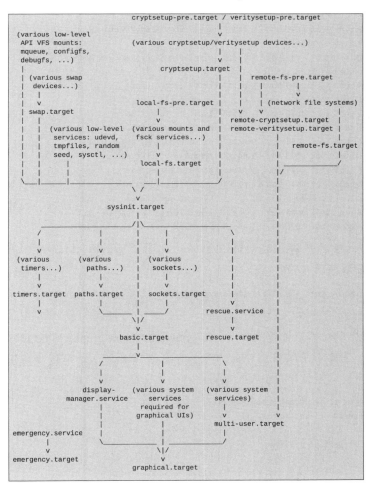

图 16-2　bootup 手册页中的 systemd 启动流程

实验 16-6 改变默认目标

到目前为止，我们只引导到 graphical.target。让我们将 default.target 更改为 multi-user. target 以引导进入控制台界面，而不是图形用户界面。

在 StudentVM1 上，以 root 用户改变当前目录至维护 systemd 配置的目录，进行一个长列表操作：

```
[root@studentvm1 ~]# cd /etc/systemd/system/ ; ll
total 56
drwxr-xr-x. 2 root root 4096 Nov  5 04:17  basic.target.wants
drwxr-xr-x. 2 root root 4096 Nov  5 04:17  bluetooth.target.wants
lrwxrwxrwx. 1 root root   37 Nov  5 04:17  ctrl-alt-del.target -> /usr/lib/
systemd/system/reboot.target
<SNIP>
lrwxrwxrwx. 1 root root   40 Jan 17 07:39  default.target -> /usr/lib/
systemd/system/graphical.target
drwxr-xr-x. 2 root root 4096 Nov  5 04:18 'dev-virtio\x2dports-org.qemu.
guest_agent.0.device.wants'
lrwxrwxrwx  1 root root   39 Feb  7 16:18  display-manager.service -> /usr/
lib/systemd/system/lightdm.service
drwxr-xr-x. 2 root root 4096 Nov  5 04:17  getty.target.wants
drwxr-xr-x. 2 root root 4096 Jan 17 07:54  graphical.target.wants
drwxr-xr-x. 2 root root 4096 Nov  5 04:18  local-fs.target.wants
drwxr-xr-x. 2 root root 4096 Jan 25 13:52  multi-user.target.wants
drwxr-xr-x. 2 root root 4096 Nov  5 04:17  network-online.target.wants
drwxr-xr-x. 2 root root 4096 Nov  5 04:18  remote-fs.target.wants
drwxr-xr-x. 2 root root 4096 Nov  5 04:18  sockets.target.wants
drwxr-xr-x. 2 root root 4096 Jan 17 02:53  sysinit.target.wants
drwxr-xr-x. 2 root root 4096 Jan 20 11:28  sysstat.service.wants
drwxr-xr-x. 2 root root 4096 Nov  5 04:18  timers.target.wants
drwxr-xr-x. 2 root root 4096 Nov  5 04:18  vmtoolsd.service.requires
```

default.target 条目是到 /lib/systemd/system 目录下 graphical.target 的符号链接。列举该目录，看看里面都还有些什么：

```
[root@studentvm1 system]# ll /lib/systemd/system/ | less
```

你应该看到这次列出了文件、目录，还有更多的链接。找一下 multi-user.target 及 graphical.target。现在显示链接到文件 /lib/systemd/system/graphical.target 的 default.target 的内容。cat 命令显示了链接文件的内容。大家可以看到，这个链接提供了对某个文件的访问，该文件实际上位于与 PWD 不同的目录中，但就像它在 PWD 中一样：

```
[root@studentvm1 system]# cat default.target
# SPDX-License-Identifier: LGPL-2.1+
#
# This file is part of systemd.
#
# systemd is free software; you can redistribute it and/or modify it
# under the terms of the GNU Lesser General Public License as published by
```

```
# the Free Software Foundation; either version 2.1 of the License, or
# (at your option) any later version.

[Unit]
Description=Graphical Interface
Documentation=man:systemd.special(7)
Requires=multi-user.target
Wants=display-manager.service
Conflicts=rescue.service rescue.target
After=multi-user.target rescue.service rescue.target display-manager.service
AllowIsolate=yes
[root@studentvm1 system]#
```

此指向 graphical.target 文件的链接描述了图形用户界面所需的全部先决条件及需求。要使系统启动到多用户模式，我们需要删除现在的链接，并创建指向正确目标的新链接。如果不在 /etc/systemd/system 下，需要将当前工作目录切换过来：

```
# rm -f default.target
# ln -s /lib/systemd/system/multi-user.target default.target
```

列出链接 default.target，验证链接是否指向正确的文件：

```
# ll default.target
lrwxrwxrwx 1 root root 37 Nov 28 16:08 default.target -> /lib/systemd/system/
multi-user.target
[root@studentvm1 system]#
```

如果你的链接与上面这个不完全一样，请删除后再试一次。列出链接 default.target 的内容：

```
[root@studentvm1 system]# cat default.target
# SPDX-License-Identifier: LGPL-2.1+
#
# This file is part of systemd.
#
# systemd is free software; you can redistribute it and/or modify it
# under the terms of the GNU Lesser General Public License as published by
# the Free Software Foundation; either version 2.1 of the License, or
# (at your option) any later version.

[Unit]
Description=Multi-User System
Documentation=man:systemd.special(7)
Requires=basic.target
Conflicts=rescue.service rescue.target
After=basic.target rescue.service rescue.target
AllowIsolate=yes
[root@studentvm1 system]#
```

default.target 在 [Unit] 部分中有了不同的要求。它不再要求图形显示管理器。

重新引导。你的虚拟机将引导到虚拟控制台 1 的控制台登录的地方，该登录在显示器上标识为 tty1。现在你清楚变更默认目标的必要工作。使用专为此目的而设计的命令，将默认目标变更回 graphical.target。首先，检查当前的默认目标：

```
# systemctl get-default
multi-user.target
```

现在使用明确指定的命令更改默认目标：

```
# systemctl set-default graphical.target
Removed /etc/systemd/system/default.target.
Created symlink /etc/systemd/system/default.target →
/usr/lib/systemd/system/graphical.target.
[root@studentvm1 ~]#
```

在使用这两种方法更改默认目标之后，你现在了解了使用 systemctl 命令时发生的事情的细节。了解这些细节可以帮助你定位问题的真正根源。

键入下面的命令，直接转到显示管理器页面，而无须重新启动：

```
# systemctl isolate default.target
```

我不太明白开发者为什么选用术语"isolate"作为 systemd 的子命令。不过，其作用就是从一个目标切换到另一个目标。本例中，从 multi-user.target 转到 graphical.target。前面的命令相当于在使用 SystemV 启动脚本及 init 程序那段时间的旧 `init 5` 命令。

登录到 GUI 桌面。

我们将在下册第 16 ～ 18 章详细讨论 systemd。

GRUB 及 systemd 初始化系统是在现代 Linux 发行版引导及启动阶段的关键组件。这两个组件顺利地协同工作，先是加载内核，随后启动生成功能性 Linux 系统的所需的全部系统服务。

尽管我发现 GRUB 及 systemd 都比前辈更加复杂，但它们同样也是易于学习与管理的。手册页有大量关于 systemd 的信息，并且 freedesktop.org[⊖]上有一个描述完整启动过程的站点及一整套线上 systemd 手册页[⊖]。

16.7　图形登录屏幕

在 graphical.target 的引导及启动过程的最后还有显示管理器和窗口管理器两个组件。无论你在 Linux GUI 桌面系统上使用哪个程序，这两个程序始终紧密协作，在你到达桌面之前给你流畅无缝的 GUI 登录体验。

16.7.1　显示管理器

显示管理器是一个功能单一的程序，其仅有的功能便是为 Linux 提供 GUI 登录屏幕。

⊖　freedesktop.org，systemd 启动过程，www.freedesktop.org/software/systemd/man/bootup.html。

⊖　freedesktop.org，systemd 手册页索引，www.freedesktop.org/software/systemd/man/index.html。

在登录到 GUI 桌面之后，显示管理器便将控制权转交给窗口管理器。当你从桌面注销后，显示管理器重新获得控制权，并显示登录屏幕，以等待再次登录。

有好几种显示管理器：有些还提供各自的桌面，比如，kdm 显示管理随 KDE 桌面一起提供；也有许多显示管理器并不与特定的桌面直接关联。不论你使用哪个桌面，你都可以将任意一个显示管理器用作登录屏幕。另外，并不是所有的桌面都有自己的显示管理器。这就是 Linux 编写良好的模块化代码的灵活性。

典型的桌面及显示管理器的简要清单如表 16-2 所示。最先安装的桌面（即 GNOME，KDE 等）的显示管理器将成为默认的显示管理器。对于 Fedora 来说，通常就是 GNOME 显示管理器 gdm。如果未安装 GNOME，则已安装桌面的显示管理器将成为默认显示管理器。如果安装时所选的桌面没有默认显示管理器，则安装并使用 gdm。如果你使用 KDE 作为桌面，则新的 SDDM 将成为默认显示管理器。

表 16-2　典型桌面及显示管理器的简要清单

桌面	显示管理器	说明
GNOME	gdm	GNOME 显示管理器
KDE	kdm	KDE 显示管理器（直至 Fdeora 20）
	lightdm	轻量显示管理器
LXDE	lxdm	LXDE 显示管理器
KDE	sddm	简单桌面显示管理器（Fdeora 21 以及上）
	xdm	默认的 X 窗口显示管理器

不论在安装系统时配置哪一个显示管理器为默认，后续安装额外的桌面不会自动变更所用的显示管理器。如果你希望改变显示管理器，你必须在命令行上自行操作。每个显示管理器都可以使用，不论你用了哪个窗口管理器及桌面。

16.7.2　窗口管理器

窗口管理器的作用是管理你的桌面，包括 GUI 登录屏幕上窗口的创建、移动以及销毁。窗口管理器与 X 窗口系统或是较新的 Wayland 共同作用来完成这些任务。X 窗口系统提供了全部的图形元素及函数来生成 Linux 或 UNIX 图形用户界面的图形。

窗口管理器还控制着其生成的窗口的外观，包括窗口的功能和装饰方面，如按钮、滚动条、窗口边框、弹出菜单等的外观。

与几乎所有其他 Linux 组件一样，有许多不同的窗口管理器可供选择。表 16-3 所示的清单仅是可用窗口管理器的部分示例。有些窗口管理器是独立的，也就是说，它们与桌面没有关联，可以用于提供一个简单的图形用户界面，而没有完整桌面环境中更加复杂、功能更丰富，也更耗资源的开销。

大部分窗口管理器都不与某个特定桌面直接关联。事实上，有些窗口管理器可以在不使用任何类型的桌面软件（如 KDE 或 GNOME）的情况下使用，为用户提供非常简约的

GUI 体验。很多桌面环境支持使用多个窗口管理器。

表 16-3　窗口管理器简要清单

桌面	窗口管理器	说明
Unity	Compiz	—
	Fluxbox	—
	FVWM	—
	IceWM	—
KDE	Kwin	从 2008 年的 KDE Plasma 4 开始
GNOME	Metacity	GNOME 2 默认
GNOME	Mutter	自 GNOME 3 起默认
LXDE	Openbox	
	twm	非常老旧而简单的窗口管理器。在没有其他窗口管理器或桌面可用时，一些发行版用它作为后备选项
Xfce	xfwm4	—

16.7.3　如何选择

在大部分现代发行版上，这些选择是在安装期间为你做出的，基于你选择的桌面及发行版打包者的喜好。可以轻松变更桌面、窗口管理器及显示管理器。

现在在许多发行版中，systemd 已经成为标准启动系统，你可以在基本系统启动配置所在的位置 /etc/systemd/system 中指定喜欢的显示管理器。名为 display-manager.service 的符号链接指向 /usr/lib/systemd/system 下的一个显示管理器服务单元。每个已安装的显示管理器都在这个目录有一个服务单元。要改变活动的显示管理器，移除现在的 display-manager.service 链接，将其替换成你想要使用的那个。

实验 16-7　显示和窗口管理器

以 root 身份来进行此实验。我们将安装额外的显示管理器及独立的窗口管理器，随后在其中进行切换。

核对并查看已经安装了什么窗口管理器。打包窗口管理器的 RPM 命名不具有一致性，因此难以通过简单的 DNF 搜索找到它们。除非你已经知道 RPM 包名称。经过一些研究，我这样做：

```
# dnf list compiz fluxbox fvwm icewm xorg-x11-twm xfwm4
Last metadata expiration check: 0:19:40 ago on Sun 05 Feb 2023
01:37:32 PM EST.
Installed Packages
xfwm4.x86_64                    4.16.1-6.fc37                   @anaconda
Available Packages
compiz.i686                     1:0.8.18-6.fc37                 fedora
compiz.x86_64                   1:0.8.18-6.fc37                 fedora
```

```
fluxbox.x86_64              1.3.7-20.fc37                    fedora
fvwm.x86_64                 2.6.9-8.fc37                     fedora
icewm.x86_64                3.3.1-1.fc37                     updates
```

现在我们来看一些显示管理器：

```
# dnf list gdm kdm lightdm lxdm sddm xfdm xorg-x11-xdm
Last metadata expiration check: 0:20:23 ago on Sun 05 Feb 2023
01:37:32 PM EST.
Installed Packages
lightdm.x86_64              1.32.0-2.fc37                    @anaconda
Available Packages
gdm.i686                    1:43.0-3.fc37                    fedora
gdm.x86_64                  1:43.0-3.fc37                    fedora
kdm.x86_64                  1:4.11.22-36.fc37                fedora
lightdm.i686                1.32.0-2.fc37                    fedora
lxdm.x86_64                 0.5.3-22.D20220831git2d4ba970.fc37    fedora
sddm.i686                   0.19.0^git20221025.fc24321-1.fc37     fedora
sddm.x86_64                 0.19.0^git20221025.fc24321-1.fc37     fedora
```

每个显示管理器都是作为 systemd 服务启动的，因此，确定系统安装了哪些显示管理器的另一方法便是，检查 /usr/lib/systemd/system 目录。lightdm 显示管理器在安装和可用时显示两次，因为在执行该任务时它有更新：

```
# cd /usr/lib/systemd/system/ ; ll *dm.service
-rw-r--r--. 1 root root 1081 Jul 21  2022 lightdm.service
[root@studentvm1 system]#
```

比如我的虚拟机，应该只有单一的显示管理器 lightdm。我们来安装额外的显示管理器 lxdm，以及窗口管理器 FVWM、Fluxbox 及 Icewm：

```
# dnf install -y lxdm compiz fvwm fluxbox icewm
```

现在我们应该重新启动显示管理器服务，以便在显示管理器选择工具中显示新安装的窗口管理器。最简单的方法便是从桌面注销，并在虚拟控制台⊖中重启显示管理器。

```
# systemctl restart display-manager.service
```

或者我们可以切换成多用户目标，然后再切换成图形目标来做到这一点。
这么做，看看在这些目标间是如何切换的：

```
# systemctl isolate multi-user.target
# systemctl isolate graphical.target
```

不过第二种方法需要更多输入操作。如果有必要的话，先退出登录，在虚拟控制台上切换回 lightdm 登录屏幕，并且看一下 lightdm 登录屏幕的右上角，最左侧图标（在我的虚拟机看起来像是一张带着扳手的纸⊖）允许我们选择桌面或是在我们登录之前想用的

⊖ 在 GUI 登录屏幕下按 <Ctrl+Alt+Fn>（Fn 可以是 F1 到 F6）即可打开虚拟控制台。——译者著
⊖ 在你的版本的 lightdm 上，这个图标或许不同。此图标用于显示当前选择的显示管理器，因此当你选择不同的显示管理器时将发生变化。

窗口管理器。单击这个图标，并且从如图 16-3 所示的菜单中选择 FVWM，然后登录。

图 16-3　lightdm 显示管理器菜单现在显示了新安装的窗口管理器

通过在桌面中单击来探索此窗口管理器。打开一个 Xterm 实例，找到访问程序的菜单选项。如图 16-4 所示是 FVWM 的桌面（不是像 KDE 及 GNOME 一样的桌面环境），桌面上有一个打开的 Xterm 实例与一个通过单击打开的菜单树。右击打开不同的菜单。

FVWM 是一个非常基础但又很实用的窗口管理器。像大多数窗口管理器一样，它提供了可以访问各种功能的菜单系统以及支持简单窗口功能的图形显示。FVWM 还提供了多窗口功能，可在其中运行多个程序，以实现任务管理功能。

请注意，图 16-4 所示的 XDGMenu 还包含 Xfce 应用程序。Start Here 菜单项指向 FVWM 菜单，其中包括主机上安装的所有标准 Linux 应用程序。

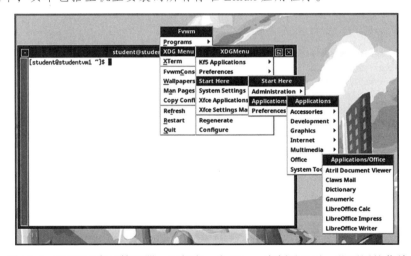

图 16-4　FVWM 窗口管理器，运行有一个 Xterm 实例及显示一些可用的菜单

花费一点时间探索 FVWM 界面之后，注销退出。找不到注销的方法？我也不能，因为确实非常不直观。在桌面上单击，打开 FvwmConsole，然后键入命令 Quit（是的，没有看错，大写的 Q），然后按 <Enter> 键。

我们也可以打开 Xterm 会话，并使用下面的命令，终止所有属于 student 用户的 FVWM 窗口管理器的全部实例：

```
# killall fvwm
```

试一下其他每个窗口管理器，探索启动应用程序及终端会话的基本功能。完成后退出所在的任何窗口管理器，并使用 Xfce 桌面环境再次登录。

现在将显示管理器更改为我们新安装的管理器中的一个。每个显示管理器都具有相同的功能，提供登录用的图形用户界面，及一些配置，例如作为用户界面启动的桌面环境或窗口管理器。进入 /etc/systemd/system 目录，列出显示管理器服务的链接：

```
# cd /etc/systemd/system/ ; ll display-manager.service
total 60
lrwxrwxrwx. 1 root root 39 Nov  5 04:18 display-manager.service -> /usr/lib/
systemd/system/lightdm.service
```

找出目录 /usr/lib/systemd/system/ 下的全部显示管理器服务：

```
# ll /usr/lib/systemd/system/*dm.service
-rw-r--r--. 1 root root 1081 Jul 21  2022 /usr/lib/systemd/system/
lightdm.service
-rw-r--r--  1 root root  384 Sep 11 02:19 /usr/lib/systemd/system/
lxdm.service
```

做如下变更：

```
# rm -f display-manager.service
# ln -s /usr/lib/systemd/system/lxdm.service display-manager.service
# ll display-manager.service
lrwxrwxrwx 1 root root 36 Feb  5 16:08 display-manager.service -> /usr/lib/
systemd/system/lxdm.service
```

据我所知，在这里，重新引导主机是唯一可靠激活新显示管理器的方法。重新引导虚拟机以完成此操作。图 16-5 显示了 lxdm 显示管理器的外观。

图 16-5　lxdm 显示管理器看起来与 lightdm 有点不同，但执行相同的功能，允许你选择窗口
　　　　管理器并登录

使用 lxdm 方式登录。然后注销并切换回 lightdm。

不同的发行版及桌面有不同的改变显示管理器的方法，但是通常改变桌面环境也会将窗口管理器改为当前桌面上默认的那个。在当前 Fedora Linux 版本上，可以在显示管理器的登录屏幕上变更桌面环境。如果还安装有独立的窗口管理器，则它们也出现在桌面环境列表中。

有许多不同的显示及窗口管理器可供选择。在你安装大多数现代发行版时，不管哪种类型的桌面，安装和激活哪些发行版通常由安装程序决定。对大部分用户来说，不需要更改这些选择。对那些有不同需求的人，或者更喜欢冒险的人来说，有很多选项及组合可供他们选择。小作一番研究，你可以做一些有趣的改变。

16.8　恢复模式

恢复模式通常有三个不同的术语：恢复、救援和维护。它们在功能上都是一样的。当 Linux 主机在引导和启动过程中出现错误，导致无法引导到默认目标时，通常采用维护模式。

恢复模式的作用是在系统处于低级别运行时，系统管理员可以访问系统，系统业务不运行，除了 root 用户外，其他用户都不能登录。这可以防止用户丢失数据，它也可以防止未经授权的远程访问，如通过 SSH 远程用户可以安装恶意软件或窃取数据。root 用户可以在恢复模式下自由地操作，而不必担心对其他用户的影响。

许多维护任务在 graphical.target 和 multi-user.target 中运行时无法执行。因此，这些任务必须在维护模式下执行。

实验 16-8　恢复模式

重新引导 StudentVM1 虚拟机。当显示 GRUB 菜单时按 <Esc> 键。浏览此菜单后，选择恢复模式，如图 16-6 所示，然后按 <Enter> 键。

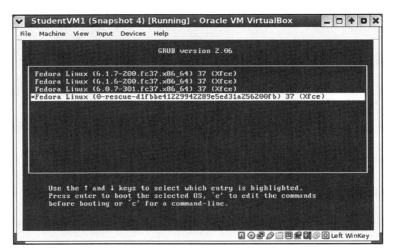

图 16-6　选择恢复模式

我发现它没有正常工作，计算机最终运行了 graphical.target。救援模式在一段时间内没有正常工作。但是，它可能在未来被修复，所以你应该知道这个进入它的方法。

16.8.1 当引导到救援模式失败时

你进入救援模式失败的概率非常高。本节将向你展示进入救援模式以执行系统维护的一致方法。只需要额外的一点工作，但很简单，你最终会达到相同的地方。

实验 16-9　另一种进入恢复模式的方法

这个实验向你展示了另一种进入恢复模式的方法。虽然事实是需要修改内核命令行（这听起来很可怕），但这非常容易。

重新引导虚拟机，进入 GRUB 菜单，如图 16-7 所示，按 <E> 键编辑 Linux 内核命令行。当你按下 <E> 键时，不要按 <Shift> 键。

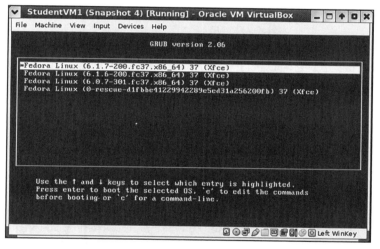

图 16-7　按 <E> 键编辑 Linux 内核命令行

此时，你会立即看到一个简单的编辑器，允许修改内核命令行，如图 16-8 所示。按 <↓> 键将光标向下移动到"linux"开头的那一行。然后按 <End> 键前往该行结束位置。键入 1 以将其添加到该行的末尾。图 16-8 所示的大箭头显示了 1 的最终位置。

图 16-8 在屏幕下方展示了基本的编辑命令。请阅读这些命令，但请你务必了解按 <Ctrl+C> 或 <F2> 键进入命令行意味着 GRUB 命令行，而不是 Bash 命令行。两者有很大的区别。

在内核命令行末尾添加一个 1 之后，按 <F10> 键引导到救援模式。

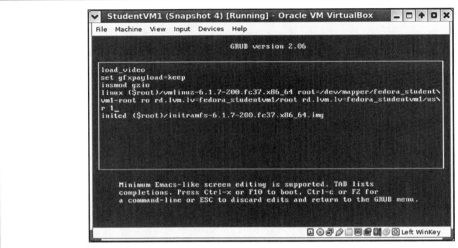

图 16-8　在内核命令行末尾添加一个"1"，然后按 <F10> 键进入救援模式

16.8.2　在救援模式下工作

现在你处于救援模式，你可以执行一个简单的实验，在这个实验中你将了解该模式的使用。

实验 16-10　探索救援模式

当系统进入如图 16-9 所示的维护登录界面时，输入 root 密码并按 <Enter> 键。

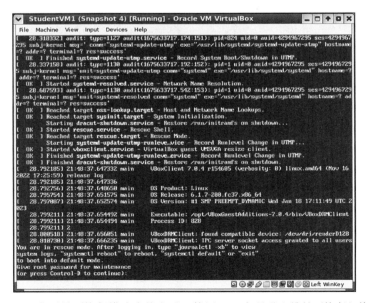

图 16-9　在引导到恢复模式内核之后，使用 root 密码进入维护（恢复）模式

当处于恢复模式时，探索一下系统，它处于与过去称为单用户模式等效的状态。

`lsblk` 工具显示所有文件系统都装载到正确的位置，`nmcli` 命令显示网络尚未启动。计算机已经启动并运行，但它处于一种非常小的操作模式。只有最基本的服务用来解决问题。`runlevel` 命令显示该主机所处状态与旧的 SystemV 运行级 1 是一样的。

图 16-10 显示了这些命令的结果。

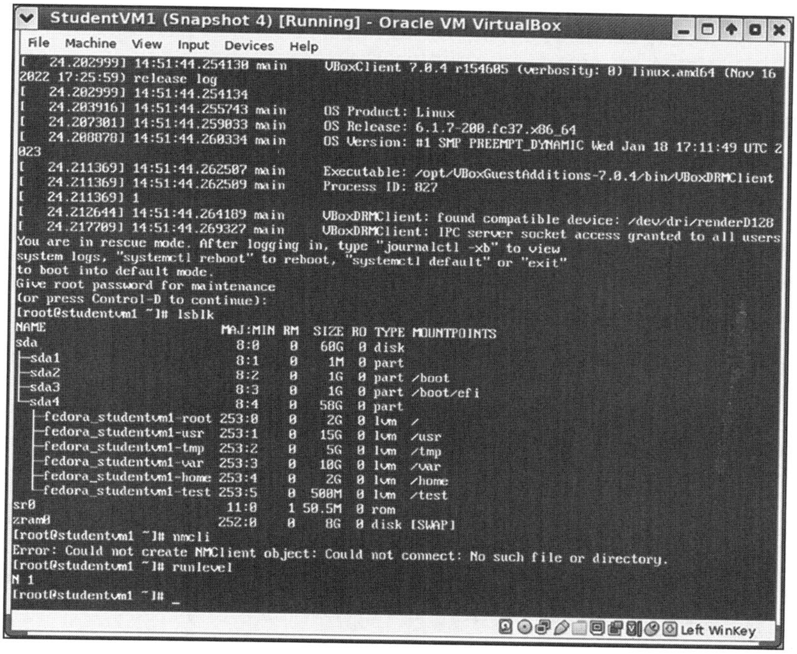

图 16-10　在救援模式下工作

花几分钟时间来探索一下救援模式。

16.9　关于登录

Linux 主机开机后，它引导并历经启动过程。当启动过程结束，将为你呈现一个图形或是命令行登录屏幕。没有登录提示，就不可能登录到 Linux 主机上。

登录提示的显示方式及用户注销后新提示的显示方式，是 Linux 启动过程最后要了解的阶段。

16.9.1　命令行登录屏幕

命令行登录屏幕由名为 getty 的程序开启，getty 表示 Get TTY（获取 TTY 终端）。getty

的历史功能是等待远程哑终端从串行线路接入。getty 生成登录屏幕，并等待登录行为的发生。一旦远程用户登入，getty 程序终止，启动用户账户所对应的默认终端，并允许用户在命令行上与主机交互。在用户注销后，init 程序将生成一个新的 getty 来为监听下一次连接。

除了少量更新外，今天的过程大致相同。我们现在使用 agetty（getty 的高阶版本），与 systemd 服务管理器结合，来处理 Linux 虚拟控制台以及日益罕见的调制解调线路传入。下面列出的步骤显示了现代 Linux 计算机中的事列顺序：

1）systemd 启动 systemd-getty-generator 守护进程。

2）systemd 通过 serial-getty@.service 在每个虚拟控制台上生成 agetty。

3）agetty 等待虚拟控制台连接，即用户切换到某个虚拟控制台上。

4）agetty 在显示器上呈现出字符模式的登录屏幕。

5）用户登录。

6）/etc/passwd 中指定的终端启动。

7）终端配置脚本运行。

8）用户在终端会话中工作。

9）用户注销。

10）systemd-getty-generator 在已注销的虚拟控制台上生成 agetty。

11）转到步骤 3。

从步骤 3 开始是一个循环过程。只要主机启动并运行，该过程就一直重复。用户从旧的会话注销后，虚拟控制台将立即显示新的登录屏幕。

16.9.2　图形登录屏幕

由显示管理器呈现的图形登录屏幕的处理方式与 systemd-getty-generator 处理字符模式登录大致相同：

1）启动过程结束时，systemd 启动指定的显示管理器。

2）显示管理器显示图形登录屏幕，通常在虚拟控制台 1 上。

3）显示管理器等待用户登录。

4）用户登录。

5）启动指定的窗口管理器。

6）如果有指定的桌面图形用户界面，则启动它。

7）用户在窗口管理器或桌面中工作。

8）用户注销。

9）systemd 重新调用显示管理器。

10）转到第 2 步。

步骤几乎相同，显示管理器的作用就相当于是 agetty 的图形版本。

总结

我们已经详细讨论了 Linux 的引导与启动过程。本章探讨了重新配置 GRUB 引导加载器来显示引导及启动消息，以及为 GRUB 菜单创建具有实效的恢复模式条目。因为在尝试引导到救援模式的内核时出现了错误，我们讨论了作为管理员通过合适的渠道报告错误的责任。

我们安装并探索了一些不同的窗口管理器，作为更复杂桌面环境的替代方案。桌面环境确实依赖于至少一个窗口管理器来实现它们的底层图形功能，提供有用的、满足所需的、时而有趣的特性。我们还发现了如何变更默认的显示管理器，来提供一个不同的 GUI 登录屏幕、GUI 及命令行登录的工作原理。

本章还学习了从文件和硬盘驱动器的特定位置提取数据的工具，如 dd 等。了解这些工具以及如何使用它们来定位、跟踪数据和文件，可以为系统管理员提供探索 Linux 其他方面的技能。

练习

完成以下练习来结束本章：

1）描述 Linux 引导过程。

2）描述 Linux 启动过程。

3）GRUB 的用途是什么？

4）GRUB 第 1 阶段在硬盘上的什么位置？

5）systemd 在启动过程中的作用是什么？

6）systemd 启动目标文件及链接存放在哪？

7）配置 StudentVM1 主机，将 default.target 设置为 reboot.target，并且重新启动系统。观察虚拟机自己重启几次后，重新配置 default.target，将其指回 graphical.target，并且重新引导。

8）在救援模式下，可以卸载根（/）分区吗？

9）agetty 的作用是什么？

10）描述显示管理器的作用。

11）哪个 Linux 组件附加到了虚拟控制台并显示了文本模式登录屏幕？

12）列出并描述在用户从登录虚拟控制台直到注销期间，所涉及的 Linux 组件及发生的事件序列。

13）在从桌面上的 root 终端会话中使用命令 `systemctl restart display-manager.service` 重启显示管理器服务后，会发生什么？

Chapter 17 第 17 章

终端配置

目标

在本章中，你将学习以下内容：

❏ 如何配置 Bash 终端？

❏ 为了使你所做的更改不会在更新期间被覆盖，应如何修改 Bash 终端的配置？

❏ 用于配置 Linux 终端的全局 / 用户级文件名及其位置。

❏ 应避免修改哪些终端配置？

❏ 如何设置终端选项？

❏ 存放及查找补充配置文件的位置。

❏ 如何从命令行设置环境变量？

❏ 如何使用终端配置文件设置环境变量？

❏ 别名的作用及设置。

本章，我们将学习如何配置 Bash 终端，因为几乎在所有 Linux 发行版中，Bash 终端都是默认终端。其他终端也拥有非常相似的配置文件，并且其中许多文件与全局配置的 /etc 目录下的和本地配置的用户主目录下的 Bash 配置文件共存。

我们将探究环境变量和终端变量，以及它们如何影响终端本身的行为，以及在终端中运行的程序的行为。我们将探索进行 Bash 终端全局配置及用户个性化配置的文件。本章不是关于每一个可能的环境变量资料，更多的是学习用于配置 Bash 终端的文件在哪里，如何对其进行管理。

我们已经了解了环境变量 \$PATH 及 \$?，然而，除了这两个环境变量，还有很多其他变量。比如，\$EDITOR 变量定义了程序在调用编辑器时所使用的默认文本模式编辑器的名称。并且正如我们所看到的那样，\$PATH 环境变量定义了一个目录列表，终端在其中查找命令。

这些变量大多用于帮助定义终端以及在终端中运行程序的行为方式。运行程序（无论是命令行方式还是 GUI 方式）时，可以提取一个或多个环境变量的值，以确定特定的行为。

17.1 启动终端

启动终端时发生的事件序列为我们提供了理解其配置所需的信息。从全局配置文件开始，然后是允许用户覆盖全局配置的本地配置文件。我们在本节接触到的所有文件都是 ASCII 文本文件，直观易懂且可更改。当然，其中一些文件不可以更改，但其内容可以在本地配置文件中覆盖。

在进一步探索之前，我们需要定义几个术语。有多种方法可以启动终端，这就导致了启动终端的多种情况。这里我们关注两种情况，它们会导致不同环境和执行终端初始化的不同顺序：

❑ **登录终端**：登录终端是指你需要使用用户 ID 及密码来获取访问权的终端。使用虚拟控制台及使用 SSH 远程登录就是这种情形。从这种意义上说，GUI 桌面⊖也可看作是一个登录终端。

❑ **非登录终端**：非登录终端是从另一个已在运行的终端中生成或启动的终端。其父终端可以是登录终端或其他非登录终端。非登录终端可以通过 screen 命令从 GUI 桌面内启动，也可以从终端模拟器中启动。可以打开多个选项卡或窗口，每个都可以包含一个终端实例。

有 5 个主要文件及 1 个目录，其中包含用于配置 Bash 环境的系统级配置文件。我们后面会逐个仔细研究，这里暂时列举它们以及相关的功能：

❑ /etc/profile：系统范围的环境及启动程序。

❑ /etc/bashrc：系统范围的函数及别名。

❑ ~/.bash_profile：用户专用的环境及启动程序。

❑ ~/.bashrc：用户专用的别名及函数。

❑ ~/.bash_logout：在用户注销时执行的专用命令。

❑ /etc/profile.d/：此目录中包含系统范围内用于配置各种命令行工具（如 vim 及 mc）的脚本。系统管理员也可以在此目录中放置自定义配置脚本。

位于 /etc/skel 目录下的所有用户终端配置文件（如 ~/.bash_profile 及 ~/.bashrc）在创建每一个新用户账户时，将这些文件复制到新账户主目录下。我们会在下册第 16 章探讨管理用户及创建新账户。

全部 Bash 配置文件的执行顺序如图 17-1 所示。它看起来很复杂，事实确实如此。但一旦我们将其厘清，你将会理解 Bash 是如何配置的。你将知晓在哪里修改可以覆盖默认

⊖ GUI 桌面在很多方面都可以看作一个终端，其登录过程与虚拟控制台上的登录过程十分相似。

值，增加到 $PATH 中，防止今后的更新覆盖你所做的变更。注意，全局配置文件位于 /etc 或是它的某个子目录，而本地 Bash 配置文件位于登录用户的主目录（~）。

让我们跟着图 17-1 所示的流程来浏览配置顺序，随后再做几个实验，以便让你在必要时知道自己如何遵循配置顺序。注意图 17-1 中的虚线表示该脚本调用了外部脚本，并在调用完成后将控制权归还给发起调用的脚本。因此，/etc/profile 及 /etc.bashrc 均调用位于 /etc/profile.d 的脚本，~/.bash_profile 调用 ~/.bashrc，并且这些脚本执行完成后，控制权归还给调用它们的脚本。

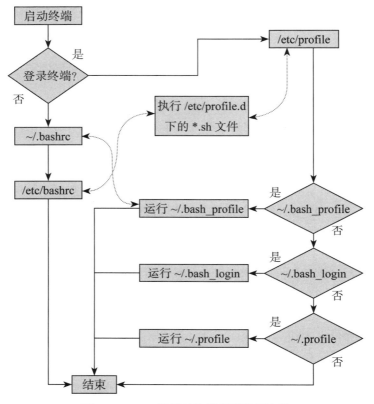

图 17-1　Bash 终端的终端程序配置流程

17.1.1　启动非登录终端

由于非登录终端相对简单一点，我们从非登录终端开始。从图 17-1 的左上角开始，我们启动了终端。首先，我们确认了这是一个非登录终端，在决策流程图中我们选取路径"否"。这是因为我们已经登录到了桌面。

这条路径引导我们执行调用 /etc/bashrc 的 ~/.bashrc。/etc/bashrc 程序包含调用 /etc/profile.d 中以 *.sh 结尾的文件和 sh.local 文件的代码。这些不是 /etc/profile.d 目录下唯一的文件，因为其他终端也在那里存储配置文件。在 /etc/profile.d 目录下的所有 Bash 配置文件执行完毕之后，控制权回到 /etc/bashrc，它进行一些清理，然后退出。至此，Bash 终端已完全配置好了。

17.1.2 启动登录终端

对于登录终端，其脚本的启动和配置顺序要比非登录终端复杂得多。其实，它们的大部分配置都是相同的。

这一次，在图 17-1 的第一个决策流程处，我们选取路径"是"。这将执行 /etc/profile 的脚本。/etc/profile 包含一些自己的代码，这些代码执行 /etc/profile.d 下面所有以 *.sh 结尾的文件，以及文件 sh.local。在这些文件执行完毕后，控制权回到 /etc/profile，然后 /etc/profile 执行完成。

现在终端将依次查找三个文件，~/.bash_profile、~/.bash_login、~/.profile。它将执行所找到的第一个文件，并忽略其他文件。Federa 的主目录下通常包含 ~/.bash_profile，即要执行的文件。而 ~/.bash_login 及 ~/.profile 两个文件是不存在的，因为没有实际意义。也有人认为它们可能存在于老旧遗留主机中，因此终端会继续查找它们，以保持向后兼容性。如机器学习框架 Torch 等软件将环境变量保存在 ~/.profile。还有其他软件可能会使用这些遗留文件。

~/.bash_profile 配置文件还会调用 ~/.bashrc 文件，~/.bashrc 在执行完之后会将控制权交还给 ~/.bash_profile。在 ~/.bash_profile 执行结束后，终端的配置便完成了。

17.1.3 探索全局配置脚本

/etc、/etc/profile、/etc.bashrc 以及 /etc/profile.d 中的所有 *.sh 脚本，都是 Bash 终端的全局配置脚本。全局配置为所有用户所继承，对这些脚本内容做些了解，有助于我们更好地理解它们是如何结合在一起的。

实验 17-1　全局配置脚本

请以 student 用户进行本实验。将 /etc 设为 PWD，随后观察 /etc/profile 的权限：

```
# cd /etc ; ll profile
-rw-r--r--. 1 root root 2078 Apr 17  2018 profile
```

该文件对所有人可读，但只有 root 可修改。注意，其中的执行权限并未设置。事实上，这些配置文件都不会被标记为可执行，尽管必须被执行才能设置环境。这是因为终端"引用"了 /etc/profile，/etc/profile 随后又引用了其他设置文件。在获取文件之后（使用 source 命令完成，或是使用更短的替代符，点号"."），文件中的指令将被执行。

使用 less 命令查阅 /etc/profile 的内容，看一下它都有哪些操作。没有必要对整个文件进行详细分析。但是，你应该能够找到某些环境变量是在哪里设置的。搜索 PATH

来看一下 $PATH 是怎么设置的。在文件的描述性注释之后，你首先看到的是一个命名为
"pathmunge" 的过程，它由后面的代码在需要修改初始路径时调用：

```
pathmunge () {
    case ":${PATH}:" in
        *:"$1":*)
            ;;
        *)
            if [ "$2" = "after" ] ; then
                PATH=$PATH:$1
            else
                PATH=$1:$PATH
            fi
    esac
}
```

在这之后是用来确认启动终端的用户的有效用户 ID（$EUID）的一些代码。接下来
是设置 $PATH 中的初始元素的代码，依据 $EUID 是 root（其值为 0）还是其他非 root 用
户（其值不为 0）来设置：

```
# Path manipulation
if [ "$EUID" = "0" ]; then
    pathmunge /usr/sbin
    pathmunge /usr/local/sbin
else
    pathmunge /usr/local/sbin after
    pathmunge /usr/sbin after
fi
```

root 用户的路径与其他用户有所区别，这也是 Bash 终端的代码所导致的。现在让我
们看一下接近文件底部的一些代码。下一段代码是在 /etc/profile.d 中定位和执行 Bash 配
置脚本的部分：

```
for i in /etc/profile.d/*.sh /etc/profile.d/sh.local ; do
    if [ -r "$i" ]; then
        if [ "${-#*i}" != "$-" ]; then
            . "$i"
        else
            . "$i" >/dev/null
        fi
    fi
done
```

列举 /etc/profile.d 目录下的文件：

```
$ ll /etc/profile.d/*.sh
-rw-r--r--. 1 root root  664 Jun 18 06:41 /etc/profile.d/Bash_completion.sh
-rw-r--r--. 1 root root  201 Feb  7  2018 /etc/profile.d/colorgrep.sh
-rw-r--r--. 1 root root 1706 May 29 12:30 /etc/profile.d/colorls.sh
-rw-r--r--. 1 root root   56 Apr 19  2018 /etc/profile.d/colorsysstat.sh
-rw-r--r--. 1 root root  183 May  9  2018 /etc/profile.d/colorxzgrep.sh
```

```
-rw-r--r--. 1 root root   220 Feb  9  2018 /etc/profile.d/colorzgrep.sh
-rw-r--r--. 1 root root   757 Dec 14  2017 /etc/profile.d/gawk.sh
-rw-r--r--  1 root root    70 Aug 31 08:25 /etc/profile.d/gnome-ssh-askpass.sh
-rw-r--r--  1 root root   288 Mar 12  2018 /etc/profile.d/kde.sh
-rw-r--r--. 1 root root  2703 May 25 07:04 /etc/profile.d/lang.sh
-rw-r--r--. 1 root root   253 Feb 17  2018 /etc/profile.d/less.sh
-rwxr-xr-x  1 root root   153 Aug  3  2017 /etc/profile.d/mc.sh
-rw-r--r--  1 root root   488 Oct  3 13:49 /etc/profile.d/myBashConfig.sh
-rw-r--r--. 1 root root   248 Sep 19 04:31 /etc/profile.d/vim.sh
-rw-r--r--. 1 root root  2092 May 21  2018 /etc/profile.d/vte.sh
-rw-r--r--. 1 root root   310 Feb 17  2018 /etc/profile.d/which2.sh
```

你能看到我添加的文件吗？就是 myBashConfig.sh，它不存在于你的虚拟机中，但在我的主工作站上。下面是 myBashConfig.sh 的内容。我设置了一些别名，为我的 Bash 终端命令行设置了 Vi 编辑模式以及几个环境变量：

```
####################################################################
# The following global changes to Bash configuration added by me
####################################################################
alias lsn='ls --color=no'
alias vim='vim -c "colorscheme desert" '
alias glances='glances -t1'
# Set vi for Bash editing mode
set -o vi
# Set vi as the default editor for all apps that check this
# Set some shell variables
EDITOR=vi
TERM=xterm
```

你还应该看一下 /etc/profile.d 下面一些其他 Bash 配置文件的内容，去观察一下它们做了什么。

/etc/profile 最后一段代码是引用并运行 /etc/bashrc，如果该文件存在，来看看 $BASH_VERSION 变量是否为空：

```
if [ -n "${BASH_VERSION-}" ] ; then
    if [ -f /etc/bashrc ] ; then
            # Bash login shells run only /etc/profile
            # Bash non-login shells run only /etc/bashrc
            # Check for double sourcing is done in /etc/bashrc.
            . /etc/bashrc
    fi
fi
```

现在看一下 /etc/bashrc 的内容，就如该文件第一段注释中所说的，其作用是设置系统范围的函数与别名，包括设置终端模拟器的类型，命令行提示字符串，定义了在创建新文件时的默认权限的 umask，以及非常重要的 $SHELL 变量，该变量定义了 Bash 终端可执行文件完全路径和名称。我们将在第 18 章探讨 umask。

所有用于 Bash 终端全局配置的默认文件都不应被修改。要修改或增加全局配置，你应

该在 /etc/profile.d 目录下添加一个自定义文件，在其中包含你希望创建的配置模块。该文件的名称不重要，但必须以 ".sh" 结尾。不过，我建议给它取一个有明显意义的名字。

17.1.4 探索本地配置脚本

本地 Bash 配置文件位于用户的主目录下，每个用户都可以修改这些文件，从而根据自己的喜好配置终端环境。本地配置文件 .bashrc 及 .bash_profile 包含一些极基本的配置项。

实验 17-2 本地配置脚本

启动登录终端后，Bash 首先运行 /etc/profile。在运行完 /etc/profile 后，运行 ~/.bash_profile。查阅一下 ~/.bash_profile 文件。我们在本实验中查阅的本地文件都足够短小，足以在这里以全貌呈现。

```
$ cat .bash_profile
# .bash_profile

# Get the aliases and functions
if [ -f ~/.bashrc ]; then
        . ~/.bashrc
fi
# User specific environment and startup programs

PATH=$PATH:$HOME/.local/bin:$HOME/bin

export PATH
```

~/.bash_profile 运行了 ~/.bashrc，在环境中设置了别名与函数。随后，设置并导出了路径。这意味着路径适用于后续所有非登录终端。

~/.bashrc 配置文件由 ~/.bash_profile 所调用。该文件，调用了 /etc/bashrc，如下所示：

```
$ cat .bashrc
# .bashrc

# Source global definitions
if [ -f /etc/bashrc ]; then
        . /etc/bashrc
fi

# Uncomment the following line if you don't like systemctl's auto-paging
feature:
# export SYSTEMD_PAGER=

# User specific aliases and functions
[student@studentvm1 ~]$
```

这些文件中的注释标明了用户可以在什么位置插入本地配置，诸如环境变量或是别名。

17.1.5 小试牛刀

解释得很好，一切都很好，但它到底意味着什么呢？有一个方法可以找出答案，也是我经常使用的技巧，用于在复杂且相互关联的终端程序系统中，或是在终端程序过程中测试执行顺序。我仅仅是在每个有疑惑的程序开头加上一个 echo 语句，说明哪个终端程序在运行。

实验 17-3　追踪配置脚本执行

编辑下面的每一个终端程序，在程序的开头增加一行。我已经用粗体突出了要添加的行，所以你知道应该在哪里放置它们。在本实验中，可以安全地忽略在每个程序中内嵌的反对修改的警示性注释。

这里的前三个程序需要由 root 来修改：

1. 编辑 /etc/profile 配置文件

```
# /etc/profile

# System wide environment and startup programs, for login setup
# Functions and aliases go in /etc/bashrc

# It's NOT a good idea to change this file unless you know what you
# are doing. It's much better to create a custom.sh shell script in
# /etc/profile.d/ to make custom changes to your environment, as this
# will prevent the need for merging in future updates.

pathmunge () {
    case ":${PATH}:" in
        *:"$1":*)
            ;;
        *)
            if [ "$2" = "after" ] ; then
                PATH=$PATH:$1
            else
                PATH=$1:$PATH
            fi
    esac
}
```

echo "Running /etc/profile"

```
if [ -x /usr/bin/id ]; then
    if [ -z "$EUID" ]; then
        # ksh workaround
        EUID=`id -u`
        UID=`id -ru`
    fi
    USER="`id -un`"
    LOGNAME=$USER
    MAIL="/var/spool/mail/$USER"
fi
```

注意，在 /etc/profile 这个案例中，我们将代码添加在了 pathmunge 过程之后，这是因为所有的过程都必须出现在任何内联代码之前[注]。

[注]　我们将在下册第 10 章中讨论终端代码、过程及程序结构。

2. 编辑 /etc/bashrc 文件

```
# /etc/bashrc

# System wide functions and aliases
# Environment stuff goes in /etc/profile

# It's NOT a good idea to change this file unless you know what you
# are doing. It's much better to create a custom.sh shell script in
# /etc/profile.d/ to make custom changes to your environment, as this
# will prevent the need for merging in future updates.

echo "Running /etc/bashrc"

# Prevent doublesourcing
if [ -z ".bashrcSOURCED" ]; then
  .bashrcSOURCED="Y"
```

3. 添加一个新的 Bash 终端程序 /etc/profile.d/myBashConfig.sh，并添加以下两行，它不需要成为可执行的文件：

```
# /etc/profile.d/myBashConfig.sh
echo "Running /etc/profile.d/myBashConfig.sh"
```

student 用户应该为 student 用户账户修改 .bash_profile 与 .bashrc 文件。

1. 编辑 ~/bash_profile

```
# .bash_profile
echo "Running ~/.bash_profile"
# Get the aliases and functions
if [ -f ~/.bashrc ]; then
    . ~/.bashrc
fi

# User specific environment and startup programs

PATH=$PATH:$HOME/.local/bin:$HOME/bin

export PATH
```

2. 编辑 ~/.bashrc 文件

```
# .bashrc
echo "Running ~/.bashrc"

# Source global definitions
if [ -f /etc/bashrc ]; then
    . /etc/bashrc
fi

# Uncomment the following line if you don't like systemctl's auto-paging
feature:
# export SYSTEMD_PAGER=

# User specific aliases and functions
```

在前面所示的所有文件全部修改完后，在桌面上打开一个新的终端会话。执行的每个文件都应该在终端上打印出自己的名称，如下所示：

```
Running ~/.bashrc
Running /etc/bashrc
Running /etc/profile.d/myBashConfig.sh
[student@studentvm1 ~]$
```

因此，根据所运行的终端配置脚本的顺序可以看出这是图 17-1 所示的非登录终端。切换到虚拟控制台 2，并且以 student 用户登录，你将看到如下数据：

```
Last login: Sat Nov 24 11:20:41 2018 from 192.178.0.1
Running /etc/profile
Running /etc/profile.d/myBashConfig.sh
Running /etc/bashrc
Running ~/.bash_profile
Running ~/.bashrc
Running /etc/bashrc
[student@studentvm1 ~]$
```

这个实验准确地显示出运行了哪些文件，以及运行的顺序。它验证了我从其他文档中读到的大部分内容，以及我对这些文件的代码所做的分析。然而，我故意在我所做的分析及图 17-1 的流程中留下了一处错误，你能找出其中的区别及原因吗？ ⊖

17.2 探索环境

我们已经研究了一些环境变量，并了解到它们会在某些情况下影响终端的行为。环境变量与任何其他变量一样，由变量名及值构成。终端或在终端下运行的程序检查一些变量的内容，并使用这些变量的值来确定如何响应特定的输入、数据值或其他触发因素。典型的变量如下所示：

变量名称=值

可以通过简单的工具探索和操作环境变量及其值。永久性更改需要在配置文件中进行，但可以从命令行中使用基本命令来进行临时性更改。

实验 17-4　介绍环境

以 student 用户在终端会话中进行此实验。关闭全部现有终端会话，随后打开一个新的终端会话。使用命令 `printenv` 浏览当前的环境变量：

$ printenv | less

一些环境变量如（LS_COLORS 和 TERMCAP）包含非常长的文本字符串。如果终端能够显示颜色，则 LS_COLORS 字符串定义在运行各种命令时用于显示特定文本的颜色。

⊖ 提示：注意重复内容。

变量 TERMCAP（TERMinal CAPabilities，终端能力）定义了终端模拟器的能力。再看其他一些单独的值。HOME 的值是什么？

```
$ echo $HOME
/home/student
```

你认为这可能就是终端使用命令 cd ~ 知道设置哪个目录来成为当前工作目录的方式吗？LOGNAME、HOSTNAME、PWD、OLDPWD 和 USER 的值是什么？

为什么 OLDPWD 为空，即 null？将当前工作目录设置为 /tmp，并再次检查 PWD 及 OLDPWD 的值。现在它们分别是什么？

用户终端变量

终端变量是本地环境的一部分。也就是说，程序、脚本及用户命令都可以访问它们。用户可以在一个终端里面创建环境变量，这些变量将成为此终端环境的一部分。其他终端都无法访问这些本地用户变量。

如果一个用户终端变量发生了改变，或是创建了一个新的变量，必须显式"导出"，以便在创建新变量并导出后派生的任意子进程能看到相关更改。回想一下，终端变量属于定义它们的终端的本地变量。修改后或是新加的终端变量仅在当前终端中可用。要让一个终端变量在变化发生后启动的终端中作为环境变量可见，请使用 export VARNAME（不包含 $ 符号）命令。

注意　按照惯例，环境变量名中的字母全部使用大写。但是只要对你有用，也可以混合大小写或是全部小写。请记住，Linux 是区分大小写的，因此 Var1 与 VAR1、var1 不同。

我们来研究一下设置新的用户终端变量。

实验 17-5　环境变量

在 student 用户的现有终端会话中，首先确定不存在名为 MyVar 的环境变量，再为其赋值。然后验证该变量已存在并包含正确的值。

```
[student@studentvm1 ~]$ echo $MyVar ; MyVar="MyVariable" ; echo $MyVar

MyVariable
[student@studentvm1 ~]$
```

打开 student 用户的其他 Bash 终端会话，并且验证你所创建的新变量在该终端中并不存在：

```
[student@studentvm1 ~]$ echo $MyVar

[student@studentvm1 ~]$
```

退出第 2 个终端会话。在存在 $MyVar 变量的第 1 个终端会话中，验证变量仍然存

在，并开启一个 screen 会话：

```
[student@studentvm1 ~]$ echo $MyVar
MyVariable
[student@studentvm1 ~]$ screen
```

现在检查 $MyVar：

```
[student@studentvm1 ~]$ echo $MyVar

[student@studentvm1 ~]$
```

注意，在 Bash 终端的 screen 实例中，$MyVar 并不存在。键入 exit 命令退出 screen 会话。

现在，运行 export 命令，然后再另开一个 screen 会话：

```
[student@studentvm1 ~]$ export MyVar="MyVariable" ; echo $MyVar
MyVariable
[student@studentvm1 ~]$ screen
```

现在在这个 screen 会话中检查 $MyVar：

```
[student@studentvm1 ~]$ echo $MyVar
MyVariable
[student@studentvm1 ~]$
```

再次退出 screen 会话，并取消设置 MyVar：

```
[student@studentvm1 ~]$ exit
[screen is terminating]
[student@studentvm1 ~]$ unset MyVar
[student@studentvm1 ~]$ echo $MyVar
[student@studentvm1 ~]$
```

我们尝试最后一个工具。env 工具允许我们为某个程序或是本例中的子终端临时设置环境变量。为了使其生效，应将 Bash 命令用作 env 命令的参数：

```
[student@studentvm1 ~]$ env MyVar=MyVariable Bash
[student@studentvm1 ~]$ echo $MyVar
MyVariable
[student@studentvm1 ~]$ exit
exit
[student@studentvm1 ~]$
```

在测试脚本或其他工具时，如果其所需的某个环境变量与你正常工作的环境有所不同，最后这个工具将非常实用。

进行清理工作，退出全部终端会话。

我们已经通过实验发现，本地环境变量在设置后，它们仅成为该终端环境的一部分。即使将变量导出后，如果通过 screen 命令启动新终端，该变量也仅成为新终端环境的一部分。

我很少需要临时创建一个本地用户环境变量。如果只是为我自己的登录账号创建变量，通常我将变量创建语句添加到 ~/.bashrc 文件中；如果想为系统中所有用户创建变量，我会将其添加到 /etc/profile.d 目录下的自定义终端配置脚本中。

17.3　别名

我讨厌打字，我成长和上学的年代，男孩子都不学习打字，所以我的打字技能很糟糕。因此，我尽可能少打字。当然，懒惰的系统管理员喜欢尽量少地打字，只是希望节省时间，与他们的打字技术水平无关。

别名是减少打字的好办法，也会因此减少出错。这是将长命令转化为短命令的方法，这种方法更易于输入，因为其包含更少的字符。别名是减少键入的常用方法，通过将长命令包含在别名中，我们就可以经常使用它们，而不需要键入长命令。

实验 17-6　别名

以 student 用户的身份，输入 alias 命令以查看当前的别名清单。直到查看这些别名，我才知道原来 ls 命令其实是个别名。因此，当我在命令行输入 ls 时，终端会将其扩展成 ls --colors=auto，如果我自己手动输入，就需要输入很多额外的内容。

```
[student@testvm1 ~]$ alias
alias egrep='egrep --color=auto'
alias fgrep='fgrep --color=auto'
alias glances='glances -t1'
alias grep='grep --color=auto'
alias l.='ls -d .* --color=auto'
alias ll='ls -l --color=auto'
alias ls='ls --color=auto'
alias lsn='ls --color=no'
alias mc='. /usr/libexec/mc/mc-wrapper.sh'
alias vi='vim'
alias vim='vim -c "colorscheme desert" '
alias which='(alias; declare -f) | /usr/bin/which --tty-only --read-
alias --read-functions --show-tilde --show-dot'
alias xzegrep='xzegrep --color=auto'
alias xzfgrep='xzfgrep --color=auto'
alias xzgrep='xzgrep --color=auto'
alias zegrep='zegrep --color=auto'
alias zfgrep='zfgrep --color=auto'
alias zgrep='zgrep --color=auto'
```

你的结果应该与我的差不多，只不过我额外加了一些别名。其中一个是 glances 工具的，在大部分发行版中都没有包含它。

由于 vi 已经被 vim 所替代，很多像我这样的系统管理员都有着遗留的肌肉记忆，会继续键入 vi，因此将 vi 别名为 vim。另一个别名是让 vim 使用 "desert" 配色方案。所以当我在命令行上键入 vi，并按下 <Enter> 键，Bash 终端首先将 vi 扩展为 vim，并随后将 vim 扩展为 vim -c"colorscheme desert"，然后执行该命令。

注意 对 Fedora 中的 root 用户来说，vi 并未自动别名为 vim。

尽管这些别名已经全由 /etc/profile.d 下面的终端配置文件添加到全局环境中，你仍可以通过本地配置文件来添加你自己的别名，就好比在命令行里一样来进行添加。命令行语法与前面所示的一样。

实验 17-6 中显示的别名主要用于设置默认行为，例如颜色和一些标准选项。我特别喜欢 ll 别名，因为我喜欢目录内容的详细信息，我可以只键入 ll，而不是键入 ls -l。我经常使用 ll 命令，每次使用它时，都可以少按三次键。对于像我这样打字慢吞吞的人来说，这可能要花费很多时间。别名还使得我能够使用复杂的命令，而无须学习和记忆包含大量选项和参数的冗长且复杂命令。

我强烈建议你不要像有些人所做的那样使用别名将 Linux 命令别名成你在其他操作系统上使用的命令。这样，你永远学不会 Linux。

在实验 17-6 中，vim 编辑器的别名设置了一个非默认的配色方案。相比默认方案，碰巧我更喜欢 desert 配色方案，所以将 vim 命令设置别名为我偏爱的配色方案的长命令上，这是一个使用更少的键入来达成所愿的方法。

你可以使用 alias 命令向 ~/.bashrc 文件添加你自己的新别名，以使它们在重新引导到注销 / 登录期间永久生效。要让别名对主机上的所有用户可用，如前面所述那样，在 /etc/profile.d 下的自定义文件中添加它们。这两种情况下的语法都与命令行中一样。

总结

启动终端和配置对你来说是否显得晦涩难懂而又倍感困惑？对此，我不会感到惊讶，因为我就曾经感到困惑，并且现在仍不时会感到困惑。在本章的研究中，我学到并重新学到了很多东西。

首先要记住的是，有些专有文件被用于永久配置，并且它们以不同的顺序执行，具体取决于是登录终端还是非登录终端。我们已经探索了终端的启动顺序，并查看了 Bash 配置文件的内容以及更改环境的正确方法。

我们还学习了使用别名来减少我们所需的键入。

练习

完成以下练习来结束本章：

1）终端与环境变量之间有什么区别？为什么这种区别非常重要？

2）在启动一个非登录终端时，最先运行的是哪个配置文件？

3）一个非特权用户是否可以设置或是修改他们自己的终端变量？

4）在桌面上打开一个新的终端，最先执行的是哪个配置文件？

5）在你的当前桌面上每个打开的终端会话中，COLUMNS 变量的值是什么？如果你看不到区别，缩放其中的一个或多个窗口，并重新检查相应的值。这个值的作用是什么？

6）使用虚拟控制台登录时，终端配置文件的运行顺序是怎么样的？

7）为什么理解 Bash 配置文件的执行顺序很重要？

8）添加一个别名，以一个不同的配色方案启动 Vim，且仅对 student 用户有效。配色方案和信息丰富的 readme.txt 文件位于目录 /usr/share/vim/vim81/colors 下。尝试几种不同的配色方案，并通过打开一个 Bash 配置文件来测试它们。

9）在问题 8 中，你在哪里添加了别名？

10）当你使用 su 命令切换到 root 用户时，Bash 配置文件以什么样的顺序运行？

11）当你使用 su 命令时，Bash 配置文件以什么样的顺序运行？

12）你需要添加一个环境变量，以使它成为所有用户环境的一部分，应在哪个文件中添加？

13）当系统引导到最新内核的恢复模式时，将执行哪些终端配置文件？

第 18 章 *Chapter 18*

文件、目录和链接

目标

在本章中，你将学习以下内容：

❑ 定义术语"文件"。

❑ 描述文件的用途。

❑ 读取及描述文件的权限。

❑ umask 命令及其设置如何影响用户创建文件。

❑ 设置文件权限。

❑ 文件的元数据结构，包括目录条目和索引节点。

❑ 描述三种类型的 Linux 文件时间戳。

❑ 查找、使用以及设置 Linux 文件的三种时间戳。

❑ 识别文件类型（二进制或文本）的简便方法。

❑ 获取文件元数据。

❑ 定义软链接或硬链接。

❑ 使用及管理链接。

18.1 概述

我们通常认为文件是那些包含数据并存储在某种形式的存储介质（如磁性或固态驱动器）上的东西。就 Linux 环境而言，这是事实。

免费在线计算机学词典⊖为"计算机文件"提供了一个很好的定义，我将在这里以一种

⊖ 免费在线计算机学词典，http://foldoc.org/，编辑是 Denis Howe。

特指 Linux 文件的方式来解释。计算机文件是一种存储单位，由存储在非易失性存储介质上的有限长度的单个数据序列组成。文件存储在目录中，并使用文件名和可选路径进行访问。文件还支持各种属性，例如权限，以及创建、上次修改和上次访问的时间戳。

虽然这个定义基本上就是我所说的，但它提供了有关 Linux 文件内在组成部分的特征的更多细节。我会修改 FOLDOC 的定义，说文件通常存储在一些非易失性介质上。文件也可以存储在像虚拟文件系统这样的易失性介质上，我们将在下册第 5 章中讨论。

本章，我们将探索这些特性以及提供这些功能的数据元结构等。

18.2　准备工作

我们确实在第 7 章中创建了一些目录和文件，但是由于 ~/Documents 目录中没有用户文件可供我们在本章中进行实验，所以让我们在里面创建一些文件。

实验 18-1　准备

我们将创建一些新文件和新用户，以辅助说明文件权限的某些方面。以 student 用户开始本实验。将当前工作路径切换到 ~/Documents 目录。在一行中输入下面的命令：

```
[student@studentvm1 Documents]$ for X in `seq -w 20`;do echo "Hello
world" file$X > testfile$X ; touch test$X file$X ; done
```

seq 工具打印一个数字序列，在本例中为 0 ～ 20。该命令周围的反引号（`）会将结果展开为 for 命令可以使用的列表。-w 选项指定所有数字的长度相同，因此如果最大的数字是两位数，则个位数前用 0 填充，以使 1 变成 01，以此类推。

显示一个长文件列表，并以人类可读的格式显示它们的大小，而不是精确的字节数：

```
[student@studentvm1 Documents]$ ll -h
total 880K
-rw-rw-r-- 1 student student    0 Dec  4 09:47 file01
-rw-rw-r-- 1 student student    0 Dec  4 09:47 file02
-rw-rw-r-- 1 student student    0 Dec  4 09:47 file03
-rw-rw-r-- 1 student student    0 Dec  4 09:47 file04
-rw-rw-r-- 1 student student    0 Dec  4 09:47 file05
-rw-rw-r-- 1 student student    0 Dec  4 09:47 file06
<snip>
-rw-rw-r-- 1 student student    0 Dec  4 09:47 test18
-rw-rw-r-- 1 student student    0 Dec  4 09:47 test19
-rw-rw-r-- 1 student student    0 Dec  4 09:47 test20
-rw-rw-r-- 1 student student  44K Dec  4 09:47 testfile09
-rw-rw-r-- 1 student student  44K Dec  4 09:47 testfile02
-rw-rw-r-- 1 student student  44K Dec  4 09:47 testfile03
<snip>
-rw-rw-r-- 1 student student  44K Dec  4 09:47 testfile19
-rw-rw-r-- 1 student student  44K Dec  4 09:47 testfile20
```

现在我们有一些文件要处理。但是我们还需要另外一个用户进行测试，因此，以 root 身份登录到终端会话，并添加一个新用户。使用一个简单密码也是可以的：

```
[root@studentvm1 ~]# useradd -c "Student user 1" student1
[root@studentvm1 ~]# passwd student1
Changing password for user student1.
New password: <Enter the password>
BAD PASSWORD: The password is shorter than 8 characters
Retype new password: <Enter the password again>
passwd: all authentication tokens updated successfully.
```

现在我们已经准备完毕。

18.3 用户账户及安全

用户账户是 Linux 计算机上的第一道安全防线，在 Linux 世界中被用来提供对计算机的访问，将不具有访问权限的人排除在外，并防止有效用户在数据及计算机使用方面互相干扰。我们将在下册第 21 章探讨用户账户的更多方面。

计算机和存储在其中的数据的安全性基于 Linux 系统管理员或某种形式的集中授权系统⊖创建的用户账户。如果不使用账户 ID 和密码登录，用户就不能访问 Linux 系统上的任何资源。管理员为每个授权用户创建一个账户，并分配初始密码。

权限和文件所有权相关的属性是 Linux 提供的安全性的一个方面。Linux 系统上的每个文件和目录都有一个所有者和一组访问权限。通过正确设置权限和所有权，用户可以访问属于自己的文件，但不能访问属于他人的文件。

18.4 文件属性

在实验 18-1 中的文件列表显示了一些对安全和访问管理很重要的文件属性。文件权限、硬链接数量、用户和组⊖所有权（都显示为"student"）、文件大小、最后修改的日期和时间，以及文件名都显示在这个列表中。还有更多属性没有显示在这个列表中，但是我们将在本章后续过程中探索所有这些属性。

18.4.1 文件所有权

从实验 18-1 的列表中提取的示例文件列表如图 18-1 所示，它显示了单个文件的详细信

⊖ 集中授权系统超出了本书范围。

⊖ 为了显式地引用图 18-2 中所示的所有权，我在这里和本书的许多地方都大写了 User、Group 和 Other（译者注：中译本中，由于汉字无法进行首字母大写，因此在某些地方用引号表示）。

息。我们将使用这个文件来研究文件的结构和属性。文件所有权是 Linux 文件安全协议部分的属性之一。

```
-rw-rw-r--1 student student 44K Dec  4 09:47 testfile09
```

图 18-1　某示例文件的长列表

每个文件都有两个所有者，即拥有文件的用户和所属组。创建文件的用户始终是文件的所有者——至少在所有权发生改变之前是这样。在基于 Red Hat 的发行版中，每个用户都有自己的私有组，由他们创建的文件也属于该组。这是 Red Hat 私有组方法，用于提高安全性。在许多较老的 UNIX 和一些 Linux 系统中，所有用户以及他们创建的文件都属于一个共同的组，通常是组 100，即"用户"。这意味着，只要目录权限允许，所有用户（至少在理论上）都可以访问属于其他用户的文件。这是计算机数据安全和隐私问题远比现在小得多的时代遗留下来的问题。这个 Red Hat 私有组方案旨在通过将默认情况下有权访问文件的用户数量减少到一个（即文件所有者）来提高安全性。

因此，图 18-1 中的文件由 student 用户拥有，所属组为 student。用户和组所有权可以用 User.Group 来表示。

root 用户总是可以更改用户和组所有权，以及其他任何东西。文件的用户（所有者）只能在某些情况下更改组所有权。

有一些标准是我们在添加用户和组时需要考虑的。在为共享目录和文件等添加组 ID 时，我喜欢选择从 5000 或更大的数字开始。这将允许 4000 个具有统一 UID 及 GID 编号的用户空间。我们将在下册第 21 章探讨 UID 和 GID 分配和标准。

让我们在实验 18-2 中探讨文件所有权及其含义。

实验 18-2　文件所有权

以 student 用户的身份执行这个实验。看看实验 18-1 中我们在 ~/Documents 目录下创建的文件 file09：

```
[student@studentvm1 Documents]$ ll file09
-rw-r--r-- 1 student student 0 Feb  9 16:17 file09
```

与 Documents 目录中的所有其他文件一样，这个文件的所有权是 student.student。让我们试着将其变更所有权为 student1.student 用户，使用 chown（CHange OWNersip）命令来完成：

```
[student@studentvm1 Documents]$ chown student1 file09
chown: changing ownership of 'file09': Operation not permitted
```

student 用户无权将文件的所属用户变更为任何其他用户。现在让我们尝试变更所属组。如果要更改文件的所属组，而不是所有者，则不需要使用 chown 命令来指定组。我们可以使用 chgrp（CHange GRouP）命令来尝试变更所属组：

```
[student@studentvm1 Documents]$ chgrp student1 file09
chgrp: changing group of 'file09': Operation not permitted
```

我们依然无权变更该文件的所有权。Linux 阻止用户更改文件的所有权，以保护我们不受其他用户的伤害，同时也保护其他用户不受我们的伤害。root 用户可以更改任何文件的所有权。

看起来用户根本无法更改文件的所有者及所属组。这是一个安全特性。它可以防止一个用户以另一个用户的名称创建文件。但是，如果我真的想与他人共享一个文件呢？有一种方法可以规避所有权问题。将文件复制到 /tmp 目录下。让我们看看它是如何工作的。

实验 18-3 共享文件

作为 student 用户，让我们首先向 file09 添加一些数据：

```
[student@studentvm1 Documents]$ echo "Hello world." > file09
[student@studentvm1 Documents]$ cat file09
Hello world.
```

现在将文件复制到 /tmp。

```
[student@studentvm1 Documents]$ cp file09 /tmp
```

打开终端会话，然后使用 su 命令将用户切换到 student1：

```
[student@studentvm1 ~]$ su - student1
Password: <Enter password for student1>
Running /etc/profile
Running /etc/profile.d/myBashConfig.sh
Running /etc/Bashrc
Running /etc/Bashrc
[student1@studentvm1 ~]
```

现在查看位于 /tmp 中的文件的内容，然后将文件从 /tmp 复制到 student1 主目录下，再次查看：

```
[student1@studentvm1 ~]$ cat /tmp/file09
Hello world.
[student1@studentvm1 ~]$ cp /tmp/file09 . ; cat file09
Hello world.
```

为什么会这样？让我们看看文件权限来找出答案：

```
[student1@studentvm1 ~]$ ll /tmp/file09 file09
-rw-r--r-- 1 student1 student1 13 Feb 10 09:28 file09
-rw-r--r-- 1 student  student  13 Feb 10 09:26 /tmp/file09
[student1@studentvm1 ~]$
```

18.4.2 文件权限

文件权限（也称为文件模式）和文件所有权提供了一种方法，该方法定义哪些用户和组对文件和目录具有特定类型的访问权限。现在我们只关注文件权限，稍后将研究目录权限。图 18-2 显示了三种类型的权限，以及它们用符号（rwx）和八进制（421）格式的表示。八进制和十六进制只有一点不同——从字面上看——十六进制字符由 4 个二进制位组成，八进制则由 3 个二进制位组成。

"用户、组和其他"定义了权限影响的用户类别。"用户"是文件的主要所有者。所以 student 用户拥有所有权为 student 的所有文件。这些文件的组所有权可能是 student，也可能不是，但在大多数情况下，它们是 student。因此，"用户"权限定义了"拥有"文件的用户的访问权限。"组"权限定义了拥有文件的组的访问权限，它可能不同于用户的所有权。而"其他"则是其他所有人。所有其他用户都属于"其他"类别，因此系统上所有其他用户的访问权限由"其他"权限定义。

	用户	组	其他
权限	r w x	r w x	r w x
位	111	111	111
八进制值	4 2 1	4 2 1	4 2 1

图 18-2　文件权限表示及其八进制值

每个类别有三个权限位：用户、组和其他。每个位都有一个含义，可读（r）、可写（w）和可执行（x），以及相应的八进制值。我们可以通过在命令中同时或单独使用"UGO"来简化类别表示。这些类别在影响它们的命令中用小写表示：

❏ 可读表示该文件可以由该类别的成员读取。
❏ 可写表示该文件可以由该类别的成员写入。
❏ 可执行表示该文件可由该类别的成员执行。

以实验 18-3 中的 file09 为例，图 18-3 中显示的该文件权限现在应该更容易解析了。rw-rw-r-（420,420,400，等于 664）的权限意味着 student 用户可以读写该文件，而它是不可执行的。student 组也可以读写该文件。所有其他用户都可以读取该文件，但不能写入，这意味着他们不能以任何方式修改它。

```
rw-rw-r-- 1 student student 0 Dec  4 09:47 file09
```

图 18-3　file09 的长列表

你知道什么是可能的了吗？任何用户都可以读这个文件。这意味着，只要文件的读权限设置为"其他"，由 student1 将它从 /tmp 目录（这是普遍可访问的）复制到 student1 的主目录即可。

实验 18-4　文件私有化

以 student 用户修改 /tmp/file09 的权限为 rw-rw----，使"其他"没有权限读取文件，从而提高了隐私性：

```
[student@studentvm1 ~]$ cd /tmp ; ll file*
-rw-rw-r-- 1 student student 13 Feb 10 09:26 file09
[student@studentvm1 tmp]$ chmod 660 file09 ; ll file*
-rw-rw---- 1 student student 13 Feb 10 09:26 file09
```

注意，该文件不再对"其他"可读。现在以 student1 用户来读取该文件：

```
[student1@studentvm1 ~]$ cat /tmp/file09
cat: /tmp/file09: Permission denied
```

尽管该文件位于所有用户都可以访问的目录中，但 student 以外的用户不再能够访问该文件。他们现在不能查看文件内容，也不能复制文件。

在实验 18-4 中，我们使用期望的权限的八进制表示来更改文件权限，这是最短的命令，因此输入量最少。我们是如何得到 660 的权限的？让我们从"用户"的权限开始，它是一个八进制数字。

每个八进制数字可以由三位表示：r、w、x，其位置值为 4、2、1。因此，如果我们想设置可读可写但不可执行，那就是二进制的 110，翻译过来就是 4+2+0=6。我们对组所有权执行相同的操作。拥有可读、可写、可执行全部权限转换成二进制为 111，变成八进制便是 4+2+1=7。

我们将在本章后文中讨论文件权限和变更方法。

18.4.3 目录权限

目录权限与文件权限没有太大区别：

❑ 目录的可读权限允许访问列出目录的内容。

❑ 可写权限允许类别下的用户创建、更改和删除目录中的文件。

❑ 可执行权限允许类别下的用户将目录设置为当前工作目录。

还有两个额外的权限，称为特殊模式位，它们被系统广泛使用，但通常在功能上对非 root 用户不可见。这些是 setgid 和 setuid 位。我们将在本章后文中使用 setgid 权限。

18.4.4 组所有权含义

我们仍然需要一种方法让用户与其他一些用户共享文件，但不是所有用户。这就是组可以提供答案的地方。Linux 中的组所有权是关于安全的，同时也允许与其他用户共享对文件的访问。Linux 从 UNIX 继承来的一项遗产便是文件所有权和权限。这很好，但有必要作一点解释。

组是在 /etc/group 文件中定义的实体，具有明显的名称（如"development"或"dev"），它列出了该组成员的用户 id（如"student"）。因此，通过将文件的组所有权设置为"development"，development 组的所有成员都可以基于其组权限访问该文件。

让我们看看这是如何在实验18-5中做到的，同时学习一些其他内容。

实验18-5　探索组所有权

这个实验需要以不同的用户工作，包括root用户。我们将创建一个用于测试的新用户和一个用于开发人员的组。我们将使用其简短版本dev作为组名。然后，我们将创建一个目录，也称为dev，可以在其中存储共享文件，并将现在的三个非root用户中的两个添加到dev组。

以用root户身份启动并创建新用户。同样，在你的VM上使用短密码进行这些实验是可以的：

```
[root@studentvm1 ~]# useradd -c "Student User 2" student2
[root@studentvm1 ~]# passwd student2
Changing password for user student2.
New password: <Enter new password>
BAD PASSWORD: The password is shorter than 8 characters
Retype new password: <Enter new password>
passwd: all authentication tokens updated successfully.
```

添加新组。对于组ID号有一些松散的标准，我们将在后面的章节中讨论，但底线是我们将在这个实验中使用GID（组ID）5000：

```
[root@studentvm1 ~]# groupadd -g 5000 dev
```

现在，我们使用 -G（用户修改）工具将两个现有用户student和student1添加到dev组中。-G选项是我们要向其中添加用户的组列表。在本例中，组列表的长度只有一个，但我们可以一次将一个用户添加到多个组：

```
[root@studentvm1 ~]# usermod -G 5000 student
[root@studentvm1 ~]# usermod -G 5000 student1
```

将用户添加到新组的另一个选项是使用gpasswd，而不是usermod。这两种方法都会创建相同的结果，即两个用户都被添加到dev组：

```
[root@studentvm1 ~]# gpasswd -M student,student1 dev
```

查看 /etc/group 文件。tail命令显示数据流的最后十行：

```
[root@studentvm1 ~]# tail /etc/group
vboxsf:x:981:
dnsmasq:x:980:
tcpdump:x:72:
student:x:1000:
screen:x:84:
systemd-timesync:x:979:
dictd:x:978:
student1:x:1001:
student2:x:1002:
dev:x:5000:student,student1
```

以 root 用户创建共享目录 /home/dev，并将组所属权设置为 dev，权限设置为 770(rwxrwx---)，以防止非 dev 组内成员的用户访问该目录：

```
[root@studentvm1 ~]# cd /home ; mkdir dev ; ll
total 32
drwxr-xr-x   2 root     root      4096 Feb 10 13:42 dev
drwx------.  2 root     root     16384 Jan 17 07:29 lost+found
drwx------. 21 student  student   4096 Feb 10 06:41 student
drwx------   4 student1 student1  4096 Feb 10 09:28 student1
drwx------   3 student2 student2  4096 Feb 10 13:06 student2
[root@studentvm1 home]# chgrp dev dev ; chmod 770 dev ; ll
total 32
drwxrwx---   2 root     dev       4096 Feb 10 13:42 dev
drwx------.  2 root     root     16384 Jan 17 07:29 lost+found
drwx------. 21 student  student   4096 Feb 10 06:41 student
drwx------   4 student1 student1  4096 Feb 10 09:28 student1
drwx------   3 student2 student2  4096 Feb 10 13:06 student2
```

以 student 用户将 /home/dev 设置为当前工作目录：

```
[student@studentvm1 ~]$ cd /home/dev
-Bash: cd: /home/dev: Permission denied
```

失败的原因是新的组成员身份尚未初始化：

```
[student@studentvm1 ~]$ id
uid=1000(student) gid=1000(student) groups=1000(student)
```

当终端在会话或虚拟控制台中启动时，它将读取和设置组成员关系。要进行这个操作，需要从所有终端会话退出，注销后重新登录，并启动新的终端会话，以初始化新的组设置。在新的终端启动之后，验证你的用户 ID 的新组是否已初始化。

Linux 只在启动登录终端时读取 /etc/group 文件。GUI 桌面是登录终端，在桌面上启动的终端模拟器会话不是登录终端。使用 SSH 的远程访问是一种登录终端，虚拟控制台也是。在 screen 会话中运行的终端不是登录终端。

还记得我们在第 17 章所遵循的启动顺序吗？登录终端在启动期间运行一组不同的终端配置脚本，请参见图 17-1。

```
[student@studentvm1 ~]$ id
uid=1000(student) gid=1000(student) groups=1000(student),5000(dev)
```

将 /home/dev 设置为当前工作目录，并检查该目录是否为空：

```
[student@studentvm1 ~]$ cd /home/dev ; ll -a
total 8
drwxrwx---  2 root dev  4096 Feb 10 13:42 .
drwxr-xr-x. 7 root root 4096 Feb 10 13:42 ..
```

以 student 用户在 /home/dev 目录下创建一个文件，将组所属权修改为 dev，并将权限设置为 660，以防止其他用户访问该文件，同时允许 dev 组的所有成员访问：

```
[student@studentvm1 dev]$ echo "Hello World" > file01 ; ll
-rw-r--r-- 1 student dev 12 Feb 10 13:49 file01
[student@studentvm1 dev]$ chgrp dev file01
[student@studentvm1 dev]$ chmod 660 file01 ; ll
total 4
-rw-rw---- 1 student dev 12 Feb 11 09:26 file01
```

打开一个新的终端会话，并切换用户为 student1。以 student1 用户将 home/dev 设为当前工作目录，并在文件中添加一些文本：

```
[student1@studentvm1 ~]$ cd ../dev ; echo "Hello to you, too" >>
file01 ; cat file01
Hello World
Hello to you, too
```

现在我们有了在用户之间共享文件的方法。尽管该文件的所有者为 student 用户，但它属于 dev 组，因此作为 dev 组成员的 student1 也可以读写该文件。我们还可以做一件事让它变得更容易。当我们在共享的 dev 目录中创建文件时，它的组 ID 属于创建它的用户 student，但我们将其更改为组 dev。我们可以在目录上添加 setgid（设置组 ID）位或 SGID，这会通知 Linux 在 /home/dev 目录中创建文件，其 GID 与目录的 GID 相同。使用符号表示法设置 SGID 位。可以使用八进制模式，但这样更简单：

```
[root@studentvm1 home]# chmod g+s dev ; ll
total 36
drwxrwrws--- 2 root    dev     4096 Dec  9 13:09 dev
drwx------. 2 root    root   16384 Aug 13 16:16 lost+found
drwx------. 22 student student  4096 Dec  9 15:16 student
drwx------  4 student1 student1 4096 Dec  9 12:56 student1
drwx------  4 student2 student2 4096 Dec  9 13:03 student2
[root@studentvm1 home]#
```

dev 目录的组权限中的。小写 s 表示 setgid 和执行位都是打开的，大写 S 表示 setgid 位是打开的，但执行位是关闭的。

对于那些希望使用八进制模式尝试此功能的人，我们通常使用的八进制模式设置由三位八进制数字（从 0 ～ 7）组成，分别作为用户、组和其他权限集。但在这三个普通数字之前还有第四个八进制数字，只是如果没有指定，它将被忽略。SGID 位是八进制数据 2（二进制为 010），因此我们知道我们希望在 dev 目录上将八进制权限设置为 2770。可以这样设置：

```
[root@studentvm1 home]# ll | grep dev ; chmod 2770 dev ; ll | grep dev
drwxrwrwx--- 2 root    dev     4096 Apr  1 13:39 dev
drwxrwrws--- 2 root    dev     4096 Apr  1 13:39 dev
```

以 student 和 student1 用户的身份，将 /home/dev 设为当前工作目录，并创建一些新文件。注意，这些文件是用 dev 作为组所有者创建的，因此不需要使用 chgrp 命令更改它。

在终端会话中，将用户切换到 student2，并将 /home/dev 设置为 PWD：

```
[student2@studentvm1 ~]$ cd /home/dev
-Bash: cd: /home/dev: Permission denied
[student2@studentvm1 ~]$
```

权限被拒绝，因为 student2 不是 dev 组的成员，并且目录的权限不允许非成员访问该目录。

我们现在为组中的用户提供了一种安全共享文件的简单方法。这可能是在主机上共享文件的一个组。其他组可能是会计、营销、运输、测试等。

18.4.5 umask

当用户使用 touch 等命令创建新文件，或将命令的输出重定向到文件，或使用 Vim 等编辑器时，文件的权限为 -rw-r-r--。为什么？因为 umask（掩码）。

umask 是 Linux 用于指定所有新文件默认权限的设置。umask 在 /etc/profile 中设置，/etc/profile 是我们在第 17 章中介绍过的 Bash 终端配置文件之一。root 用户和非 root 用户的非登录终端的掩码为 022，非 root 用户的登录终端的掩码为 002。掩码的棘手之处在于它是一种反向逻辑。它不指定我们想要设置为开启的文件特权位，它指定了我们想要在创建文件时设置为关闭的位。

对于新文件，执行位永远不会设置为开启。因此，掩码设置只适用于读写权限。如果掩码为 000，并且考虑到新文件的执行位从未设置为开启，那么新文件的默认权限将是 rw-rw-rw-，但如果"组"和"其他"的掩码第 2 位为开启，则权限是 rw-rw-r--，因此"其他"用户可以读取该文件，但不能删除或更改它。

命令 umask 用于设置掩码值。

实验 18-6　umask

本实验应该以 student 用户的身份进行。因为我们已经看到了大量使用默认掩码的新文件的权限，我们从查看当前的掩码值开始：

```
[student@studentvm1 ~]$ umask
002
```

这里有四个数字，右边的三个数字分别代表"用户""组""其他"。第一个代表什么？尽管在使用这个命令时，它对于 Linux 文件是没有意义的，但是可以在某些命令中用前导零来指定特殊模式位，如我们刚才看到的 setgid 和 setuid。当使用 umask 命令时，可以安全地忽略这一点。info setgid 命令可以提供关于这些特殊模式位的更多信息的链接。

更改掩码并运行快速测试。在你的主目录中可能已经有一个 file ol 文件，所以我们将创建 umask.test 文件作为对新掩码的测试：

```
[student@studentvm1 ~]$ umask 006 ; umask
0006
```

```
[student@studentvm1 ~]$ touch umask.test ; ll umask.test
-rw-rw---- 1 student student 0 Apr  2 08:50 umask.test
[student@studentvm1 ~]$
```

umask 只针对发出命令的终端设置。为了使它在所有新的终端会话和重新引导后持续有效，需要在 /etc/profile 中修改它，这部分内容在第 17 章中介绍过。

如果希望创建新文件时不允许其他类中的用户进行任何访问，请将掩码设置为 002。

我个人从未遇到过改变 Linux 系统的掩码于我有意义的情况，但我知道它对其他一些用户有意义。例如，将掩码设置为 006 可能是有意义的，可防止其他用户访问任何文件，即使文件位于一个通常可访问的目录，就像我们在实验 18-6 中所做的那样。在脚本中对多个文件执行操作之前更改它也是有意义的，这样就不需要对每个文件执行 chmod。

18.4.6　更改文件权限

你可能已经注意到了，设置文件和目录权限的方法非常灵活。在设置权限时，有两种基本方法：符号和八进制数字。这两种方法我们在设置权限时都曾经使用过，但是有必要进一步研究 chmod 命令，以充分了解它的限制以及它提供的灵活性。

实验 18-7　更改文件权限

以 student 用户的身份执行这个实验。让我们首先看看如何使用数字表示法设置权限。假设我们想要将单个文件的权限设置为 rw-rw-r，这很简单。让我们使用 ~/umask.test。验证当前权限，然后设置新的权限：

```
[student@studentvm1 ~]$ ll umask.test ; chmod 664 umask.test ; ll
umask.test
-rw-rw---- 1 student student 0 Apr  2 08:50 umask.test
-rw-rw-r-- 1 student student 0 Apr  2 08:50 umask.test
[student@studentvm1 ~]$
```

这种设置权限的方法忽略任何现有的权限。不管它们在命令之前是什么，它们现在都是命令中指定的。没有办法只更改一个或几个权限。如果我们需要向多个文件添加单个权限，这可能不是我们想要的。

为了测试这一点，我们需要创建一些额外的文件，并为它们设置一些不同的权限。将 ~/testdir 设置为当前工作目录：

```
[student@studentvm1 ~]$ cd ~/testdir
[student@studentvm1 testdir]$ for X in `seq -w 100` ; do touch file$X ; done
```

你可以列出目录内容，以验证新文件都具有 rw-rw-r-- 的权限。如果你的终端的宽度是 130 列或更多，你可以像这样进行管道输出：

```
[student@studentvm1 testdir]$ ll | column
total 0
```

```
-rw-rw---- 1 student student 0 Dec 12 21:56 file051
-rw-rw---- 1 student student 0 Dec 12 21:56 file001
-rw-rw---- 1 student student 0 Dec 12 21:56 file052
-rw-rw---- 1 student student 0 Dec 12 21:56 file002
-rw-rw---- 1 student student 0 Dec 12 21:56 file053
-rw-rw---- 1 student student 0 Dec 12 21:56 file003
-rw-rw---- 1 student student 0 Dec 12 21:56 file054
-rw-rw---- 1 student student 0 Dec 12 21:56 file004
-rw-rw---- 1 student student 0 Dec 12 21:56 file055
<snip>
```

我们也可以这样做，只显示文件名及其权限，留出足够的空间将输出数据流格式化为列：

```
[student@studentvm1 testdir]$ ll | awk '{print $1" "$9}' | column
total                           -rw-r--r--. newfile.txt
-rwxr-xr-x cpuHog               drwxr-xr-x. Pictures
drwxr-xr-x. Desktop             drwxr-xr-x. Public
-rw-r--r--. diskusage.txt       drwxr-xr-x. Templates
-rw-r--r--. dmesg1.txt          drwxrwxr-x testdir
-rw-r--r--. dmesg2.txt          drwxr-xr-x. testdir1
-rw-r--r--. dmesg3.txt          drwxr-xr-x. testdir6
-rw-r--r--. dmesg4.txt          drwxr-xr-x. testdir7
drwxr-xr-x. Documents           -rw-rw-r-- umask.test
drwxr-xr-x. Downloads           drwxr-xr-x. Videos
drwxr-xr-x. Music               -rw-r--r-- zoom_x86_64.rpm
prw-r--r-- mypipe
```

awk 命令使用空白来确定 ll 命令的原始数据流中的字段。然后，我们使用带有我们想要打印的字段列表的变量，在本例中字段 $1 表示文件权限，$9 表示文件名。然后我们将结果通过 column 工具进行管道传输，以便更好地利用终端宽度。

让我们更改其中一些文件的权限。首先，我们把它们全都改了。确保在每次更改后验证结果：

```
[student@studentvm1 testdir]$ chmod 760 * ; ll
```

现在，让我们将文件子集的读权限增加到"其他"。且随后再做一些改变：

```
[student@studentvm1 testdir]$ chmod 764 file06* ; ll
[student@studentvm1 testdir]$ chmod 764 file0*3 ; ll
[student@studentvm1 testdir]$ chmod 700 file0[2-5][6-7] ; ll
[student@studentvm1 testdir]$ chmod 640 file0[4-7][2-4] ; ll
```

这应该有几个不同的权限集。到目前为止，我们主要是强制更改由文件通配符和集合筛选的各种文件的所有权限。这是我们使用数字格式进行更改所能达到的最佳效果。

现在我们开始更有针对性。假设我们要为文件 file013、file026、file027、file036、file053 和 file092 打开 G（组）执行标志位。此外，如果 G 类的读标志位没有打开，则文件无法执行，因此我们需要同时为这些文件打开该标志位。注意，一些文件已经设置了其中的一些位，这是可以的；再次将它们设置为相同的值不会导致任何问题。我们还希望确保所有这些文件的写位都是关闭的，以便同一组中的用户不能更改这些文件。我们可以在一个命令中完成这一切，而不改变这些文件或任何其他文件的任何其他权限：

```
[student@studentvm1 testdir]$ chmod g+rx,g-w file013 file026 file027
file036 file053 file092
[student@studentvm1 testdir]$ ll | awk '{print $1" "$9}' | column
```

我们已经使用符号模式向文件列表中添加和删除权限，这些文件具有一系列需要保持不变的现有权限。

18.4.7 申请权限

权限有时很棘手。给定一个所有权为 student.student 的文件，且其权限为 ---rw-rw-，你希望 student 用户能够读取这个文件吗？你可能会这样——我就是这样的——但是权限不是这样的。

从左到右扫描权限，序列中的第一个匹配项提供权限访问。在这种情况下，student 用户试图读取文件，但权限扫描发现对于文件的用户权限为 ---。这意味着用户无法访问此文件。

实验 18-8　更多关于权限的内容

在 ~/testdir 目录中，以 student 用户的身份，将文件 file001 的权限变更为 066，然后尝试对其进行读取：

```
[student@studentvm1 testdir]$ chmod 066 file001 ; ll file001 ; cat
file001
----rw-rw- 1 student student 0 Dec 12 21:56 file001
cat: file001: Permission denied
```

尽管"组"及"其他"对文件具有读写权限，但"用户"不能访问它。但是，"用户"可以通过添加 u+rw 来更改权限。

现在作为 student 用户，将 /home/dev 设为当前工作目录，并在那里创建一个包含一些内容的文件，设置权限为 066，并读取该文件：

```
[student@studentvm1 dev]$ echo "Hello World" > testfile-01.txt ; ll ;
cat testfile-01.txt
total 4
-rw-rw-r-- 1 student dev 12 Apr  2 09:19 testfile-01.txt
Hello World
```

注意，这个文件的所属组是 dev。然后以 student1 用户，将 /home/dev/ 设为当前工作目录，并读取该文件：

```
[student1@studentvm1 ~]$ cd /home/dev ; cat testfile-01.txt
Hello World
```

这表明，我们可以创建一个文件，该文件的所有者没有访问权，但公共组的成员（在本例中是 dev），甚至任何人都可以对其进行读写。

18.4.8 时间戳

所有文件和目录在创建时都带有三个时间戳：访问时间戳 atime、修改时间戳 mtime，以及变更时间戳 ctime。这三个时间戳可用于确定最后一次访问文件的时间、内容修改的时间，及权限 / 所有权更改的时间。

注意，长文件列表中显示的时间是 mtime，这是文件或目录最后一次被修改的时间。列表中的这个时间被截断到最近的秒，但是所有的时间戳都按纳秒维护。我们将在 18.6 节中更详细地讨论这些信息。

Linux EXT4 文件的索引节点中有一个相对较新的时间戳——出生时间，它记录了文件创建的时间，是一个永远不会更改的时间戳。这个时间戳从本书的第 1 版开始就添加了，叫作 btime。Birth 字段出现在 stat 命令的输出中，但是数据没有存储在 inode 中。

18.5 文件元结构

所有这些文件属性都存储在存储设备上的各种元结构中。每个文件都有一个指向该文件的索引节点的目录条目。索引节点包含与文件相关的大部分信息，包括数据在存储设备上的位置。在第 19 章中，我们将详细讨论 EXT4 文件系统的元结构，这是许多发行版的默认配置。

18.5.1 目录条目

目录条目非常简单。它位于某个目录（例如你的主目录）中，包含文件的名称和指向属于该文件索引节点的指针，这个指针是索引节点号。

18.5.2 索引节点

索引节点比目录条目更复杂，因为它包含与文件相关的所有其他元数据。元数据包括用户和组 ID、时间戳、访问权限、文件类型（如 ASCII 文本或二进制可执行文件）、指向存储设备上数据的指针等。文件系统（一个分区或逻辑卷）中的每个索引节点都用唯一的索引节点编号进行标识。我们将在本章后面更为详细地讨论索引节点，因为它是 EXT 文件系统元结构中非常重要的一部分。

18.6 文件信息

在 Linux 环境中可以运行许多不同类型的文件。Linux 有一些命令可以帮助你确定文件的大量信息。这些工具提供的大部分信息都存储在文件索引节点中。

实验 18-9　探索文件

file 命令告诉我们文件是什么类型。下面的命令告诉我们 .bash_profile 文件是 ASCII 文本文件：

```
[student@studentvm1 ~]$ file .bash_profile
.bash_profile: ASCII text
```

下面的命令告诉我们 /bin/ls 是一个经过编译的可执行二进制文件，且它是动态链接的：

```
[student@studentvm1 ~]$ file /bin/ls
/bin/ls: ELF 64-bit LSB pie executable, x86-64, version 1 (SYSV),
dynamically linked, interpreter /lib64/ld-linux-x86-64.so.2,
BuildID[sha1]=c317b9642d768fb20adb11ab87e59bce8d8abc6e, for GNU/Linux
3.2.0, stripped
```

strings 命令可从任何文件中提取所有文本字符串，包括二进制可执行文件。使用以下命令查看 ls 可执行文件中的文本字符串。你可能需要通过 less 转换器进行管道输出：

```
[student@studentvm1 ~]$ strings /bin/ls
```

strings 命令从二进制文件（如 ls）生成大量输出。大部分 ASCII 纯文本只是出现在二进制文件中的随机文本字符串，但有些是真实的消息。

stat 命令提供了关于文件的大量信息。下面的命令显示 atime、ctime 和 mtime，文件大小（以字节和块为单位），它的索引节点，（硬）链接的数量等：

```
[student@studentvm1 ~]$ stat /bin/ls
  File: /bin/ls
  Size: 142072         Blocks: 280        IO Block: 4096   regular file
Device: 253,1   Inode: 788998       Links: 1
Access: (0755/-rwxr-xr-x)  Uid: (    0/   root)  Gid: (    0/   root)
Access: 2023-02-12 09:42:45.381755845 -0500
Modify: 2023-01-02 07:55:31.000000000 -0500
Change: 2023-01-17 21:22:49.990032410 -0500
 Birth: 2023-01-17 21:22:49.762032384 -0500
```

出生时间也显示了。

查看 ~/testdir 中的一个文件，我们刚刚更改了它的权限：

```
[student@studentvm1 testdir]$ stat file013
  File: file013
  Size: 0          Blocks: 0       IO Block: 4096    regular empty file
Device: 253,4   Inode: 2291         Links: 1
Access: (0754/-rwxr-xr--)  Uid: ( 1000/ student)   Gid: ( 1000/ student)
Access: 2023-02-11 15:36:47.469943267 -0500
Modify: 2023-02-11 15:36:47.469943267 -0500
Change: 2023-02-12 09:03:14.730693683 -0500
 Birth: 2023-02-11 15:36:47.469943267 -0500
```

这表明 ctime（变更）记录了文件属性（如权限或存储在索引节点中的其他数据）被更改的日期和时间。现在让我们通过在文件中添加一些文本来改变内容，并再次检查元数据：

```
[student@studentvm1 testdir]$ echo "Hello World" > file013 ; stat file013
  File: file013
  Size: 12            Blocks: 8            IO Block: 4096    regular file
Device: 253,4   Inode: 2291       Links: 1
Access: (0754/-rwxr-xr--)  Uid: ( 1000/ student)   Gid: ( 1000/ student)
Access: 2023-02-11 15:36:47.469943267 -0500
Modify: 2023-02-12 09:49:06.908569402 -0500
Change: 2023-02-12 09:49:06.908569402 -0500
 Birth: 2023-02-11 15:36:47.469943267 -0500
```

mtime 已改变，因为文件内容已更改。分配给文件的块数发生了改变，这些变化存储在索引节点中，因此 ctime 也发生了变化。注意，空文件分配了 0 个数据块，在添加 12 个字符后，分配了 8 个数据块，这远远超出了所需。但是，这说明了在创建文件时，硬盘上的文件空间是预先分配的，以帮助减少可能降低文件访问效率的文件碎片。

让我们读取文件中的数据并再次检查元数据：

```
[student@studentvm1 testdir]$ cat file013 ; stat file013
Hello World
  File: file013
  Size: 12            Blocks: 8            IO Block: 4096    regular file
Device: 253,4   Inode: 2291       Links: 1
Access: (0754/-rwxr-xr--)  Uid: ( 1000/ student)   Gid: ( 1000/ student)
Access: 2023-02-12 10:01:05.238151167 -0500
Modify: 2023-02-12 09:49:06.908569402 -0500
Change: 2023-02-12 09:49:06.908569402 -0500
 Birth: 2023-02-11 15:36:47.469943267 -0500
```

首先我们看到文件的内容，然后我们可以看到对文件的访问改变了 atime。

注意，btime 从未改变。

花一些时间研究来自其他文件的结果，包括你的主目录和 ~/testdir 中的一些文件。

18.7 链接

链接是 Linux 文件系统的一个特别有趣的功能，它可以通过在文件系统目录树的多个位置提供对文件的访问，而不需要输入冗长的路径名，从而使某些任务变得更容易。链接有两种类型：硬链接和软链接。这两种链接类型之间的差异是显著的，但这两种类型的链接都用于解决类似的问题。这两种类型的链接都提供对单个文件的多个目录条目，即引用，但它们的方式截然不同。链接功能强大，为 Linux 文件系统增加了灵活性。

过去，我发现一些应用程序需要特定版本的库。在对该库进行升级替换了旧版本时，程序将崩溃，并给出错误信息，指出缺失的旧库名称。通常，库名称的唯一变化是版本号。出于直觉，我简单地添加了一个到新库的链接，但以旧库的名称命名该链接。我又试着运行了一次程序，效果非常好。好吧，这个程序就是一个游戏，每个人都知道玩家为了保持游戏的正常运行会采取什么措施。

实际上，几乎所有的应用程序都是使用泛型名称链接到库的，链接名称中只有主版本号，而链接指向的实际库文件还有次版本号。在其他情况下，为了符合我们将在第 19 章学到的 Linux 文件系统层次标准，所需的文件已经从原目录移动到另一个目录。在这种情况下，旧目录中提供了链接，以便向后兼容那些尚未跟上新位置的程序。如果你对 /lib64 目录执行一个长列表，你可以找到许多此类示例。图 18-4 所示是一个简短的列表。

```
lrwxrwxrwx. 1 root root       36 Dec  8  2016 cracklib_dict.hwm ->
../../usr/share/cracklib/pw_dict.hwm
lrwxrwxrwx. 1 root root       36 Dec  8  2016 cracklib_dict.PWD ->
../../usr/share/cracklib/pw_dict.PWD
lrwxrwxrwx. 1 root root       36 Dec  8  2016 cracklib_dict.pwi ->
../../usr/share/cracklib/pw_dict.pwi
lrwxrwxrwx. 1 root root       27 Jun  9  2016 libaccountsservice.so.0 ->
libaccountsservice.so.0.0.0
-rwxr-xr-x. 1 root root   288456 Jun  9  2016 libaccountsservice.so.0.0.0
lrwxrwxrwx  1 root root       15 May 17 11:47 libacl.so.1 -> libacl.so.1.1.0
-rwxr-xr-x  1 root root    36472 May 17 11:47 libacl.so.1.1.0
lrwxrwxrwx  1 root root       15 Feb  4  2016 libaio.so.1 -> libaio.so.1.0.1
-rwxr-xr-x. 1 root root     6224 Feb  4  2016 libaio.so.1.0.0
-rwxr-xr-x. 1 root root     6224 Feb  4  2016 libaio.so.1.0.1
lrwxrwxrwx. 1 root root       30 Jan 16 16:39 libakonadi-calendar.so.4 -> libakonadi-
calendar.so.4.14.26
-rwxr-xr-x. 1 root root   816160 Jan 16 16:39 libakonadi-calendar.so.4.14.26
lrwxrwxrwx. 1 root root       29 Jan 16 16:39 libakonadi-contact.so.4 -> libakonadi-
contact.so.4.14.26
```

图 18-4　/lib64 目录的简短列表，包含许多符号链接的示例

在图 18-4 中的长文件列表中，一些条目的最左边的字符是一个 "l"，意味着这是一个软链接或符号链接，但是文件名部分中的箭头语法更加明显。因此，选择一个文件作为示例，libacl.so.1 是链接的名称，-> libacl.so.1.1.0 指向实际文件。使用 ls 的简要列表不会显示任何这些信息。在大多数现代终端上，链接都是用彩色显示的。这个图没有显示硬链接，但是让我们从硬链接开始，一步步深入。

18.7.1　硬链接

硬链接是一个指向文件索引节点的目录条目。每个文件都有一个索引节点，其中包含关于该文件的信息，包括属于该文件的数据的位置。每个索引节点至少由一个目录条目引用，有时由更多的目录条目引用。

在图 18-5 中，多个目录条目指向同一索引节点。这些都是硬链接。我使用了主目录的波浪号（~）约定简化了三个目录条目的位置。因此在本例中 ~ 等价于 /home/user。注意，第四个目录条目位于完全不同的目录 /home/shared 中，它表示计算机用户之间共享文件的位置。

图 18-5 很好地说明了包含文件元数据的元结构，并为操作系统提供访问文件以进行读写所需的数据。

提示　这些实验中显示的索引节点号在你的 VM 上与我的 VM 上的不同。

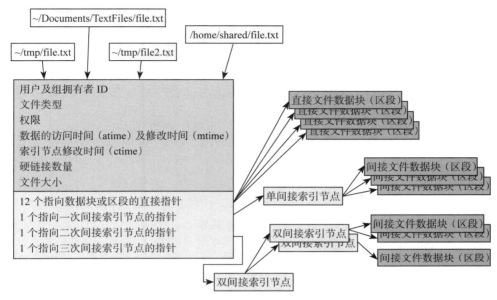

图 18-5　对于硬链接，多个目录条目使用文件系统唯一索引节点号指向同一个索引节点

在图 18-6 中，我们看到一个带有 -i 选项的长列表，它列出了索引节点的编号，所有这些目录条目都指向同一个索引节点。

```
[student@studentvm1 ~]$ ll-i Documents/TextFiles/file.txt ~/tmp/file* /home/shared/file.txt
434 -rw-rw-r--4 student student 12 Apr  2 12:32 Documents/TextFiles/file.txt
434 -rw-rw-r--4 student student 12 Apr  2 12:32 /home/shared/file.txt
434 -rw-rw-r--4 student student 12 Apr  2 12:32 /home/student/tmp/file2.txt
434 -rw-rw-r--4 student student 12 Apr  2 12:32 /home/student/tmp/file.txt
```

图 18-6　图 18-5 所示文件的长列表，第 1 个字段为索引节点号 434，所有这些目录条目共享
　　　　同一个索引节点号

我们将在第 19 章详细讨论这个图。现在我们将学习链接。

实验 18-10　探索链接

以 student 用户的身份，将 ~/testdir 设置为当前工作目录，并删除其中的所有文件：

```
[student@studentvm1 testdir]$ cd ~/testdir ; rm -rf * ; ll
total 0
```

创建一个包含一些纯文本内容的文件，并列出目录内容：

```
[student@studentvm1 testdir]$ echo "Hello World" > file001 ; ll
total 4
-rw-rw---- 1 student student 12 Feb 12 11:59 file001
```

请注意权限与所有者之间的数字 1。这是到该文件的硬链接的数量。因为只有一个目录条目指向这个文件，所以只有一个链接。使用 stat 命令来验证：

```
[student@studentvm1 testdir]$ stat file001
  File: file001
  Size: 12            Blocks: 8       IO Block: 4096   regular file
Device: 253,4   Inode: 2182        Links: 1
Access: (0660/-rw-rw----)  Uid: ( 1000/ student)   Gid: ( 1000/ student)
Access: 2023-02-12 11:59:41.942185794 -0500
Modify: 2023-02-12 11:59:41.942185794 -0500
Change: 2023-02-12 11:59:41.942185794 -0500
 Birth: 2023-02-12 11:59:41.942185794 -0500
```

在我的虚拟机上这个文件的索引节点号是 157，但在你的虚拟机上可能会有所不同。现在创建到该文件的硬链接。ln 工具默认创建硬链接。

```
[student@studentvm1 testdir]$ ln file001 link1 ; ll
total 8
-rw-rw---- 2 student student 12 Feb 12 11:59 file001
-rw-rw---- 2 student student 12 Feb 12 11:59 link1
```

现在两个目录条目的链接计数都为 2。显示全部两个文件的内容，并使用 stat 查看二者的详情：

```
[student@studentvm1 testdir]$ cat file001 link1
Hello World
Hello World
[student@studentvm1 testdir]$ stat file001 link1
  File: file001
  Size: 12                Blocks: 8         IO Block: 4096    regular file
Device: 253,4   Inode: 2182        Links: 2
Access: (0660/-rw-rw----)  Uid: ( 1000/ student)   Gid: ( 1000/ student)
Access: 2023-02-12 12:06:11.752916155 -0500
Modify: 2023-02-12 11:59:41.942185794 -0500
Change: 2023-02-12 12:04:34.457983455 -0500
 Birth: 2023-02-12 11:59:41.942185794 -0500
  File: link1
  Size: 12                Blocks: 8         IO Block: 4096    regular file
Device: 253,4   Inode: 2182        Links: 2
Access: (0660/-rw-rw----)  Uid: ( 1000/ student)   Gid: ( 1000/ student)
Access: 2023-02-12 12:06:11.752916155 -0500
Modify: 2023-02-12 11:59:41.942185794 -0500
Change: 2023-02-12 12:04:34.457983455 -0500
 Birth: 2023-02-12 11:59:41.942185794 -0500
```

两个文件的所有元数据都是相同的，包括索引节点号和链接数。在同一目录中创建另一个链接。我们使用哪个目录条目来创建新链接并不重要，因为它们都指向相同的索引节点：

```
[student@studentvm1 testdir]$ ln link1 link2 ; ll
total 12
```

```
-rw-rw---- 3 student student 12 Feb 12 11:59 file001
-rw-rw---- 3 student student 12 Feb 12 11:59 link1
-rw-rw---- 3 student student 12 Feb 12 11:59 link2
```

你应该 stat 全部三个文件，以验证它们的元数据是否相同。让我们在你的主目录中创建一个到这个索引节点的链接：

```
[student@studentvm1 testdir]$ ln link1 ~/link3 ; ll ~/link*
-rw-rw---- 4 student student 12 Feb 12 11:59 link3
```

从列表中可以看到，我们现在有 4 个指向该文件的硬链接。可以使用 ls -li 或 ll -i 命令查看索引节点号。每个文件列表左侧的数字 2182 是索引节点号：

```
[student@studentvm1 testdir]$ ll -i
total 12
2182 -rw-rw---- 4 student student 12 Feb 12 11:59 file001
2182 -rw-rw---- 4 student student 12 Feb 12 11:59 link1
2182 -rw-rw---- 4 student student 12 Feb 12 11:59 link2
```

让我们从 /tmp/ 创建另一个链接：

```
[student@studentvm1 testdir]$ link file001 /tmp/link4
link: cannot create link '/tmp/link4' to 'file001': Invalid cross-device link
```

创建从 /tmp 到 /home 中文件的硬链接的尝试失败，因为这两个目录位于独立的文件系统中。

硬链接被限制用于单个文件系统中包含的文件。这里使用的文件系统是指挂载在指定挂载点上的分区或逻辑卷，例如本例中的 /home。这是因为索引节点号只在每个文件系统中是唯一的，而不同的文件系统（例如 /var 或 /opt）中，会有着与我们文件索引节点编号重复的索引节点。

因为所有的硬链接都指向包含文件元数据的单个索引节点，所以所有这些属性都是文件的一部分，例如所有权、权限和到索引节点的硬链接总数量，并且每个硬链接都是相同的。它是一个具有一组属性的文件，唯一可以不同的属性是文件名，它不包含在索引节点中。到位于同一目录中的单个文件或索引节点的硬链接必须具有不同的名称，因为同一个目录中不能有重复的文件名。

硬链接的一个有趣的结果是，删除实际文件的索引节点及数据需要删除所有的链接。这样做的问题是，所有链接的位置可能并不明显。普通的文件清单不会立即表明这一点。因此，我们需要一种方法来找出特定文件的所有链接。

18.7.2　应用多个硬链接定位文件

find 命令可以定位具有多个硬链接的文件。它可以定位所有具有指定索引节点号的文件，这意味着我们可以找到到一个文件的所有硬链接。

实验 18-11　寻找硬链接

让我们以 root 用户的身份查找所有具有 4 个硬链接的文件。我们也可以分别使用 +4 或 −4 来查找多于或少于 4 个硬链接的所有文件，但我们将精准查找 4 个的。我们在根目录（/）中开始搜索，这样 find 命令将找到具有 4 个硬链接的所有文件：

```
[root@studentvm1 ~]# find / -type f -links 4
/home/student/link3
/home/student/testdir/link2
/home/student/testdir/file001
/home/student/testdir/link1
/usr/sbin/fsck.ext2
/usr/sbin/mkfs.ext3
/usr/sbin/mke2fs
/usr/sbin/mkfs.ext4
/usr/sbin/e2fsck
/usr/sbin/fsck.ext3
/usr/sbin/mkfs.ext2
/usr/sbin/fsck.ext4
<snip>
```

这显示了我们在实验 18-10 中创建的硬链接，以及其他一些有趣的文件，如用于创建 EXT3 和 EXT4 等文件系统的程序。再深入研究一下，我们将查找 mkfs 文件的索引节点号。-exec 选项执行随后的命令。这个命令中的花括号 -{}- 替换 ls -i 命令中找到的文件名，以便我们得到一个仅包含所找到文件的长列表。-i 选项显示索引节点号。这个命令的最后一部分是一个转义的分号（\;），我们用它来结束 -exec 命令列表。如果 -exec 选项有更多的命令，使用不转义的分号将用于分隔单个命令：

```
[root@studentvm1 ~]# find / -type f -name mkfs*[0-9] -links 4 -exec ls
-li {} \;
264063 -rwxr-xr-x. 4 root root 136976 Jul 20  2022 /usr/sbin/mkfs.ext2
264063 -rwxr-xr-x. 4 root root 136976 Jul 20  2022 /usr/sbin/mkfs.ext3
264063 -rwxr-xr-x. 4 root root 136976 Jul 20  2022 /usr/sbin/mkfs.ext4
```

这三个文件都具有相同的索引节点（264063），因此它们实际上是具有多个链接的同一个文件。但是这个文件有 4 个硬链接，所以让我们通过搜索索引号为 264063 的文件来找到所有链接。请确保使用与你虚拟机中该文件的实际情况一致的索引号，它将不同于这里所显示的数值：

```
[root@studentvm1 ~]# find /usr -inum 264063
/usr/sbin/mkfs.ext3
/usr/sbin/mke2fs
/usr/sbin/mkfs.ext4
/usr/sbin/mkfs.ext2
```

我们还可以使用 −samefile 选项来完成相同的事宜，而无须知道索引节点号。此选项既查找硬链接，也查找软链接。

```
[root@studentvm1 ~]# find /usr -samefile /usr/sbin/mkfs.ext3
/usr/sbin/mkfs.ext3
/usr/sbin/mke2fs
/usr/sbin/mkfs.ext4
/usr/sbin/mkfs.ext2
```

结果表明我们之前所做的基于名称的搜索不会找到第 4 个链接。

18.7.3　符号（软）链接

在实验 18-11 中，我们通过实验发现硬链接不能跨越文件系统边界而工作。软链接（也称为符号链接）可以为我们规避这个问题。符号链接可以像硬链接一样在大多数相同的地方使用。

硬链接和软链接的区别在于，硬链接直接指向属于文件的索引节点，而软链接则指向目录条目，即硬链接中的某一个目录条目。因为软链接是指向文件的链接，而不是索引节点的链接，所以它们不依赖于索引号，并且可以跨文件系统、跨分区和逻辑卷工作。而且，与硬链接不同的是，软链接可以指向目录本身，这是软链接的一个常见用法。

这样做的缺点是，如果符号链接所指向的硬链接被删除或重命名，符号链接就会被破坏。符号链接仍然存在，但它指向一个已经不存在的硬链接。幸运的是，ls 命令在长列表中用红色背景及闪烁的白文本突出显示坏链接。

实验 18-12　符号链接

在终端会话中，以 student 用户的身份将 ~/testdir 目录设置为当前工作目录。这里有三个硬链接，所以让我们创建一个指向其中一个硬链接的符号链接，然后列出目录：

```
student@studentvm1 testdir]$ ln -s link1 softlink1 ; ll
total 12
-rw-rw---- 4 student student 12 Feb 12 11:59 file001
-rw-rw---- 4 student student 12 Feb 12 11:59 link1
-rw-rw---- 4 student student 12 Feb 12 11:59 link2
lrwxrwxrwx 1 student student  5 Feb 12 12:37 softlink1 -> link1
```

符号链接只是一个文件，该文件包含指向被链接到的目标文件的指针。这可以通过以下命令进一步测试：

```
[student@studentvm1 testdir]$ stat softlink1 link1
  File: softlink1 -> link1
  Size: 5              Blocks: 0          IO Block: 4096    symbolic link
Device: 253,4   Inode: 2183      Links: 1
Access: (0777/lrwxrwxrwx) Uid: ( 1000/ student)   Gid: ( 1000/ student)
Access: 2023-02-12 12:37:31.635884495 -0500
Modify: 2023-02-12 12:37:31.633884495 -0500
Change: 2023-02-12 12:37:31.633884495 -0500
 Birth: 2023-02-12 12:37:31.633884495 -0500
```

```
    File: link1
    Size: 12            Blocks: 8          IO Block: 4096   regular file
Device: 253,4   Inode: 2182        Links: 4
Access: (0660/-rw-rw----)  Uid: ( 1000/ student)   Gid: ( 1000/ student)
Access: 2023-02-12 12:06:11.752916155 -0500
Modify: 2023-02-12 11:59:41.942185794 -0500
Change: 2023-02-12 12:09:29.392779392 -0500
 Birth: 2023-02-12 11:59:41.942185794 -0500
```

　　第一个文件是符号链接，第二个文件是硬链接。符号链接具有不同的时间戳集，特别是不同的 btime、不同的索引节点号，甚至不同的大小。硬链接仍是相同的，因为它们都指向相同的索引节点。

　　现在我们可以创建从 /tmp 到其中一个文件的链接，并验证其内容：

```
[student@studentvm1 testdir]$ cd /tmp ; ln -s ~/testdir/file001
softlink2 ; ll /tmp
total 80
-rw-rw----  1 student student    13 Feb 10 09:26 file09
drwx------. 2 root     root    16384 Jan 17 07:29 lost+found
lrwxrwxrwx  1 student student    29 Feb 12 12:40 softlink2 ->
/home/student/testdir/file001
drwx------  2 student student  4096 Feb  8 14:35 ssh-XXXXXX2UEIbd
drwx------  2 student student  4096 Feb 11 13:29 ssh-XXXXXXhSPk1A
<snip>
[student@studentvm1 tmp]$ cat softlink2
Hello World
```

　　这允许通过在 /tmp 中放置文件的链接来访问该文件，但是与文件的副本不同的是，文件的当前版本总是在原位置。

　　现在让我们删除原始文件，看看会发生什么：

```
[student@studentvm1 testdir]$ rm file001 ; ll
total 8
-rw-rw---- 3 student student 12 Feb 12 11:59 link1
-rw-rw---- 3 student student 12 Feb 12 11:59 link2
lrwxrwxrwx 1 student student  5 Feb 12 12:37 softlink1 -> link1
```

　　注意软链接的变化。删除软链接所指向的硬链接，会使 /tmp 目录下的链接失效。在我的系统中，坏链接用红色突出显示，目标硬链接在闪烁。

　　如果需要修复损坏的链接，可以在同一目录下创建与旧链接同名的硬链接。如果不再需要该软链接，可以使用 rm 命令删除。

　　unlink 命令还可以用来删除文件和链接。它非常简单，没有像 rm 命令那样的选项。它的名字更准确地反映了底层的删除过程，因为它删除了指向被删除文件的链接，即目录条目。

总结

本章详细介绍了文件、目录和链接。我们讨论了文件和目录的所有权和权限、文件时间戳、Red Hat 私有组的概念及其安全含义、为新文件设置默认权限的掩码，以及如何获取关于文件的信息。我们还创建了一个目录，用户可以在其中轻松地共享文件，并且具有足够的安全性，以防止其他用户访问它们。

我们了解了文件元数据、元数据位置和元数据结构，如目录条目和文件索引节点。我们探讨了硬链接和软链接，它们的区别，它们与元数据结构的关系，以及它们的一些用途。

不要忘记，权限和所有权基本上与 root 用户无关。root 用户可以做任何事情，即使有时需要进行一些黑客操作，如更改权限。

练习

完成以下练习来结束本章：

1）如果 student 用户是 ops 组的成员，将 /tmp 或其他共享目录中的 file09 的权限设置为 066，并将组所有权设置为 ops，那么谁对它有什么类型的访问权限，谁没有？请详述其中的逻辑。

2）如果 development 组使用一个共享目录 /home/dev 来共享文件，那么需要对 dev 目录设置什么特定权限，以确保在该目录中创建的文件可以被整个 development 组访问，而不需要额外的干预？

3）为什么你的主目录 /home/student 的权限被设置为 700？

4）对于练习 1 中的 file09，student 用户如何重新获得该文件的访问权？

5）为什么在实验 18-5 中将共享目录权限设置为 770？

6）如果我们将共享目录的权限设置为 774，会有什么不同？

7）如果 root 用户在 /home/dev 中创建了一个新文件，那么它属于哪个组？

8）假设目录 ~/test 所有权归于 student.student。且文件权限被设置为 --xrwxrwx(177)，student 用户可以执行以下哪项任务？列出目录的内容，在目录中创建和删除文件，将目录设置为当前工作目录。

9）在共享访问的目录（如 /tmp）中创建一个文件，并赋予其权限，以便除属于 dev 组用户外的所有用户都可以对其进行读写访问。dev 组中的用户应该没有任何访问权限。

10）以 student 用户创建文件，并设置文件的权限，即 root 用户没有权限，创建该文件的 student 用户具有完全的读写权限，其他用户可以读该文件。

11）当从一个文件系统链接到另一个文件系统时，需要哪种类型的链接？为什么？

12）root 用户的掩码为 022，root 用户创建的新文件的权限是什么？

13）如果一个硬链接被移动到同一个文件系统中的另一个目录，为什么其他硬链接不会失效？实例演示一下。

14）修复 /tmp 目录下在我们删除 file001 时破坏的符号链接。

文 件 系 统

目标

在本章中，你将学习以下内容：

❑ 术语"文件系统"的三种定义。

❑ EXT4 文件系统的元结构。

❑ 如何获取 EXT4 文件系统的信息？

❑ 解决配置文件错误导致主机无法启动的问题？

❑ 检测及修复可能导致数据丢失的文件系统不一致问题。

❑ 描述及使用 Linux 文件系统层次标准。

❑ 创建新分区，并在其上安装 EXT4 文件系统。

❑ 配置 /etc/fstab，以便在启动时挂载新分区。

19.1 概述

每台通用计算机都需要将各种类型的数据存储在硬盘驱动器、固态驱动器或类似于 USB 存储棒这样的设备上。这有几方面的原因。

第一，当计算机关闭时，RAM 中的内容会丢失，因此存储在 RAM 中的所有东西都会丢失。有一些非易失性类型的 RAM 可以在断电后保持存储在那里的数据，例如在 USB 存储棒和固态驱动器中使用的闪存 RAM。

第二，即使是标准 RAM 也比磁盘空间要贵。RAM 和磁盘成本都在迅速下降，但 RAM 在每字节成本方面仍然更高。根据 16GB RAM 和 2TB 硬盘的成本快速计算一下每字节的成本，可以发现 RAM 的单位成本大约是硬盘的 71 倍。在撰写本文时，RAM 的典型成本约为每字节 0.000,000,004,374,375 美元。

快速回顾一下当前 RAM 成本的历史，在计算机发展的早期，有一种内存基于 CRT 屏幕上的点。这种内存是非常昂贵的，大约为每比特 1 美元！

19.2 定义

你可能会听到人们以种种不同的、令人困惑的方式谈到"文件系统"和"存储"术语。这两个词本身可以有多种含义，你可能需要根据讨论或文档的上下文来辨别其正确含义。

在本书中，这些术语的定义如下。

19.2.1 文件系统

我根据我在不同情境中观察到的用法，定义了"文件系统"的各种含义。请注意，虽然在尝试符合标准的"官方"含义，但我的目的是基于其不同的用途来定义这个术语。本章涵盖了在 Linux 环境中术语"文件系统"的三种含义：

1）一种特定类型的数据存储格式，如 EXT3、EXT4、BTRFS、XFS 等。Linux 支持近 100 种类型的文件系统，包括一些非常古老的文件系统，也包括一些最新的文件系统。这些文件系统中，每个类型都使用自己的元数据结构来定义如何存储和访问数据。

2）从顶部（/）根目录开始的整个 Linux 层次目录结构。

3）用特定类型的文件系统格式化的分区或逻辑卷，可以挂载到 Linux 文件系统的指定挂载点上。

19.2.2 存储

还需要定义的一组术语与持久性数据存储硬件有关：

❑ 存储：任何设计用于长期、非易失性数据存储的硬件设备。也就是说，数据在重新启动后仍然持久存在，断电时不会丢失。

❑ 硬盘驱动器：一种使用旋转磁盘进行持久数据存储的存储设备。

❑ 固态驱动器：一种使用闪存内存形式进行持久数据存储的存储设备。

19.3 文件系统功能

存储文件系统旨在提供非易失性的数据存储空间，并带来了一些有趣且不可避免的细节。从这一要求中还派生出许多其他的重要功能。

文件系统包含以下所有内容：

❑ 数据存储：用于存储和检索数据的结构化空间，对任何系统来说，这都是主要功能。

❑ 命名空间：一种命名和组织方法，提供命名和组织数据的规则。

❑ 安全模型：定义访问权限的方案。

❑ 应用程序接口：操作文件系统对象（如目录和文件）的系统函数调用。

❑ 实现：实现上述功能的软件。

所有文件系统都需要提供名称空间，即命名和组织方法。它定义了如何命名文件，特别是文件名的长度和可用于文件名的字符集，而不是可用的所有字符集。它还定义了磁盘上数据的逻辑结构，例如使用目录来组织文件，而不是将它们集中在一个单一的、巨型的数据空间中。

一旦定义了名称空间，就需要一个元数据结构来为该名称空间提供逻辑基础。这包括支持目录层次结构所需的数据结构，用于确定磁盘上哪些空间的块已被使用以及哪些空间的块可用的结构，支撑文件和目录名称维护的结构，关于文件的信息（如它们的大小和创建、修改或最后一次访问的时间）以及磁盘上对应文件数据的位置。其他元数据用于存储关于磁盘子区域（如逻辑卷和分区）的上层信息。这些更高层级的元数据及其表示的结构包含描述存储在驱动器或分区上的文件系统的信息，但这些元数据分离并独立于文件系统元数据。

文件系统还需要一个应用程序接口，以提供对系统函数调用的访问，这些调用用于操作文件系统对象，如文件和目录。API可用于创建、移动和删除文件等任务。它还提供了确定文件在文件系统中位置一类的函数。一些函数可能还考虑速度或最小化磁盘碎片等目标。

现代文件系统还提供了一种安全模型，一种用于定义对文件和目录访问权限的方案。Linux 文件系统安全模型有助于确保用户只能访问他们自己的文件，而不能访问其他人或操作系统本身的文件。

最后的构建块是实现所有这些功能所需的软件。Linux 使用两层软件实现来提高系统和程序员的效率，如图 19-1 所示。

其中第一层是 Linux 虚拟文件系统。这个虚拟文件系统为内核和开发人员提供了一组命令，用于访问所有类型的文件系统。虚拟文件系统软件调用特定的设备驱动程序，以连接各种类型的文件系统，如 EXT4、BTRFS 以及远程文件系统。特定于文件系统的设备驱动程序是实现的第二层。设备驱动程序将标准的文件系统命令集解释为分区或逻辑卷上特定文件系统类型的命令。

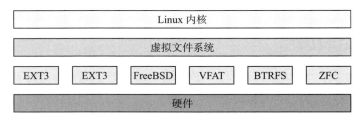

图 19-1　Linux 两层文件系统结构

19.4 Linux 文件系统层次标准

作为一个很有条理的系统管理员，我喜欢把东西放在更小的、有条理的组里，而不是放在一个大箩筐里。使用目录可以帮助我在需要文件时保存并定位它们。目录也被称为文件夹，因为其保存的文件的方式类似于物理桌面，所以它们被认为是文件夹。

在 Linux 和许多其他操作系统中，目录可以按树状进行层次化组织。Linux 目录结构在 Linux 文件系统层次标准⊖中有很好的定义和描述。这个标准是为了确保在 Linux 的所有发行版中，目录的使用是一致的。这种一致性使得系统管理员更容易编写和维护终端和编译后的程序，因为程序、配置文件以及它们的数据（如果有的话）都应该位于标准目录中。

19.4.1 标准

最新的文件系统层次标准（3.0）⊜是在 Linux 基金会⊜维护的文档中定义的。该文件在它们的网站上以多种格式提供，正如 FHS 的历史版本一样。我建议你抽出一些时间，至少浏览一下整个文档，以便更好地理解这些顶级目录的许多子目录所扮演的角色。

表 19-1 按字母顺序列出了标准化、众所周知、预定义的顶级 Linux 目录及其用途。

表 19-1　Linux 文件系统层次标准顶层

目录	固定组成	描述
/（根文件系统）	是	根文件系统是文件系统的顶级目录。它必须包含在其他文件系统被挂载之前启动 Linux 系统所需的所有文件。在系统被引导后，所有其他文件系统都会被挂载到根文件系统的子目录中，这些挂载点都是标准的、定义明确的
/bin ⑭	是	/bin 目录包含用户可执行文件
/boot	否	该目录包含用于引导 Linux 计算机所需的静态引导加载程序和内核可执行文件及配置文件
/dev	是	该目录包含系统中连接的每个硬件设备的设备文件。它们不是设备驱动程序，而是代表计算机上每个设备的文件，便于访问这些设备
/etc	是	包含主机计算机的各种系统配置文件
/home	否	主目录用于存储用户文件。每个用户拥有一个 /home 下的子目录
/lib	是	包含用于引导系统的共享库文件
/media	否	用于挂载可能连接到主机的外部可移动介质设备（如 USB 闪存驱动器）的位置
/mnt	否	临时挂载点，用于常规文件系统（不是可移动介质），管理员在修复或处理文件系统时可以使用
/opt	否	诸如供应商提供的应用程序这样的可选文件应该位于此处
/proc	虚拟	用于显示内核信息和可编辑调优参数的虚拟文件系统

⊖　Linux 基金会，Linux 文件系统层次标准，http://refspecs.linuxfoundation.org/fhs.shtml。

⊜　http://refspecs.linuxfoudation.org/fhs.shtml。

⊜　Linux 基金会维护着许多 Linux 标准定义的文档。它还赞助了 Linus Torvalds 的工作。

⑭　注意，/bin 和 /sbin 现在分别只是到 /usr/bin 和 /usr/sbin 的链接。它们不再像过去一般被归为"必要的"和"非必要的"。

（续）

目录	固定组成	描述
/root	是	这不是根（/）文件系统。这是 root 用户的主目录
/sbin	是	系统二进制文件，是用于系统管理的可执行文件
/selinux	虚拟	此文件系统仅在 SELinux 开启时使用
/sys	虚拟	此虚拟文件系统包含 USB 与 PCI 总线以及连接到这些总线上的设备的信息
/tmp	否	临时目录，操作系统及很多程序用来存放临时文件。用户也可以在此临时存放文件。注意，存放在此处的文件可能随时被删除，而未经事先通知
/usr	否	这里存放的是共享的、只读的文件，包括可执行二进制文件与库文件、手册页文档，以及其他类型的文档
/usr/local	否	这里存放的通常是本地编写的脚本程序、编译后的程序及其支持性配置文件，供系统管理员及主机上的其他用户使用
/var	否	动态变化的数据存放于此。内容包括日志文件、MySQL 及其他数据库文件、Web 服务数据文件、邮件收件箱等

表 19-1 所示的在第 2 列中为"是"的目录，被认为是根文件系统的一个组成部分。也就是说，不能将它们创建为单独的文件系统并在启动时挂载。这是因为它们（特别是它们的内容）必须在引导时出现，以便系统能够正确引导。/media 和 /mnt 目录是根文件系统的一部分，但它们不应该包含任何数据。相反，它们只是临时挂载点。

其余的目录不需要在引导过程中存在，而是在后续的启动过程中挂载，以便主机准备执行有用的工作。

维基百科对 FHS 也有很好的描述。应尽可能严格遵循此标准，以确保操作和功能上的一致性。不管主机上使用的文件系统类型是什么，即 EXT4、XFS、BTRFS 等，这种分层的目录结构都是相同的。

19.4.2　解决问题

我能想到的遵循 Linux FHS 的最好理由之一是，它使解决问题的任务变得尽可能容易。许多应用程序期望某些东西位于特定的地方，否则它们将无法工作。你把自己猫的图片和 MP3 放在哪里并不重要，但是你的系统配置文件放在哪里非常重要。

使用 Linux 文件系统层次标准促进了一致性和简单性，使解决问题更容易。知道在 Linux 文件系统目录结构中的什么地方能找到东西，已经不止一次将我从无休止的失败中拯救出来。

我发现，大多数核心工具集、Linux 服务以及与我使用的发行版一起提供的服务器在 /etc 目录及其子目录的配置文件使用方面都是一致的。这意味着找到由发行版提供的表现异常的程序或服务的配置文件应该会很容易。

我通常在 /etc 中使用大量 ASCII 文本文件来配置 Sendmail、Apache、DHCP、NFS、NTP、DNS 等。针对这些服务，我总是知道在哪里找到需要修改的文件，它们都是开放的和可访问的，因为它们是 ASCII 文本，这使得计算机和人类都可以阅读。

19.4.3 文件系统的不当使用

当我在一家大型技术公司担任实验室管理员时，发生了一个涉及文件系统不当使用的情况。我们的一个开发人员将一个应用程序安装在了错误的位置：/var。应用程序崩溃的原因是 /var 文件系统已满，以及储存在该文件系统 /var/log 目录中的日志文件无法增加新消息，表明 /var 文件系统已满。然而，由于关键的 /（根）和 /tmp 文件系统没有被填满，系统仍然能够正常运行。删除有问题的应用程序并将其重新安装到 /opt 文件系统中（它应该在那里），解决了这个问题。我还和最初安装的开发人员讨论了一下。

19.4.4 遵循标准

那么，作为系统管理员，我们如何遵循 Linux FHS 呢？实际上非常简单，回到表 19-1 中，这里有一个提示。/usr/local 目录是本地创建的可执行程序及其配置文件应该存储的地方。在 FHS 中，本地程序是指作为系统管理员的我们为了使我们或其他用户的工作更容易而自己创建的程序。包括我们编写的那些功能强大、用途广泛的终端程序。我们的程序应该位于 /usr/local/bin，配置文件（如果有的话）应该位于 /usr/local/etc 中。还有一个 /var/local 目录，本地程序的数据文件可以存储在其中。

在过去的几年里，我编写了相当多的终端程序，我花了至少五年的时间才认识到在主机上哪里才是安装我自己软件的合适位置。在有些情况下，我甚至忘记了它们安装在哪里。在另外一些情况下，我把配置文件安装在 /etc 目录下，而不是 /usr/local/etc 目录下，我的文件在升级时被覆盖了。第一次发生这种情况的时候花了几个小时才找到。

通过在编写终端程序时遵循这些标准，我更容易记住在哪里安装了它们。同时对于其他系统管理员来说，仅搜索我们作为系统管理员安装这些程序及其文件的目录，也能更加容易找到内容。

19.5 Linux 统一目录结构

Linux 文件系统将所有物理存储设备和分区统一放进一个单一的目录结构中。这一切都从顶部（根目录 /）开始。所有其他目录及其子目录都位于单一的 Linux 根目录下。这意味着只有一个目录树可用于搜索文件和程序。

这个结构之所以可用，只是因为可以在与 /（根）文件系统不同的物理存储设备、分区或逻辑卷上创建 /home、/tmp、/var、/opt 或 /usr 等文件系统，然后将其作为根文件系统树的一部分挂载到挂载点（目录）上。即使是可移动驱动器（如 U 盘、外部 USB 或 ESATA 硬盘驱动器）也将被挂载到根文件系统上，并成为该目录树的组成部分。

在从一个版本的 Linux 发行版升级到另一个版本或从一个发行版切换到另一个发行版时，这样做的原因很明显。一般来说，除了像 Fedora 中的 dnf-upgrade 这样的升级工具外，偶尔在升级期间重新格式化包含操作系统的硬盘驱动器是明智的，这样可以积极地删除随着时间积累的任何文件碎片。如果 /home 是根文件系统的一部分，它也将被重新格式化，随后必须从备份中恢复。通过将 /home 作为一个单独的文件系统，安装程序将知道它是一个单独的文件系统，并且可以跳过对它的格式化。这也可以应用于存储数据库、电子邮件收件箱、网站和其他可变的用户和系统数据的 /var 目录。

　　你还可以考虑哪些文件位于哪些磁盘上。如果你有一个较小的 SSD 和一个大的机械硬盘，把引导所需的重要的、经常访问的文件放在 SSD 上。你最喜欢的游戏，或者其他什么东西也放在 SSD。同样，不要将 SSD 空间浪费在你很少访问的大文件的归档存储上。

　　另一个例子是：很久以前，当我还没有意识到将所有 Linux 目录都直接塞到 /（根）文件系统可能带来的潜在问题时，我设法用大量非常大的文件塞满了我的主目录。因为 /home 目录和 /tmp 目录都不是独立的文件系统，而是根文件系统的子目录，所以整个根文件系统都被填满了。操作系统没有空间来创建临时文件或扩展现有的数据文件。起初，应用程序开始抱怨没有空间保存文件，然后操作系统本身开始表现得非常奇怪。引导到单用户模式并清除主目录中的违规文件后，才允许系统重新工作；后来，我便使用非常标准的层次设置重新安装了 Linux，从而能够防止再次发生彻底的系统崩溃。

　　我曾经遇到过这样的情况：Linux 主机继续运行，但阻止用户使用 GUI 桌面登录。我能够通过一个虚拟控制台在本地使用命令行界面登录，也能使用 SSH 远程登录。问题原因是 /tmp 文件系统已经被填满，在登录时无法创建 GUI 桌面所需的一些临时文件。因为 CLI 登录不需要在 /tmp 目录下创建文件，所以那里的空间不足并不妨碍我使用 CLI 登录。在这个案例中，/tmp 目录是一个独立的文件系统，/tmp 逻辑卷所在的卷组中有大量可用空间。我只是将 /tmp 逻辑卷扩大到该主机上所需临时文件空间的合适大小，问题就解决了。注意，这个解决方案不需要重新引导，只要扩大 /tmp 文件系统，用户就能够登录到桌面。

19.6　文件系统类型

　　Linux 支持读取大约 100 个分区类型，尽管只能创建和写入其中的一小部分。但在同一个根文件系统上挂载不同类型的文件系统，这是可行的，而且很常见。在此处，我们将讨论存储和管理硬盘驱动器分区或逻辑卷上的用户数据所需的结构和元数据方面的文件系统。图 19-2 提供了 Linux fdisk 命令识别的文件系统分区类型的完整列表，这样你就可以感受到 Linux 与非常多类型的系统具有高度兼容性。

　　支持读取这么多分区类型主要为了提高兼容性，以及至少与其他文件系统具备一些互操作性。在 Fedora 中创建新文件系统时，可供选择项如下所示：

btrfs	**cramfs**	**ext2**
ext3	**ext4**	fat
gfs2	hfsplus	minix
msdos	ntfs	reiserfs
vfat	xfs	

其他 Linux 发行版支持创建文件系统类型不尽相同。比如，CentOS 6 仅支持上面以加粗强调的文件系统。

```
0  Empty            24  NEC DOS          81  Minix / old Lin  bf  Solaris
1  FAT12            27  Hidden NTFS Win  82  Linux swap / So  c1  DRDOS/sec (FAT-
2  XENIX root       39  Plan 9           83  Linux            c4  DRDOS/sec (FAT-
3  XENIX usr        3c  PartitionMagic   84  OS/2 hidden or   c6  DRDOS/sec (FAT-
4  FAT16 <32M       40  Venix 80286      85  Linux extended   c7  Syrinx
5  Extended         41  PPC PReP Boot    86  NTFS volume set  da  Non-FS data
6  FAT16            42  SFS              87  NTFS volume set  db  CP/M / CTOS / .
7  HPFS/NTFS/exFAT  4d  QNX4.x           88  Linux plaintext  de  Dell Utility
8  AIX              4e  QNX4.x 2nd part  8e  Linux LVM        df  BootIt
9  AIX bootable     4f  QNX4.x 3rd part  93  Amoeba           e1  DOS access
a  OS/2 Boot Manag  50  OnTrack DM       94  Amoeba BBT       e3  DOS R/O
b  W95 FAT32        51  OnTrack DM6 Aux  9f  BSD/OS           e4  SpeedStor
c  W95 FAT32 (LBA)  52  CP/M             a0  IBM Thinkpad hi  ea  Rufus alignment
e  W95 FAT16 (LBA)  53  OnTrack DM6 Aux  a5  FreeBSD          eb  BeOS fs
f  W95 Ext'd (LBA)  54  OnTrackDM6       a6  OpenBSD          ee  GPT
10 OPUS             55  EZ-Drive         a7  NeXTSTEP         ef  EFI (FAT-12/16/
11 Hidden FAT12     56  Golden Bow       a8  Darwin UFS       f0  Linux/PA-RISC b
12 Compaq diagnost  5c  Priam Edisk      a9  NetBSD           f1  SpeedStor
14 Hidden FAT16 <3  61  SpeedStor        ab  Darwin boot      f2  DOS secondary
16 Hidden FAT16     63  GNU HURD or Sys  af  HFS / HFS+       f4  SpeedStor
17 Hidden HPFS/NTF  64  Novell Netware   b7  Bsdg fs          fb  VMware VMFS
18 AST SmartSleep   65  Novell Netware   b8  Bsdg swap        fc  VMware VMKCORE
1b Hidden W95 FAT3  70  DiskSecure Mult  bb  Boot Wizard hid  fd  Linux raid auto
1c Hidden W95 FAT3  75  PC/IX            bc  Acronis FAT32 L  fe  LANstep
1e Hidden W95 FAT1  80  Old Minix        be  Solaris boot     ff  BBT
```

图 19-2　Linux 支持的文件系统清单

19.7　挂载

在 Linux 中，"挂载"文件系统这一术语可以追溯到计算机发展早期，当时磁带或可移动磁盘需要物理地挂载到适当的驱动器设备上。在被物理地放入驱动器之后，操作系统将"挂载"磁盘包上的文件系统，以使操作系统、应用程序和用户能够访问这些内容。

挂载点只是一个空目录，就像其他目录一样，它是作为根文件系统的一部分创建的。例如，home 文件系统挂载在目录 /home 上。文件系统可以挂载在目录树中非根文件系统中的挂载点上，但这种情况不太常见。

Linux 根文件系统在引导过程早期就被挂载在根目录（/）上。其他文件系统稍后通过 Linux 启动程序挂载，可能是 SystemV 下的 rc，也可以是较新的 Linux 版本中的 systemd。启动过程中文件系统的挂载由 /etc/fstab 配置文件管理。记住这一点的 一种简单方法是，fstab 代表"文件系统表"（filesystem table），它是要挂载的文件系统、它们指定的挂载点以及特定文件系统可能需要的任何选项的列表。

文件系统由 mount 命令挂载到现有目录 / 挂载点上。通常，用作挂载点的任何目录都应该是空的，并且其中不包含任何其他文件。Linux 不会阻止用户将一个文件系统挂载到已经存在的文件系统上，或者挂载到包含文件的目录上。如果将文件系统挂载到现有目录或文件系统上，则原始内容将被隐藏，只有新挂载文件系统中的内容是可见的。

19.8　Linux EXT4 文件系统

尽管 EXT 文件系统是为 Linux 编写的，但其根源是 Minix 操作系统和 Minix 文件系统，Minix 文件系统比 Linux 早了大约 5 年，在 1987 年首次发布。在编写最初的 Linux 内

核时，Linus Torvalds 需要一个文件系统，但当时不想编写它。因此，他简单地包含了由
Andrew S. Tanenbaum 编写的 Minix 文件系统，它是 Tanenbaum 的 Minix 操作系统的一部
分。Minix 是一个类 UNIX 操作系统，为教育目的而编写。它的代码是免费的，并经适当许
可，允许 Torvalds 将其包含在他的首个版本的 Linux 中。

提示　当前 Fedora 新安装的默认文件系统是 BTRFS，但 EXT4 仍然得到了更广泛的使
用，这就是我们在本书中使用它的原因。我认为 EXT4 也更适用于服务器，以及用于基础
设施的其他系统，但我知道其他系统管理员对此有不同的看法。

最初的 EXT 文件系统（扩展的）由 Rémy Card 编写，并于 1992 年随 Linux 发布，目
的是克服 Minix 文件系统的一些大小限制。主要的结构变化是文件系统的元数据，它基
于 UNIX 文件系统 UFS，也称为伯克利快速文件系统（Berkeley Fast File System）或 FFS。
EXT2 文件系统迅速取代了 EXT 文件系统，EXT3 和 EXT4 附带了额外的补丁和特性。

EXT4 文件系统具有以下元结构：

❑ 每个 EXT4 分区中的空间被划分为群组，允许对数据空间进行更细粒度的管理。根
据我的经验，组的大小通常约为 8 MB。

❑ 每个群组包含一个超级块，它包含定义文件系统结构的元数据，并将它们放置到分配给
组的物理磁盘上；一个索引节点位图块，用来确定哪些索引节点被使用，哪些是空闲
的；在磁盘上有自己空间的索引节点，每个索引节点包含关于一个文件的信息，包括
数据块的位置，即属于该文件的区域；一个区域位图来跟踪已使用和空闲的数据区域。

❑ 日志，它提前记录文件系统将要执行的更改，有助于消除由于崩溃和电源故障造成
的数据丢失。

19.8.1　群组

在每个 EXT4 文件系统中，空间被划分为群组，允许对数据空间进行更细粒度的管理。
根据我的经验，从较旧的系统和软件版本到使用较新的主机、较大的存储设备和较新的
EXT 文件系统版本，群的大小在 8 ～ 34MB 之间。群组基本结构如图 19-3 所示。在群组
中，数据分配单元是块，其大小通常为 4K。

图 19-3　群组基本结构

群组中的第一个块是一个超级块，它包含定义文件系统结构的元数据，并将它们放置在物理磁盘上。分区中的一些额外群组（但不是全部）将备份超级块。可以使用磁盘工具（如 dd）将备份超级块的内容复制到主超级块，从而替换掉损坏的超级块。这种情况并不经常发生，但多年前我曾经历过一次超级块损坏的情况，且我能够使用其中一个备份超级块恢复其内容。幸运的是，我预见到了这一点，并使用 dumpe2fs 命令转储了系统上分区的描述符信息。

> **提示** 受损的超级块非常罕见。我可能已经有 20 多年没有遇到过了。

每个群组有两种位图。索引节点位图用于确定该群中哪些索引节点被使用，哪些是空闲的。索引节点有自己的空间，即各个群组中的索引节点表。每个索引节点都包含一个文件的信息，包括属于该文件的数据块位置。块位图跟踪文件系统中已用的和空闲的数据块。在非常大的文件系统上，群组数据可能长达数百页。群组元数据包括群组中所有空闲数据块的列表。对于这两种位图，一位代表一个特定的数据区域或是一个特定的索引节点。如果该位为 0，则表示该区域或索引节点是空闲的，可以使用；而如果该位为 1，则表示该数据分区域或索引节点已经被使用。

让我们看看虚拟机根文件系统的元数据。在你的系统中，其细节和具体值可能与我的有所不同。

实验 19-1 探索超级块

以 root 用户身份进行此实验。我们使用 dumpe2fs 工具从根（/）文件系统的主超级块中转储数据。你可能需要通过运行 less 工具来查看 dumpe2fs 命令的输出数据流的全部内容：

```
[root@studentvm1 ~]# dumpe2fs -h /dev/mapper/fedora_studentvm1-root |
less
dumpe2fs 1.46.5 (30-Dec-2021)
Filesystem volume name:    root
Last mounted on:           /
Filesystem UUID:           7cc97551-57b1-4d2c-b839-0f689d885b64
Filesystem magic number:   0xEF53
Filesystem revision #:     1 (dynamic)
Filesystem features:       has_journal ext_attr resize_inode dir_index
filetype needs_recovery extent 64bit flex_bg sparse_super large_file
huge_file dir_nlink extra_isize metadata_csum
Filesystem flags:          signed_directory_hash
Default mount options:     user_xattr acl
Filesystem state:          clean
Errors behavior:           Continue
Filesystem OS type:        Linux
Inode count:               131072
Block count:               524288
Reserved block count:      26214
Overhead clusters:         26150
```

```
Free blocks:                336688
Free inodes:                126045
First block:                0
Block size:                 4096
Fragment size:              4096
Group descriptor size:      64
Reserved GDT blocks:        255
Blocks per group:           32768
Fragments per group:        32768
Inodes per group:           8192
Inode blocks per group:     512
Flex block group size:      16
Filesystem created:         Tue Jan 17 07:29:41 2023
Last mount time:            Fri Feb 10 02:01:24 2023
Last write time:            Fri Feb 10 02:01:16 2023
Mount count:                40
Maximum mount count:        -1
Last checked:               Tue Jan 17 07:29:41 2023
Check interval:             0 (<none>)
Lifetime writes:            808 MB
Reserved blocks uid:        0 (user root)
Reserved blocks gid:        0 (group root)
First inode:                11
Inode size:                 256
Required extra isize:       32
Desired extra isize:        32
Journal inode:              8
Default directory hash:     half_md4
Directory Hash Seed:        2468459f-67d5-404e-a289-afb754043271
Journal backup:             inode blocks
Checksum type:              crc32c
Checksum:                   0x29d6ca33
Journal features:           journal_incompat_revoke journal_64bit
journal_checksum_v3
Total journal size:         64M
Total journal blocks:       16384
Max transaction length:     16384
Fast commit length:         0
Journal sequence:           0x000004c1
Journal start:              1
Journal checksum type:      crc32c
Journal checksum:           0xcc06298d
```

这里有很多信息，你在 VM 上看到的应该是大体相似。有一些具体数据尤其值得关注。

最前面两个条目给出了文件系统标签和最后一次挂载点。这使得我们很容易看出其是根（/）文件系统。如果你的 /etc/fstab 中使用 UUID（Universal Unique IDentifier，通过唯一标识符）挂载一个或多个分区（例如 /boot），则文件系统的主超级块中保存的就是该 UUID。

当前的文件系统状态是"干净的"，这意味着所有的数据都已经从缓冲区和日志写到数据空间，文件系统是一致的。如果文件系统不干净，则意味着还没有将所有数据写入硬盘驱动器的数据区。请注意，如果挂载了文件系统，超级块中的这些数据和其他一些数据可能不是最新的。

上面的信息也告诉我们文件系统类型是"Linux"，即83类型，如图19-2所示。这是一个非 LVM 分区。类型 8e 表示一个 Linux LVM 分区。

你还可以看到索引节点和块计数，它们告诉我们在这个文件系统中可以保存多少文件，以及总共能存储多少数据。因为每个文件使用一个索引节点，所以这个文件系统可以容纳 131,072 个文件。除了 4096B 的块大小外，524,288 的块总数中提供了共计 2,147,483,648B 的总存储量，而保留块中则有 107,372,544B。当一个数据块被各种错误检测机制发现有错误时，该数据被移动到其中一个保留块中，常规数据块被标记为有缺陷的，无法用于未来的数据存储。空闲块的数量告诉我们有 1,379,074,048B 是空闲和可用的。

HTree 目录树结构实现使用目录散列和散列种子来散列目录条目，以方便在文件查找操作时找到它们。相对而言，其余的大部分超级块信息都易于获取并理解。EXT4 的手册页有一些关于文件系统特性的额外信息，列在这个输出的顶部附近。

现在使用以下命令查看该分区的超级块和群组数据：

```
[root@studentvm1 ~]# dumpe2fs /dev/mapper/fedora_studentvm1-root | less
<SNIP>
Group 0: (Blocks 0-32767) csum 0x34a5 [ITABLE_ZEROED]
  Primary superblock at 0, Group descriptors at 1-1
  Reserved GDT blocks at 2-256
  Block bitmap at 257 (+257), csum 0xcb5022c0
  Inode bitmap at 273 (+273), csum 0x30f9d8bd
  Inode table at 289-800 (+289)
  44 free blocks, 3181 free inodes, 588 directories, 3174 unused inodes
  Free blocks: 24544-24575, 32756-32767
  Free inodes: 1126, 2217-2218, 5014-5016, 5018-8192
Group 1: (Blocks 32768-65535) csum 0x2fd5 [ITABLE_ZEROED]
  Backup superblock at 32768, Group descriptors at 32769-32769
  Reserved GDT blocks at 32770-33024
  Block bitmap at 258 (bg #0 + 258), csum 0x249636e4
  Inode bitmap at 274 (bg #0 + 274), csum 0x7a501695
  Inode table at 801-1312 (bg #0 + 801)
  32511 free blocks, 8189 free inodes, 3 directories, 8188 unused inodes
  Free blocks: 33025-65535
  Free inodes: 8196-16384
Group 2: (Blocks 65536-98303) csum 0x9ed7 [ITABLE_ZEROED]
  Block bitmap at 259 (bg #0 + 259), csum 0xda4d2287
  Inode bitmap at 275 (bg #0 + 275), csum 0x8ca184e6
  Inode table at 1313-1824 (bg #0 + 1313)
  32768 free blocks, 8190 free inodes, 2 directories, 8190 unused inodes
  Free blocks: 65536-98303
  Free inodes: 16387-24576
<SNIP>
```

我对该命令的输出进行了裁剪，以显示前三组的数据。每个群组都有自己的块位图、索引节点位图和索引节点块表。每个群中空闲块的列表使文件系统能够轻松地定位空闲空间，用来存储新文件或向现有文件添加数据。如果将整个群的块号范围与空闲块进行比较，你将看到文件数据分散在群组中，而不是从一开始就挤在一起。我们将在 19.9 节中进一步介绍这一点。

前面输出中的群组 2 没有存储数据，因为分配给这个群的所有数据块都是空闲的。如果向下滚动到此文件系统的数据末尾，你将看到其余群中也没有存储数据。

19.8.2 索引节点

什么是 inode？它是索引节点（index node）的缩写，索引节点是磁盘上一个 256B 的块，用于存储关于文件的数据，包括文件的大小、文件的用户和组所有者的 ID、文件模式（即访问权限）、三个时间戳（最后一次访问和修改文件，以及最后一次修改索引节点自身数据的时间和日期）。

在前面已经提到过索引节点，它是 Linux EXT 文件系统元数据的关键组件。索引节点与存储在硬盘驱动器上的数据的对应关系如图 19-4 所示。此图是单个文件的目录和索引节点，在这种情况下，文件是高度碎片化的。EXT 文件系统积极地工作以减少碎片，因此你不太可能看到具有这么多间接数据块或区段的文件。事实上，EXT 文件系统中的碎片化非常低，因此大多数索引节点只使用一个或两个直接数据指针，而不使用任何间接指针。

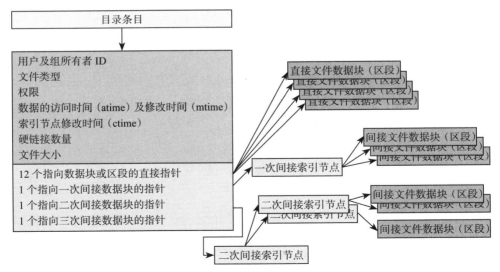

图 19-4　索引节点存储关于每个文件的信息，并使 EXT 文件系统能够定位其所有数据

索引节点不包含文件的名称作为其元数据的一部分。文件系统通过目录条目访问文件，

目录条目本身就是文件的名称，它包含一个指向索引节点的指针。该指针的值是索引节点号。文件系统中的每个索引节点都具有唯一的 ID。但是同一计算机甚至硬盘驱动器上的其他文件系统中的索引节点可以拥有相同的索引节点号。这对我们在第 18 章中讨论的链接有影响。对于具有明显碎片的文件，需要以间接节点的形式提供一些附加功能。从技术上讲，这些并不是真正的索引节点，所以为了方便，我在这里使用名称节点。

间接节点是文件系统中的普通数据块，仅用于描述数据，而不用于存储元数据，因此可以支持超过 15 个条目。例如，一个 4K 大小的块可以支持 512 个 4B 的间接节点，因此单个文件允许 12（直接）+ 512（间接）= 524 个区段。还支持二次和三次间接节点，但是在大多数环境中不太可能遇到需要许多区段的文件。

在 Minix 和 EXT1 到 EXT3 文件系统中，指向数据的指针采用数据区域或块列表的形式。对于 EXT4，索引节点列出属于该文件的区段。区段是属于一个文件的连续数据块的列表。文件可以由多个区段组成。单个区段中数据块数量的唯一限制是群组的总大小。实际上，这个限制是在创建文件时群中可用的连续空闲空间的数量。

19.8.3 日志

EXT3 文件系统中引入日志的唯一目的是，克服 fsck 程序完全恢复因文件更新操作期间发生的不当关机所损坏的磁盘结构所需的大量时间。为了完成这一任务，唯一对 EXT 文件系统增添的结构是日志，它提前记录将对文件系统进行的更改。

数据不再直接写入磁盘数据区，日志将文件数据连同元数据写入磁盘上的指定区域。一旦数据在硬盘驱动器上是安全的，就可以将其合并或追加到目标文件中，几乎没有丢失数据的机会。当这些数据被提交到磁盘的数据区时，日志被更新，以便在日志中的所有数据被提交之前，当系统发生故障时，文件系统仍将处于一致的状态。在下一次引导时，将检查文件系统是否一致，然后将日志中剩余的数据提交到磁盘的数据区，以完成对目标文件的更新。

日志记录确实会影响数据写入性能，但是，日志提供了三个选项，允许用户在性能、数据完整性和安全性之间进行选择。EXT4 手册页对这些设置有以下描述：

❑ **日志（Journal）**：元数据和文件内容在提交到主文件系统之前都写入日志。这提供了最大的可靠性，但伴随着性能损失，因为数据要写入两次。

❑ **回写（Writeback）**：将元数据写入日志，但文件内容不写入日志。这是一个更快的选项，但在崩溃期间追加的文件由于可能会出现的无序写入，因而在下次挂载时可能获得一堆错误数据。

❑ **按序（Ordered）**：这个选项有点像回写，但它强制要求文件内容写入完成后，才可以在日志中将关联的元数据标记为已提交。这是可靠性和性能之间可以接受的折中方案，是新创新的 EXT4 文件系统的默认方案。

我个人倾向于中间立场，因为我的环境不需要太重的磁盘写入操作，所以性能通常应该不是一个问题。我使用默认设置，它在提供可靠性的同时，也对性能有一定程度的兼顾。可以在 /etc/fstab 中设置挂载选项，也可以通过编辑 etc/default/grub 中的 GRUB2 内核选项行来将引导参数传递给内核完成此选择。

　　日志功能将故障后检查硬盘驱动器不一致所需的时间从数小时甚至数天减少至最多几分钟。当然，这些时间可能由于许多因素而有很大差异，特别是驱动器的大小和类型。这些年来，我遇到过很多问题导致我的系统崩溃。细节可以再写一章，但我只想说，大多数都是自己造成的，就像踢掉电源插头。幸运的是，EXT 日志文件系统将启动恢复时间减少到 2 ～ 3min。此外，自从我开始使用带有日志记录的 EXT3 以来，我从来没有遇到过数据丢失的问题。

　　可以关闭 EXT4 的日志记录功能，这样它就像 EXT2 文件系统一样工作。日志本身仍然存在，但是其内容空空如也，没有使用过。只需使用 mount 命令重新挂载分区，并使用 type 参数指定 EXT2 即可。你可以从命令行执行这一操作，这取决于你正在使用的是哪个文件系统[⊖]，但是你可以更改 /etc/fstab 文件中的类型说明符，然后重新引导。我强烈建议不要将 EXT3 或 EXT4 文件系统挂载为 EXT2，因为这可能导致数据丢失和恢复时间延长。

　　现有的 EXT2 文件系统可以通过以下命令添加日志来升级，其中 /dev/sda1 是驱动器和分区标识符。确保更改 /etc/fstab 中的文件类型说明符，并重新挂载分区以使更改生效：

```
tune2fs -j /dev/sda1
```

这几乎没有必要用到，因为 EXT2 文件系统早在 2001 年就已经被带有日志记录的 EXT3 所取代。

19.9　数据分配策略

　　EXT 文件系统实现了几种确保最小化文件碎片的数据分配策略。减少碎片可以提高文件系统的性能。

　　EXT4 文件系统的数据分配使用区段进行管理。区段由它在硬盘驱动器上的起始和结束位置来描述。这使得在单个索引节点指针条目中描述物理上大段连续的文件成为可能，这可以显著减少描述较大文件中所有数据位置所需的指针数量。EXT4 中还实现了其他分配策略，以进一步减少碎片。

　　EXT4 将新创建的文件分散到磁盘上，这样它们就不会像 FAT 等许多早期 PC 文件系统那样集中在磁盘开始处的位置上。文件分配算法试图将文件尽可能均匀地分布在群组中，当不得不碎片化时，使不连续的文件区段接近属于同一文件的其他区段，以尽可能减少 HDD 上的头寻道和旋转延迟。在创建新文件或扩展现有文件时，使用其他策略预分配额外

⊖ 此处的"文件系统"一词不是指分区的类型（如 EXT3、EXT4），而是指挂载点，如根文件系统、主文件系统。——译者注

的存储空间。这有助于确保扩展文件时不会自动导致文件碎片化。不会在现有文件结尾处立即分配新文件，这也减少或防止了现有文件的碎片。

除了数据在磁盘上的实际位置之外，EXT4 还使用了延迟分配等功能策略，允许文件系统在为磁盘分配空间之前收集将要写入磁盘的所有数据。这可以提高分配连续数据空间的可能性。

数据碎片

对于许多较老的 PC 文件系统（如 FAT 及其所有变体和 NTFS）碎片一直是导致硬盘驱动器性能下降的一个重要问题。碎片整理本身就成了一个产业，在该产业中有着各种不同品牌的碎片整理软件，从非常有效到只有一点点效果。

旧的存储设备使用高速旋转的磁盘和移动磁头来将数据读/写传感器放置到正确的轨道上。正是这种等待磁头寻找到一个特定轨道，然后等待所需的数据块被读/写磁头读取，导致在文件发生碎片时产生了延迟。尽管 SSD 可能会出现文件碎片，但没有性能损失[⊖]，因为与所有固态内存一样，尽管 SSD 被设计为模拟硬盘驱动器的功能，但它们没有传统硬盘驱动器的旋转盘片和移动磁头。

Linux 的扩展文件系统使用数据分配策略，帮助最小化硬盘驱动器上文件的碎片，并在发生碎片时减少碎片带来的影响。你可以在 EXT 文件系统上使用 fsck 命令来检查文件系统的全部碎片。下面的例子是检查我的主工作站的主目录，它只有 1.5% 的碎片。我勤奋的技术审稿人 Jason 报告称，他的家庭桌面工作站的碎片率为 1.2%：

fsck -fn /dev/mapper/vg_01-home

让我们看看我们的虚拟机中，主目录有多么的碎片化。

实验 19-2　碎片程度

让我们看看虚拟机的硬盘驱动器上的文件碎片量。以 root 用户身份执行此实验。

fsck（文件系统检查）命令通常用于在崩溃或其他可能导致文件系统不一致的事件后修复文件系统。它还可以用于报告碎片。-f 选项强制检查文件系统，即使它被标记为干净的，而 -n 选项告诉 fsck 不要修复它发现的问题。这将产生一个关于文件系统当前状态的报告，但愿其报告是简短的：

```
[root@studentvm1 ~]# fsck -fn /dev/mapper/fedora_studentvm1-home
fsck from util-linux 2.38.1
e2fsck 1.46.5 (30-Dec-2021)
```

⊖ 虽然 SSD 没有旋转的盘片及移动中的磁头，实际上文件碎片严重时一样会造成严重的磁盘性能下降，在没有碎片时，可以理解为 DMA 可以持续 NAND FLASH 的总线读入数据。而当遇到碎片时，需要中断连续的 DMA 过程，重新向 NAND FLASH 颗粒发出选页指令。这也是 SSD 的小文件读写效率远低于连续大文件读写的原因所在。——译者注

```
Warning!  /dev/mapper/fedora_studentvm1-home is mounted.
Warning: skipping journal recovery because doing a read-only filesystem
check.
Pass 1: Checking inodes, blocks, and sizes
Pass 2: Checking directory structure
Pass 3: Checking directory connectivity
Pass 4: Checking reference counts
Pass 5: Checking group summary information
Free blocks count wrong (147338, counted=147283).
Fix? no

Free inodes count wrong (128657, counted=128631).
Fix? no

home: 2415/131072 files (1.7% non-contiguous), 376950/524288 blocks
```

偶尔可能会报告一些问题，如索引节点或数据块计数不一致。这可以在虚拟硬盘的正常操作过程中发生，就像在物理硬盘上一样。我有时未经恰当的关机操作就关闭了虚拟机。你不太可能也出现这样的错误。

现在，看看 fsck 最后一行的输出。表明有 1.7% 的非连续块，这意味着有很少的碎片。Jason 报告了他的 StudentVM1 主机上的碎片率为 1.9%。

这一行上的其他数字（含义）相当模糊。在阅读了 fsck 的手册页并进行大量在线搜索之后，我未能发现这些数字有明确的定义。我认为第一组数据意味着总共有 131,072 个索引节点，其中 2415 个已经被使用。

与实验 19-1 中 dumpe2fs 的输出进行交叉检查，总的索引节点数 131,072 是正确的，空闲索引节点数为 126,045，其差值为 5027。总块数 524,288、总块数与空闲块之间的差值也是匹配的，因此我们可以得出结论，我最初的假设是正确的。

在你自己的 VM 上交叉验证所有这些数字，以确认它们是否正确。

我曾经进行过一些理论计算，以确定磁盘碎片整理是否会带来明显的性能改进。虽然我确实做了一些假设，但我使用的磁盘性能数据来自当时新的 300GB Western Digital 硬盘驱动器，磁道寻道时间为 2.0ms。本例中的文件数量是我进行计算时在文件系统中存在的实际数量。我假设每天会接触到相当多（20%）的碎片文件。

我对每天的额外寻道时间做了两种计算：一种是基于单磁道步进的寻道时间，基于 EXT 文件分配策略，这是大多数文件更可能出现的情况；另一种是基于平均寻道时间，我认为这是最糟糕的情况。

从表 19-2 中你可以看到，对于大多数应用程序来说，现代 EXT 文件系统配上哪怕是中等性能的硬盘驱动器，碎片的影响都小到几乎可以忽略不计。你可以将自己环境中的数字插入类似的电子表格中，以查看预期的性能影响。这种类型的计算很可能不会代表实际的性能，但它可以提供一些关于碎片及其对系统的理论影响方面的见解。Jason 报告了非常大的文件（通常是数据库）碎片带来的显著影响，这些文件非常接近于持续访问，应用程序本身也在非顺序地读取这些文件，这意味一开始访问就是相当厉害的随机访问，此时磁盘 I/O 是一个制约因素。

表 19-2 碎片对磁盘性能的理论影响

总文件数	271,794
碎片率 / %	5.00
不连续文件数	13,590
每天访问的碎片文件率（假定）/ %	20
额外的寻道次数	2718
平均寻道时间 /ms	10.90
每天额外寻道时间 /s	29.63
单磁道步进寻道时间 /s	2.00
每天额外寻道时间 /s	5.44

在我的主工作站上，大多数分区的碎片率在 1.5% 或 1.6% 左右；我确实在一个逻辑卷上有一个 128GB 的文件系统，它的碎片率为 3.3%。也就是说，只有不到 100 个超大 ISO 镜像文件，多年来我不得不多次扩展逻辑卷，因为它太满了。这就导致了更多的碎片，而不是我在一开始就给逻辑卷分配更大的空间。

某些应用环境需要更高的保证，甚至更少的碎片。EXT 文件系统可以由知识渊博的管理员精心调优，他可以调整参数来补偿特定的工作负载类型。这可以在创建文件系统时完成，或是以后使用 tune2fs 命令完成。应该对每个调优更改的结果进行测试、详细记录和分析，以确保目标环境的最佳性能。在最坏的情况下，性能无法提高到预期的水平，可以使用更适合特定工作负载的其他文件系统类型。请记住，在单个主机系统上混合文件系统类型来匹配每个文件系统上的负载是很常见的。

由于大多数 EXT 文件系统上碎片量很低，所以不需要进行碎片整理。在任何情况下，EXT 文件系统都没有安全的碎片整理工具。有一些工具允许你检查单个文件的碎片，或者文件系统中剩余空闲空间的碎片。有一个名为 e4defrag 的工具将尽可能利用剩余空闲空间对单个文件、目录或文件系统进行碎片整理。顾名思义，它只适用于 EXT4 文件系统中的文件，而且它确实有一些限制。

实验 19-3 检查看碎片

以 root 用户身份执行此实验。运行如下命令检查文件系统的碎片状态。我使用了 /var 文件系统，因为它在我的虚拟机上有最多的碎片：

```
[root@studentvm1 ~]# e4defrag -c /dev/mapper/fedora_studentvm1-var
e4defrag 1.46.5 (30-Dec-2021)
<Fragmented files>                    now/best       size/ext
1. /var/log/cron-20230129             16/1           4 KB
2. /var/log/wtmp                      26/1           4 KB
3. /var/log/secure-20230122           13/1           4 KB
4. /var/log/cron-20230205             10/1           4 KB
```

```
5. /var/log/secure-20230129                    7/1              4 KB

   Total/best extents                          4781/2863
   Average size per extent                     137 KB
   Fragmentation score                         9
   [0-30 no problem: 31-55 a little bit fragmented: 56- needs defrag]
   This device (/dev/mapper/fedora_studentvm1-var) does not need
defragmentation.
   Done.
```

这个输出显示了一个碎片文件清单、一项分数以及关于如何解释该分数的信息。它还包含了关于是否进行碎片整理的建议，这里的建议是不需要进行碎片整理。

但为了让我们看看碎片整理会是什么样，我们对其中一个文件进行碎片整理。为你的测试选择一个碎片最多的文件：

```
[root@studentvm1 ~]# e4defrag -v /var/log/wtmp
e4defrag 1.46.5 (30-Dec-2021)
ext4 defragmentation for /var/log/wtmp
[1/1]/var/log/wtmp:     100%  extents: 26 -> 1  [ OK ]
 Success:                     [1/1]
```

在虚拟机上只花了几秒钟时间。

有关 e4defrag 限制的更多信息，请阅读 e4defrag 的手册页。

没有用于整理 EXT1、EXT2 和 EXT3 文件系统碎片的安全工具。而且，根据它自己的手册页，`e4defrag` 工具并不能保证执行完全的碎片整理。它可能能够"减少"文件碎片。根据实验 19-3 中所显示的不一致的报告，我不愿意使用它，而且，在任何情况下，很少有必要这样做。

如果确实需要对 EXT 文件系统执行完整的碎片整理，那么只有一种方法可以可靠地工作。你必须从文件系统中移动要进行碎片整理的所有文件，确保它们在安全复制到另一个位置后被删除。如果可能的话，你可以增加文件系统的大小，以帮助减少将来的碎片。然后将文件复制回目标文件系统。甚至即便这样也不能保证所有的文件都会完全消除碎片。

19.10　修复问题

我们可以修复导致主机无法引导的问题，例如配置错误的 /etc/fstab 文件，但是为了这样做，必须挂载待修复配置文件所在的文件系统。如果有问题的文件系统在 Linux 启动期间无法挂载，那么就会出现问题。这意味着必须将主机引导到恢复模式才能执行修复。

/etc/fstab 文件

Linux 是怎么知道在目录树的什么位置挂载文件系统的？ /etc/fstab 文件定义了文件系统和它们要挂载的挂载点。既然我已经提到了 /etc/fstab 是一个潜在的问题，那么让我们看看它做了什么。然后我们将破坏该文件，并看看如何修复它。

图 19-5 显示了我们的虚拟机 StudentVM1 上的 /etc/fstab。你的 fstab 应该与此几乎相同，只是引导分区的 UUID 值不同。fstab 的功能是指定在启动期间应该挂载的文件系统、要挂载它们的挂载点，以及可能需要的任何选项。每个文件系统至少有一个属性，我们可以在 /etc/fstab 中引用，以便将其标识给启动进程。

在这个简单的 fstab 中，每个文件系统行条目都包含 6 列数据。

```
#
# /etc/fstab
# Created by anaconda on Tue Jan 17 07:34:13 2023
#
# Accessible filesystems, by reference, are maintained under '/dev/disk/'.
# See man pages fstab(5), findfs(8), mount(8) and/or blkid(8) for more info.
#
# After editing this file, run 'systemctl daemon-reload' to update systemd
# units generated from this file.
#
/dev/mapper/fedora_studentvm1-root /                        ext4      defaults       1 1
UUID=ea7b0db9-9d11-4214-8b9c-73eaedfa7f43 /boot             ext4      defaults       1 2
UUID=4B7A-D235          /boot/efi            vfat    umask=0077,shortname=winnt 0 2
/dev/mapper/fedora_studentvm1-home /home                    ext4      defaults       1 2
/dev/mapper/fedora_studentvm1-tmp /tmp                      ext4      defaults       1 2
/dev/mapper/fedora_studentvm1-usr /usr                      ext4      defaults       1 2
/dev/mapper/fedora_studentvm1-var /var                      ext4      defaults       1 2
/dev/mapper/fedora_studentvm1-test /test                    ext4      defaults       1 2
```

图 19-5　StudentVM1 的文件系统表

第一列是文件系统的标识符，以便启动进程知道在这一行中使用哪个文件系统。有多种方法可以识别文件系统，这里展示了其中的两种方法。图 19-5 中的 /boot 分区使用 UUID 进行标识。这个 ID 被保证是唯一的，因此其他分区不会有相同的 ID。UUID 是在创建文件系统时生成的，位于分区的超级块中。

在我们虚拟机上，所有其他分区都使用 /dev 目录下的设备特殊文件的路径来进行标识。另一种选择是我们在安装过程中创建文件系统时输入的标签。fstab 中的典型条目如图 19-6 所示。

```
LABEL=boot /boot          ext4     defaults        1 2
```

图 19-6　在 /etc/fstab 中使用标签来标识文件系统

文件系统标签也存储在分区超级块中。让我们更改 fstab 中的 /boot 分区条目，以使用我们已经创建的标签来标识它。

实验 19-4　文件系统标签

以 root 身份进行此实验。一定要验证 /boot 分区的设备特殊 ID，然后转储 /boot 分区的超级块内容：

```
[root@studentvm1 ~]# lsblk
NAME                          MAJ:MIN RM   SIZE RO TYPE MOUNTPOINTS
sda                             8:0    O    60G  O disk
├─sda1                          8:1    O     1M  O part
├─sda2                          8:2    O     1G  O part /boot
├─sda3                          8:3    O     1G  O part /boot/efi
└─sda4                          8:4    O    58G  O part
  ├─fedora_studentvm1-root    253:0    O     2G  O lvm  /
  ├─fedora_studentvm1-usr     253:1    O    15G  O lvm  /usr
  ├─fedora_studentvm1-tmp     253:2    O     5G  O lvm  /tmp
  ├─fedora_studentvm1-var     253:3    O    10G  O lvm  /var
  ├─fedora_studentvm1-home    253:4    O     2G  O lvm  /home
  └─fedora_studentvm1-test    253:5    O   500M  O lvm  /test
sr0                            11:0    1  50.5M  O rom
zram0                         252:0    O     8G  O disk [SWAP]
```

注意，sda1 分区没有显示它是什么。我们可以使用以下命令来查看它是一个 BIOS
启动分区：

```
[root@studentvm1 ~]# fdisk -l /dev/sda
Disk /dev/sda: 60 GiB, 64424509440 bytes, 125829120 sectors
Disk model: VBOX HARDDISK
Units: sectors of 1 * 512 = 512 bytes
Sector size (logical/physical): 512 bytes / 512 bytes
I/O size (minimum/optimal): 512 bytes / 512 bytes
Disklabel type: gpt
Disk identifier: 864009FC-A0DF-460A-918C-E3BF313E8E03

Device         Start       End   Sectors Size Type
/dev/sda1       2048      4095      2048   1M BIOS boot
/dev/sda2       4096   2101247   2097152   1G Linux filesystem
/dev/sda3    2101248   4198399   2097152   1G EFI System
/dev/sda4    4198400 125827071 121628672  58G Linux LVM
```

/boot 分区是 /dev/sda2。如果没有 BIOS 启动分区，/boot 分区可能会是 /dev/sda1。
在实验的这一部分，只需确保你正确识别了相应的分区：

```
[root@studentvm1 ~]# dumpe2fs /dev/sda2
dumpe2fs 1.46.5 (30-Dec-2021)
Filesystem volume name:   boot
Last mounted on:          /boot
Filesystem UUID:          ea7b0db9-9d11-4214-8b9c-73eaedfa7f43
<snip>
```

文件系统的卷标即为标签。我们可以测试这一点。改变标签，然后检查超级块：

```
[root@studentvm1 ~]# e2label /dev/sda2 MyBoot
[root@studentvm1 ~]# dumpe2fs /dev/sda2 | head
dumpe2fs 1.46.5 (30-Dec-2021)
Filesystem volume name:   MyBoot
Last mounted on:          /boot
Filesystem UUID:          ea7b0db9-9d11-4214-8b9c-73eaedfa7f43
<snip>
```

注意超级块中的文件系统 UUID 与图 19-5 中的文件 /etc/fstab 内所示的 UUID 相同。使用 Vim 编辑器注释掉 /boot 分区的当前条目，并使用标签创建一个新条目。fstab 现在应该像这样。我修改了它，通过将列对得更齐，使它更整齐：

```
<snip>
#
/dev/mapper/fedora_studentvm1-root  /                  ext4     defaults                    1 1
# UUID=ea7b0db9-9d11-4214-8b9c-73eaedfa7f43 /boot      ext4     defaults                    1 2
LABEL=boot                          /boot              ext4     defaults                    1 2
UUID=4B7A-D235          /boot/efi              vfat     umask=0077,shortname=winnt 0 2
/dev/mapper/fedora_studentvm1-home  /home              ext4     defaults                    1 2
/dev/mapper/fedora_studentvm1-tmp   /tmp               ext4     defaults                    1 2
/dev/mapper/fedora_studentvm1-usr   /usr               ext4     defaults                    1 2
/dev/mapper/fedora_studentvm1-var   /var               ext4     defaults                    1 2
/dev/mapper/fedora_studentvm1-test            /test ext4 defaults 1 2
```

重新引导 StudentVM1，以确保更改按预期生效。糟了！它没有！

如果你严格按照我的说明操作，这个问题会在启动过程中出现（引导[⊖]之后），如图 19-7 的最后一行所示，表示无法挂载引导设备（/dev/sda1）。

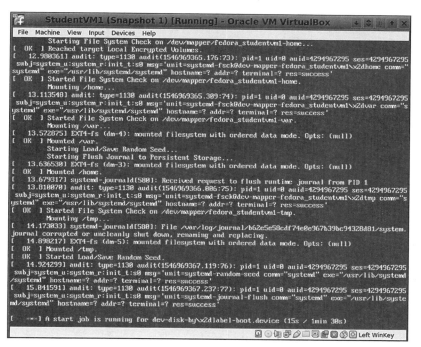

图 19-7　更改 fstab 后，重新引导 StudentVM1 时出现了一个错误

你能想到任何可能的原因吗？我可以：我故意跳过了将文件系统标签从 MyBoot 改

⊖　见第 16 章。

回 boot 的步骤。

　　我们可以等待 1 分 30 秒的计时，随后系统确定文件系统无法挂载，将自动进入维护模式。输入你的 root 密码，并按 <Enter> 键继续。

　　检查当前文件系统的标签，然后将其改为"boot"：

```
[root@studentvm1 ~]# e2label /dev/sda2
MyBoot
[root@studentvm1 ~]# e2label /dev/sda2 boot
[root@studentvm1 ~]# mount -a
[  188.3880009] EXT4-fs (sda2): mounted filesystem with ordered data mode.
   Quota mode: none.
```

　　现在将系统推进到图形化目标（运行级 5）：

```
[root@studentvm1 ~]# systemctl isolate graphical.target
```

　　注意：在进行修复或将系统从紧急目标提升到图形化目标时，不需要重新引导系统。

　　让我们继续解析 fstab 文件。图 19-5 中，/etc/fstab 文件的第二列是第一列数据所标识的文件系统所要挂载的挂载点。这些挂载点是文件系统将被挂载到的空目录。

　　第三列指定文件系统类型，在本例中，大多数条目为 EXT4。图 19-5 中，唯一不同的条目是 swap 分区。图 19-8 显示了 VFAT 设备的入口，VFAT 通常是 USB 存储棒的格式化方式。该设备的挂载点位于 /media/SS-R100。

```
LABEL=SS-R100      /media/SS-R100    vfat     user,noauto,defaults      0 0
```

图 19-8　USB 存储棒的 fstab 条目，显示了一些不同的可能配置

　　fstab 文件中，第四列数据是选项清单。mount 命令有许多选项，每个选项都有一个默认设置。在图 19-5 中，fstab 的第四列显示文件系统全部选项使用默认值挂载。

　　在图 19-8 中，一些默认值被覆盖。"user"选项意味着任何用户都可以挂载或卸载文件系统，即使其他用户已经挂载了它。"noauto"选项意味着该文件系统在 Linux 启动期间不会自动挂载，开机后可手动挂载或卸载。这对于像 USB 存储棒这样的可移动设备来说是理想的，因为可以将其用于共享文件或传输到另一个位置进行工作。

　　最后两列是数字。图 19-5 中，"/home"对应的条目中分别为 1 和 2。第一个数字由 dump 命令使用，它是进行备份的一个可能选项。dump 命令已很少用于备份，因此这一列通常被忽略。如果碰巧有人仍在使用 dump 进行备份，那么这一列中的 1 表示备份整个文件系统，0 表示跳过这个文件系统。

　　最后一列也是数值型的。它指定了启动期间对文件系统运行 fsck 的顺序。0 表示不在文件系统上运行 fsck，1 表示首先在该文件系统上运行 fsck。从图 19-5 中这一列的数字可以看出，根分区总是首先被选中。

　　该列中其他条目的值为 2，这意味着 fsck 在完成对根文件系统的检查之前，不会开始对这些文件系统运行 fsck。这样，所有值为 2 的文件系统都可以并行检查，而不是顺序检查，从而可以更快地完成整体检查。

　　尽管通常认为将文件系统直接挂载到 /（根）文件系统下的挂载点上是最佳实践，但也可以使用多级挂载点。图 19-9 展示了多级挂载。例如，/usr 文件系统挂载到 "/usr" 目录下。表 19-1 列出了 " /usr/local" 目录，它包含本地创建的可执行文件，特别是 /usr/local/bin 中的脚本和 /usr/local/etc 中的配置文件，以及库、手册页等。我遇到过将文件系统 " local" 挂载到 /usr/local 的系统。这在 Linux 升级期间提供了额外的灵活性，因为 /usr/local 文件系统在升级或重新安装期间不需要像 /usr 文件系统的其他部分那样进行格式化。

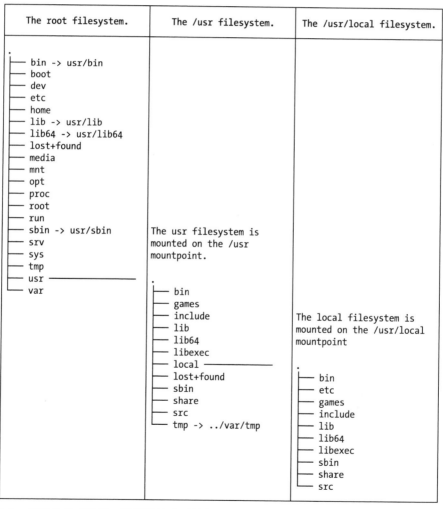

图 19-9　多级挂载（可行，尽管被认为不是好的实践，此处仅展示了各文件系统的顶层目录）

19.11　修复损坏的文件系统

有时由于不适当的关机或硬件故障，文件系统本身会损坏，我们需要修复元数据的不一致性。如实验 19-2 所述，这些错误可能表现为错误的索引节点或数据块计数。你还可能遇到孤儿节点。孤儿节点是指与属于某个目录或群组的索引节点链表断开的节点，以至于其无法被找到并使用。

在所有文件系统上运行 fsck 的最好和最简单的方法是重新引导主机。Systemd（系统和服务管理器）被配置为：如果 /etc/fstab 文件系统行项目的最后一列不为零，则在文件系统启动时运行 fsck。fsck 程序首先检查是否有任何可检测的问题，这只需要很少的时间。如果 fsck 检测到问题，它会解决问题。

实验 19-5　fsck

执行此实验不需要重新引导，但必须以 root 身份进行。/var/log/messages 文件中包含了一些条目，记录了启动时每个文件系统上运行 fsck 的情况：

```
[root@studentvm1 ~]# cd /var/log ; grep fsck messages
<snip>
Feb 13 19:50:39 studentvm1 systemd[1]: Starting systemd-fsck-root.service - File
System Check on /dev/mapper/fedora_studentvm1-root...
Feb 13 19:50:40 studentvm1 systemd-fsck[542]: root: clean, 5027/131072 files,
187600/524288 blocks
Feb 13 19:50:40 studentvm1 systemd[1]: Finished systemd-fsck-root.service - File
System Check on /dev/mapper/fedora_studentvm1-root.
<snip>
```

这三条消息告诉我们，fsck 已经在根文件系统上启动，然后，可能是因为没有检测到错误或不一致性，便结束了。你应该能看到，在每次引导时，每个文件系统都有类似这样的消息。

由于 fsck 在每次启动时都会运行，所以很少有理由从命令行运行它。尽管如此，我们作为系统管理员有时会发现需要做一些"从来没有必要"的事情。因此，有一种方法，可以进入恢复模式并在大多数文件系统上手动运行 fsck。

19.11.1　使用 Fedora Live USB 设备进行系统恢复

如果根文件系统无法挂载，我们在引导系统时无法访问维护模式，所以我们需要找到另一种方式进入维护模式，运行 fsck，或对根文件系统执行其他维护。我已经设法阻塞了 fstab 文件，这样主机就不会引导了。

使用 Live USB 镜像的恢复模式

解决此问题的唯一方法是找到一种进入可用恢复模式的方法。当所有其他方法都失败时，Fedora 提供了一个非常酷的工具，也就是我用来安装 Fedora 新实例的相同 Live USB

驱动器。

因为 fsck 无法在已挂载的根文件系统上运行，我们需要在不挂载根文件系统的情况下启动系统。做到这一点的唯一方法是使用 Live USB 设备。

实验 19-6　使用 Live USB 设备进行恢复

即便你的文件系统没有被阻塞，你也应该进行这个实验，因为在你的职业生涯中你肯定需要至少做几次这样的操作。

这个实验的目的是在根分区上运行 fsck。我们也会在这里做一些其他有趣的事情。

关闭 VM，并确认其设置为首先从"光驱"设备引导。在创建 VM 时应该已经这样设置过了。将 Fedora Live USB ISO 镜像"挂载"到存储配置页面的 IDE 辅助设备 0。就像你安装 Fedora 时那样启动到 Fedora Xfce Live 用户桌面。

打开一个终端会话并切换到 root 权限。

作为参考，运行 `lsblk`。用结果来识别 /root、boot 和 efi 分区。在这种情况下没有 efi 分区，因为我在这个 VM 上没有使用 UEFI。loop 设备用于使 Linux 能够将分区或卷挂载到 RAM 中的虚拟挂载点，而不是物理设备上的物理挂载点：

```
[root@localhost-live ~]# lsblk
NAME                       MAJ:MIN RM  SIZE RO TYPE MOUNTPOINTS
loop0                          7:0  0  1.5G  1 loop
loop1                          7:1  0   6G   1 loop
|-live-rw                    253:0  0   6G   0 dm   /
`-live-base                  253:1  0   6G   1 dm
loop2                          7:2  0  32G   0 loop
`-live-rw                    253:0  0   6G   0 dm   /
sda                            8:0  0  60G   0 disk
|-sda1                         8:1  0   1M   0 part
|-sda2                         8:2  0   1G   0 part
|-sda3                         8:3  0   1G   0 part
`-sda4                         8:4  0  58G   0 part
  |-fedora_studentvm1-tmp    253:2  0   5G   0 lvm
  |-fedora_studentvm1-var    253:3  0  10G   0 lvm
  |-fedora_studentvm1-home   253:4  0   2G   0 lvm
  |-fedora_studentvm1-usr    253:5  0  15G   0 lvm
  |-fedora_studentvm1-root   253:6  0   2G   0 lvm
  `-fedora_studentvm1-test   253:7  0 500M   0 lvm
sr0                           11:0  1  1.6G  0 rom  /run/initramfs/live
zram0                        252:0  0   8G   0 disk [SWAP]
[root@localhost-live ~]#
```

为了在其上运行文件系统检查（fsck），不要挂载根分区。事实上，我们在这种情况下运行 fsck 时必须卸载文件系统。这在 fsck 执行其恢复操作时保护了文件系统免受更改的影响，否则会很糟糕。

运行文件系统检查。-a 选项告诉 fsck 自动修复它遇到的任何问题；否则，你需要按

<y> 键来修复每一个问题，而且在一个严重出问题的文件系统上可能有数百甚至数千个问题。我有这方面的经验：

```
[root@localhost-live ~]# fsck -a /dev/mapper/fedora_studentvm1-root
fsck from util-linux 2.38.1
e2fsck 1.46.5 (30-Dec-2021)
root: clean, 5027/131072 files, 187600/524288 blocks
```

对我的 VM 来说这只花了几秒钟，但没有需要修复的异常。我们也看到配置文件可能会受损，我们也可以使用 Live USB 驱动器来帮助我们解决这些问题。在 /mnt 挂载点挂载根分区，我们可以在那里对其进行操作：

```
root@localhost-live ~]# mount /dev/mapper/fedora_studentvm1-root /mnt
```

将 /mnt/etc 设置为 PWD。记住 VM 的根目录是挂载在 /mnt 上的。现在使用 Vim 编辑 fstab：

```
[root@localhost-live etc]# vim fstab
```

修改这个文件并不是必要的。但你现在可以看到，使用 Live USB 设备执行许多类型的恢复任务是可能的。

为了完成这个实验，退出 Vim（按 <Esc> 键，然后按 <q+Enter>）并关闭 VM。从 VM 的 IDE 控制器上的"光驱"中移除 ISO USB 镜像。

你可以从作者为 Opensource.com 写的一篇文章中了解更多关于使用 Live USB 设备的信息，"我如何使用 Live USB 设备恢复 Linux 系统"（"How I recovered my Linux system using a Live USB device"）这篇文章是比我们在这里探讨的更复杂的恢复。

19.11.2　找回丢失的文件

文件可能因系统原因以及用户原因而丢失。甚至也可能发生在 fsck 期间，无论何时或如何启动的 fsck。

发生这种情况的一个原因是，指向文件索引节点的文件目录条目损坏，不再指向该文件的索引节点。在这种情况发生时，你可能会在启动期间看到有关孤儿节点的消息。

这些文件并不是真的丢失了。fsck 工具找到了索引节点，但没有对应的目录条目。fsck 工具不知道文件的名称，也不知道文件所在的目录。它可以恢复该文件，所需要做的就是创建一个名称，并将该名称连同指向索引节点的指针添加到一个目录中。

但是它把目录条目放在哪里呢？可以在每个文件系统的 lost+found 目录中查找属于该文件系统的已恢复文件。这些丢失的文件只是在 lost+found 中为其创建了一个目录条目，它们就移动到了 lost+found 目录中。文件名看起来是随机的，并且没有显示文件的类型。你必须使用其他工具（如 file、stat、cat 和 string）来进行一些确认，以便可以使用有意义的文件名和扩展名来重命名这些文件，并将其移动到适当的目录中。

19.12 创建一个新文件系统

我已经遇到许多需要创建一个新文件系统的情形。这或许只是因为我需要一个全新的文件系统，以满足一些特殊目的；又或者是因为现有的文件系统太小或已经损坏，我需要替换现有的文件系统。

这个练习将带领你完成在现有硬盘驱动器上创建新分区，创建文件系统和挂载点并挂载新文件系统的过程。这是一个常见的任务，你应该熟悉如何执行它。在很多情况下，你可以通过添加一个有足够空间的新硬盘驱动器来做到这一点。在这个练习中，我们将使用一些空闲空间来达成这一目标。这个练习是关于原生分区和文件系统的，而不是使用逻辑卷管理。我们将在下册的第 1 章中介绍 LVM 以及向逻辑卷添加空间。

19.12.1 查找空间

在向主机添加原始分区之前，我们需要确定一些可用的存储空间。我们目前在虚拟机上只有一个虚拟硬盘驱动器可用：/dev/sda。让我们看看这个设备上是否有可用于新分区的空间。

实验 19-7 寻找可用的存储空间

在 StudentVM1 上，以 root 身份进行此实验。如果你的虚拟机当前没有运行，现在启动它并登录。

使用命令 `fdisk` 来确认在 /dev/sda 上是否存在些空闲空间：

```
[root@studentvm1 ~]# fdisk -l /dev/sda
Disk /dev/sda: 60 GiB, 64424509440 bytes, 125829120 sectors
Disk model: VBOX HARDDISK
Units: sectors of 1 * 512 = 512 bytes
Sector size (logical/physical): 512 bytes / 512 bytes
I/O size (minimum/optimal): 512 bytes / 512 bytes
Disklabel type: gpt
Disk identifier: 864009FC-A0DF-460A-918C-E3BF313E8E03

Device       Start      End   Sectors Size Type
/dev/sda1     2048     4095      2048   1M BIOS boot
/dev/sda2     4096  2101247   2097152   1G Linux filesystem
/dev/sda3  2101248  4198399   2097152   1G EFI System
/dev/sda4  4198400 125827071 121628672  58G Linux LVM
[root@studentvm1 ~]#
```

我们可以利用前面数据中显示的扇区数量进行快速计算。第一行输出显示设备上的扇区总数为 125,829,120，/dev/sda4 的结束扇区为 125,827,071，相差了 2049 个扇区——不足以创建一个新分区。

如果我们想添加一个新的分区，我们需要另一个选项。

注意实验 19-7 中所示 Type 列的分区类型。`fdisk` 程序不直接提供以字节为单位的每个

分区的总大小信息，但可以根据现有信息计算出来。

19.12.2　添加一个新虚拟硬盘驱动器

　　因为现有的虚拟硬盘没有空间可容得下新分区，我们需要创建一个新的虚拟硬盘驱动器。在虚拟机创建过程中，由于我们在 SATA 控制器中添加了一些额外的端口，所以使用 VirtualBox 来完成这个任务非常简单。

实验 19-8　添加一个新的虚拟硬盘驱动器

　　在物理主机的桌面上，如果未运行 VirtualBox Manager，请打开它。检查是否有可用的 SATA 端口，以供我们在虚拟机运行的时候可以添加一个新虚拟磁盘驱动器。在第 4 章中，我们曾将 SATA 端口数设为 5，不过还是需要验证一下。

　　我们可以在虚拟机启动并运行时添加新的虚拟磁盘设备。这个过程等同于在物理硬件系统运行时安装一个新的热插拔硬盘驱动器。开启虚拟机并以 student 用户登录到 GUI 桌面。打开存储设置菜单，单击图 19-10 所示的 Adds hard disk（添加硬盘）图标，以在 SATA 控制器上创建一个新的磁盘设备。

图 19-10　单击添加硬盘图标，将一个新驱动器添加到 SATA

　　单击 OK 按钮，然后单击创建新磁盘按钮。接下来是硬盘文件类型选择对话框。使用默认的 VDI，这是 VirtualBox 磁盘镜像。单击下一步按钮。我们希望此磁盘按默认值动态分配，所以不要在此对话框中做任何更改，单击下一步按钮继续。使用图 19-11 中的对话框将虚拟磁盘名称设置为 StudentVM1-1，磁盘大小设置为 20GB。单击 Finish 按钮创建新的虚拟硬盘驱动器。新驱动器现在出现在硬盘选择器对话框中，并且被突出显示。单击选择按钮以完成新虚拟驱动器的添加。

　　提示　我发现 VirtualBox 的当前版本会为新驱动器生成一个合适的名称，并将其放在正确的目录中。如果是这样，你需要做的就是设置新存储设备的大小。

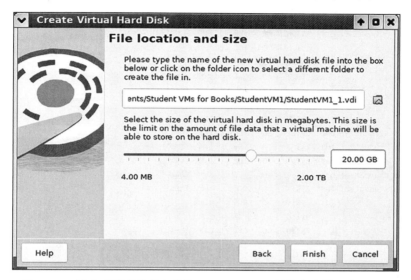

图 19-11　输入虚拟磁盘的名称为 StudentVM1-1 并将大小设置为 20GB

最终结果如图 19-12 所示，你可以看到新的驱动器。

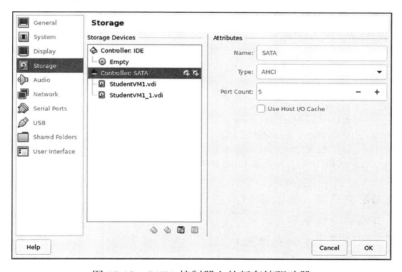

图 19-12　SATA 控制器上的新存储驱动器

我们现在已经向 StudentVM1 虚拟主机添加了第二块虚拟硬盘。

现在已经创建了新的存储驱动器，我们可以对设备进行分区和格式化。

实验 19-9　准备新的存储驱动器

打开一个终端会话，并使用 `su-` 切换到 root 用户，显示当前硬盘驱动器及分区列表：

```
[root@studentvm1 ~]# lsblk -i
NAME                       MAJ:MIN RM   SIZE RO TYPE MOUNTPOINTS
sda                            8:0  0    60G  0 disk
|-sda1                         8:1  0     1M  0 part
|-sda2                         8:2  0     1G  0 part /boot
|-sda3                         8:3  0     1G  0 part /boot/efi
`-sda4                         8:4  0    58G  0 part
  |-fedora_studentvm1-root 253:0  0     2G  0 lvm  /
  |-fedora_studentvm1-usr  253:1  0    15G  0 lvm  /usr
  |-fedora_studentvm1-tmp  253:2  0     5G  0 lvm  /tmp
  |-fedora_studentvm1-var  253:3  0    10G  0 lvm  /var
  |-fedora_studentvm1-home 253:4  0     2G  0 lvm  /home
  `-fedora_studentvm1-test 253:5  0   500M  0 lvm  /test
sdb                           8:16  0    20G  0 disk
sr0                          11:0   1  1024M  0 rom
zram0                       252:0   0     8G  0 disk [SWAP]
```

新的虚拟硬盘驱动器为 /dev/sdb。尽管它不是物理硬件，我们仍然可以读取关于设备的更多细节，以便进一步确认这是正确的驱动器：

```
[root@studentvm1 ~]# smartctl -x /dev/sdb
smartctl 7.3 2022-02-28 r5338 [x86_64-linux-6.1.7-200.fc37.x86_64]
(local build)
Copyright (C) 2002-22, Bruce Allen, Christian Franke, www.smartmontools.org

=== START OF INFORMATION SECTION ===
Device Model:     VBOX HARDDISK
Serial Number:    VB9d500d54-408ea7d6
Firmware Version: 1.0
User Capacity:    21,474,836,480 bytes [21.4 GB]
Sector Size:      512 bytes logical/physical
Device is:        Not in smartctl database 7.3/5319
ATA Version is:   ATA/ATAPI-6 published, ANSI INCITS 361-2002
Local Time is:    Wed Feb 15 12:17:41 2023 EST
SMART support is: Unavailable - device lacks SMART capability.
<SNIP>
```

我们已经确定我们有一个 20GB（虚拟）的硬盘驱动器 /dev/sdb。下一步是创建分区，格式化分区，并添加分区标签。

我们使用 `fdisk` 工具创建一个新分区：

```
[root@studentvm1 ~]# fdisk /dev/sdb
Welcome to fdisk (util-linux 2.32.1).
Changes will remain in memory only, until you decide to write them.
Be careful before using the write command.
Device does not contain a recognized partition table.
```

```
Created a new DOS disklabel with disk identifier 0xd1acbaf8.

Command (m for help):
```

因为设备是刚创建的，上面没有分区表。我们来创建一个大小为 2GB 的单个新分区。在此实验中，我们不需要太多的空间，因此分区很小。键入 n 开始创建一个新分区：

```
Command (m for help): n
Partition type
   p   primary (0 primary, 0 extended, 4 free)
   e   extended (container for logical partitions)
```

键入 p 创建一个主分区：

```
Select (default p): p
```

只需按 <Enter> 键来创建这个分区号为 1 的分区：

```
Partition number (1-4, default 1): <Press Enter for the default partition
number (1)>
First sector (2048-41943039, default 2048): <Press Enter for the default
first sector>
Last sector, +sectors or +size{K,M,G,T,P} (2048-41943039, default
41943039) +2G

Created a new partition 1 of type 'Linux' and of size 2 GiB.
```

现在键入 p，打印当前分区表：

```
Command (m for help): p
Disk /dev/sdb: 20 GiB, 21474836480 bytes, 41943040 sectors
Disk model: VBOX HARDDISK
Units: sectors of 1 * 512 = 512 bytes
Sector size (logical/physical): 512 bytes / 512 bytes
I/O size (minimum/optimal): 512 bytes / 512 bytes
Disklabel type: dos
Disk identifier: 0xc43a2838

Device     Boot Start     End Sectors Size Id Type
/dev/sdb1        2048 4196351 4194304   2G 83 Linux
```

键入 w，将修改后的分区表写入磁盘。在数据写入磁盘之前，现有分区表（如果有的话）不会发生改变：

```
Command (m for help): w
The partition table has been altered.
Calling ioctl() to re-read partition table.
Syncing disks.

[root@studentvm1 ~]#
```

在新分区上创建一个 EXT4 文件系统。由于分区的大小较小，此时间不会超过几秒钟。默认情况下，EXT4 文件系统会填满整个分区。也可以指定一个小于分区大小的文件系统大小，但那会浪费未使用的空间：

```
[root@studentvm1 ~]# mkfs -t ext4 /dev/sdb1
mke2fs 1.44.3 (10-July-2018)
Creating filesystem with 524288 4k blocks and 131072 inodes
Filesystem UUID: ee831607-5d5c-4d54-b9ba-959720bfdabd
Superblock backups stored on blocks:
        32768, 98304, 163840, 229376, 294912

Allocating group tables: done
Writing inode tables: done
Creating journal (16384 blocks): done
Writing superblocks and filesystem accounting information: done
[root@studentvm1 ~]#
```

让我们添加一个分区标签。这里第一条命令确认没有标签，因此是空白行：

```
[root@studentvm1 ~]# e2label /dev/sdb1
```

现在我们创建标签并验证是否已经添加：

```
[root@studentvm1 ~]# e2label /dev/sdb1 TestFS
[root@studentvm1 ~]# e2label /dev/sdb1
TestFS
[root@studentvm1 ~]#
```

在文件系统目录树中创建一个挂载点：

```
[root@studentvm1 ~]# mkdir /TestFS
[root@studentvm1 ~]# ll /
```

挂载新的文件系统：

```
[root@studentvm1 ~]# mount /TestFS/
mount: /TestFS/: can't find in /etc/fstab.
[root@studentvm1 ~]#
```

出现此错误是因为我们没有在 /etc/fstab 中为新文件系统创建条目。
不过，我们可以先手动挂载一下：

```
[root@studentvm1 ~]# mount -t ext4 /dev/sdb1 /TestFS/
[root@studentvm1 ~]# lsblk -i
NAME                        MAJ:MIN RM  SIZE RO TYPE MOUNTPOINT
sda                           8:0    0   60G  0 disk
|-sda1                        8:1    0    1G  0 part /boot
`-sda2                        8:2    0   59G  0 part
  |-fedora_studentvm1-root  253:0    0    2G  0 lvm  /
  |-fedora_studentvm1-swap  253:1    0    4G  0 lvm  [SWAP]
  |-fedora_studentvm1-usr   253:2    0   15G  0 lvm  /usr
  |-fedora_studentvm1-home  253:3    0    2G  0 lvm  /home
  |-fedora_studentvm1-var   253:4    0   10G  0 lvm  /var
  `-fedora_studentvm1-tmp   253:5    0    5G  0 lvm  /tmp
sdb                          8:16    0   20G  0 disk
`-sdb1                       8:17    0    2G  0 part /TestFS
sr0                         11:0     1 1024M  0 rom
[root@studentvm1 ~]#
```

并不总是需要像我们在这里所做的那样指定文件系统类型。因为 mount 命令能够确定常见的文件系统类型。如果文件系统是更模糊的类型之一，你可能需要这样做，但无论如何这都无伤大雅。

卸载文件系统。

```
[root@studentvm1 ~]# umount /TestFS
```

现在在文件 /etc/fstab 的末尾为我们的新文件系统添加如下条目：

```
/dev/sdb1        /TestFS              ext4    defaults        1 2
```

再次挂载新文件系统：

```
[root@studentvm1 ~]# mount /TestFS
mount: (hint) your fstab has been modified, but systemd still uses
       the old version; use 'systemctl daemon-reload' to reload.

[root@studentvm1 ~]# ll /TestFS/
total 16
drwx------. 2 root root 16384 Jan 14 08:54 lost+found
[root@studentvm1 ~]# lsblk -i
NAME                         MAJ:MIN RM   SIZE RO TYPE MOUNTPOINTS
sda                              8:0   0   60G  0 disk
|-sda1                           8:1   0    1M  0 part
|-sda2                           8:2   0    1G  0 part /boot
|-sda3                           8:3   0    1G  0 part /boot/efi
`-sda4                           8:4   0   58G  0 part
  |-fedora_studentvm1-root 253:0   0    2G  0 lvm  /
  |-fedora_studentvm1-usr  253:1   0   15G  0 lvm  /usr
  |-fedora_studentvm1-tmp  253:2   0    5G  0 lvm  /tmp
  |-fedora_studentvm1-var  253:3   0   10G  0 lvm  /var
  |-fedora_studentvm1-home 253:4   0    2G  0 lvm  /home
  `-fedora_studentvm1-test 253:5   0  500M  0 lvm  /test
sdb                             8:16   0   20G  0 disk
`-sdb1                          8:17   0    2G  0 part /TestFS
sr0                            11:0    1 1024M  0 rom
zram0                         252:0    0    8G  0 disk [SWAP]
```

所有与文件系统相关的数据都记录在 fstab 中，也可以指定特定于该文件系统的选项。比如，我们可能不希望该文件系统在启动时自动挂载，因此我们将其选项设置为 noauto, defaults。

卸载文件系统：

```
[root@studentvm1 ~]# umount /TestFS
```

修改 /etc/fstab 中新文件系统的那一行，使其看起来像下面这样：

```
/dev/sdb1        /TestFS              ext4    noauto,defaults        1 2
```

手动挂载文件系统，确认其工作符合预期。现在重新引导虚拟机，验证 /TestFS 文件系统不会自动挂载（它应该不会）。

19.13　其他文件系统

除 Ext4 及之前的 ext 文件系统之外，还有许多文件系统。这些文件系统各有优劣。我已经尝试了好几个，比如 XFS、ReiserFS 以及 BTRFS，然而我已然发现 EXT 文件系统总能完美契合我的需求。

对于哪个文件系统能更好地满足需求，我们的 student 虚拟机无法提供一个真实的测试来帮助决策，不过让我们创建一个 BTRFS 文件系统并稍作体验，参见实验 19-10。

实验 19-10　创建 BTRFS 文件系统

以 root 身份进行此实验。我们在虚拟驱动器 /dev/sdb 上仍有空间，所以在该驱动器上添加另一个分区 /dev/sdb2，大小为 2GB。然后将新分区格式化为 BTRFS：

```
[root@studentvm1 ~]# fdisk /dev/sdb

Welcome to fdisk (util-linux 2.32.1).
Changes will remain in memory only, until you decide to write them.
Be careful before using the write command.

Command (m for help): n
Partition type
   p   primary (1 primary, 0 extended, 3 free)
   e   extended (container for logical partitions)
Select (default p): <Press Enter for default partition as Primary>
Partition number (2-4, default 2): <Press Enter for default partition
number 2>
First sector (4196352-41943039, default 4196352): <Press Enter for default
first sector>
Last sector, +sectors or +size{K,M,G,T,P} (4196352-41943039, default
41943039): +2G

Created a new partition 2 of type 'Linux' and of size 2 GiB.

Command (m for help): p
Disk /dev/sdb: 20 GiB, 21474836480 bytes, 41943040 sectors
Disk model: VBOX HARDDISK
Units: sectors of 1 * 512 = 512 bytes
Sector size (logical/physical): 512 bytes / 512 bytes
I/O size (minimum/optimal): 512 bytes / 512 bytes
Disklabel type: dos
Disk identifier: 0xc43a2838

Device     Boot   Start     End Sectors Size Id Type
/dev/sdb1          2048 4196351 4194304   2G 83 Linux
/dev/sdb2       4196352 8390655 4194304   2G 83 Linux

Command (m for help): w
The partition table has been altered.
Syncing disks.

[root@studentvm1 ~]# mkfs -t btrfs /dev/sdb2
```

```
btrfs-progs v4.17.1
See http://btrfs.wiki.kernel.org for more information.

Label:              (null)
UUID:               54c2d286-caa9-4a44-9c12-97600122f0cc
Node size:          16384
Sector size:        4096
Filesystem size:    2.00GiB
Block group profiles:
  Data:             single          8.00MiB
  Metadata:         DUP            102.38MiB
  System:           DUP             8.00MiB
SSD detected:       no
Incompat features:  extref, skinny-metadata
Number of devices:  1
Devices:
   ID      SIZE  PATH
    1   2.00GiB  /dev/sdb2

[root@studentvm1 ~]#
```

在临时挂载点 /mnt 上挂载新的 BTRFS 文件系统。创建或复制一些文件到 /mnt，并进行实验。在对这个文件系统进行了一段实验之后，将其卸载。我们将在第二卷第 15 章进一步探讨 BTRFS 文件系统。

从功能的角度来看，BTRFS 文件系统的工作方式与 EXT4 文件系统相同。它们都使用 inode、分配结构以及策略在文件中存储数据，使用目录组织文件，使用相同的文件属性提供安全性，并使用相同的文件管理工具。

总结

在本章中，我们了解了"文件系统"一词的三重含义，并详细探讨了它们。文件系统可以是一个系统和它的元数据结构（如 EXT4 或 BTRFS），用于在某种存储介质的分区或逻辑卷上存储数据；也可以是定义良好的目录逻辑结构，构成了 Linux 文件系统层次标准中规定的有关数据存储的组织方法；还可以是在分区或逻辑卷上创建的数据存储单元，该分区或逻辑卷可以挂载在作为 LFHS 一部分的特定的、指定的目录上。

"文件系统"一词的这三种用法通常含义重叠，这可能导致混淆。本章区分并定义了该术语的各种用法，以及该术语在特定功能和数据结构上的应用。

练习

完成以下练习来结束本章：

1）文件的哪些信息存储在索引节点中？

2）在目录条目中存储哪些文件信息？

3）StudentVM1 上，分区的块大小是多大？

4）计算 StudentVM1 上各个分区的群组大小。它们是否相同？

5）你将如何找出文件系统的不一致性，比如孤儿节点、不正确的空闲索引节点或数据块计数？

6）描述解决文件系统不一致性所需的完整过程。

7）设计良好的应用软件应安装在 Linux 文件系统的哪个地方？

8）在安装本地创建的脚本时，脚本文件本身应安装到哪个目录？

9）在安装本地创建的脚本时，如果有配置文件的话，应将配置文件安装到哪个目录？

10）在我们将第二个虚拟硬盘驱动器 /dev/sdb 添加到 StudentVM1 主机时，我们应该还有一些空闲空间。使用其中的 1GB 创建一个带有 XFS 文件系统的新分区。创建一个挂载点 /var/mystuff，并配置使得其在启动时自动挂载。确保可以手动挂载后，重新启动以验证其可以在启动时挂载。

11）如果我们卸载 /TestFS 文件系统并在 /TestFS 目录（该文件系统的挂载点）中创建一个文件，会发生什么？文件可以创建吗？可以添加一些内容，并随后查看吗？

12）在 /TestFS 文件系统挂载后，练习 11 中创建的测试文件会发生什么？

13）mount 命令的"user"选项与"users"选项有什么不同？